含油气盆地流体包裹体分析技术及应用

张鼐 著

石油工业出版社

内 容 提 要

　　本书从基础的流体包裹体分类谈起,总结自然界中包裹体特征,列出包裹体在常温下分类;说明了流体包裹体地质岩相学特征和描述含油气盆地烃包裹体的显微特征。具体阐述含油气盆地流体包裹体在实际研究中的应用和分析方法,对分析研究涉及的实验原理、方法和相关仪器进行了归纳和说明。本书最大的特色是将流体包裹体实验分析测试与含油气盆地应用密切结合起来,每种分析方法都有实际应用例子加以说明。

　　本书对从事地球科学和油气勘探的学者有较强的参考价值,本书对流体包裹体研究的技术工作者和实验室研究人员有很好的帮助作用。同样也适合高校相关专业师生阅读。

图书在版编目(CIP)数据

含油气盆地流体包裹体分析技术及应用/张鼐著.

北京:石油工业出版社,2016.8

ISBN 978 – 7 – 5183 – 1314 – 3

Ⅰ. 含…

Ⅱ. 张…

Ⅲ. 含油气盆地 – 流体包裹体 – 研究

Ⅳ. P618.130.2

中国版本图书馆 CIP 数据核字(2016)第 123670 号

出版发行:石油工业出版社

　　　(北京市朝阳区安华里 2 区 1 号楼 100011)

　　　网　　址:www.petropub.com

　　　编辑部:(010)64523537　　图书营销中心:(010)64523633

经　　销:全国新华书店

印　　刷:北京中石油彩色印刷有限责任公司

2016 年 8 月第 1 版　　2016 年 8 月第 1 次印刷

787×1092 毫米　开本:1/16　印张:19.5

字数:497 千字

定价:150.00 元

序

　　沉积盆地地层的流体包裹体是古地质流体属性的沉积记录，其中烃包裹体又蕴含着古烃类组成、古温度与古应力状态、流体状态、油气源以及油气成藏与演化历史的丰富信息，获取这些信息对于油气地质学理论研究与油气勘探实践均具有重要意义。

　　在油气地质学与地球化学领域，油气藏流体包裹体的研究也已经得到石油地质家与勘探家的普遍关注，主要是通过流体包裹体测温，结合地层埋藏史分析，厘定油气充注成藏的期次及其地质年龄（时间），重建油气成藏历史，可望构成支持油气勘探部署的有用信息。

　　但是，目前这项研究尚存在着诸多问题，正如［英］Emery 和 Robinson（1999）所指出："从样品采集、制备到数据采集，尤其是解释，都要加倍小心；不幸的是，沉积岩的流体包裹体数据被频繁收集和悉数报道，但是地质解释缺乏慎重，一厢情愿"，"甚至难以对成果做出评价"。因此，要求研究者既要熟练掌握成岩矿物学知识与显微测温技术，还要精通石油地质学原理，熟悉研究区地质背景。为此实验测试专家与石油地质专家需要相互学习，使得分析测试成果与区域石油地质背景紧密结合，为研究区的油气勘探提供可靠的参考依据。

　　张鼐高级工程师撰写的《含油气盆地流体包裹体分析技术及应用》一书详细论述了流体包裹体的基础理论和具体测试方法，并附有其应用研究例证。全书以流体包裹体的概念、流体包裹体的多种研究方法及其操作、研究成果为论著主线，向读者展现流体包裹体的测温技术及作者对含油气盆地流体包裹体的最新研究成果。无疑该专著的出版会有利于研究者的相互学习，我相信流体包裹体的实验测试与地质研究人员，特别是青年学者，会从这部专著中获得裨益。

卫洪道

2016 年 6 月 9 日

于中国石油大学（北京）

前　言

地质流体赋予了地球生命和希望,让我们的星球生机盎然、生命延续。不止生物体,非生物体也因地质流体而此消彼长,元素转移、矿物生成、岩石胶结、油气运移均以地质流体为载体,封存在矿物中的流体包裹体就是古地质流体、古油气的"足迹",通过流体包裹体,我们可以窥视古地质流体、古油气形成时的地质状况。

早在公元 10 世纪,我国就对流体包裹体留下记录"滴翠珠"、"禹余粮"、"空轻"……。但真正将流体包裹体应用于科学研究应在 19 世纪中期,Sorby(1858)提出包裹体地质温度计原理和方法。随后流体包裹体研究进入快速发展期,从测温发展到成矿流体研究和地球化学研究。现今,主要是利用人工合成流体包裹体对其进行 PTVX 研究、流体包裹体成分分析。流体包裹体研究已广泛应用于成岩分析、矿床学、构造地质学、岩浆岩演化和油气勘探等领域。

油气勘探领域的流体包裹体研究虽起步较晚,但越来越多的石油地质专家将烃包裹体作为油气藏机理研究的有效手段。目前,烃包裹体研究取得了很多成果:(1)激光扫描共聚焦显微镜可对流体包裹体三维体积和气液比进行精确测定;(2)烃包裹体岩相学和有机地球化学研究相结合,分析储层中油气的充注期次、充注路径、成藏过程、烃来源、成熟度和受生物降解程度等;(3)烃包裹体温度测定与压力的热动力学计算方法及组分模拟,研究油气藏成藏期次和成藏温压条件;(4)流体包裹体同位素测年或均一温度推测油气藏运移和形成时间;(5)流体包裹体地层分析:对钻孔储层的密集取样进行在线色谱—质谱的包裹体有机和无机组分快速分析与流体包裹体的鉴定相结合,评价油气运移和聚集方面有很大进展;(6)烃包裹体丰度 GOI 和 EGOI 值、颗粒荧光分析,分别对储层中含油饱和度,或油层、运移通道、水层进行辨别,区分地层剖面古油水界面。

烃包裹体研究成果较为丰富,但比较缺少将这些成果整合并详细介绍在生产中具体应用的书籍。本书将含油气盆地烃包裹体研究成果统一整理,同时注重基础知识和流体包裹体实验研究分析的讲解,做到理论成果和实验分析相结合。按照先原理后应用的编排原则,第一和第二章介绍含油气盆地流体包裹体的基本概念、原理和地学特征;第三章用图示生动描述了含油气盆地流体包裹体的显微特征;第四章至第十二章阐明含油气盆地流体包裹体在油气勘探领域研究中的主要方法及应用,包括从分析方法的原理、步骤、实验结果处理,到科研生产中的具体应用实例。其目的是将流体包裹体在含油气盆地中具体研究应用及实验方法提供给读者,希望能帮助到流体包裹体行业的专家学者。由于笔者水平原因,书中的不足之处还请读者指正。

本书由张鼐著。以下人员参与了部分章节的资料提供及校对工作：中国地质大学（北京）赵欣第二章，中国石油勘探开发研究院余小庆第三章，塔里木油田凡闪第四章，加拿大滑铁卢大学田隆第五章，大港油田潘文龙第十章，中国石油勘探开发研究院陈建平、张文龙、魏彩云第十章，米敬奎第十一章，中国地质大学（北京）蒋静第十二章。书中还引用了部分同行业专家的学术成果和资料，在此特别说明并向他们致谢。

本书编写过程中受到中国石油勘探开发研究院张水昌所长、陈建平教授、王晓梅副总地质师、罗忠主任、高志勇主任、倪云燕主任、石昕主任等，以及塔里木油田王招明总地质师、杨海军院长、杨文静院长、肖仲尧主任、张宝收主任等领导和专家的大力支持、指导和帮助，在此谨向他们表示衷心感谢。

目　　录

第一章 绪 论

自然界和地质界"包裹体"一词应用很广,但包裹体不管在定义上还是分类上都是百家争鸣。定名的主要争议:(1)流体包裹体的范畴,以前以被包裹前的流动状态定义流体包裹体,故岩浆熔融包裹体列在流体包裹体中[1],但在室温下已是固相;(2)烃包裹体定名很不统一,中文有油气包裹体[2,3]、石油包裹体、有机包裹体[4]、烃包裹体[5]多种叫法;英文有 Petroleum Inclusion[6,7],Oil Inclusion[8,9],Hydrocarbon Inclusion[10,11],Hydrocarbon Fluid Inclusion[12];(3)盐水包裹体和烃包裹体相态定名没有统一。在包裹体分类上更是百家争鸣:(1)流体包裹体分类依据的不同,有的以被包裹前的相态为依据,有的以常温下相态为依据[13],有的以在矿物中的位置为依据分类[1];(2)对烃包裹体的分类依据更不一致,有的以相态为依据[14],有的以烃包裹体烃成分的轻重为依据[1],有的以烃包裹体的荧光特征为依据[15],有的以烃包裹体分布位置或成因分类[16];(3)最常见的气液包裹体分类也不同,有的按均一化后成均一气相还是均一液相分,有的按常温下包裹液相,气液相、气相分;(4)盐水包裹体和烃类包裹体分类依据没统一。

随着包裹体研究方法的提高更新,很多方法是依据常温下包裹体的状态,如固体包裹体、液相包裹体(含气液相包裹体)、气相包裹体所选用的测试方法和前处理可能完全不同,但相同相的包裹体所用方法可能是相同的,故以常温下对包裹体进行分类更直观易辨,并有利于选择测试仪器和前处理方法,这也是实验室分析流体包裹体现有标准的主要分类方案[18]。

第一节 包裹体定义

地质学中包裹体的研究起源可追溯到 11 世纪,中亚的学者 Abu Reykhan 首先对包裹体做了明确描述,19 世纪中叶 Sorby 等[18]在石英和黄玉中发现了各种形态的包裹体,并明确了包裹体的定义,之后国内外很多专家定义过包裹体[19-22]。包裹体(Inclusion):矿物在生长过程中或形成后所捕获而包裹在矿物颗粒内部的外来物质,有 3 个方面特征:(1)相对封闭系统;(2)有明显的相界面;(3)有独立的地球化学体系。

一、流体包裹体定义

流体包裹体是包裹体中的一种。1858 年,英国的 Sorby[18]对流体包裹体的性质和成因进行了开拓性的研究,认为可以用气液包裹体测定成矿温度。1933 年,美国的 Newhouse[23]用均一法测定了密西西比型铅锌矿中闪锌矿的均一温度,将该矿床定义为低温热液矿床,从而引起人们对流体包裹体的重视。1953 年,Smith[24]通过对前人发表的 400 多篇文献进行了系统总结,并且发明了爆破法,该方法使测定不透明矿物中流体包裹体的温度成为可能。由于人们对流体包裹体进行深入细致研究的结果[25,26],使流体包裹体有了较为全面和科学的定义[19-22,26,27]。流体包裹体(Fluid Inclusion):在赋存矿物形成时或形成后被包裹其中的成岩流体、成矿流体、岩浆水、变质水、石油、天然气,有独立的相界,在常温下能流动,自成为一个独立的流体地球化学体系,包括:

(1)流动体系,包裹体形成后,还为流体系统;

(2)等容体系,包裹体形成后,包裹体的体积没有发生变化;

(3)封闭体系,包裹体形成后,包裹体组分未发生变化,与赋存矿物未发生反应,没有物质的进入或逸出。

二、烃包裹体定义

石油的侵入与成岩作用关系尚有争议,后者与储层物性密切相关。有人依据石英胶结物中存在烃包裹体及其均一温度同现今储层温度相近,以及油、水饱和带之间孔隙度的相似[28],认为石油侵入不会终止成岩作用。有人根据一些含油砂岩或碳酸盐岩储层孔隙度的显著差异,认为石油充满储层会抑制成岩作用[29,30]。最近的实验表明,只要达到一定的温压条件,即使在石油饱和度很高的环境下也会发生石英的胶结和捕获油气成烃包裹体[31],悬浮油滴分布在盐水溶液中,矿物结晶生长时,捕获盐水溶液,形成盐水包裹体;捕获油滴,形成烃包裹体;二者一起捕获就形成既含油气又含盐水的包裹体。这些成果为利用烃包裹体及其伴生盐水包裹体,探讨油气的形成、运移、聚集与后期变化奠定了基础。

烃包裹体的研究虽然起步较晚[32],但是最近20多年日益受到石油地质学家的重视,成为研究油气成藏机理的一种有效方法[4,33,34]。1981年,Burruss较为全面地介绍了烃包裹体的定义及研究概况[13]。近年来,国内学者对烃包裹体进行了一系列的描述[16,24,35-37]。因为石油是由饱和烃、芳香烃、非烃和沥青组成,当石油是流动状态时,必含有一定量的饱和烃和芳香烃,当热演化到固体时就主要是沥青了;而天然气也是由轻烃组成,故本书建议用"烃包裹体"一词。烃包裹体(Hydrocarbon Inclusion)是被封闭在晶体矿物中的烃类,是矿物生长过程或形成后又重结晶过程中将周围的石油、天然气包裹在内,它与赋存矿物有着明显相界限,是一个独立的流动体系、等容体系、封闭体系。烃包裹体有4方面涵义:(1)烃包裹体是属于流体包裹体的一个类别,它的一般特征符合对流体包裹体的界定;(2)烃包裹体中的流体必须包含一个或一个以上独立的烃类相态(液态烃、气态烃);(3)烃包裹体中可以混合其他少量气体,如CO_2,H_2,N_2,H_2S,He 等以及H_2O;(4)烃包裹体中的固体部分多称为沥青,与石油演化晚期成固态的沥青对应起来。

第二节　包裹体分类

一、前人对包裹体分类

将国内外代表性专家对包裹体的分类方案列于表1-1。1953—1976年,最有代表的是1969年Ermakov[44]提出的分类方案,他根据包裹体的成分和成因,建立了21个类型,并且根据相的相对比例,建立了一种应用很广的分类。

表1-1　国内外代表专家包裹体的分类

作者	分类依据	大类	种类	特征
Ermakov 等(1950)	包裹体状态和成分	固态包裹体	晶质的包裹体	存在于侵入体矿物中,包裹体中出现的相主要为晶体或晶体+气体
			非晶质的包裹体	主要分布于喷出岩中,也存在于陨石和月岩中
		气态包裹体	气相	气相达75%以上,除气相外主要为液相,被捕获于气态溶液介质中,均一化为气相
			气—液态相	气相达50%～75%,除气相外主要为液相;从水溶液中捕获,均一化为气相
		液态包裹体	真水溶液包裹体	主要见于一般热液矿床或热液活动有关的其他矿床中;被捕获于各种浓度和温度的水溶液,加热后均化为液相;按成矿溶液的性质不同,可细分为真水溶液包裹体、胶体水溶液包裹体、含碳酸的水溶液包裹体
			胶体水溶液包裹体	
			含碳酸的水溶液包裹体	
Kalyzhyy (1960)	包裹体状态和成分	固相包裹体		包裹体中为固相或固相+气相
		液相包裹体	气液包裹体	包裹体中液相>3/4(液相+气相)
			液气包裹体	包裹体液相<1/4(气相+液相)
			复杂包裹体	包裹体中为H_2O+(CO_2,玻璃,石油)
			CO_2包裹体	包裹体中为液相,液气相,液气固相
			石油包裹体	包裹体中为液相,液气相、液气固相
		气相包裹体		包裹体中为气相、气固相
		玻璃包裹体		包裹体中为玻璃,玻璃+气相,玻璃+晶体、玻璃+晶体+气相
Smith (1963)	相变	固态包裹体		包裹体为固体
		复杂包裹体		加热时未知化合物晶质相溶解于液相中,并在某一温度之上消失
		水盐包裹体		加热时气相或液相收缩或晶质相溶解于液相中,并在某一温度之上消失
		碳水化物包裹体		加热时气相或液相收缩,并在某一温度之上消失
		含水硅酸盐包裹体		加热时气相收缩,并在某一温度之上消失
		玻璃质包裹体		包裹体为固态玻璃质
何知礼 (1982)	成因、状态和成分	正常包裹体	固态晶质包裹体	包裹体内以结晶质和气体为主,含少量液体和金属物质或易溶卤化物;常见于一些侵入岩矿物中
			固态非晶质(玻璃)包裹体	包裹体内的相和晶质的相似,因是在高温低压或常压下形成的,因而成为玻璃包裹体;主要见于火山岩、某些浅成岩及其有关的矿床中

作者	分类依据	大类	种类	特征
何知礼 (1982)	成因、状态和成分	正常包裹体	气态包裹体	系两相低密度气—液包裹体,均化成气相;可作为气成矿物特征
			液态包裹体	系两相高密度气—液包裹体,均化成液相;为热液矿物特征
			纯液态包裹体	即单相液态包裹体,可作为冷水沉积或低于50℃温水沉积矿物的特征
			多相包裹体	系含固、液、气三相的包裹体,常见于内生矿物中
			高盐度包裹体	在室温下,包裹体中可见石盐子矿物
			CO_2包裹体	在低于CO_2临界温度下,常可见到三相流体,即水溶液、液态CO_2和气态CO_2
			有机质包裹体	在室温下,在气—液包裹体中含石油和(或)其他有机质(如甲烷、己烷、沥青等)的包裹体
		异常包裹体		由物理作用或化学分解作用、非均匀母液形成的,不符合包裹体矿物学的基础理论的
谢佛德 (1990)	包裹体相态	单一液相包裹体		室温下全为液相
		富液相的两相包裹体		液相占主体,常出现一个小的蒸气泡,气泡最大可达总体积的40%～50%
		富气相的两相包裹体		以气相为主,且占包裹体总体积的50%以上,但薄的液相环边仍然可见
		单一气相包裹体		完全为低密度蒸气相所充填,没有可见的液相
		多相的固相包裹体		除液相和气相外还包含了一个或多个固态结晶相,固相占包裹体小于50%
		多固相包裹体		除液相和气相外还包含了一个或多个固态结晶相,固相占包裹体大于50%
		不混溶的液相包裹体		以出现两种不混溶相为特征,一相是水溶液,一相是富CO_2的液相或油
		玻璃包裹体		捕获硅酸盐熔浆而成的
芮宗瑶 (1986)	捕获时的流体特征	液相＋固相		固体微粒以悬浮方式存在于矿物生长的流体中,与子矿物区别主要表现为各种相的比例不同
		液体＋气体或液体＋蒸汽		流体为主液体和蒸汽组成或主液体和液体中某种很次要的气体成分组成
		两种不混溶流体		两种液体组成的非均一流体
刘鑫等 (1991)	气液比	纯液体包裹体		气液比＜5%,含单相液体
		气液包裹体		5%＜气液比＜60%,含气、液两相
		气体包裹体		气液比＞60%,含气、液两相
		有机包裹体		5%＜气液比＜60%,含烃类液体和气体

作者	分类依据	大类	种类	特征
张文淮 (1993)	包裹体相数的不同	固体包裹体		是以晶质矿物或非晶质粉末等形成包裹在矿物当中的一种包裹体
		热水溶液包裹体	纯液相包裹体	室温下为单一的液相
			纯气相包裹体	室温下全为气相
			富液相包裹体	室温为液相和气相,但液相总体积大于气相体积,液相占总体积的50%以上
			富气相包裹体	室温为液相和气相,气相占总体积50%以上,均一时为气相
			含子矿物的多相包裹体	室温下为三相,气相、液相和子矿物组成
			含液体 CO_2 包裹体	低于 CO_2 临界温度时,可见液相 CO_2、气相 CO_2 和水溶液
			有机包裹体	除液相、气相外,含有机液、气或固态沥青
		熔融包裹体	非晶质熔融包裹体	单一玻璃质熔融包裹体
			晶质熔融包裹体	结晶质硅酸盐和气泡组成
			熔融—溶液包裹体	由硅酸盐、易溶盐类、气体和水溶液组成
卢焕章等 (2004)	包裹体相数的不同	流体包裹体	纯液体包裹体	室温下全为液相
			纯气体包裹体	室温下全为气相
			液体包裹体	室温下主要是由液相和一个小气泡组成的二相包裹体,液相占50%以上,均一时为液相
			气体包裹体	室温下含有一个较大的气泡和少量的液体,气相占50%以上,均一时为气相
			含子矿物包裹体	通常由气相、液相和子矿物组成
			含液体 CO_2 包裹体	由气相 CO_2、液相 CO_2 和盐水溶液所组成
			含有机质包裹体和烃包裹体	除盐水溶液、气相或其他非有机质外,全部或部分含有有机质
		岩浆包裹体	玻璃质熔融包裹体	由玻璃质+气泡组成,有时见少量结晶质
			流体熔融包裹体	由流体+气泡+结晶质(有时有玻璃质)组成
			结晶熔融包裹体	由结晶质+气泡组成
汤倩 (2005)	物理状态	流体包裹体	纯液体包裹体	室温下为单相液体包裹体,通常是从均匀流体中捕获,形成温度一般较低
			纯气体包裹体	室温下为单相气体包裹体,一般是在火山喷气、气成条件或沸腾条件下形成
			液体包裹体	室温下主要是由液相和一个小气泡组成的二相包裹体,液相占50%以上,均一时为液相
			气体包裹体	室温下含有一个较大的气泡和少量的液体,气相占50%以上,均一时为气相

续表

作者	分类依据	大类	种类	特征
汤倩 (2005)	物理状态	流体包裹体	含子矿物包裹体	通常由气相、液相和子矿物组成,最常见的子矿物有石盐、钾盐等;偶见磁铁矿和硫化物
			含液体 CO_2 包裹体	从包裹体中心向外,由气相 CO_2、液相 CO_2 和盐水溶液所组成
			油气包裹体	除了气相和液相外,包裹体中还有碳氢化合物
		岩浆包裹体或硅酸盐熔融包裹体	非晶质熔融包裹体	由玻璃质组成
			结晶质熔融包裹体	由结晶质组成
			晶质—流体熔融包裹体	由结晶质 + 流体组成
伍新和等 (2009)	成分不同		纯液体包裹体	室温下全为液相
			纯气体包裹体	室温下全为气相
			液体包裹体	室温下主要是由液相和一个小气泡组成的二相包裹体,液相占50%以上,均一时为液相
			气体包裹体	室温下含有一个较大的气泡和少量的液体,气相占50%以上,均一时为气相
			含子矿物包裹体	通常由气相、液相和子矿物组成
			含液体 CO_2 包裹体	由气相 CO_2、液相 CO_2 和盐水溶液所组成
			含有机质包裹体	除盐水溶液、液相、气相或其他非有机质外,全部或部分含有有机质
			油气包裹体	

1985—2003 年,中国最有代表的是芮宗瑶的分类方案,他根据捕获时的流体特征将包裹体分为由均一体系形成的包裹体和由非均一体系形成的包裹体[40]。其中,均一体系形成的包裹体又分为原生包裹体、次生包裹体、假次生包裹体和出溶包裹体;非均一体系形成的包裹体包括液相 + 固相、液体 + 气体或液体 + 蒸气、两种不混溶流体 3 类。张文淮等[22]在此分类基础上,又根据室温下包裹体中出现的物相种类分为固体包裹体和热水溶液包裹体,其中热水溶液包裹体又分为纯液相包裹体、纯气相包裹体、富液相包裹体、富气相包裹体、含子矿物的多相包裹体和、含液体 CO_2 包裹体和有机包裹体 7 大类。

2003 年以来,有些学者在著作及文献中阐述了一些流体包裹体类型的划分方案,这些分类大多以流体包裹体的物理状态、成因、形成期次等指标为划分依据。其中,卢焕章等[1]根据包裹体相数的不同(1 相、2 相、不少于 3 相),将流体包裹体分为纯液体包裹体、纯气体包裹体、液体包裹体、气体包裹体、含子矿物包裹体、含液体 CO_2 包裹体、含有机质包裹体和烃包裹体等 8 种类型;又根据碳氢化合物物理相态将烃包裹体分为液相烃包裹体、含沥青液相烃包裹体、气液相烃包裹体、含沥青气液相烃包裹体和气相烃包裹体等。

其实自然界和地质界"包裹体"一词应用很广,除了表 1 - 1 所列出的熔融包裹体、盐水包裹体和烃包裹体外,还有很多常见并称为"包裹体"的,如,石英晶体生长过程中包裹的金红石、电气石等晶质矿物[45]（图 1-1），琥珀中含的生物体[46]（图 1-2），苔纹玛瑙中的氧化锰[47]，超高压变质矿物如石榴石、绿辉石、绿帘石、蓝晶石等的多相固体包裹体（Multiphase Solid Inclusion）和出溶包裹体（Exsolution Inclusion）[48,49]，这些都定义在包裹体范畴中。

图 1-1 水晶中的电气石包裹体，单偏光

图 1-2 琥珀中的生物包裹体

对于烃包裹体分类最早是 Burruss 和 Crawford 等提出过的分类方案[13]。在国内，对烃包裹体的分类非常不一致（表 1-2），主要原因是分类依据不同，有人以相态为依据[4,14]，有人以烃包裹体烃成分的轻重为依据[1]，有人以烃包裹体的荧光特征为依据[15]，有人以烃包裹体分布位置或成因为分类依据[16]。

表 1-2 前人对烃包裹体的划分方案

作者	分类对象	分类依据	大类	亚类	特征
					分类
施继锡等（1987），Burruss 等（1981）	有机包裹体	相态、颜色、大小、分布等特征	烃有机包裹体	纯液体包裹体	颜色一般为黑褐色，发不同颜色及强度的荧光，多出现在成熟度较低的地区
				两种液态烃组成的包裹体	两种液态烃的颜色往往不同，另外都不呈圆形，因而确定为液相，多出现在成熟度较低的地区
				气态烃 + 液态烃组成的包裹体	气态烃相可占总体积的 10% ~ 60%，呈圆形或椭圆形，灰黑色或黑色，液态烃相透明无色或黄、褐色等色
				气态烃组成的有机包裹体	主要由气态烃组成，也见少量的液态烃或固体沥青，液态烃往往无色透明，占 5% ~ 10%，固体沥青为黑色，多分布在边缘，成厚壁状
				固体沥青组成的有机包裹体	固体沥青占 80% ~ 90%，黑色，无一定晶形，其次为少量的液态烃或气态烃，液态烃透明无色，气态烃为灰黑色

作者	分类				
	分类对象	分类依据	大类	亚类	特征
施继锡等（1987），Burruss等（1981）	有机包裹体	相态、颜色、大小、分布等特征	含烃有机包裹体	液态烃相＋盐水溶液有机包裹体	液态烃相为浅黄色、浅灰色,呈近圆形,盐溶液相无色透明,无一定形状
				液态烃＋气态烃相＋盐水溶液相有机包裹体	各相比例不同,演化程度高则气态烃相相对大;气态烃相为黑色,液态烃相为灰、浅灰、黄等色,盐水溶液相为无色
				气态烃＋盐水溶液相有机包裹体	外表上很难与一般盐水溶液包裹体区分,必须经过加热试验或成分分析方能确定
施继锡等（1987）	有机包裹体	形成时间的关系	成岩包裹体	原生包裹体	主晶体生长期间捕获的
				次生包裹体	主晶体生长沉积结束之后形成的
张文淮等（1993）	有机包裹体	地质条件和地质环境		原生有机包裹体	常出现在矿物生长环带、成岩时形成的同生脉体、矿物自生加大边中的含有石油、天然气等有机质的包裹体
				次生有机包裹体	因后期构造运动出现的构造裂隙和充填脉中的有机包裹体,或产生在切穿成岩矿物颗粒边界的有机包裹体
		物理相态	有机包裹体	一种液态烃组成的包裹体	包裹体只含一种液态烃,主要出现在成熟度较低的地区
				两种液态烃组成的包裹体	包裹体含两种液态烃,主要出现在成熟度较低的地区
				气态烃＋液态烃组成的包裹体	包裹体含气态烃和液态烃,主要产出于高成熟度原油产区
				主要由气态烃组成的包裹体	气态烃含量占包裹体总体积的60%～90%,液态烃很少,多出现在演化程度较高的地区
				固体沥青＋少量气态烃组成包裹体	包裹体主要含固体沥青以及少量的气态烃,多出现在演化程度较高的地区
			含有机质的包裹体	液态烃＋盐水溶液包裹体	包裹体内除了含有液态烃外还含有盐水溶液,主要出现在低—高成熟度油区
				液态烃＋气态烃＋盐水溶液包裹体	演化程度高则气态烃含量增高,多见于高成熟度原油产区
				气态烃＋盐水溶液	出现在演化程度较高地区

续表

作者	分类对象	分类依据	分类		
			大类	亚类	特征
潘长春等（1996）	油气及含油气包裹体	包裹体相态特征、组成及其与均一温度的关系		油相包裹体	室温下为油—气两相，但包裹体捕获时为单一油相。在冷—热台加热过程中气泡逐渐消失
				气相包裹体	室温下主要为气态烃相（面积>40%）；单一的气态烃相包裹体也许是不存在的，一般为气—水两相；为气—水两相非均一捕获的产物
				含气态烃纯水溶液相包裹体	室温下无气泡，降低其温度直至冷冻，也不见气泡出现，为均一的纯水相；最为重要的，这类包裹体的熔化温度（T_m）常常高于0℃
				含气态烃水溶液包裹体	就是一般的水溶液包裹体，室温下为水—气两相；捕获时为单一水溶液相，含有较高的溶解气态烃组分
				油相—气相过渡型包裹体	室温下为油相和气相，但气泡较大，加热时气泡在过高的温度下消失，均一温度高于捕获温度；其成因主要为非均一捕获
				油相—水溶液相过渡型包裹体	室温下一般含有油相、水相和气相三相，有时不含气相；主要特征是油、水共存；一般少见，属油—水两相非均一捕获的产物
				水溶液相—气相过渡型包裹体	室温下为水相和气相；以水溶液相为主，但含有较多的气态烃相，加热时气泡在过高的温度下才能消失；均一温度高于捕获温度；属于水溶液相和气态烃相非均一捕获的产物
危国亮等（2000）	有机包裹体	物理相态	烃有机包裹体	纯液相烃包裹体	由一种液态烃组成，在低成熟原油生成阶段出现
				多相纯液相烃包裹体	由两种或两种以上液态烃组成，低成熟、高成熟原油生成阶段出现
				液相烃包裹体	由液态烃+少量气态烃组成；各沿海阶段均能出现
				气相烃包裹体	主要由气态烃组成，也见少量的液态烃或固体沥青，多在湿气阶段出现
				沥青包裹体	主要由固体沥青组成，有少量液态烃或气态烃；在甲烷气阶段出现
			含烃有机包裹体	含纯液相烃包裹体	由液态烃+盐水溶液组成，低成熟原油生成阶段出现
				含液相烃包裹体	由液态烃+气态烃+盐水溶液组成；低成熟到高成熟原油生成阶段出现
				含气相烃包裹体	由气态烃+盐水溶液组成，湿气阶段出现

作者	分类对象	分类依据	分类		
			大类	亚类	特征
卢焕章等（2004）	油气包裹体	烃类的物理相态	液相烃包裹体		由液态烃组成，有时还含盐水
			含沥青液相烃包裹体		由液态烃和固体沥青组成，有时还含盐水；这种包裹体形成时间相对较早
			气液相烃包裹体		由气、液态烃组成，有时还含盐水
			含沥青气液相烃包裹体		由气、液态烃和固体沥青组成，有时还含盐水；这种包裹体形成时间相对较早
			气相烃包裹体		由气态烃组成，有时还含盐水
		成岩矿物世代关系	第一世代油气包裹体		与第1世代成岩矿物同期，包含按碳氢化合物物理相态分类中的一种类型，或其中多种类型油气包裹体的组合
			第二世代油气包裹体		与第2世代成岩矿物同期，包含按碳氢化合物物理相态分类中的一种类型，或其中多种类型油气包裹体的组合
			第三世代油气包裹体		与第3世代成岩矿物同期，包含按碳氢化合物物理相态分类中的一种类型，或其中多种类型油气包裹体的组合
			第四世代油气包裹体		与第4世代成岩矿物同期，包含按碳氢化合物物理相态分类中的一种类型，或其中多种类型油气包裹体的组合
			第 n 世代油气包裹体		与第 n 世代成岩矿物同期，包含按碳氢化合物物理相态分类中的一种类型，或其中多种类型油气包裹体的组合
		油气成分的成熟度	重（稠）油包裹体		液烃呈黑褐色、黄褐色、褐黄色、深黄色，从无荧光显示到显示暗褐色、黄褐色及黄色荧光（UV激发）；包裹体组合以液相烃包裹体为主，其次为气液相烃包裹体，或可见个别气相烃包裹体
			中质油包裹体		包裹体中液烃呈淡黄色、透明无色，显示浅黄色、亮黄色荧光（UV激发）；包裹体组合以气液相烃包裹体为主，其次为少量气相烃包裹体
			轻质油包裹体		包裹体中液烃呈淡黄色、透明无色，显示黄绿色、蓝绿色、蓝白色荧光（UV激发）；包裹体组合以气液相烃包裹体为主，其次为少量气相烃包裹体
			凝析油气包裹体		包裹体中液烃呈透明无色，显示蓝色、蓝白色荧光（UV激发）；包裹体组合为气烃、气液相烃包裹体
			湿气包裹体		包裹体中液烃呈透明无色，显示蓝色荧光（UV激发）；主要为具备弱荧光显示的气相烃包裹体，见少量或个别石油充填度少的气液相烃包裹体
			干气包裹体		在透视单偏光镜下，包裹体呈灰色；UV激发时，偶见微弱的荧光显示，普遍无明显荧光；包裹体组合仅为气相烃包裹体

作者	分类				
	分类对象	分类依据	大类	亚类	特征
刘德汉等(2008)	包裹体	包裹体的荧光特征	发光—弱荧光	液态烃和气液相烃包裹体	单偏下为无色—褐色—棕色—红色;显微荧光下呈现为褐色—亮黑色—浅蓝色—浅灰色等
				气相烃包裹体	单偏下为灰黑色;显微荧光下呈现弱荧光或无荧光
				含沥青包裹体	单偏下为黑色或灰黑色;显微荧光下无荧光
			弱—无荧光	含烃盐水包裹体	单偏下为无色或浅黄褐色;显微荧光下为弱荧光或浅黄色荧光
				含烃气体包裹体	单偏下为灰黑色;显微荧光下无荧光
李宏卫等(2008)	油气包裹体	其物理相态	液相烃包裹体		相态为液态
			含沥青液相烃包裹体		相态为液态,内含有沥青
			气液相烃包裹体		相态为气液两相
			含沥青气液相烃包裹体		相态为气液两相,内含有沥青
			气相烃包裹体		相态为气态
		宿主矿物的不同	石英微裂隙包裹体		存在于石英为裂隙中
			方解石胶结物包裹体		存在于方解石胶结物中
			石英胶结物包裹体		存在于石英胶结物中
			碳酸岩包裹体		存在于碳酸盐中
			绿泥石、长石包裹体		存在于绿泥石、长石矿物中

总之,前人对包裹体的分类基本上以成分、成因和相态3方面为依据,个别以包裹体在赋存矿物中的位置分类,不管是盐水包裹体还是烃包裹体,以相态分类常以被包裹前的相态来定,被包裹前包裹体的相态和常温下包裹体的相态是不一样的,这给在常温下分析人员观察包裹体带来直观上判识困难。

二、常温下包裹体分类和分类特点

1. 常温下包裹体分类

包裹体是地质作用时的产物,多在地下一定埋深形成,形成过程是在一定的温度和压力下进行的。包裹体分析测试是在常温下进行的,高温高压下形成的包裹体在常温下首先发生变化的是相态。以前定义流体包裹体时或划分流体包裹体种类时常以包裹前流体状态为主依据,故将岩浆熔融包裹体归流体包裹体。现今对流体包裹体的观察主要是在室温下借助于显微镜,其种类的划分要让观察者能通过肉眼定得下来[17],所以本书先以常温下流体包裹体相态分成两大类:固体包裹体和流体包裹体,这是非常直观易判断的形式,有利于分析方法的选定。再以包裹体成分分成生物包裹体、矿物包裹体、盐水包裹体和烃包裹体,指示包裹体主要组分特征,指导成岩、成矿和成藏分析。再据成因分生物作用、热液作用、岩浆作用、变质作用和成岩作用将包裹体归类,不同的作用会产生不同类包裹体;反之,不同类包裹体能预示不同的地质作用,指导分析地质作用时的物理化学条件。最后据常温常压下包裹体相态进行命名。将本次分类列于表1-3,在表1-3中统一了烃包裹体和盐水包裹体相态方面的命名和分类,使定义规范化、统一化、标准化。

表1-3　常温常压下实验室包裹体分类方案

大类		成分分类		成因	相态分类				图例
定名	室温状态	成分	分类		包裹前相态	包裹后相态	定名	包裹体特征	
固体包裹体	非流动体系	无法恢复包裹前均一化状态	生物	生物包裹体	生物作用	生物	生物遗体	生物包裹体	松脂流出包裹了原有的动物或植物,后埋藏于地层,经过漫长岁月的演变而形成的琥珀化石	图1-2
			矿物	矿物包裹体	热液作用	固体	集合体	固体包裹体	凡是与主体矿物有成分、相态、结构差异的内含物质,可能是岩石、泥、铁质等固体集合体物质	
							晶体矿物	矿物包裹体	晶质生长时包裹了已成晶体的矿物	图1-1
					变质作用	出熔晶体+出熔流体	重熔矿物	变质矿物包裹体	矿物在温压改变时,原本稳定存在于晶格之中的水或离子成分,通过晶格扩散、管移,在晶体位能最低的位错中有序排列的其他矿物。晶体矿物可一个也可多个	图1-11
							重熔矿物+液相	变质矿物液相盐水包裹体	矿物在温压改变时,原本稳定存在于晶格之中的水或离子成分,通过晶格扩散、管移,在晶体位能最低的位错中有序排列的其他矿物,并伴有液相溢出	图1-12
							重熔矿物+液相+气相	变质矿物气液盐水包裹体	矿物在温压改变时,原本稳定存在于晶格之中的水或离子成分,通过晶格扩散、管移,在晶体位能最低的位错中有序排列的其他矿物,并伴有气相和液相溢出	
					岩浆作用	熔融流体	晶体矿物	岩浆矿物包裹体	岩浆出熔形成的晶体矿物被稍后出熔的矿物包裹	
							固体玻璃	岩浆玻璃包裹体	岩浆出熔形成的固体玻璃被稍后出熔的矿物包裹	
							固体+流体	岩浆玻璃液相盐水包裹体	岩浆出熔形成的固体玻璃和部分液相流体被稍后的结晶矿物包裹	
								岩浆矿物液相盐水包裹体	岩浆出熔形成的晶体矿物和部分液相流体被稍后的结晶矿物包裹	
								岩浆玻璃液气相盐水包裹体	岩浆出熔形成的固体玻璃和部分气液流体被稍后的结晶矿物包裹	

大类 定名	室温状态	均一化	成分	分类	成因	包裹前相态	包裹后相态	定名	包裹体特征	图例
固体包裹体	非流动体系	无法恢复包裹前均一化状态	矿物	矿物包裹体	岩浆作用	熔融流体	固体+流体	岩浆矿物液气相盐水包裹体	岩浆出熔形成的结晶矿物和部分气液流体被稍后的结晶矿物包裹	
								岩浆玻璃气液相盐水包裹体	岩浆出熔形成的固体玻璃和部分液相流体被稍后的结晶矿物包裹，常温常压下气相分离出来	图1-6
								岩浆矿物气液相盐水包裹体	岩浆出熔形成的晶形矿物和部分液相流体被稍后的结晶矿物包裹，常温常压下气相分离出来	
								岩浆玻璃气相包裹体	岩浆出熔形成的固体玻璃和部分气相流体被稍后的结晶矿物包裹	图1-7
								岩浆矿物气相包裹体	岩浆出熔形成的晶形矿物和部分气相流体被稍后的结晶矿物包裹	
			无机溶液	盐水包裹体			岩浆残余盐水	岩浆残余气相包裹体	岩浆残余气被包裹在岩浆结晶矿物中形成的气泡	图1-8
								岩浆残余液气相盐水包裹体	岩浆残余气和流体被包裹在岩浆结晶矿物中形成的气液流体包裹体	
								岩浆残余气液相盐水包裹体	岩浆残余流体被包裹在岩浆结晶矿物中形成的液相流体包裹体，常温常压下降气相分离出来	图1-9
流体包裹体	流动体系							岩浆残余液相盐水包裹体	岩浆残余流体被包裹在岩浆结晶矿物中形成的液相流体包裹体	图1-10
					变质作用	出溶流体	变质热液	变质气相包裹体	变质作用形成的气相被包裹在重溶矿物中	
								变质液气相盐水包裹体	变质作用形成的气相和液相被包裹在重溶矿物中	图1-13
								变质气液相盐水包裹体	变质作用形成的液相被包裹在重溶矿物中，常温常压下气相分离出来	
								变质液相盐水包裹体	变质作用形成的液相被包裹在重溶矿物中	

大类		均一化	成分分类		成因	相态分类				图例
定名	室温状态		成分	分类		包裹前相态	包裹后相态	定名	包裹体特征	
流体包裹体	流动体系	无法恢复包裹前均一化状态	无机溶液	盐水包裹体	成岩作用	固态+液态	固相+液相	含固体杂质液相盐水包裹体	被包裹前为固相+流体不均匀相,包裹后常温常压下含固、液两相	
							固相+液相+气相	含固体杂质气液相水包裹体	被包裹前为固相+流体不均匀相,包裹后常温常压下含固、液、气三相却液相多于气相	图1-14
								含固体杂质液气相盐水包裹体	被包裹前为固相+流体不均匀相,包裹后常温常压下含固、液、气三相却液相少于气相	
							固相+气相	含固体杂质气相包裹体	被包裹前为固相+气相不均匀相,包裹后常温常压下含固、气二相	
						液态	固相+液相	含子矿物液相盐水包裹体	被包裹前为流体均匀相,包裹后常温常压下含固、液两相的包体	
							固相+液相+气相	含子矿物气液盐水包裹体	被包裹前为流体均匀相,包裹后常温常压下含固、液、气三相,却液相多于气相	图1-15
								含子矿物液气相盐水包裹体	被包裹前为流体均匀相,包裹后常温常压下含固、液、气三相,却液相少于气相	
							固相+气相	含子矿物气相包裹体	被包裹前为流体均匀相,包裹后常温常压下含固、气两相的包体	
		可恢复包裹前均一化状态					液相	液相盐水包裹体	常温常压下为单相液态包体,可作为冷水沉积或低于50℃温水沉积矿物的特征	图1-30
								含CO_2气液相盐水包裹体	在低于CO_2临界温度下,常可见到三相流体,即水溶液、液态CO_2和气态CO_2	图1-5
							液相+气相	气液相盐水包裹体	常温常压下主要是由液相和一个小气泡组成的二相包裹体,液相占50%以上,均一时为液相	图1-3
								液气相盐水包裹体	常温常压下含有一个较大的气泡和少量的液体,气相占50%以上,均一时为气相	图1-4
							气相	气态包裹体	常温常压下为纯气相一相的包裹体	

| 大类 | | 均 | 成分分类 | | 相态分类 | | | | 图例 |
定名	室温状态	一化	成分	分类	成因	包裹前相态	包裹后相态	定名	包裹体特征	
流体包裹体	流动体系	可恢复包裹前均一化状态	无机溶液	盐水包裹体	成岩作用	石油+盐水		含烃液相盐水包裹体	常温常压下烃类和盐水共存,但盐水含量大于50%	图1-31
								含烃气液相盐水包裹体	常温常压下烃类和盐水共存,但盐水含量大于50%,却液相大于气相。气相是常温压下分离出来的	图1-32,图1-33
						油水混液	盐水+石油+气相	含烃液气相盐水包裹体	常温常压下烃类和盐水共存,但盐水含量大于50%,却液相小于气相	
								含盐水液气相烃包裹体	常温常压下烃类和盐水共存,但烃类含量大于50%,却液相小于气相	
						盐水+石油		含盐水气液相烃包裹体	常温常压下烃和盐水共存,但烃类含量大于50%,却液相大于气相。气相是常温压下分离出来的	图1-35
								含盐水液相烃包裹体	常温常压下烃类和盐水共存,但烃类含量大于50%	图1-34
			石油或天然气	烃包裹体		天然气和盐水		含气烃盐水包裹体	常温常压下气烃和盐水共存,但盐水含量大于50%	
								含盐水气相烃包裹体	常温常压下气烃和盐水共存,但气烃含量大于50%	图1-36
						天然气	气相	气相烃包裹体	常温常压下气态碳氢化合物为主,室温为纯气相	图1-16
						气+油	气相+液相	液气相烃包裹体	常温常压下碳氢化合物为主,室温下含有一个较大的气泡和少量的液体,气相占50%以上,均一时为气相	图1-17,图1-18
								气液相烃包裹体	常温常压下液态碳氢化合物为主,室温下含有一个较小的气泡和大量的液体,气相占50%以下,均一时为液相	图1-19

大类		均一化	成分分类		成因	相态分类				图例
定名	室温状态		成分	分类		包裹前相态	包裹后相态	定名	包裹体特征	
流体包裹体	流动体系	可恢复包裹前均一化状态	石油或天然气	烃包裹体	成岩作用	液态烃(石油)	单一液相	液相烃包裹体	常温常压下液态一相碳氢化合物	图1-20,图1-21
							单一液相或多个液相	含气多相液相烃包裹体	常温常压下含气相液态多相的碳氢化合物	图1-22
								多相液相烃包裹体	常温常压下液态多相的碳氢化合物	图1-23
							固相+液相	含沥青液相烃包裹体	常温常压下含沥青的液相碳氢化合物	图1-24
							固相+液相+气相	含沥青液气相烃包裹体	常温常压下含沥青的气相加液相碳氢化合物,却液相烃多于气相烃	图1-25,图1-26
							固相+液相+气相	含沥青液气相烃包裹体	常温常压下含沥青的气相加液相碳氢化合物,却液相烃少于气相烃	图1-27,图1-28
		无法均一化					固相+气相	含沥青气相烃包裹体	含沥青的气相碳氢化合物	
							固相+液相+气相	含液气烃沥青包裹体	常温常压下以沥青为主,含少量气相和液相碳氢化合物,却液相烃少于气相烃	
							固相+液相+气相	含气液烃沥青包裹体	常温常压下以沥青为主,含少量气相和液相碳氢化合物,却液相烃多于气相烃	
							固相+液相	含液相烃沥青包裹体	常温常压下以沥青为主,含少量液相碳氢化合物	图1-29
固体	非①				沥青		固相	沥青包裹体	常温常压下固体的沥青质(轻组分泄漏烃包裹体)	图1-37

① 非代表非流动体系。

2. 本书包裹体分类的特点

(1)流体包裹体中最常见的气液二相包裹体、单一气相包裹体、单一液相包裹体分类的不同。

以前是在单一液相包裹体和单一气相包裹体前加"纯"字称纯液相包裹体或纯气相包裹体,是为了区分被包裹前是液相、常温下是气液二相的"液体包裹体"。本次直接将常温下为气相的称为气相包裹体、常温下为液相的称为液相包裹体,简单易理解,实验工作人员也能精确定名包裹体。

关于室温下气液二相包裹体两种情况:一种是气液比小于50%的(液相占多半),这类包裹体会均一化成液相,以前称"液体包裹体"[1];另一种是气液比大于50%的包裹体,这类包裹体会均一化成气相,以前称"气体包裹体"[1]。这些包裹体室温多为气液二相包裹体,现气液二相包裹体不一定包裹前都是均一相,用"液体包裹体"、"气体包裹体"也会误解成单一液相包裹体或单一气相包裹体。因气液比还是较易在显微镜下辨别出的,故本书建议以常温常压下肉眼见到的气相和液相的多少为依据,借鉴地质学家在命名岩石时"矿物含量少到多的次序列在岩石前"的命名原则(如砂岩中以石英为主,长石次之,定名为长石石英砂岩),将常温常压下液相大于50%的气液二相包裹体定名为"气液相盐水包裹体(图1-3)",将常温常压下气相大于50%的气液二相包裹体定名为"液气相盐水包裹体(图1-4)"。

另外有一种含 CO_2 液体气液相盐水包裹体(图1-5)应属于盐水包裹体大类里。

(2)岩浆作用形成的熔融包裹体的归属。

熔融包裹体(Melt Inclusion)是指在岩浆系统中,各种矿物在结晶生长过程中捕获于晶体的生长缺陷之中的微量熔体组分,随岩浆上升,冷却形成。有些学者将之放在流体包裹体范畴,因为熔融包裹体被包裹前是可流动的。熔融包裹体一旦形成后有4种情况:岩浆矿物包裹体、岩浆玻璃包裹体、固体+盐水包裹体、岩浆残余盐水包裹体。岩浆玻璃包裹体和岩浆矿物包裹体在室温下是不能流动的固态,其组分很难因温度的升高而均一化,这使得岩浆熔融包裹体的研究方法多不同于室温下是流体的包裹体。固体+流体包裹体内除了固态玻璃质或岩浆矿物外,还有一定量的液体,为岩浆熔融体分异出的盐水,虽然固相和液相不会再均一化,但液体部分的组分、盐度等还是可与流体包裹体用相同的研究方法,故这次将玻璃质包裹体和晶体包裹体放入固体包裹体范畴,分别定名为"岩浆玻璃包裹体"、"岩浆矿物包裹体";将固体+流体包裹体中的流体部分放入流体包裹体范畴,定名如"岩浆玻璃气液相盐水包裹体(图1-6)"、"岩浆玻璃气相包裹体(图1-7)"等8种(参见表1-3)。其中岩浆残余流体部分可又据相态分别称"岩浆残余气相 CO_2 包裹体(图1-8)"、"岩浆残余液气相盐水包裹体"、"岩浆残余气液相盐水包裹体(图1-9)"、"岩浆残余液相盐水包裹体(图1-10)"。

(3)变质矿物流体包裹体(Metamorphic Mineral Fluid Inclusion)是高压变质作用下矿物重溶结晶时可能伴有新矿物析出或变质水溶液溢出而被包裹其主矿物中。有两种情况:变质矿物包裹体(图1-11),属固相包裹体类;变质矿物液相盐水包裹体(图1-12),其内有重熔矿物和盐水溶液,二者被包裹之前不是液相、包裹后也很难均一成液相。盐水溶液部分可自成独立流体物理化学体系,故可将变质矿物盐水包裹体中的流体部分归"流体包裹体",称"变质盐水包裹体",再据相态可再分成:"变质气相包裹体"、"变质液气相盐水包裹体(图1-13)"、"变质气液盐水包裹体"、"变质液相盐水包裹体"。

(4)地下洞穴内开放体系中的地下热液流体在晶洞内早期结晶的矿物被后期结晶的矿物包裹体形成的矿物包裹体(图1-1)和结晶矿物包裹了已有的岩石、泥质、铁质形成的固体包裹体,这两类包裹体不同于成岩作用下形成的含固体杂质盐水包裹体和含子矿物盐水包裹体,故单列为热液作用形成的固体包裹体。

(5)成岩作用时晶体生长缺陷中落入固体杂质,将固体杂质和周围地质流体同时包裹在包裹体中形成的"含固体杂质气液相盐水包裹体(图1-14)"。这类包裹体不同于"含子矿物气液相盐水包裹体(图1-15)","含固体杂质气液盐水包裹体"在包裹前就不是均匀相中的物质,被包裹在晶体中后更不会均一成均一相流体;"含子矿物气液盐水包裹体"是在包裹前是均匀相流体,被包裹在晶体中后因温度和压力的变化而结晶出来晶体,这些子晶体可以随着温度和压力的变化而溶解到包裹体的流体中并成均一相。

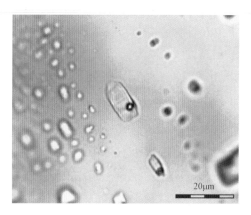

图1-3 方解石中无色气液相盐水包裹体，
RP4井，O_3l，6749.52m，单偏光

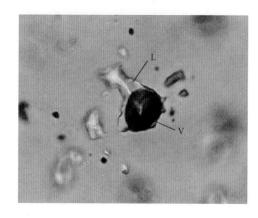

图1-4 灰色液气相盐水包裹体，单偏光

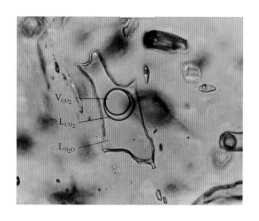

图1-5 含CO_2液体气液相盐水包裹体，单偏光

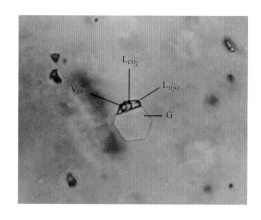

图1-6 岩浆玻璃气液相盐水包裹体，单偏光

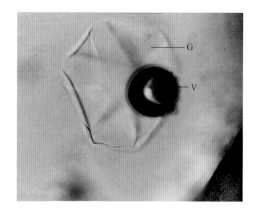

图1-7 岩浆玻璃气相包裹体，单偏光

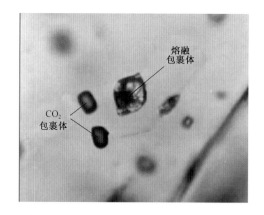

图1-8 橄榄岩中的灰色岩浆残余气相CO_2
包裹体，单偏光[53]

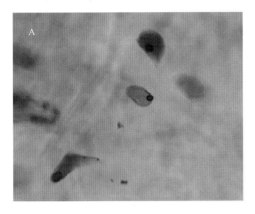

图1-9 碱性长石中的棕黄色岩浆残余气液
相盐水包裹体,单偏光[54]

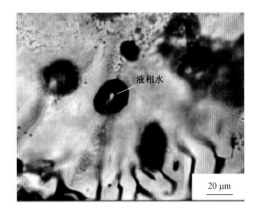

图1-10 橄榄石中的黑色岩浆残余液相盐水
包裹体,单偏光[52]

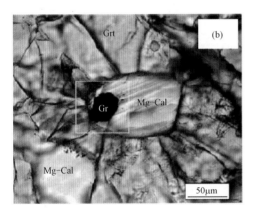

图1-11 石榴子石中的石墨和镁方解石多
固相包裹体,单偏光[49]

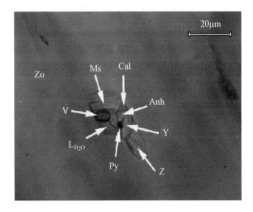

图1-12 变质黝帘石中含多种矿物(硬石膏+
方解石+黄铁矿+云母+未知矿物Y和Z)
的气液相盐水包裹体,单偏光[51]

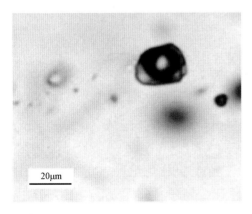

图1-13 榴辉岩中的黑灰色变质液气相
(CO_2—H_2O)盐水包裹体,单偏光[55]

图1-14 含固体杂质气液相盐水包
裹体,单偏光

"岩浆玻璃(矿物)盐水包裹体"、"变质矿物盐水包裹体"、"含固体杂质盐水包裹体"3种包裹体都可将包裹体中的流体相部分单独视为一个流体物理化学体系,因为其与主矿物和包裹体中的固体部分有独立的相界面,具有流动体系、等容体系、封闭体系的特点,可单视为流体来研究。

(6)流体包裹体按有机组分和无机组分分两大类:烃包裹体和盐水包裹体。为统一名称,本书建议包裹体是有机组分的前加"烃"、是盐水组分的前加"盐水",即分别为烃包裹体和盐水包裹体。

(7)对烃包裹体按相态进行种类分类时参考了盐水包裹体种类分类用语,使两类包裹体在种类上相同相态的用语相同(图1-16至图1-29),如单一液相的盐水包裹体和单一液相的烃包裹体都用"液相"一词,分别为液相盐水包裹体(图1-30)和液相烃包裹体(图1-20,图1-21);再如液相大于气相的两相包裹体都用"气液相盐水包裹体(图1-3)"或"气液相烃包裹体(图1-19)"等。

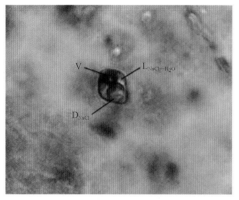

图1-15　含子矿物气液相盐水包裹体,单偏光

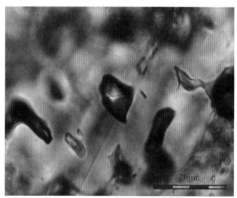

图1-16　愈合缝中灰黑色气相烃包裹体,YM201井,O,6015.8m,单偏光

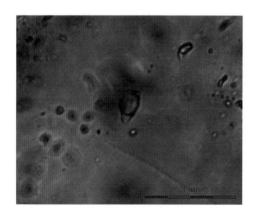

图1-17　石英中的无色液气相烃包裹体,YN2井,J_1a,4899.63m,单偏光

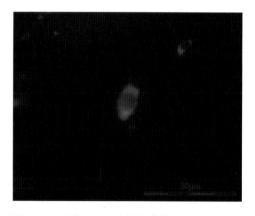

图1-18　图1-17中烃包裹体液相发弱蓝色荧光,紫外荧光

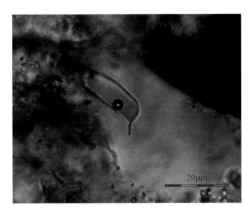

图1－19　白云石中褐黄色气液相烃包裹体，YM201 井，$O_{1+2}y_2$，6015.80m，单偏光

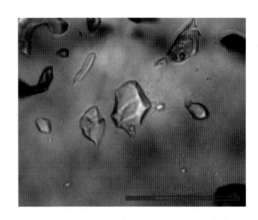

图1－20　方解石脉中无色液相烃包裹体，YM2 井，$O_{1+2}y_1$，6053.02m，单偏光

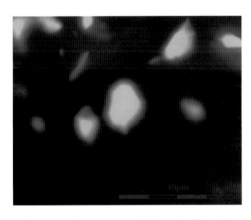

图1－21　图1－20 中液相烃包裹体发蓝色荧光，紫外荧光

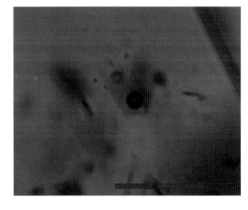

图1－22　方解石脉中的黄色含气多相液相烃包裹体，LG5 井，O，5442.67m，单偏光

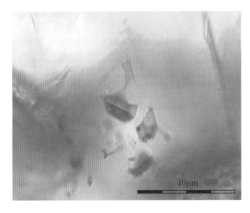

图1－23　方解石脉中的褐色多相液相烃包裹体，XK4 井，6835.83m，单偏光

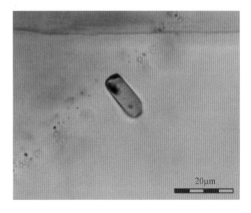

图1－24　白云石脉中的黄色含沥青液相烃包裹体，TZ45 井，6105m，黄色，单偏光

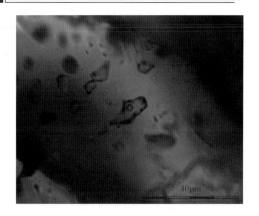

图1-25 裂缝中的褐黄色含沥青气液相烃包裹体，H902井，O_2y，6650.55m，单偏光

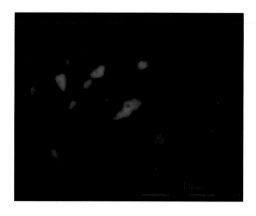

图1-26 图1-25中烃包裹体液相发黄色荧光，紫外荧光

图1-27 方解石脉中深褐色含沥青液气相烃包裹体，XK4井，O_2y，6839.60m，单偏光

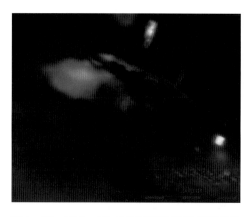

图1-28 图1-27中烃包裹体的液相发蓝色荧光，气相不发荧光，固相沥青发黑色荧光，紫外荧光

图1-29 方解石中含液相烃沥青包裹体，其中发黑色荧光是沥青，发暗土黄色荧光的是液相烃，H902井，O_2y，6647.32m，紫外荧光

（8）盐水和烃类共存于一个包裹体中，是包裹前油水不相溶的混合液被包裹在矿物中，包裹后还是油水不相溶的混合流体，这种包裹体随着温度压力的变化也不太可能成均匀相，但它们具有流体包裹体的所有特征，所以流体包裹体不一定是均匀体系。命名时以盐水和烃类含量多少来定，少的放在前面、多的放在后面，如盐水含量大于烃类定名为"含烃盐水包裹体"，如烃类含量大于盐水定名为"含盐水烃包裹体"。再据相态可进一步分类，定名时相态描述在主成分前面，如"含烃液相盐水包裹体（图1-31）"、"含烃气液相盐水包裹体（图1-32，图1-33）"、"含烃液气相盐

水包裹体"和"含盐水液相烃包裹体(图1-34)"、"含盐水气液相烃包裹体(图1-35)"、"含盐水液气相烃包裹体(图1-36)"。

(9)在室温下为固体沥青的烃包裹体归为固体包裹体类,称沥青包裹体(图1-37),如烃包裹体内即有沥青又有流动的烃类,以含量少到多列在烃包裹体前,如含沥青气相烃包裹体,指包裹体内气相烃含量占50%以上,固体沥青含量少于50%;再如含气液相烃沥青包裹体,指包裹体内沥青占50%以上,含有部分液相烃和气相烃,而液相烃多于气相烃。

(10)加上了生物成因的包裹体如琥珀内生物包裹体(图1-2),它们是在天然地质条件下有机质生长过程中包裹生物而成,故放入包裹体中。

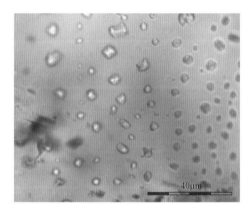

图1-30 方解石脉中液相盐水包裹体,
H902井,O₂y,6640.2m,单偏光

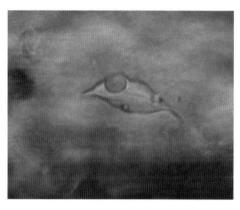

图1-31 方解石中含烃液相盐水包裹体,
XK7井,O₂y,6923.31m,单偏光

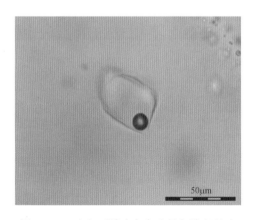

图1-32 方解石脉中灰色含烃气液相盐水
包裹体,TZ45井,O₁₊₂,6105m,单偏光

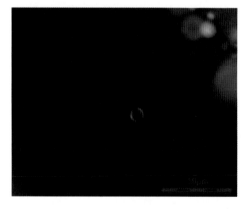

图1-33 图1-32中的包裹体液相烃发弱蓝色
荧光,紫外荧光

3. 常温常压下包裹体分类特点

(1)以常温常压下流体包裹体肉眼能辨的真实相态进行分类,精准易辨,有利于实验室鉴定精确定名。

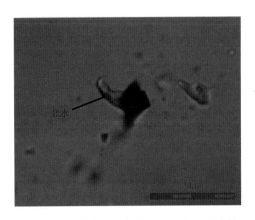

图1-34 石英中灰黑色含盐水液相烃包裹体，
AK1井，K_2，3310.98m，单偏光

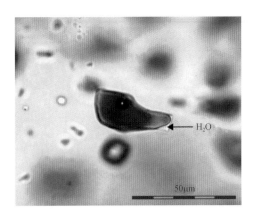

图1-35 方解石中褐色含盐水气液相烃
包裹体，RP4井，O_3l，6749.52m，单偏光

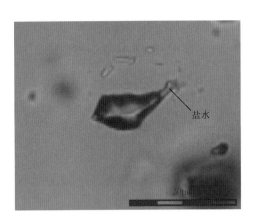

图1-36 石英中灰黑色含盐水液气相烃
包裹体，AK1井，K_1，3330.41m，单偏光

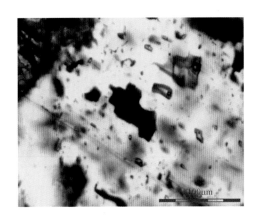

图1-37 白云石中的褐黑色沥青包裹体，
DH24井，O_1p，5784.16m，单偏光

（2）将常温常压下流体包裹体相态与成分、成因结合起来分类，更全面体现包裹体所展示的地质意义，为找矿找油、成岩成藏物理化学环境分析提供更多信息。

（3）先按常温常压相态分成两大类：固体包裹体和流体包裹体，这是非常直观易判断的形式，有利于包裹体成分分析时前处理方法及测试仪器的选择。

（4）再以包裹体成分分成生物包裹体、矿物包裹体、盐水包裹体和烃包裹体，指示包裹体主要组分特征，指示成岩、成矿和成藏依据。

（5）再据成因分生物作用、热液作用、岩浆作用、变质作用和成岩作用，将包裹体归类，不同的作用会产生不同类包裹体；反之，不同类包裹体能预示不同的地质作用，指导分析不同的地质作用和形成时的物理化学条件。

（6）最后，据常温常压下烃包裹体和盐水包裹体相态统一命名和分类，使定义规范化、统一化、标准化。

三、包裹体的成因分类

成因分类按包裹体与赋存矿物形成关系来分类。成因分类是非常有意义的分类方案。先按原生包裹体的赋存矿物是母岩矿物还是成岩矿物分成两大类:继承包裹体和成岩包裹体。

1. 继承包裹体

继承包裹体(Inheritance Inclusion)是沉积岩母岩矿物中的原生包裹体,在沉积岩未形成之前就已存在,反映母岩形成和演化的物理化学信息。

2. 成岩包裹体

成岩包裹体是成岩过程中将地质流体捕获在成岩自生矿物(胶结物、交代矿物、重结晶矿物、裂隙充填矿物和次生加大矿物等)中的原生包裹体[16]或愈合在母岩矿物愈合缝中的次生包裹体。含油气盆地研究重点是成岩包裹体。成岩包裹体按包裹体与赋存矿物形成先后关系又分成原生包裹体和次生包裹体两种。

(1)原生包裹体(Primary Inclusion)(图1-38):是在矿物的结晶过程中被捕获的包裹体,与赋存矿物同时形成,能代表赋存矿物形成时的地质流体特征。沉积岩成岩矿物中的原生流体包裹体能代表着成岩、成矿地质流体(或油气)的物理化学特征,变质矿物中的原生流体包裹体能代表着变质残余流体的物理化学特征,岩浆矿物中的原生流体包裹体代表着岩浆残余流体的物理化学特征。

有人将沿晶面在晶体继续生长时封存形成的包裹体称为"假次生包裹体",这是一种外表分布特征上相似于愈合裂缝中分布的次生包裹体,但它属于原生包裹体,既然属于原生包裹体本文建议不别设一类,应还放入原生包裹体中,只是在描述这类包裹体时将其分布特征阐述明白。

(2)次生包裹体(Secondary Inclusion)(图1-39):次生包裹体是在矿物形成后,由于压力变化或构造运动等外力因素的影响,使晶体产生裂隙,当这些裂隙中捕获后期成矿介质并密封起来,即形成次生包裹体。次生包裹体只能反映赋存矿物形成以后的地质流体物理化学性质,如温度、压力及介质成分等。沉积岩母岩矿物、变质矿物和岩浆矿物中的次生流体包裹体能代表着成岩期成矿地质流体(或油气)的物理化学特征,所有岩类成岩矿物中的次生流体包裹体能代表成岩矿物形成之后的成岩期成岩地质流体特征。

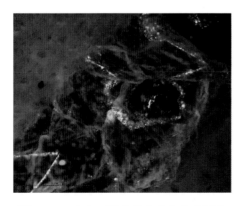

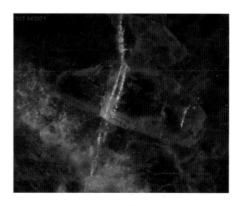

图1-38　方解石脉中的发黄色荧光原生包裹体,LN48井,O,5301.71m,紫外荧光

图1-39　愈合缝中的发褐色和蓝色荧光次生包裹体,JF127井,O$_{2-3}$,5439.71m,紫外光荧光

第三节　流体包裹体的形成

　　大自然千变万化,不变的均匀物理化学环境及永恒稳定的地质流体是极为少见的,故没有缺陷的理想晶体在自然界极少,晶体缺陷小的如原子大小,大的肉眼可以看到,矿物的缺陷是包裹体赖以形成的关键。矿物缺陷中包裹的液体、固体和气体,为了解晶体赖以生长的物理和化学条件提供了宝贵资料。而在一个矿物晶体完整的结晶过程中,任何阻碍或抵制晶体生长的因素都可能造成晶体生长缺陷,从而将晶体周围异物包裹而形成包裹体。结合1984年Roedder[56]对晶体矿物包裹其他物质的可能,总结认为晶体矿物能包裹周围流体有以下几种情况:

　　(1)矿物结晶时一旦出现晶核,晶核部位便迅速生长,形成骨架状或树枝状微晶。这时因为过饱和溶液中容易形成致密晶层,当过饱和程度降低时晶体生长缓慢,在形成致密晶层的同时,捕获流体形成包裹体[图1-40(a)]。

　　(2)矿物结晶时出现晶体角和晶棱生长较快、而晶面中心生长较慢时,晶面中心"饥饿"状态会形成凹坑。这时晶体生长的培养基靠流体的流动或扩散供养时产生。在"饥饿"状态的凹坑中,充填成矿流体,可以形成三维空间的大包裹体[图1-40(b)]。

　　(3)晶面出现凹凸不平而导致包裹体的形成,由于晶体的培养基供应不均匀,影响晶体的点、线、面均匀发育的结果。分为两种情况:① 当晶体快速生长时,培养基供应充足的部位先生长,而供应较少或者来不及供应处则形成空洞,在一个晶面上出现多孔的树枝状;② 当晶体慢速生长时,培养基供应不均匀,会形成多孔层与致密层相间,致密层暂时封闭培养基,从而捕获了流体[图1-40(c)],构成层状包裹体。

　　(4)晶体的生长螺旋,也可能是形成包裹体的一种原因[图1-40(d)]。在人工合成的水晶中可以见到,在相邻的大生长螺旋之间,有时也在生长螺旋中心,常常形成流体包裹体。

　　(5)晶体是由平行六面体堆叠而成的。如果堆叠得不够平行时,则出现空隙,形成包裹体[图1-40(e)]。

　　(6)晶面杂质,外来的固体质点落在生长着的晶面上,可以形成包裹体。在天然矿物结晶过程中,由于溶液中携带的其他早形成的矿物颗粒,或围岩破碎的细小质点降落到生长着的晶面上,阻碍了溶质的扩散作用,影响了培养基对固体质点降落部位的供应,因而停止生长。而晶面上固体质点以外的部分培养基供应没有受到阻碍,继续正常生长。降落在晶面上的外来质点,或被推向生长前缘,或被新的生长层越过而掩埋起来,不论属于哪一种情况,均可沿外来质点推移的轨迹或掩埋不完整处,形成空腔,捕获母液,形成包裹体[图1-40(f)]。

　　(7)晶体上的裂纹,导致晶体的不良生长,因而形成包裹体[图1-40(g)]。这种成因的包裹体很普遍,晶体生长过程中由于应力不均,常常产生裂纹,在具有裂纹的晶面上继续生长并封存成矿溶液,形成包裹体。这类包裹体常被称为假次生包裹体。

　　(8)晶面弯曲和蚀坑中封存了成矿溶液,形成包裹体[图1-40(h)]。在晶体生长过程

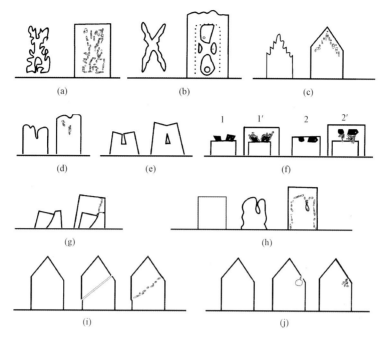

图 1-40 包裹体的形成机理(据 Roedder,1984,有增改)

(a)因温度降低,岩浆对某相呈过饱和状态,但未能成核,当最后出现晶核时,则生长迅速,并形成骨架状或树枝状微晶,直至过饱和程度降低形成致密层,包围了它,形成包裹体;(b)晶体隅角和晶棱快速生长,形成凹坑,可以捕获大包裹体;(c)致密晶层覆盖了枝蔓状快速生长层,形成层状包裹体群;(d)在各生长螺旋之间或生长螺旋中心捕获的包裹体;(e)晶体结构单元的亚平行生长,捕获的包裹体;(f)固体碎屑落在生长着的晶面上,固体碎屑或被包裹,或被推向生长前缘,因此形成的包裹体,1 和 1′为在固体质点被生长着的晶面掩埋时形成的包裹体;2 和 2′为在固体质点被推移的轨迹上形成的包裹体;(g)晶面裂纹,导致晶体的不良生长,形成包裹体;(h)晶体部分溶(熔)解,产生蚀坑和弯曲晶面,因晶体的再生,捕获包裹体;(i)晶体裂缝愈合捕获的包裹体;(j)晶体形成后溶解成孔隙,后期溶液进入孔隙重结晶过程中捕获的流体形成的包裹体

中,由于周围环境的变化,造成晶体停止生长,或发生部分溶解而产生蚀坑和晶面弯曲。而后晶体又继续生长,在蚀坑中封存了成矿溶液。这种情况形成的包裹体,既可以是单个的大包裹体,也可以是较小的包裹体带。

以上前 6 种是晶质连续生长过程中,因提供晶体生长的溶液浓度不均、温度压力变化导致晶质生长缺陷而在缺陷处包裹地质流体形成的流体包裹体。也是原生包裹体形成的主要原因。

第 6 种是晶质矿物生长过程中受异物影响而形成空腔包裹地质流体而形成流体包裹体的,主晶体未停止生长,故包裹体形成时间与晶体矿物相同,属于原生包裹体。但第 8 种加大边内缘包裹体不同于第 6 种,第 8 种是晶质矿物生长结束,经一段地质时期的不生长,在这段不生长期,或主矿物晶体被溶蚀、或被其他固体矿物附着,后地质流体中又有了培养基溶液,晶质矿物加大生长而在其包裹地质流体形成的包裹体,这种包裹体分布有时显矿物晶形状呈成环带分布,像是原生包裹体,实晚于原矿物形成,与矿物加大边同时期。所以第 6 种可代表晶体形成时期的物理化学条件,但第8种只能代表加大边的形成时期的物理化学条件。

(9)构造裂缝充填地质流体愈合包裹而成。晶体形成后,由于地质构造应力使之产生裂缝,周围地质流体进入裂缝中,后裂缝愈合将这些地质流体包裹其中[图1-40(i)]。这种情况与"(7)晶体上的裂纹"[图1-40(g)]不同,第7种是沿晶体裂纹再生长晶体时会顺裂纹方向有流体包裹,而第9种是晶体形成后又产生裂缝,再愈合裂缝时包裹地质流体。

(10)晶体形成后溶解成孔隙,后期溶液进入孔隙重结晶过程中捕获的流体形成的包裹体[图1-40(j)]。

第9种和第10种是流体包裹体形成的最常见的方式,这两种包裹体的形成是地质流体在晶体矿物形成后,被愈合在晶体矿物的构造裂缝或孔隙中形成的流体包裹体,故在形成时间上晚于赋存矿物,是次生包裹体形成的主要原因。

第四节　流体包裹体非均匀体系

多数流体包裹体是捕获了均匀流体,即捕获前的地质流体是均匀的一相流体,这种包裹体即使在室温下已是不均一的多相体,但也可以通过恢复当时地质温度压力而使流体均一化。还有些流体包裹体是捕获不均匀流体或体系而形成的,在赋存矿物晶质时周边地质流体是不均匀的或多相的,矿物结晶或重结晶时包裹的是一个不均匀流体或不均一相流体,形成了不均一相包裹体。

一、沸腾包裹体

捕获气液非均匀体系的包裹体——"沸腾包裹体"(图1-41[57]):地质流体本身为稠密的液相和稀疏气相,同时捕获液相和气相使同一期包裹体气液比变化很大,充满气体的包裹体、液相的包裹体、此外还有充填度在两者之间的包裹体共存。其中气液比最大的和最小的包裹体均一温度相同并能代表矿物形成的温度,而充填度介于之间的均一温度都比矿物形成温度高。

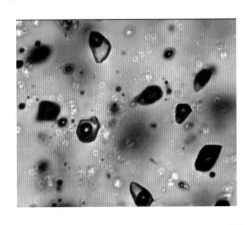

图1-41　石英斑晶中的灰色沸腾包裹体群[59]

二、含固体杂质流体包裹体

流体伴有固体矿物被包裹形成的"含固体杂质流体包裹体"(图1-14),它不同于"含子矿物气液盐水流体包裹体"(图1-15),含固体杂质流体包裹体是赋存矿物在一种充满晶体或固体质点的流体中生长时,地质流体与这些固体物质同时被包裹而成。含固体杂质流体包裹体中如杂质是石英,可称为含石英杂质流体包裹体,这种包裹体加热时固体矿物是不会溶解的。这与"含子矿物流体包裹体"不同,含子矿物的包裹体中子矿物如是石盐,我们可称含石盐子矿物流体包裹体,含子矿物流体包裹体加热时子矿物可溶解到流体中成均一液相。

三、不混溶液相流体包裹体

（1）两种不混溶液体,最典型的例子是盐水和烃两液相包裹体。油水包裹体中的油可无色（图1-20）、浅褐黄色（图1-22）、褐色（图1-21）、褐黑色（图1-37）、黑色（图1-24）,油占的比例可少（图1-31,图1-32）可多（图1-35）。油气由烃源岩沿输导层（砂岩、石灰岩）或连通构造（不整合面、断裂带）向圈闭高点缓慢运移时,是靠无机地质流体的浮力和地层压力完成的,无机地质流体和油气是不混溶的,加之运移过程中因地质温度压力变化而油气分离或轻重分离,形成了宏观水层、油—水层、油层（或又分成重质油层、轻质油层）、油气层、气层等不混溶流体层,储层中的孔隙有连通的、半连通的、不连通的,会造成油、气、无机溶液在以上层、层界面、运移通道上的微观不均匀性,从而使成岩矿物在包裹油气时形成不均相包裹体。当油—气—水共存时,气相与水相组成的气液比不大于15%时,加温会使气相消失,说明气相和水或气相和油为均一相,但包裹体中的油—水两相还不互溶,一般认为气相消失的温度是包裹体形成时的温度,也就是这期烃包裹体形成温度或油气运移到储层时的地温。当油—气—水共存时,气相与水相组成的气液比大于15%时,油气或水气是非均一相,不适合测温分析。

房情等[58]对准噶尔盆地腹部侏罗系三工河组砂岩储层和渤海湾盆地东濮凹陷濮卫次洼古近系沙河街组砂岩油气水不混溶包裹体测温发现,均一温度异常高（高于同期次的盐水包裹体）、同一组合内包裹体气液比和均一温度分布离散且无规律[图1-42(c)]、降温后不互溶。究其原因,是包裹体内非均一捕获了油水两相。具有异常高的均一温度是因为包裹体内油水不相溶,只有升温至极高温压条件下才能形成类似"微乳液"的物质,表现为镜下的均一现象,而此时观察到的"均一现象"并非真正意义上的流体体系均一,不能代表包裹体形成时的温度。由于形成时捕获的油相含量不同,冷缩分离出的气体含量也有差异,导致同一组合内极其离散且无规律的气液比和均一温度分布,而油组分相对于盐水有更低的凝固点,使得包裹体不发生共结。所以在用油水气包裹体测温时应注意是否能代表形成时的温度。

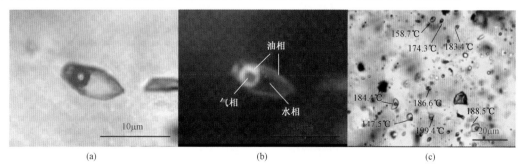

图1-42　石英中油—气—水不混溶包裹体显微照片（引自房情等,2016）

（a）和（b）分别为石英颗粒中典型油—气—水不混溶包裹体透射光和荧光照片,准噶尔盆地腹部 ZS5 井,3331.4m,长石细砂岩;（c）分别为石英颗粒中油—气—水不混溶包裹体透射光和荧光照片,包裹体均一温度异常高且分布离散,东濮凹陷 H10 井,2233.9m,长石细砂岩

（2）两种轻、重悬殊的石油共存于一个包裹体中（图1-23）。因油—油在一定条件下互溶，出现轻、重悬殊的石油共存于一个包裹体。多是因地质温度压力变化而使原均一相烃包裹体轻重油分离，属烃包裹体形成后的变化，只有极少部分可能会存在捕获前轻、重非均相。

第五节　流体包裹体后生变化

虽然包裹体必须是封闭体系、与赋存矿物未发生反应、没有物质的进入或逸出，但地质流体被封闭在晶体矿物中可能长达几万至几百万年，地质温度、压力变化会使流体包裹体发生除了相态变化外的其他物理化学变化，相变是可逆的，但有些变化就是不可逆的，不可逆变化有以下几种。

一、包裹体体积变化

（1）由于赋存矿物重结晶，使大包裹体分成几个小包裹体——"卡脖子"（图1-43至图1-48）现象，包裹体体积改变了。

（2）可塑性矿物如石盐、方解石、萤石，当内压超过外压时，将引起包裹体体积的涨大；当内压小于外压时，会使流体包裹体体积缩小。

二、包裹体组分变化

（1）由某种机制产生的微裂隙，常造成包裹体内组分的漏失。Roedder（1984）[56]认为，除了碎裂和变形的岩石以外，包裹体形成之后渗漏的情况并不多见，渗漏在很大程度上取决于包裹体周围有无微裂缝的存在（图1-49和图1-50）。在成岩过程中，由于自然爆裂，包裹体中的物质可以全部漏失，或者局部爆裂后包裹体流体进入裂缝，形成卫星状次生包裹体（图1-51和图1-52），这些现象的出现是包裹体发生过漏失的有力证据。但是一些微裂缝在显微镜下是看不出来的，例如在磨制薄片时，样品受力而产生的微裂缝就难以分辨了。外来物质进入包裹体也是以微裂缝为通道的，外部物质也可能渗入包裹体，改变原来包裹体的成分。

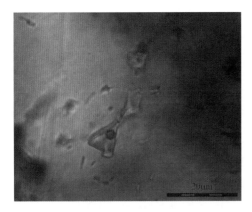

图1-43　方解石脉中烃包裹体的卡脖子现象，TZ62井，O_3l，4848m，单偏光

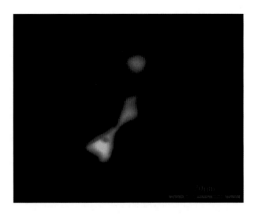

图1-44　图1-43中卡脖子烃包裹体发蓝色荧光，紫外荧光

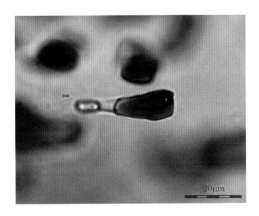

图1-45 方解石中烃包裹体卡脖子现象，
RP4井，O_3l，6749.52m，单偏光

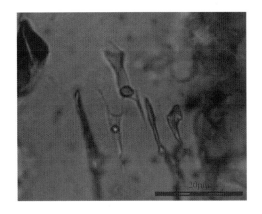

图1-46 白云石中烃包裹体的卡脖子现象，
TZ30井，O_{1+2}，4982.9m，单偏光

图1-47 图1-46中烃包裹体发蓝色荧光，
紫外荧光

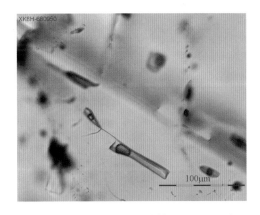

图1-48 方解石中烃包裹体的卡脖子现象，
XK8H井，O，6809.5m，单偏光

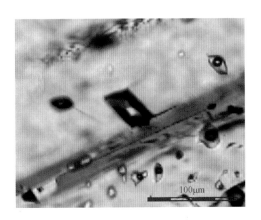

图1-49 方解石脉微裂缝边的烃包裹体，
XK8H井，O，6809.5m，单偏光

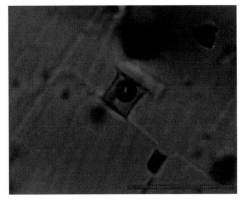

图1-50 方解石中黄色烃包裹体周围有微
裂缝，TZ822井，5609m，单偏光

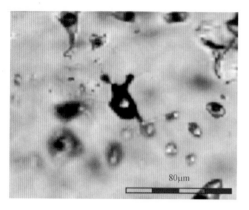

图 1 – 51　方解石中呈卫星状次生包裹体，
XK8H 井，O,6809.5m,单偏光

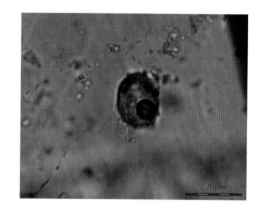

图 1 – 52　方解石中呈卫星状黄色次生包裹体，
TZ26 井，O_{1+2},4282m,单偏光

（2）变形矿物中位错也是包裹体组分渗漏的原因之一。

（3）当包裹体的内压大于外压并超过一度限定时,包裹体壁会破裂,致使物质泄漏（图 1 – 27、图 1 – 28 和图 1 – 53）。

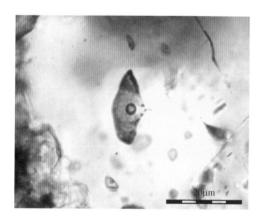

图 1 – 53　白云石脉中的破裂包裹体，
H9 井，O_2y,6619.49m,单偏光

（4）流体包裹体中的组分因温度变化,与赋存矿物发生反应,如流体包裹体中的氧与主晶中的二价铁离子作用转变成三价铁离子,在包裹体壁上形成褐色的晕圈,而流体包裹体中的氢逸出。

（5）沥青质的分离,在烃包裹体体壁上见有黑色固相沥青（图 1 – 24 和图 1 – 25）,尤其是在气相烃包裹体中,有 3 种原因导致这种现象:①均一相烃包裹体因温度降低而沥青质分离出来;②捕获时就是沥青和油气不混溶体;③包裹体被破坏轻组分有溢出,重组分沥青质沉淀在包裹体壁上。其中第②③种情况的可能性最大。若烃包裹体中发现含固相沥青,表明烃包裹体封闭体系内发生了不可逆的物理—化学变化。这类包裹体不再符合均匀体系的 PVTX 状态方程,故在分析烃包裹体组分时应注意这个问题。

包裹体体积和成分如发生了变化,流体包裹体的均一温度和盐度都会受影响,故这类包裹体的均一温度与盐度不能代表晶体矿物形成时或流体包裹体形成时的温度盐度。包裹体如有成分变化了,包裹体组分已不是当时被包裹前的流体组分,故在分析流体包裹体组分时应注意这个问题。

参 考 文 献

[1] 卢焕章,范宏瑞,倪培. 流体包裹体[M]. 北京:科学出版社,2004.

[2] 柳少波,顾家裕. 包裹体在石油地质研究中的应用与问题讨论[J]. 石油与天然气地质,1997,18(4): 326 – 331.

[3] 潘长春,杨坚强. 准噶尔盆地砂岩储集岩生物标志化合物特征及其意义[J]. 地球化学,1997,26(5): 82 – 89.

[4] 施继锡,李本超,傅家谟. 有机包裹体及其与油气的关系[J]. 中国科学(B辑),1987,3:313 – 327.

[5] 刘埃平,郝石生,钟子川. 冀北坳陷中上元古界—下古生界流体包裹体特征及其地质意义[J]. 沉积学报,1997,15(A12):35 – 40.

[6] Donald H Freas. Temperatures of Mineralization by Liquid Inclusions, Cave – in – Rock Fluorspar District, Illinois [J]. Economic Geology,1961,56(3):542 – 556.

[7] Blasch S R, Coveney R M. Goethite – bearing Brine Inclusions, Petroleum Inclusions, and the Geochemical Conditions of Ore Deposiion at the Jumbo Mine, Kansas[J]. Geochimica et Cosmochimica Acta, 1988, 52(5): 1007 – 1017.

[8] William C Kelly, Gail K Nishioka. Precambrian Oil Inclusions in Late Veins and the Role of Hydrocarbons in Copper Mineralization at White Pine, Michigan[J]. Geology,1985,13(5):334 – 337.

[9] Wiggins W D, Harris P M, Burruss R C. Geochemistry of Post – uplift Calcite in the Permain Basin of Texas and New – mexico[J]. Geological Society of America Bulletin,1993,105(6):779 – 790.

[10] Barrer R M, Reucroft P J. Inclusion of Fluorine Compounds in Faujasite. I. The Physical State of the Occluded Molecules[J]. Proceedings of the Royal Society of London. Series A,1960,258(1295):431 – 448.

[11] Kennedy R S, Finnerty W R, Sudarsanan K, et al. Microbial Assimilation of Hydrocarbons[J]. Archives of Microbiology,1975,102(1):75 – 83.

[12] Marray R C. Hydrocarbon Fluid Inclusions in Quartz[J]. AAPG Bull,1957,41:950 – 952.

[13] Burruss, R C, Crawford M A. Short Course in Fluid Inclusions, Applications to Petrology, Toromto, Mineralogical Assoc[J]. Canada,1981,138 – 156.

[14] 潘长春,周中毅,解启来. 油气和含油气包裹体及其在油气地质地球化学研究中的意义[J]. 沉积学报, 1996,14(4):15 – 23.

[15] 刘德汉,肖贤明,田辉. 含油气盆地中流体包裹体类型及其地质意义[J]. 石油与天然气地质,2008,29 (4):38 – 43.

[16] 李宏卫,曹建劲,李红中,等. 油气包裹体在确定油气成藏年代及期次中的应用[J]. 中山大学研究生学刊:自然科学. 医学版,2008,29(4):29 – 35.

[17] SY/T 6010—2011 沉积盆地流体包裹体显微测温方法[S].

[18] Sorby H C. On the Microscopic Structure of Crystals, Indicating the Origin of Minerals and Rocks[J]. Geol. Soc. London Quart,1985,14(1):453 – 500.

[19] 陈银汉. 矿物包裹体相册[M]. 石家庄:河北地质学院出版社,1981.

[20] 何知礼. 包体矿物学[M]. 北京:地质出版社,1982.

[21] 李兆麟. 实验地球化学[M]. 北京:地质出版社,1991.

[22] 张文淮,陈紫英. 流体包裹体地质学[M]. 武汉:中国地质大学出版社,1993,190 – 191.

[23] Newhouse W H. The Temperature of Formation of the Mississippi Valley Lead – zinc Deposits[J]. Society of Economic Geologists,1933,28:744 – 750.

[24] Smith F G. Physical Geochemistry[M]. Reading, Massachusetts, Addison – Wesley Publishing Company, Inc, 1963,624.

[25] Ermakov N P, et al. Research on the Nature of Mineral – Forming Solutions, with Special. Reference to Date from

Fluid Inclusions[M]. New York:Pergamon Press,1950,743.

[26] Edwin Roedder. 流体包裹体[M]. 卢焕章,译. 湖南:中南工业大学出版社,1985.

[27] 杨春,黄宇营,何伟. 同步辐射 X 射线荧光研究单个流体包裹体的进展[J]. 核技术,2002,25(10): 864－868.

[28] Walder Haug O. A Fluid Inclusion Study of Quartz－cemented Sandstones from Off－shore Mid－Norway－Possible Evidence for Continued Quartz Cementation during Oil Emplacement[J]. Journal of Sedimentary Petrology,1990,60:203－210.

[29] Gluyas J G,Robinson A G,Emery D,et al. The Link between Petroleum Emplacement and Sandstone Cementation[A]//Parker J R. Petroleum Geology of Northwest Europe. Proceedings of the Fourth Conference,1993: 1395－1402.

[30] Neilson J E,Oxtoby N H,Simmons M D,et al. The Relationship between Petroleum Emplace－ment and Carbonate Reservoir Quality:Examples from Abu Dhabiand the Amu Darya Basin[J]. Marine and Petroleum Geology,1998,15:57－72.

[31] Teinturier S,Pironon J. Experimental Growth of Quartz in Petroleum Environment. Part Ⅰ:Procedures and Fluid Trap－ping[J]. Geochimica et Cosmochimica Acta,2004,68:2495－2507.

[32] Murray R C. Hydrocarbon Fluid Inclusion in Quartz[J]. AAPG,1957,415:950－952.

[33] McLimans R K. Theapplication of Fluid Inclusions to Migra－tion of Oil and Diagenesis in Petroleum Reservoirs [J]. Applied Geochemistry,1987,2:585－603.

[34] Munz I A. Petroleuminclusions in Sedimentarybasins:Sys－tematacs,Analytical Methods and Applications[J]. Lithos,2001,55:195－212.

[35] 李荣西,金奎励,廖永胜. 有机包裹体显微傅里叶红外光谱和荧光光谱测定及其意义[J]. 地球化学, 1998,27(3):244－250.

[36] 赵厚根,王延斌,邵龙义. 有机包裹体的研究现状及发展趋势[J]. 中国矿业,2003,12(07):10－13.

[37] 刘德汉,卢焕章,肖贤明. 烃包裹体及其在石油勘探和开发中的应用[M]. 广州:广东科技出版社,2007.

[38] Kalyzhyy V A. Liquid Inclusion in Minerals as a Geologic Harometer[J]. International Geology Review,1960,2 (3).

[39] 谢佛德 T J. 流体包裹体研究实践指南[M]. 张恩世,译. 武汉:中国地质大学出版社,1990.

[40] 芮宗瑶,沈崑,译. 流体包裹体在岩石学和矿床学中的应用[M]. 北京:地质出版社,1986.

[41] 刘鑫,杨传忠. 碳酸盐岩矿物流体包裹体的主要研究方法及其应用[J]. 石油实验地质,1991,13(4): 399－407.

[42] 汤倩. 矿物中的包裹体及其研究意义[J]. 中山大学研究生学刊:自然科学. 医学版,2005,26(3): 75－84.

[43] 伍新和,向书政,苟学敏. 包裹体研究在油气勘探中的应用[J]. 天然气勘探与开发,2009,23(3): 29－34.

[44] Emakov N P. Geochemical Classification of Inclusions in Minerals [A]. Fluid Inclusion Research—Proc. of COFFI,1969.

[45] 赵淑霞,张良钜,林杰. 水晶包裹体的类型及成因综述[J]. 矿产与地质,2002,93(6):349－352.

[46] 刘劲鸿. 宝石中包裹体分类及其意义[J]. 吉林地质,1998,17(2):65－69.

[47] Gubelin E J,Koivula J. 宝石内含物大图解[M]. 张瑜生译. 台湾:大知出版社. 1995. 15－19.

[48] Philippot P. Fluid－melt－rock Interaction in Mafic Ecfic Eclogites and Coesite－bearing Metasediments:Constraints on Volatile Recycling during Subduction[J]. Chem. Geol. 1993,108:93－112.

[49] 高晓英,李姝宁,郑永飞. 超高压变质矿物中的多相固体包裹体研究进展[J]. 岩石学报,2011,27(2): 469－489.

[50] 危国亮,张小芹,席翔涛. 有机包裹体及其研究方法[J]. 吐哈油气,2000,4(5):29－31.

［51］沈昆,张泽明,石超.江苏东海榴辉岩相变质脉体的流体包裹体研究［J］.岩石学报,2008,24(9):1987－1999.

［52］于志超,刘立,曲希玉.双辽火山活动与松辽盆地南部无机 CO_2 气藏的成因联系——来自火山岩中流体—熔融包裹体的证据［J］.矿物岩石,2011,31(2):96－105.

［53］卢焕章.地幔岩中流体包裹体研究［J］.岩石学报,2008,24(9):1954－1960.

［54］李霓,Nicole M(E)TRICH,樊祺诚.长白山天池火山千年大喷发岩浆含水量研究——熔融包裹体含水量的红外光谱测试［J］.岩石学报,2006,22(6):1465－1472.

［55］范宏瑞,郭敬辉,胡芳芳.鲁东南岚山头超高压变质岩流体包裹体特征与板片折返史［J］.岩石学报,2005b,21(4):1125－1132.

［56］Roedder E. Fluid Inclusions. Reviews in Mineralogy［J］. Mineral Soc. Amer. 1984,12:644.

［57］周云,唐菊兴,秦志鹏,等.西藏甲玛铜多金属矿床成因研究——来自流体包裹体的证据［J］.地球学报,2012,33(4):485－500.

［58］房倩,徐怀民,周勇水,等.砂岩油藏中油—气—水不混溶包裹体特征及其成因［J］.石油学报,2016(1):73－79.

第二章　含油气盆地流体包裹体研究的地学基础

在进行含油气盆地流体包裹体研究前先要研究区域地质背景、岩石学特征,主要有宏观地质背景和显微岩石特征两方面。

第一节　地质背景研究

一、资料收集

包裹体研究前决不能忽视地质背景资料,包括收集研究储层地层、区域构造、岩浆活动等地质背景资料,了解地层岩石的性质、成分、地质环境、成岩过程、成岩期次;收集油气藏的烃源岩、成藏特征及期次等资料,确定烃包裹体赋存矿物特征、生成时期。还要综合研究前人已有的包裹体分析资料、成分分析资料、同位素分析资料。

二、地质观察

做好宏观的野外和岩心观察是至关重要的。

(1)观察油气藏储层地层岩石构造特征,搞清地层层理、岩性变化、细层界面,总之应尽量多地掌握野外地质资料。

(2)观察和理清油气藏储层微裂缝和脉体性质、产状、期次,并弄清各类裂缝、脉体的生长顺序、相互穿插关系(图2-1和图2-2)。

 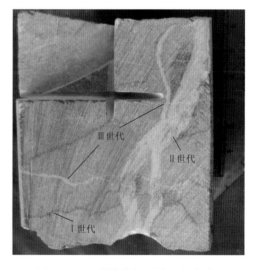

图2-1　二世代方解石脉生长次序,
YD2井,4354.27m

图2-2　三世代方解石脉生长次序,
GC4井,5590.69m

（3）找寻适合包裹体研究、具有代表性并普遍存在的岩石和脉体取样，特别注意层界面、脉体等有利油气活动的缝隙处取样，如图2－3中的重点取样点。

（4）注意油层、含油层、气层、水层的岩性变化、岩相变化、微裂缝（脉体）的变化、蚀变类型的变化等，一般在油层取样要密点，在含油层和水层取样要稀疏点，如图2－3各层取样点。

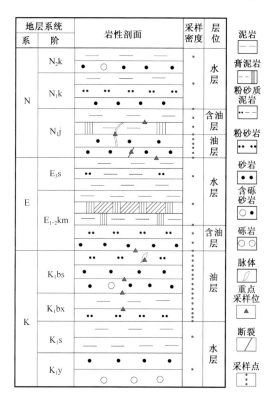

图2－3　库车地区综合柱状示意图及采样示意图

第二节　包裹体的岩相学研究

包裹体岩相学研究是所有包裹体研究的基础，研究的目的就是要建立赋存矿物的相对时间关系[1]。Burrus等[2]指出，只要确定出石油在共生序列中的产出位置，就可确定石油运移相对于成岩时间和构造时间的相对时间。

一、岩石矿物及其内包裹体特征

研究烃包裹体前一定要在显微镜下先确定薄片岩性、岩石矿物及其内包裹体特征。岩石矿物中包裹有原生包裹体，如砂岩中的石英、长石、岩屑颗粒中的原生烃包裹体，代表岩石形成之前包裹体就已经存在矿物中了，包裹体形成时间大于岩石形成时间，这类包裹体也称为继承包裹体（图2－4中的第Ⅰ期包裹体）。岩石矿物中包裹有次生流体包裹体（图2－4中的第Ⅱ和第Ⅶ期包裹体），不管是什么类岩石，多代表岩石形成之后，成岩作用时期地质流体充填而生。

二、成岩矿物及其内包裹体特征

成岩时期岩石孔隙中的地质流体常会使岩石发生成岩作用并形成成岩矿物。成岩矿物内含有原生流体包裹体(图2－4中的第Ⅲ、第Ⅳ、第Ⅴ期包裹体),则代表成岩时期包裹了同期地质流体;成岩矿物内含有次生流体包裹体(图2－4中的第Ⅵ、第Ⅶ期包裹体),则代表包裹了成岩矿物后期的地质流体。故成岩作用研究是研究流体包裹体的重要地质基础工作。应从以下几个方面研究:

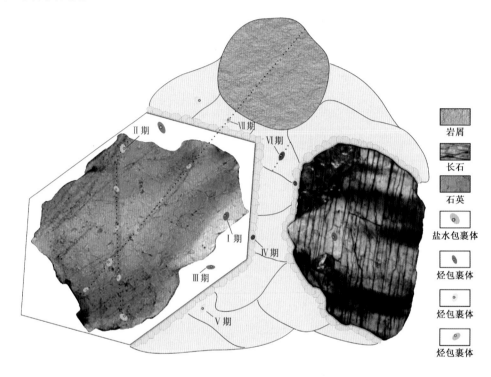

图2－4　砂岩中多期包裹体示意图

(1)厘定岩石的成岩作用、成岩阶段、成岩矿物、成岩矿物生长次序(图2－5和图2－6)。含不同期次原生流体包裹体赋存矿物的前后生长关系,也就是不同期次流体包裹体的先后形成关系,代表不同时期地质流体特征或不同期的油气运移。如图2－4中含第Ⅲ期原生包裹体的加大边成岩矿物早于含第Ⅳ期原生包裹体的马牙状成岩矿物,含第Ⅴ期原生包裹体的粗粒状成岩矿物形成最晚,第Ⅲ、第Ⅳ、第Ⅴ期流体包裹体特征就代表加大边、马牙状成岩矿物、粗粒状成岩矿物3期成岩矿物形成时的地质流体特征或油气运移情况。

(2)确定赋存成岩矿物中包裹体情况,是原生还是次生。同一成岩矿物含有两期包裹体:一期是原生,另一期是次生,则原生的包裹体早于次生的包裹体。如图2－4中粗粒状成岩矿物在原生的第Ⅴ期流体包裹体形成早于次生的第Ⅵ期流体包裹体。

(3)同一成岩矿物含有两期包裹体,如果两期包裹体都是次生,则次生包裹体之间的先后穿插关系是判断期次的依据。如图2－4中石英颗粒中次生的第Ⅱ期流体包裹体形成早于次生的第Ⅶ期流体包裹体。

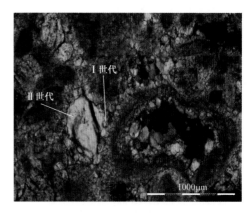

图 2-5 Ⅲ世代胶结物生长次序，
YM202 井，5858.53m，单偏光

图 2-6 Ⅱ世代胶结物生长次序，
DH24 井，5768.82m，单偏光

（4）同期烃包裹体在不同成岩矿物中，研究这些成岩矿物的共生组合与生长关系、成岩阶段、形成时期（或时间）。如果是同一成岩阶段形成的成岩矿物含有同一期烃包裹体并是原生包裹，说明这期油气运移与这一时期或这一阶段的成岩矿物同期；如果是不同成岩阶段形成的成岩矿物含有同一期烃包裹体并是原生包裹，说明这期油气运移是跨了多个成岩阶段；如果是同期烃包裹体在不同期成岩矿物中，有原生也有次生，含原生烃包裹体的成岩矿物形成早于含次生烃包裹体的成岩矿物，则烃包裹体形成时期与含原生烃包裹体的成岩矿物同时期。

三、脉体矿物及其内包裹体特征

裂缝是油气在岩石中运移的最理想通道，裂缝中充填的矿物（脉体）也是最常见的烃包裹体赋存矿物，故对脉体矿物的研究非常重要。应从以下几个方面研究：

（1）裂缝的宏观性质（图 2-3）、发育情况、期次（图 2-7）、含烃包裹体情况。

① 同一期脉体矿物含有同一期原生烃包裹体，说明这期油气运移与这一时期的脉矿物（裂缝）同期，或油气是这期构造动形成的，如图 2-8 示意图中第二期构造脉的第 Ⅰ 期褐色原生流体包裹体与脉体是同时期形成的。

② 不同期次的脉体矿物（裂缝中）含有同一期原生烃包裹体，说明这期油气运移是跨了多个构造裂缝的形成，或是多个小构造时期或多个大构造时期油气都在这一储集岩层中存在。如图 2-8示意图中第一期构造脉的褐色原生流体包裹体与第二期构造脉中的褐色原生流体包裹体相同，就是同源同期油气成藏产物，故可推测这期油气运移经历了第一期构造脉和第二期构造脉两个小构造时期。

③ 不同期次的脉体含有不同期次的原生包裹体，脉体矿物的先后关系、形成时期代表所含不同期次原生包裹体的先后关系及形成时期。如

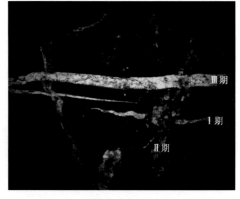

图 2-7 三期构造缝穿插及生长关系，
M8 井，1811.88m，单偏光

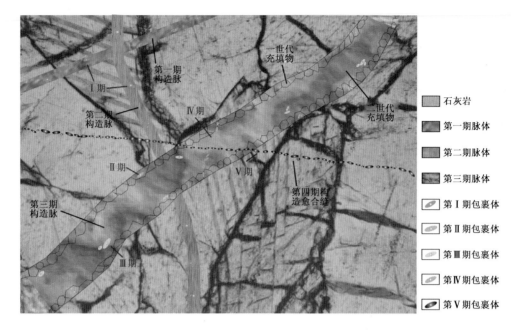

右侧图例：

- 石灰岩
- 第一期脉体
- 第二期脉体
- 第三期脉体
- 第Ⅰ期包裹体
- 第Ⅱ期包裹体
- 第Ⅲ期包裹体
- 第Ⅳ期包裹体
- 第Ⅴ期包裹体

图 2-8　脉体矿物及含流体包裹体生长关系示意图

图 2-8 中含第Ⅰ期流体包裹体的第二期构造脉体早于含第Ⅱ、第Ⅲ期流体包裹体的第三期构造脉体,故第Ⅰ期流体包裹体形成应早于第Ⅱ、第Ⅲ期流体包裹体。

（2）显微镜下裂缝中脉体矿物特征、世代（图 2-9）、含烃包裹体情况（图 2-10 至图 2-12）。同一期裂缝中的脉体含有不同期次烃包裹体,应研究这期裂缝中的充填物世代关系、不同期次烃包裹体成因（原生与次生）、不同期次烃包裹体的穿插关系。

①　不同期次的原生烃包裹体分布在同条裂缝不同世代的脉体矿物中,不同世代的先后生长关系就是不同期次原生烃包裹体的先后生长关系。如图 2-8 第三期构造脉中有两个世代充填物,早世代马牙状充填矿物早于晚世代连晶充填矿物,故马牙状充填矿物内的第Ⅱ期褐黄色原生流体包裹体形成应早于连晶充填矿物内第Ⅲ期黄色原生流体包裹体。

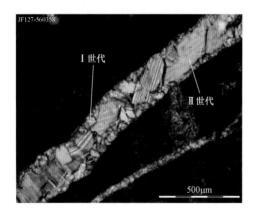

图 2-9　Ⅱ世代张性方解石脉生长次序,
JF127 井,5603.58m,单偏光

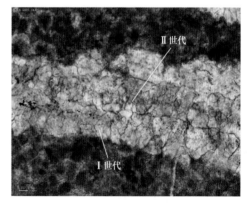

图 2-10　Ⅱ世代方解石脉生长次序,
YM4 井,5069.24m,单偏光

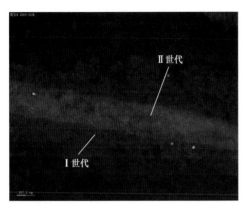 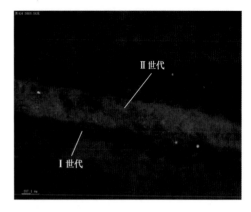

图2-11　Ⅱ世代方解石脉生长次序，
YM4井,5069.24m,荧光+单偏光

图2-12　Ⅱ世代方解石脉生长次序，
YM4井,5069.24m,紫外荧光

② 同一世代矿物内含有不同期次包裹体，原生包裹体早于次生的包裹体。如图2-8第三期脉中连晶充填物含原生第Ⅲ期黄色流体包裹体和次生第Ⅳ期蓝色流体包裹体,第Ⅲ期黄色原生流体包裹体形成应早于第Ⅳ期蓝色次生流体包裹体。

③ 同一世代矿物中含两期次生烃包裹体，次生包裹体之间的先后穿插关系是判断烃包裹体期次的依据。如图2-8中第三期脉中含次生第Ⅳ期蓝色流体包裹体和次生第Ⅴ期黑色流体包裹体,因第Ⅳ期蓝色次生流体包裹体只穿过脉体，而第Ⅴ期黑色次生流体包裹体分布在构造愈合缝中,愈合缝穿过所有脉体并穿过第Ⅳ期蓝色流体包裹体,故第Ⅳ期蓝色次生流体包裹体形成应早于第Ⅴ期黑色次生流体包裹体。

参 考 文 献

［1］池国祥,周义明,卢焕章. 当前流体包裹体研究和应用概况［J］. 岩石学报,2003,19(2):201-212.

［2］Burrus R C,Cercone K R,Harris P M. Timing of Hydrocarbon Migration:Evidenee from Fluid Inclusions in Calcite Cements,Tectonics and Burial History［J］. SEPM Special Publication,1985,26:277-289.

第三章 含油气盆地烃包裹体的显微特征

对烃包裹体的研究很重要的一手段是通过显微镜来观察烃包裹体的分布、形状、大小、相态、气液比、颜色、荧光、产状和期次等特征,在单偏显微镜或荧光显微镜观察能观察到的烃包裹体特征叫烃包裹体显微特征。

第一节 烃包裹体的识别

因为烃包裹体多在 10μm 左右,一般应先在 20 倍物镜下找烃包裹体,再在 50 倍物镜下仔细观察烃包裹体特征,之后在低倍镜(如 5 倍物镜)下确定其岩相特征、1~2.5 倍物镜确定脉体和缝隙特征。

烃包裹体液相一般在单偏光显微镜下有颜色且荧光下发荧光,这是识别烃包裹体的重要显微依据。

(1)在单偏光显微镜下烃包裹体液相一般呈色,如褐色、黄色、红色、黑色及它们的过渡色等。颜色有深有浅,还有呈无色,无色烃包裹体可再用荧光加以区别。

(2)在荧光下烃包裹体液相常发荧光,在紫外荧光下烃包裹体会发黑色、褐色、棕色、黄色、蓝色、绿色、白色及它们的过渡色等荧光。发黑色荧光的烃包裹体与不发荧光的盐水包裹体的区别:盐水包裹体一般不发荧光,荧光下它们与赋存矿物融为一体(无边界)(图3-1和图3-2);发黑色荧光的沥青包裹体与赋存矿物有明显边界(图3-3和图3-4),沥青包裹体呈完全不透的黑色,而赋存矿物呈半透不透的灰黑背景或发一定荧光。气相烃包裹体也不发荧光(图3-5和图3-6),但多数气相烃包裹体在其包裹体内缘外围见一点荧光和(或)黑色荧光向中心部位会有一点透亮之感,与赋存矿物有明显边界线。

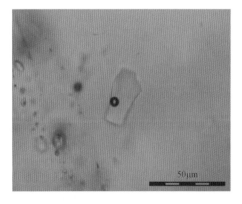

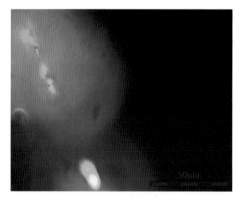

图 3-1 方解石脉中的灰色盐水包裹体,
TZ45 井,O_{1+2},6105m,单偏光

图 3-2 图 3-1 中盐水包裹体在荧光下与
矿物融为一体,紫外荧光

图 3-3　方解石脉中黑色沥青包裹体，
HD24 井,5784.16m,单偏光

图 3-4　图 3-3 中沥青包裹体发黑色
荧光,紫外荧光

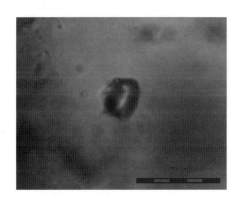

图 3-5　石英中的灰色气相烃包裹体，
AK1 井,K₁,3379.80m,单偏光

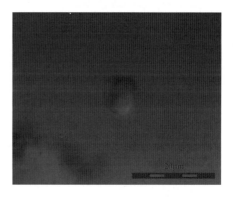

图 3-6　图 3-5 中气相烃包裹体不发
荧光,紫外荧光

（3）烃包裹体、盐水包裹体、矿物包裹体及一些人为杂质（如样品上的灰尘、磨粉、胶、粘片时的空气泡、抛光坑、皮屑等）主要区分特征见表 3-1。无色的烃包裹体与盐水包裹体的区别主要是无色烃包裹体多发荧光（图 3-7 和图 3-8），发荧光烃包裹体与发荧光的矿物（图 3-9 和图 3-10）、人为杂质[有机纤维（图 3-11 和图 3-12）、生物屑（图 3-13 至图 3-15）、有机磨粉、胶（图 3-16）]也是有区别的（表 3-1）。

表 3-1　烃包裹体与盐水包裹体和杂质的主要区别

特征		流体包裹体		杂质	
		烃包裹体 （图 3-7 和图 3-8）	盐水包裹体 （图 3-1 和图 3-2）	磨料、矿物	有机纤维、皮屑 （图 3-11 至图 3-15）
透射单偏光下	形态	多为圆润外轮廓		形状多有棱角	
	相态	多为液相或气液相		多为固体一相	
	颜色	多有色、少量无色	无色	有色无色均有	
	赋存位置	结晶的矿物内		多在孔缝隙中	多漂浮在薄片表面或 下表面或孔缝隙中

特征	流体包裹体		杂质	
	烃包裹体 (图3-7和图3-8)	盐水包裹体 (图3-1和图3-2)	磨料、矿物	有机纤维、皮屑 (图3-11至图3-15)
荧光下	多数发光,及少数 不发光	不发光	不发荧光或 发荧光	发荧光
形成原因	赋存矿物形成时包裹而成		薄片制作过程中混入的人为杂质	

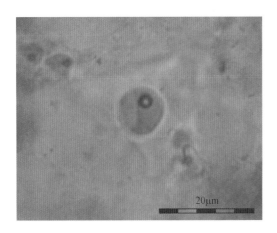

图3-7　石英中的黄色烃包裹体,KD101井,
　　　　K₂k,2960.17m,单偏光

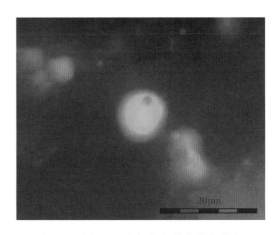

图3-8　图3-7中烃包裹体发黄色荧光,
　　　　紫外荧光

图3-9　孔隙中发黄绿色荧光的矿物,
　　　　ZS5井,6716m,单偏光

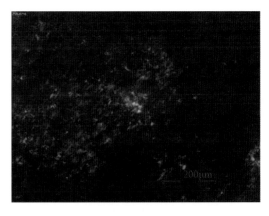

图3-10　孔隙中发黄绿色荧光的矿物,
　　　　同图3-9,紫外荧光

图 3 – 11　石英颗粒表面的有机纤维，
BZ102 井，6766.91m，单偏光

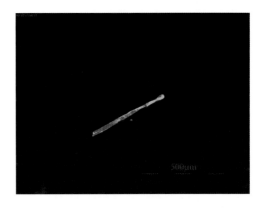

图 3 – 12　图 3 – 11 中有机纤维发蓝色
荧光，紫外荧光

图 3 – 13　漂浮于薄片表面上的灰色
皮屑，单偏光

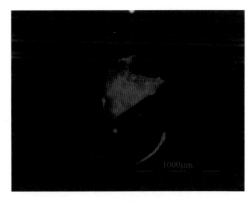

图 3 – 14　图 3 – 13 中皮屑发蓝色荧光，
紫外荧光

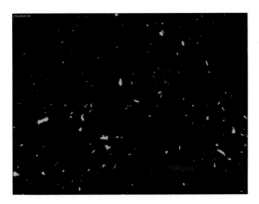

图 3 – 15　白云石中发蓝色荧光的碎屑，
ZS5 井，6549.28m，紫外荧光

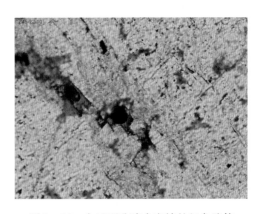

图 3 – 16　白云石孔隙中充填的红色胶体
铸体，TZ45 井，O，6061.6m，单偏光

第二节　烃包裹体的显微特征

烃包裹体的分布、形状、大小、相态、气液比、颜色、荧光、产状、期次等特征都是要借助于单偏显微镜或荧光显微镜观察,故称为烃包裹体显微特征。

一、烃包裹体的分布

烃包裹体的分布是指在赋存矿物中的聚集状态和排列方式,聚集状态是指烃包裹体在赋存矿物中的数量,有单个烃包裹体独立于赋存矿物中,有几个烃包裹体零星分布在赋存矿物中,有很多烃包裹体群体分布在赋存矿物中。而当一晶体矿物中含多个烃包裹体时,又有规则和不规则排列方式之分。

(1)孤立分布(图3-17):一个晶体矿物中只见到单个烃包裹体。

(2)零星分布(图3-18):几个烃包裹体不规则地分散在一个晶体矿物中。

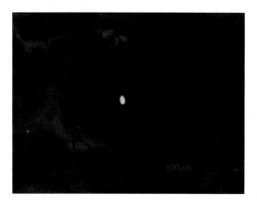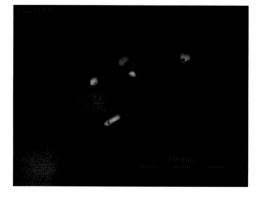

图3-17　白云石中呈孤立分布的发强黄色荧光
烃包裹体,TZ24井,O₃l,4500m,荧光

图3-18　方解石中零星分布的发绿色荧光烃
包裹体,JF127井,O₂₋₃,5485.31m,紫外荧光

(3)串珠状分布(图3-19和图3-20):烃包裹体在近一条“线”上一一排列,烃包裹体的长轴可能沿着“线”方向定向也可能不定向。这种分布方式的烃包裹体多是在愈合缝中形成,是薄片面垂直含烃包裹体愈合微裂缝面而造成的。

(4)群体定向分布(图3-21和图3-22):无数烃包裹体沿着一个方向成片分布,烃包裹体的长轴多沿着“片”长轴方向定向,少数情况烃包裹体的长轴沿着“片”长轴方向不定向。这种分布方式的烃包裹体多是在愈合缝中形成,是薄片面不垂直含烃包裹体愈合微裂缝面而造成的。

(5)群体分布(图3-23和图3-24):无数烃包裹体无规则地或杂乱无章地分布,烃包裹体的长轴多无定向。

(6)环带状分布:在一个晶体矿物中烃包裹体呈一圈或半环状分布,烃包裹体环带形状可与晶体晶形相似(图3-25和图3-26)也可与颗粒外形相似(图3-27和图3-28),前者多是晶体生长过程中捕获的,后者是晶体形成后再加大时捕获的。

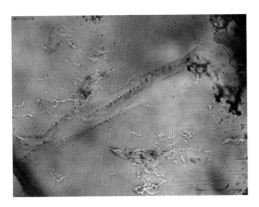

图 3 – 19 石英脉中呈串珠状分布的黄色烃包裹体，YM2 井，$O_{1+2}y_1$，5339.25m，单偏光

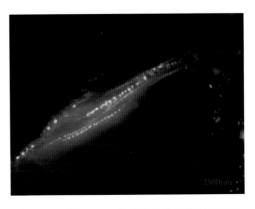

图 3 – 20 图 3 – 19 中串珠状分布的烃包裹体发蓝色荧光，紫外荧光

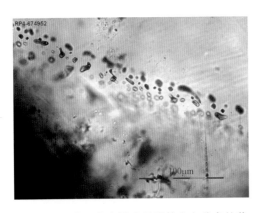

图 3 – 21 萤石愈合缝中呈群体定向分布的黄褐色烃包裹体，RP4 井，$O_3 1$，6749.52m，单偏光

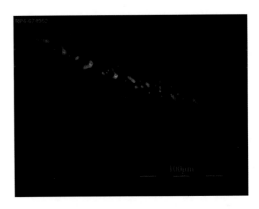

图 3 – 22 图 3 – 21 中群体定向分布烃包裹体发黄褐色荧光，紫外荧光

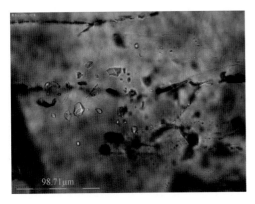

图 3 – 23 方解石脉中呈群体分布的粉红色烃包裹体，YM2 井，$O_{1+2}y_1$，6053.02m，单偏光

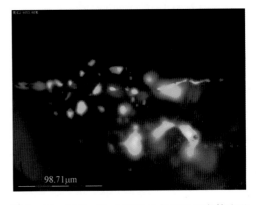

图 3 – 24 图 3 – 23 中群体分布的烃包裹体发蓝色荧光，紫外荧光

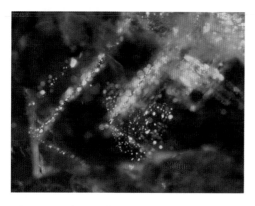

图 3 – 25　白云石中发黄白色荧光烃包裹体沿晶形呈环带状分布,TZ45 井,O_{2+3},6015m,荧光

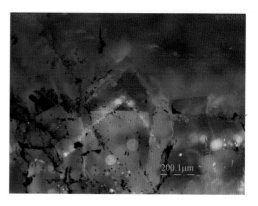

图 3 – 26　白云石中发黄白色荧光烃包裹体沿晶形呈环带状分布,TZ45 井,O_{2+3},6015m,荧光

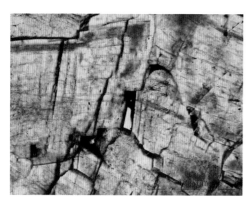

图 3 – 27　白云石加大边中呈环带状分布的褐色烃包裹体,YH5 井,$\epsilon_3 q_1$,6141.25m,单偏光

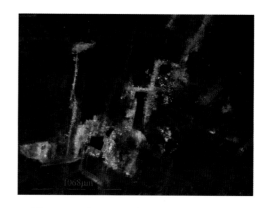

图 3 – 28　图 3 – 27 中呈环带状分布的烃包裹体发黄色荧光,紫外荧光

二、烃包裹体的形状

一般直接据烃包裹体平行薄片的平面几何外形来描述烃包裹体二维形状。

(1)圆形(图 3 – 29):为标准圆形或 x 轴和 y 轴两轴方向近相等、外缘圆弧状的烃包裹体形状,在 z 轴方向长度等于或不等于 x 轴或 y 轴长度。

(2)椭圆形(图 3 – 30):为 x 轴长度不等于 y 轴长度、外缘圆弧状的烃包裹体形状,烃包裹体外缘界面有一定的凹凸,但总体上是圆弧形状的。在 z 轴方向长度等于或不等于 x 轴或 y 轴长度。

(3)方形(图 3 – 31):为标准方形或 x 轴和 y 两轴方向近相等、外缘近平直的烃包裹体形状,在 z 轴方向长度等于或不等于 x 轴或 y 轴长度。

(4)矩形(图 3 – 32):为 x 轴和 y 轴两轴方向不相等、外缘近平直的烃包裹体形状,在 z 轴方向长度等于或不等于 x 轴或 y 轴长度。

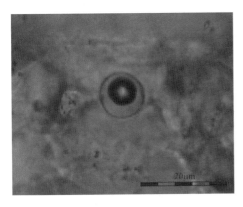

图 3 - 29 石英中圆形烃包裹体,KD101 井,
K₂k,2967.23m,单偏光

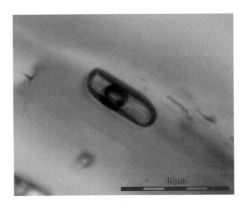

图 3 - 30 方解石脉中椭圆形的灰色烃包裹体,
XK8H 井,6809.50m,单偏光

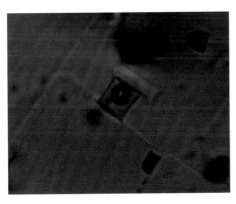

图 3 - 31 方解石中呈方形的灰色烃包裹体,
TZ822 井,O₃l,5609m 单偏光

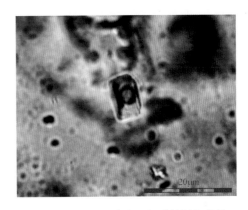

图 3 - 32 方解石脉中呈矩形的烃包裹体,
YD2 井,O,3278.85m,单偏光

(5)三角形(图 3 - 33):烃包裹体外缘由 3 个角 3 个边组成,可任意三角形,也可等边三角形。

(6)长条形(图 3 - 34):为 x 轴长度大于 5 倍 y 轴长度的长条状烃包裹体,在 z 轴方向长度等于或不等于 x 轴或 y 轴长度。

(7)菱形(图 3 - 35):x 轴和 y 轴两轴平面上,烃包裹体外缘相邻两边近似相等,其夹角为锐角或钝角。

(8)正六边形(图 3 - 36):x 轴和 y 轴两轴平面上,烃包裹体外缘相邻六边近似相等,对边近平行。

(9)不规则形(图 3 - 37 至图 3 - 42):外形不规则状,不规则形烃包裹体占大多数。有时也依据不规则形的外形轮廓较近于以上哪种几何类型而组合成复合名称,如不规则圆形、不规则椭圆形、不规则方形、不规则矩形、不规则三角形。

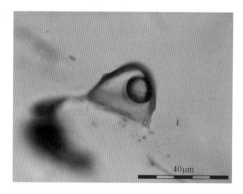

图3-33 方解石脉中呈三角形的烃包裹体，
XK8H井，6809.5m，单偏光

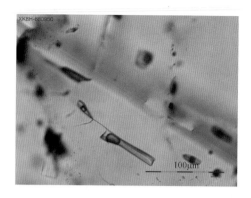

图3-34 方解石脉中长条形烃包裹体，
XK8H井，O，6809.5m，单偏光

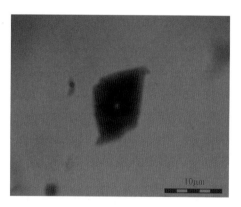

图3-35 方解石中的菱形烃包裹体，
TZ161井，O，4302.2m，单偏光

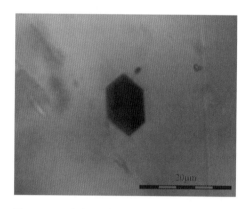

图3-36 方解石脉中的正六边形烃包裹体，
H801井，O，6737.55m，单偏光

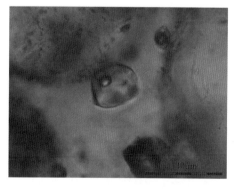

图3-37 石英中不规则圆形烃包裹体，
KD101井，K_2k，2963.02m，单偏光

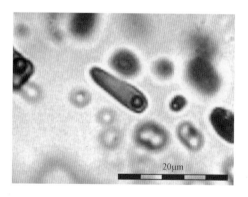

图3-38 萤石中不规则椭圆形烃包裹体，
RP4井，O_3l，6749.52m，单偏光

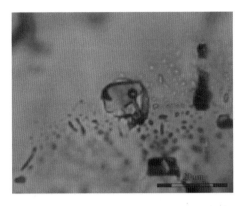

图 3-39　方解石中不规则正方形烃包裹体，
LG5 井，O，5442.67m，单偏光

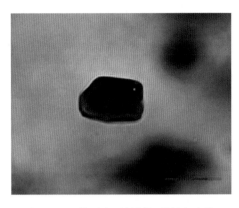

图 3-40　萤石中不规则矩形烃包裹体，
RP4 井，O₃l，6749.52m，单偏光

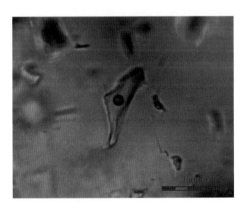

图 3-41　方解石中不规则三角形烃包裹体，
BD2 井，O，4296.35m，单偏光

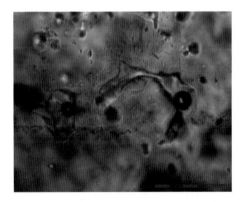

图 3-42　方解石中不规则形烃包裹体，
YM2 井，O₂，6053.02m，单偏光

三、烃包裹体的大小

烃包裹体为立体物质，其大小应是三维的，但在显微镜下是对烃包裹体的二维平面大小描述，单位用 μm。有两种表示方法：一是测烃包裹体的长径如 44.88μm（图 3-43）；二是将烃包裹体短径和长径一起表示如 20.72μm（短径）×41.78μm（长径）（图 3-44）。

四、烃包裹体的相态

烃包裹体中的物质有三相态：气相、液相和固相。

1. 烃包裹体中气相的特征

（1）在气—液相包裹体中，气相一般呈圆球形气泡，与液相的界限是一个黑圆圈。当包裹体中存在黏稠度较大的有机气液相时，气泡通常不圆，多呈椭圆状产出。

（2）气泡颜色有黑色（图 3-43）、黑灰色（图 3-35）、灰色（图 3-37）、极浅红色（图 3-45）、无色（图 3-46），以灰黑色为主。

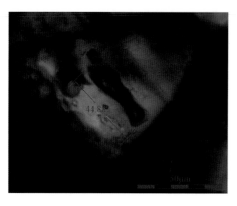

图 3-43　方解石脉中长径为 44.88μm 的褐色烃包裹体,XK4 井,O_2y,6841.3m,单偏光

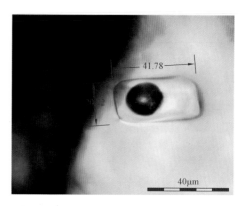

图 3-44　方解石中烃包裹体短径和长径为 20.72μm × 41.78μm,DN201 井,E—K,5195.58m,单偏光

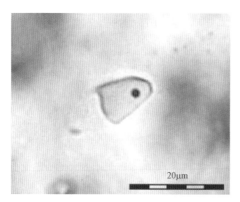

图 3-45　石英脉中粉红色烃包裹体,YM2 井,O_2,5339.25m,单偏光

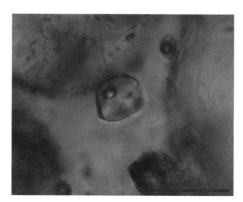

图 3-46　石英中黄色烃包裹体气相呈无色,KD101 井,K_2k,2963.02m,单偏光

(3)在纯气相烃包裹体中,气体完全充满包裹体空腔,形状受空腔影响(图 3-43)。呈黑灰色、灰色、黑色。多在气泡的中心处微透亮(图 1-25 和图 1-26),当推上显微镜上偏光后,其光学变化一般不清楚;如有变化,其透亮处的干涉色变化与主矿物的变化相同。

2. 烃包裹体中液相的特征

(1)烃包裹体的液相多带色,主要有黑色、褐色、黄色、无色 4 种色调系列,偶见有红色的。

(2)烃包裹体中的液相多为一相,但也会见互不相溶的两个液相。

(3)可见有气相、油、水三相包裹体。油含量多于水时,原油和水各占烃包裹体的一边,气泡多位于石油部分(图 3-47);当油少水多时见油呈环形围绕着气泡(图 3-48、图 1-32 和图 1-33)。

3. 烃包裹体中固相的特征

烃包裹体的固体为沥青质,多为轻质组分流失造成的沥青质残留,为黑色、褐黑色、深褐色。如烃包裹体还有气液相,沥青多呈黑色颗粒粘在烃包裹体壁上(图 1-25);如烃包裹体只残留沥青了,则多呈不定形固体状(图 1-37)。

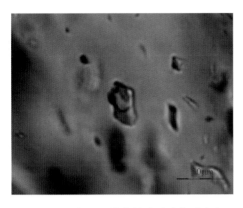

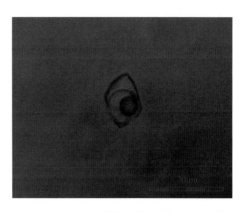

图 3 - 47　白云石脉中的含盐水气液相烃　　　　图 3 - 48　白云石脉中的含烃气液相盐水
包裹体,TZ822 井,5739.8m,单偏光　　　　　　包裹体,TZ45 井,O_{2+3},6105m,单偏光

4. 烃包裹体的定名及意义

因为相态用肉眼是非常直观易判断的,所以烃包裹体相态是划分种类的重要依据。描述时将相态加在烃包裹体前面:次要相态即含量小于 50% 的 + 主要相态即含量大于 50% 的 + 烃包裹体(表 1 - 3)。烃包裹体纯固态少见并多为沥青质,习惯称沥青包裹体。

如果储层中以气相烃包裹体和液气相烃包裹体为主,约占烃包裹体总量的 50% ~100% ,可能见沥青包裹体伴生或含沥青气相烃包裹体,则烃包裹体被包裹前应是天然气,也就是说是气藏的"痕迹"。如果储层中以液相烃包裹体和气液相包裹体为主,约占烃包裹体总量的 50% ~100% ,不见或见少量气相烃包裹体和液气相烃包裹体,可能见沥青包裹体或含沥青液相烃包裹体,则烃包裹体被包裹前应是石油,也就是说是油藏的"痕迹"。故依据烃包裹体相态可指导找油还是找天然气。

五、烃包裹体的气液面积比

烃包裹体的气液比是指平面气液比,即在聚焦平面上的气体平截面与整个烃包裹体的截面之相对百分比,一般用肉眼估计来定,有人为误差。实际操作时有两种快捷估测法:三线切割法和网格法。

1. 三线切割法

就是将烃包裹体先一切为二,再将含气泡的 1/2 部分一切为二,再将含气泡的 1/4 部分一切为二,大体看气泡所占面积比(图 3 - 49),图 3 - 49 按三线切割法估计气液比约7.5% 。这种方法多适宜于小气液比的烃包裹体和较规整形状的烃包裹体。

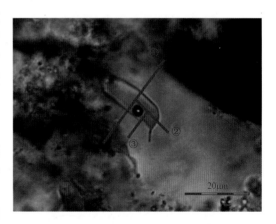

图 3 - 49　椭圆形小气液比烃包裹体,
YM201 井,$O_{1+2}y_2$,6015.80m,单偏光

2. 网格法

这种方法多适宜于大气液比的烃包裹体
和特复杂形状的烃包裹体。在显微镜下找到目标烃包裹体，并在 10×50 倍视域下拍摄照片，将拍摄照片放入 CorelDRAW 软件中，放大 $5 \sim 20$ 倍[图 $3 - 50(a)$]，参照多层面图像[图 $3 - 50(b)$]将包裹体边界勾绘[图 $3 - 50(c)$]，同时利用软件左侧工具栏中的图纸工具添加 20×20 的网格正好盖住包裹体[图 $3 - 50(d)$]，统计图片中烃包裹体所占单元格个数 a 以及气相烃包裹体所占单元格个数 b，得出：

$$气液比（\%） = b \div a \times 100\% \qquad (3 - 1)$$

其中小格全为包裹体的按 3 算，近半格是包裹体的按 1.5 算，少半格是包裹体的按 1 算，多半格是包裹体的按 2 算，则 a = 全为包裹体的格数 × 3 + 多半为包裹体的格数 × 2 + 近半为包裹体的格数 × 1.5 + 少半为包裹体的格数 × 1；同理，b = 全为气泡的格数 × 3 + 多半为气泡的格数 × 2 + 近半为气泡的格数 × 1.5 + 少半为气泡的格数 × 1。以[图 $3 - 50(d)$]为例网格法统计气液比，a = 160（全为包裹体的格数）× 3 + 15（多半为包裹体的格数）× 2 + 8（近半为包裹体的格数）× 1.5 + 12（少半为包裹体的格数）× 1 = 534，b = 58（全为气泡的格数）× 3 + 8（多半为气泡的格数）× 2 + 3（近半为气泡的格数）× 1.5 + 11（少半为气泡的格数）× 1 = 205.5，气液比 = 205.5 ÷ 534 × 100% = 38.48%。图 $3 - 50$ 烃包裹体气液比如用目测很可能估计到 50%，人为误差在 11.52%。

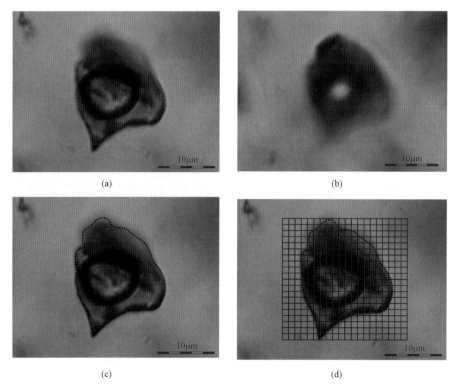

(a)   (b)

(c)   (d)

图 $3 - 50$ 不规则形大气液比烃包裹体，H902 井，O_2y，6651.00m，赋存于方解石脉，褐色，单偏光

六、烃包裹体的气液体积比

烃包裹体的气液比是进行其热力模拟研究的重要参数之一,准确获取烃类包裹体的气液比十分重要[1],Aplin[4]研究证明1%的气相充填度计算误差导致了约6%的压力计算误差,可见计算烃包裹体最小捕获压力时气相充填度对压力计算结果的影响。气相充填度即烃包裹体的气液体积比是气相体积占整个烃包裹体体积的百分比,现多用激光共聚焦显微镜分析烃包裹体的气液体积比。激光共聚焦扫描显微镜分析技术是集显微技术、高速激光扫描技术与图像处理技术为一体的一项新的光学显微测试方法[2],Pironon[3]首次报道了用激光共聚焦扫描显微镜测定烃类包裹体总体积及其气泡体积。

1. 液相体积确定

在激光的激发下,气相和寄主矿物不发荧光,只有液相发荧光,故利用 CLSM 灰度二值定烃包裹体的两个边界,即气相与液相的气—液相边界以及液相与寄主矿物的液—固相边界。

1)液—固相边界的确定

液—固相边界位于一个灰度渐变带内(图3-51边界 a 与边界 c 之间的区域)。王爱国(2015)认为,与包裹体面积最大、荧光最强的光切片相对应的透射光图片的边界最清晰,以此图片中烃包裹体的面积(图3-52中黑色虚线内)为标准调整对应的光切片(图3-51)灰度二值化时的时间(单位:min)值,直至上述两个图片中烃包裹体的面积一致时为止,此时的边界(图3-51中的曲线 b)即为光切片中烃包裹体的液—固相边界。

2)液相的校正

方法是以透射光图片中液相的面积为标准[5],调整图3-52中的光切片灰度二值化时的时间值,直至光切片中的液相面积与透射光图片中的液相面积一致时为止。如图3-53所示,在液相校正的过程中,随着时间值的增大,e 逐渐移向 f,b 也不可避免地随之内移,即原先确定的液—固相的边界也随之改变。至光切片中液相的面积(d 和 f 之间的面积)与透射光图片中液相面积(b 和 g 之间的面积)相等。

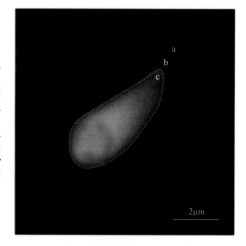

图3-51 光切片"填气泡"处理后的图片
(引自王爱国,2015)[5]
(a 和 c 为液—固相边界渐变带的上下限;
b 为本书确定的液—固相边界)

液相的校正仅在有气相存在的光切片中进行。对于纯液相的光切片,确定出液—固相边界后,直接提取液相即可。将此时的时间值应用于其他层"填气泡"后光切片,便确定了整个包裹体的边界,进而计算出烃包裹体的总体积。

2. 气相体积确定

聚焦显微荧光技术,通过测量烃类包裹体荧光强度而精确获取其气相直径。王鑫涛(2015)是通过观察液相及气相两个边界荧光光谱的变化拐点,并测量两个拐点的间距获取气相的直径(图3-54)[6]。测试流程如下:步骤1,选择一条仅通过液相烃类包裹体的直线1,测

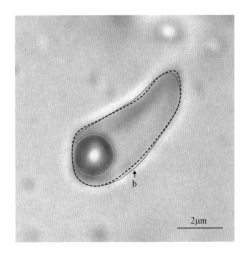

图 3-52　透射光图片(引自王爱国,2015)[5]

(黑色虚线为透射光下包裹体的液—固相边界;
黄色实线为透射光下气—液相边界)

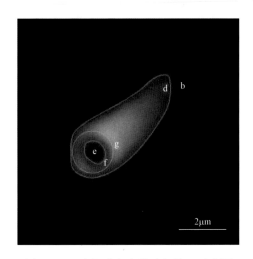

图 3-53　光切片包裹体液相校正示意图
(引自王爱国,2015)[5]

(d 和 f 为确定的液相等效边界;g 为图 3-52 中的
气—液相边界;e 为与 b 的灰度值相等的边界)

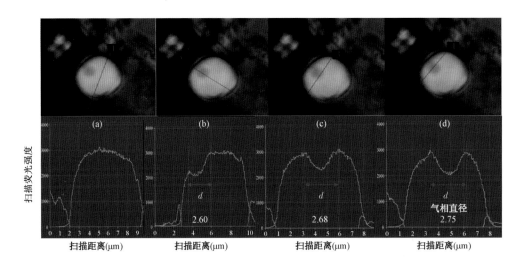

图 3-54　利用激光共聚焦显微荧光技术获取气相直径图(引自高镜涵,2015)[6]

量其荧光强度,获取纯液相烃类包裹体的荧光谱线图;步骤 2,选择一条既通过液相又通过气相的烃类包裹体的直线 2,测量其荧光强度,获取液相中包含气相的烃类包裹体的荧光谱线图。从谱线图中可看到进入包含气相边界时的液相荧光强度会有一个变化拐点,一般是这个范围内出现的最高强度值所对应的扫描点位置,随着离气相中心越近,荧光强度逐渐变弱至最低,到气相的另一个边界时荧光强度逐渐变强会有一个变化拐点,即另一个局部范围内出现的最高强度值(或局部出现同等强度值时最先出现点)所对应的扫描点位置,测量两个拐点间的距离 d(误差 0.02μm);步骤 3,重复步骤 2,由于荧光影响,视觉上难以判断气相的中心位置,因此选择不同方向(既通过液相又通过气相)进行测量获取直线3距离d,直到测量中直线4出现最大值d,即认为是气相的直径。步骤4,包裹体中气相的体积按式(3-2)计算:

$$V = (4/3) \pi R^3 \qquad (3-2)$$

$$R = d/2 \qquad (3-3)$$

3. 烃包裹体的气液体积比

根据各层的液相面积计算出液相体积后,结合上文获得的烃包裹体中气相的体积,便可计算出烃包裹体的气相充填度、液相充填度、气液体积比。

七、烃包裹体的颜色

1. 烃包裹体液相颜色

大多数烃包裹体的液相在显微镜偏光下具有颜色,主要有6种色调:褐色、红色、黄色、无色、灰色、黑色及它们的过渡色等荧光,颜色有浅有深。对塔里木盆地奥陶系碳酸盐岩储层多期烃包裹体观察发现,以上几种烃包裹体颜色都有出现,但以褐色调(褐色和黄褐色)、黑色和无色为主,少量灰色和黄色,偶见有红色(表3-2)。

表3-2 塔里木盆地碳酸盐岩储层中烃包裹体液相显微镜偏光下颜色

包裹体液相颜色	黑色	无色	褐色(深褐色、褐色、浅褐色)	黄褐色(黄褐色、褐钠色)	灰色	黄色(黄色、浅黄色)	红色
图例	图3-55 图3-56	图3-57	图3-58 图3-59 图3-60	图3-61	图3-62	图3-63	图3-64
样品数(个)	1137	774	163	35	15	6	7
占比(%)	53.22	36.22	7.63	1.64	0.70	0.28	0.33

图3-55 方解石脉中黑色烃包裹体,
DH24井,O_1p,5785.36m,单偏光

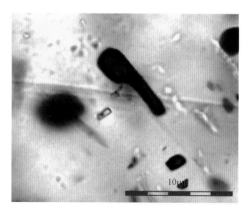

图3-56 方解石脉中黑褐色烃包裹体,
H902井,O_2y,6647.32m,单偏光

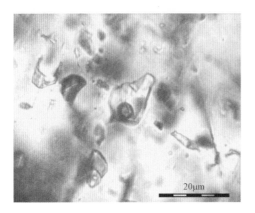

图 3 - 57　方解石脉中的无色烃包裹体，
YM201 井，$O_{1+2}y_2$，6098.15m，单偏光

图 3 - 58　棘屑腔方解石中褐色烃包裹体，
H902 井，O_2y，6648.80m，单偏光

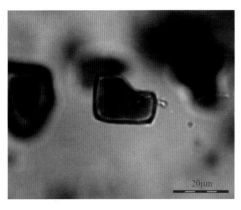

图 3 - 59　萤石中深褐色烃包裹体，RP4 井，
O_3l，6749.52m，单偏光

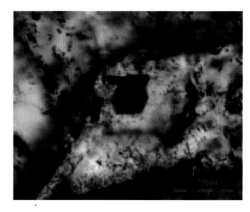

图 3 - 60　白云石脉中褐黑色烃包裹体，
DH24 井，O_1p，5825.51m，单偏光

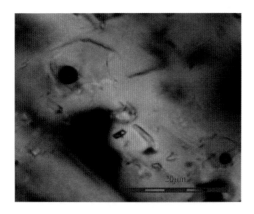

图 3 - 61　方解石脉中黄褐色烃包裹体，
DH24 井，O_1p，5782.08m，单偏光

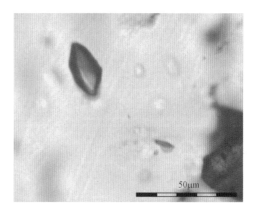

图 3 - 62　方解石脉中灰色烃包裹体，
TZ451 井，O_{1+2}，6202.70m，单偏光

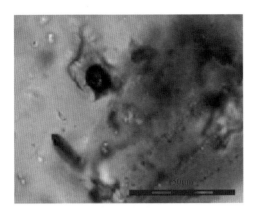 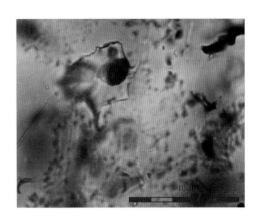

图 3-63　萤石中的黄色烃包裹体,RP4 井,　　　　图 3-64　方解石脉中的红色烃包裹体,
　　　　O_3l,6752.30m,单偏光　　　　　　　　　　　　　　　TN1 井,O_3l,4697.78m,单偏光

2. 烃包裹体颜色影响因素

2010 年顾乔元和朱光有对原油颜色进行系统研究,认为决定原油颜色因素有以下:

(1)全部由 σ 键组成的饱和有机物分子,其结构较牢固,激发电子所需能量较高,所以吸收的光波是在频率较高的远紫外区,这就决定了由 σ 键形成的饱和有机物是无色的。含有 π 键的不饱和有机物,激发 π 键的 π 电子所需的能量较低,这种能量的光波处于紫外线及可见光区域,含有 π 键的不饱和基团称为生色团。若化合物分子中仅含有一个生色团的物质,它们吸收光波还在紫外区,所以无色。当有多个生色团并且共轭时,由于共轭体系中电子的离域作用,而使 π 电子易激发,这类有机物可吸收可见光区域的光,那么它们就显色。

(2)有机物相对分子质量增大,苯环增多,特别是共轭双键数增加,在这些因素影响下,分子轨道跃迁能量级差越小,越容易激发,导致激发光波长移向长波方向,烃包裹体颜色加深。

(3)杂环原子多(N,S),颜色深。并且,N 元素与颜色的相关性大于 S 元素。在有机化合物共轭体系中有生色基(C=C—C=C,C=O,—COOH,C=C,—NO₂,—CONH₂,—COCl,—COOR)一般会显色,而助色基(—X,—OH,—O—R,—NH₂,—NR₂,—S—R 等)的加入,一般会导致颜色的加深。黑色烃包裹体中的显色基和助色基含量可能会比较高,但是并不代表黑色烃包裹体中显色基和助色基含量一定高,也取决于这些基团的吸光度大小。朱光有等[8]认为,这一点是原油大多数为黑色的最重要的原因,高吸光度的致色物质起到给原油染色的作用。另外,当原油的颜色不是黑色时,说明其不能吸收所有可见光,即显色基和助色基含量低或吸光度小,只能吸收部分可见光。

(4)原油颜色深度与金属元素含量有较好的相关性,金属元素在深色油中含量高,亦即金属元素更富集于胶质和沥青质多的重油中,所以通常生物降解油中金属元素含量高。原油中金属元素含量的影响因素肯定是多元的,地层水、沉积环境、降解程度、运移过程等因素都一定程度上影响着原油中金属元素的含量。

(5)分子类型。原油中的有机分子类型很多,主要有:正构烷烃、异构烷烃、环烷烃、芳香烃、杂环化合物、金属螯合物。其中,正构烷烃、异构烷烃和环烷烃都属于饱和烃组分,通常是没有颜色的，小于3的多环芳香烃基本上都是无色或浅色的（如：苯、甲苯、甲基萘等），常见的低相对分子质量杂环化合物也是无色的或略带浅色。所以导致原油显深色或黑色的应该是结构不清楚的大分子有机化合物，如金属螯合物、多环或带很多支链的相对分子质量较大的芳香烃和杂环化合物。这些大分子的纯物质都是固体，但溶于原油中，其不稳定结构使原油形成不同的颜色。另外，值得一提的是，烯烃稳定性差，生色能力很强，但是石油中几乎不含烯烃，所以烯烃的生色作用也可以忽略。

（6）族组分。原油通常分为4个族组分饱和烃、芳香烃、胶质和沥青质。① 饱和烃组分是无色的，这已经广为人知。这是因为饱和烃中的有机分子结构都很稳定，可见光很难激发，所以呈现出无色。② 芳香烃组分略带一些颜色，但通常较浅。芳香烃组分中的有机分子结构相对还是比较稳定，所以只能吸收可见光中能量较高的一部分，呈现出的颜色比较浅。③ 胶体和沥青质组分，这两个组分中的有机物相对分子质量一般很大，成分异常复杂，普遍被认为是原油颜色的主控因素。这个认识无疑是正确的，但是过于笼统，后面将会对这个问题进行较为细致的探讨。

（7）胶质和沥青质含有绝大部分形成颜色的基团（显色基和助色基）——苯环、杂环，有更多的显色基和助色基，所以导致烃包裹体颜色较深。故当烃包裹体颜色深时，说明胶质及沥青质含高，当烃包裹体为深黑色时可能烃包裹体组分主要是胶质和沥青了。在原油运移过程中，饱和烃和芳香烃受到的阻碍作用比较小，而胶质和沥青质受的影响较大，这种分离效应导致原油成分发生分离，而且很可能作为判断原油运移路线和距离的一个很好的地球化学参数。

（8）包裹体垂厚度与颜色关系。烃包裹体的颜色既与其烃组分有关，也受包裹体 z 轴方向厚薄、薄片厚度、光的折射效应等外界因素影响。同一期烃包裹体，当烃包裹体在 z 轴方向其厚度极薄，会使颜色显的浅了，如有些包裹体由于相对视线方向的厚度太小，虽然含有能发光的高分子碳氢化合物，但看不到颜色，这是由于包裹体中石油对透射光的吸收性差，因而颜色很淡甚至无色。在高倍镜下（600～1000倍）观察包裹体的颜色时要特别小心，因为放大倍数高时会产生虚假颜色或晕色。

烃包裹体颜色毫无疑问是一个非常复杂的问题。一方面，原油本身是一个复杂的有机混合物，颜色受控于原油中各种有机分子性质及其相互作用；另一方面，原油颜色的影响因素也是多元的，可受控于原油的物质来源、储层性质、运移过程、成熟度、生物降解等因素。轻质油颜色较浅，重质油颜色较深，故烃包裹体颜色浅代表油轻质、颜色深代表油重质。

3. 烃包裹体颜色描述

烃包裹体液相颜色有单色、过渡色，有深有浅。描述颜色原则：（1）如为一种色调，书写顺序为（色度＋）色调，如褐色、深褐色、浅褐色等；（2）如为过渡色，书写顺序为（色度＋）次色调＋主色调，如定名为浅褐黄色气液相烃包裹体（图3-61）意思就是烃包裹体以黄色为主有点带褐色调、颜色比较浅。

八、烃包裹体的荧光

由于石油常常显示荧光，故烃包裹体液相在荧光下常会显示荧光，烃包裹体的荧光性也是区别盐水包裹体的最迅速而有效的方法（Burruss，1991；Goldstein，2001）。在紫外荧光下烃包裹体液相主要发黄色（图3-65至图3-75）、蓝色（图3-76至图3-78）、黑色（图3-79和

图 3 - 80)、褐色(图 3 - 81 至图 3 - 86)、白色(图 3 - 87 和图 3 - 88)荧光和绿色荧光(图 3 - 89)，少量发棕色荧光(图 3 - 90)、紫红色(图 3 - 91 和图 3 - 92)荧光、红色荧光、杏色荧光(图 3 - 93 和图 3 - 94)或不发荧光(表 3 - 3)，以及过渡色如绿黄色(图 3 - 70)、黄绿色(图 3 - 68)、黄褐色(图 3 - 82)、黑褐色(图 3 - 86)。发光强度分发强荧光(图 3 - 72)、发中等荧光(图 3 - 73)和发弱荧光(图 3 - 68)。描述：强度 + 荧光色，如果发光色是过渡色，次色调在前主色调在后，如发亮黄色荧光(图 3 - 72)、发弱黄褐色荧光(图 3 - 82)等。

表 3 - 3　塔里木盆地碳酸盐岩储层中烃包裹体液相显微镜紫外荧光下的颜色

包裹体荧光色	褐色系	黄色系	蓝色系	黑色系	白色系	绿色系	红色系	杏色系
薄片数(个)	88	717	350	314	11	3	1	1
比例(%)	5.93	48.28	23.57	21.14	0.74	0.20	0.07	0.07

并非所有的烃包裹体都具有荧光，有一些例外：(1)气相烃包裹体没有荧光，因为气相烃包裹体主要是由低碳饱和烃组成，如统计了塔里木盆地塔中地区几口井天然气组分，其中 CH_4 可能高达 85% 以上，几乎全由饱和烃组成(表 3 - 4)，饱和烃是不发荧光的，个别含微量苯。(2)当烃包裹体中含有沥青组分，则其 API 重度很低，这时荧光也很低，这类成分的烃包裹体的荧光特征尚未研究清楚。(3)有些腐殖成因的黑色液相烃包裹体不发光或发黑色荧光(图 3 - 79和图 3 - 80)，这往往在气藏储层中发现，故常见有气态烃伴生。如四川盆地气田储层中的黑色液相烃包裹体，这类成分的烃包裹体的荧光特征尚未研究清楚。

表 3 - 4　塔里木盆地气藏中组分特征

井号	TZ75 井	TZ82 井	TZ75 井	TZ82 井	YM321 井	TZ75 井
地层	C	O_2	O	O	€	€
甲烷含量(%)	66.91	87.21	98.79	95.52	76.48	91
其他烷烃含量(%)	33.09	12.77	1.21	4.48	23.52	9
芳香烃含量(%)	0	0.02	0	0	0	0

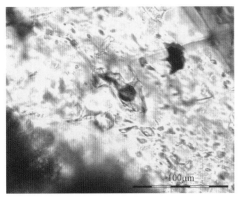

图 3 - 65　白云石脉中极浅黄色气液相烃包裹体，LG36 井，O_{1+2}，5935.63m，单偏光

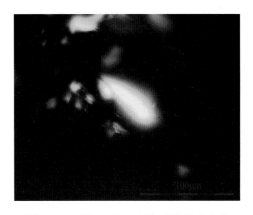

图 3 - 66　图 3 - 65 中烃包裹体发黄白色荧光，紫外荧光

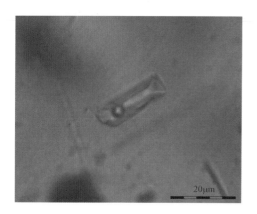

图 3 - 67 方解石中浅黄色烃包裹体，
JF127 井，O_{2-3}，5485.31m，单偏光

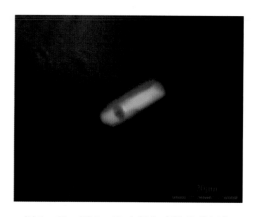

图 3 - 68 图 3 - 67 中烃包裹体发黄绿色
荧光，紫外荧光

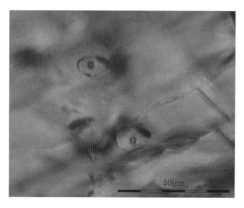

图 3 - 69 方解石中极浅黄色烃包裹体，
XK4 井，O_2y，6840.80m，单偏光

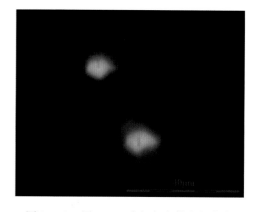

图 3 - 70 图 3 - 69 中烃包裹体发绿黄色
荧光，紫外荧光

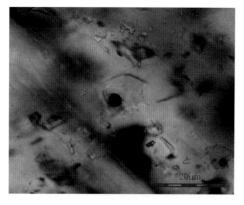

图 3 - 71 方解石脉中黄褐色烃包裹体，
DH24 井，O_1p，5782.08m，单偏光

图 3 - 72 图 3 - 71 中烃包裹体发亮黄色
荧光，紫外荧光

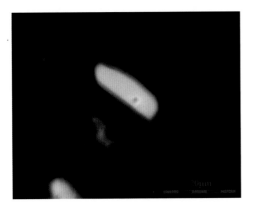

图3-73　发中强度黄色光烃包裹体，
YM201井,6015.80m,荧光

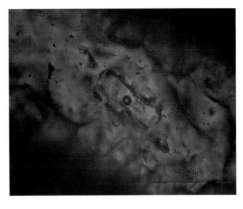

图3-74　方解石脉中黄色烃包裹体，
LG39井,O,5442.67m,单偏光

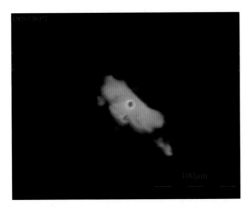

图3-75　图3-74中烃包裹体发暗浅黄色
荧光,紫外荧光

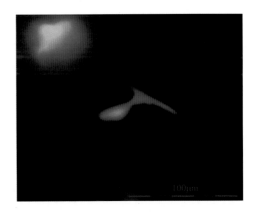

图3-76　发弱蓝色荧光烃包裹体，
DB102井,4936.73m,荧光

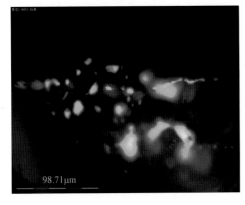

图3-77　发中等蓝白色光烃包裹体，
YM2井,O,6053.02m,紫外荧光

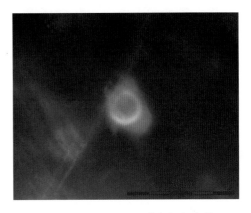

图3-78　石英中发蓝黄色烃包裹体，
KD101井,K_2k,2960.17m,紫外荧光

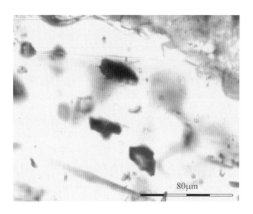

图3-79 方解石脉中黑色烃包裹体，
YH5井，$\in_3q_1$,6125.40m,单偏光

图3-80 图3-79中烃包裹体发黑色
荧光,紫外荧光

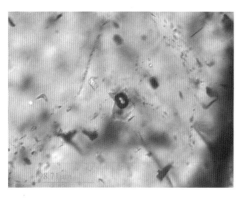

图3-81 方解石中的褐色烃包裹体，
YM101井，$O_{1+2}y_2$,5469.67m,单偏光

图3-82 图3-81中烃包裹体发弱黄褐色
荧光,紫外荧光

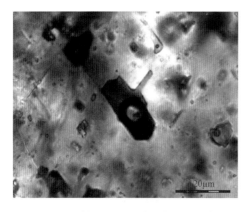

图3-83 棘屑方解石中褐色烃包裹体，
H902井，O_2y,6648.80m,单偏光

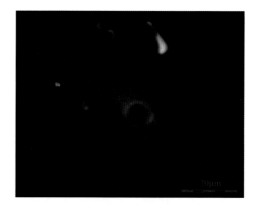

图3-84 图3-83中烃包裹体发褐色
荧光,紫外荧光

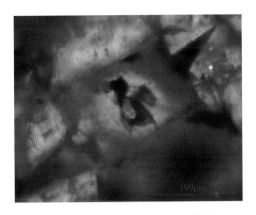

图 3 - 85　白云石中的褐色烃包裹体，
DH12 井，O_1p，5667. 86m，单偏光

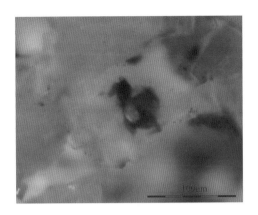

图 3 - 86　图 3 - 85 中烃包裹体发深褐色
荧光，紫外荧光

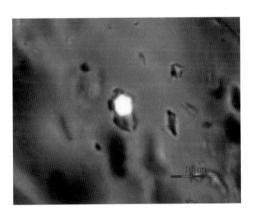

图 3 - 87　方解石中烃包裹体液相发强白色
荧光，TZ822 井，O，5739. 80m，紫外荧光

图 3 - 88　方解石脉中发强白色荧光的烃
包裹体，YM201 井，$O_{1+2}y_2$，5877. 10m，紫外荧光

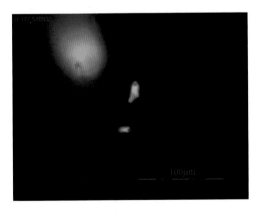

图 3 - 89　方解石脉中的无色烃包裹体发绿色
荧光，紫外荧光

图 3 - 90　方解石脉中烃包裹体发强的棕色荧光，
TZ4 - 7 井，O_1p，3959m，紫外荧光

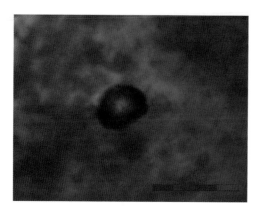

图 3 - 91　白云石脉中的灰色烃包裹体，
ZS1 井，6713.4m，单偏光

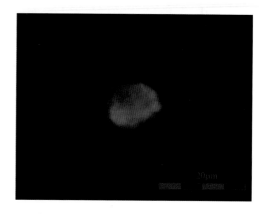

图 3 - 92　图 3 - 91 中烃包裹体发紫红色
荧光，紫外荧光

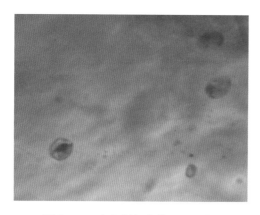

图 3 - 93　灰色烃包裹体，TZ45 井，
6105m，单偏光

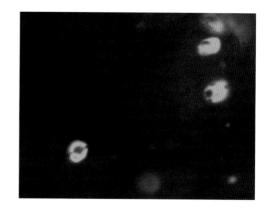

图 3 - 94　图 3 - 93 中烃包裹体发杏色
荧光，紫外荧光

第三节　伴生盐水包裹体的识别

烃包裹体形成时常伴有盐水包裹体形成，这类盐水包裹体称为"伴生盐水包裹体"，伴生盐水包裹体比同期烃包裹体的均一温度更能精确地代表包裹形成时的地质温度，同时它们能代表当时地质无机流体的特征，故伴生盐水包裹体的判识非常重要。直接的判断方法是根据流体包裹体组合特征，一个包裹体组合内的烃包裹体与盐水包裹体认为是同期形成的，如：

（1）在同一个愈合微裂隙中的烃包裹体和盐水包裹体；

（2）砂岩颗粒在同期成岩作用形成的加大边，如同世代自生加大边中的原生烃包裹体和原生盐水包裹体；

（3）同期成岩矿物同世代同种胶结物中的原生烃包裹体和原生盐水包裹体，如第一期方解石胶结物中的原生烃包裹体和原生盐水包裹体；

（4）同期脉石同世代同种矿物中的原生烃包裹体和原生盐水包裹体；

(5)同期孔洞充填物同世代同种矿物中的原生烃包裹体和原生盐水包裹体。

因此,判断与烃包裹体伴生的盐水包裹体的基础是细致的成岩作用研究。

第四节　盐水包裹体中子矿物的识别

伴生盐水包裹体内有时见有固体矿物,是流体包裹体因温压条件变化而结晶出来的,称子矿物。不同的子矿物具有不同的矿物晶形,可依据子矿物晶体形状而定出矿物名称(表3-5)。

表3-5　流体包裹体中常见子矿物的光学特点(引自范宏瑞等,1998)

名称	成分	品质	一般习性	近似的折光率	双折射率	备注
石盐	NaCl	立方	立方体	$n = 1.54$	各向同性	较少呈八面体
钾盐	KCl	立方	立方体	$n = 1.49$	各向同性	立方体,晶棱常为圆角
硬石膏	$CaSO_4$	斜方	棱柱状	$\alpha = 1.57$ $\beta = 1.57$ $\gamma = 1.61$	低	可能出现 $CaSO_4 \cdot 2H_2O$
苏打石	$NaHCO_3$	斜方	板状	$\alpha = 1.37$ $\beta = 1.50$ $\gamma = 1.58$	很高	一般形成双晶,在旋转偏光时具明显的突起变化
菱形的 Ca,Mg 碳酸盐	$(Ca,Mg)CO_3$	三方	菱面体	$\epsilon = 1.49$ $\omega = 1.66$	很高	高突起以及在旋转偏光时突起明显的交替变化
氯化铁	$FeCl_n$	各种各样	板状(常为菱形或六方形)	不同	中到高	一般为浅绿色
碳钠铝石(片钠铝石)	$NaAl(CO_3)(OH)_2$	斜方	纤维束状	$\alpha = 1.47$ $\beta = 1.54$ $\gamma = 1.60$	中	
赤铁矿	Fe_2O_3	三方	六方块状	不能应用	—	红色—棕褐色板状
不透明的硫化物	各种成分	不同	自形粒状	不能应用	—	反光镜下可以准确地识别氧化物和硫化物
云母	各种成分	单斜	板状	$\alpha = 1.56$ $\beta = 1.60$ $\gamma = 1.60$	低到中	极薄的板状

参 考 文 献

[1] 周振柱,周瑶琪,陈勇. 一种获取流体包裹体气液比的便捷方法[J]. 地质论评,2011,57(1):147-152.

[2] 孙先达,索丽敏,张民志. 激光共聚焦扫描显微检测技术在大庆探区储层分析研究中的新进展[J]. 岩石学报,2005,21(5):1479-1488.

[3] Pironon J,Canals M,Dubessy J,et al. Volumetric Reconstruction of Individual Oil Inclusions by Confocal Scan-

ning Laser Microscopy[J]. European Journal of Mineralogy,1998,10(6):1143 – 1150.

[4] Aplin A C,Macleod G,Larter S R,et al. Combined Use of Confocal Laser Scanning Microscopy and PVT Simulation for Estimating the Composition and Physical Properties of Petroleum in Fluid Inclusions[J]. Marine and Petroleum Geology,1999,16:97 – 110.

[5] 王爱国,吴小宁,蒲磊. 对 VTflinc 软件计算流体包裹体最小捕获压力方法中参数的研究[J]. 中国石油大学学报:自然科学版,2015,39(1):25 – 32.

[6] 高镜涵,陈勇,周瑶琪. 烃类包裹体理论气液比计算方法及其误差分析[J]. 吉林大学学报:地球科学版,2015,45(1):1513 – 1521.

[7] 朱光有,张水昌,苏劲,等. 塔里木盆地深层超黑重油的成因及分布[A]. 中国矿物岩石地球化学学会第 13 届学术年会论文集. 2011.

[8] Burruss R C. Practical Aspects of Fluorescence Microscopy of Petroleum Fluid Inclusions[J]. SEPM Short Course,1991,25(1):1 – 7.

[9] Goldstein R H. Fluid Inclusions in Sedimentary Diagenetic Systems[J]. Lithos,2001,55:159 – 193.

[10] 范宏瑞,谢奕汉,王英兰. 扫描电镜下流体包裹体中子矿物的鉴定[J]. 地质科技情报,1998,17(增刊):111 – 117.

第四章　含油气盆地流体包裹体的温度分析及应用

温度分析是流体包裹体研究最重要的内容之一。流体包裹体温度分析技术有均一法、爆裂法和冷冻法。均一法测温速度慢，只适用于透明和半透明矿物中的流体包裹体[1]，且太小的包裹体不能测，一般应在 10μm 及以上的包裹体才适合[1,2]，但均一法能测不同期次单个包裹体的均一温度。爆破法能对不透明矿物进行测温，无论包裹体大小，但不能测单个包裹体的均一温度。在地质界实际应用过程中两种方法应结合使用，扬长避短，在含油气盆地流体包裹体的均一温度研究中，普遍采用的是均一法＋冷冻法测温[3]。

第一节　流体包裹体的均一法测温

英国地质学家 Sorby 在 1858 年提出，在显微镜下见到包裹体的气相、液相[和(或)固相]，是原来呈均匀相的热流体在温度压力下降后，由于包裹体中流体的收缩系数和主矿物的收缩系数不同，产生了流体的相分离，从而形成了多相包裹体。Sorby 的这一推论是流体包裹体均一法测温的理论基础。

一、均一法基本原理及优缺点

1. 均一法的基本原理

流体包裹体均一法测温的原理和条件是包裹体捕获的流体呈均一的单相并充满了整个包裹体的空间[3]。由于温度下降，包裹体中流体(包括气体或液体)的收缩系数大于外面固体矿物的收缩系数，形成了有两相界面的气液包裹体。如果捕获时原来流体是大于临界密度的，则由液相中分离出少量的气相形成一个小气泡的流体包裹体；如果捕获时原来流体是小于临界密度的，则由气相中凝聚出少量液相，形成一个大气泡的流体包裹体。现在，我们将具有气液包裹体的薄片置于显微冷热台上加热，观测上述过程的逆变化，测定升温时两相界线消失，均一到原来一相时的温度称为均一温度(T_h)[4]，也叫充填温度。

气相和液相均一的过程，实际上是相转变的过程，这种相转变有以下 3 种情况[2]：

(1)室温时，包裹体气相较少(其气相小于 15%)。加热时，气相逐渐缩小，最后气相完全消失，均一到液相，此时的温度即为均一温度。当温度下降且降到均一温度以下时，则气相又重新出现。这说明包裹体内原先被捕获的成矿溶液是密度较高的流体相。

(2)室温时，气相体积较大(其气相大于 85%)。加热时，液相逐渐缩小，气相逐渐扩大以至于充满整个包裹体，均一为气相。当温度下降时，液相又重新出现，并且气相、液相之比例又恢复到室温状态。这说明原先捕获的是具有低密度的超临界流体。降温冷却后，从中凝聚出液相。

(3)当包裹体被加热时，气泡既不收缩也不扩大，而是随温度的升高，气相与液相的界线逐渐地变细,最后其界限消失,即均一到临界状态,其相变化和均一过程是沿着该体系的临界曲线进行的。这类包裹体即为临界状态下捕获的包裹体。

2. 均一法的优点

(1)适用于透明矿物。

(2)对原生和次生包裹体以及正常包裹体与异常包裹体的区分比较容易,并按需要分别测均一温度。

(3)可以识别烃包裹体和伴生盐水包裹体,并分别测试它们的均一温度。

(4)可以分清不同期次流体包裹体,并分别测试不同期次的烃包裹体及伴生盐水包裹体的均一温度。

(5)可直接观察烃包裹体和伴生盐水包裹体相态随温度的变化,由此能精确地测定充填温度和填充度,按充填度和充填温度可推断矿液的化学组成,这为以后烃包裹体压力分析提供了重要参考数据。

(6)干扰因素比较少,测定结果一般比较可靠。

3. 均一法的不足

(1)不适用于不透明矿物。

(2)当矿物的流体包裹体很细小时(如小于5μm),很难精确测定。

(3)在同一视域中,一般只能见到少量适用于测均一温度的流体包裹体,所以测试工作量大,常常需要大量的时间。

二、仪器设备要求

对于含油气盆地流体包裹体均一法测温的仪器是在荧光显微镜上安装显微冷热两用台(图4-1),对伴生盐水包裹体能直接测出均一温度和冰点。仪器设备要求:

(1)高分辨率荧光显微镜与冷—热两用台配套使用,荧光有利于烃包裹体识别、期次划分。

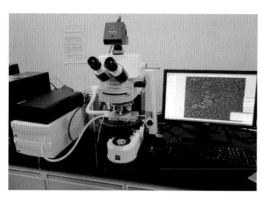

图4-1 荧光显微镜上安装显微冷热两用台

(2)物镜应采用长焦距物镜(LD),最好是50倍和100倍同时配上。

(3)需要强光源,由于包裹体很小,所磨的两面抛光薄片(0.1~0.05mm)比标准的岩石薄片(0.03mm)厚,一般白云岩包裹体薄片最好磨薄点,而透明度好的岩石包裹体薄片可以磨厚点。均一法测温是在热台进行的,热台上、下有多层石英玻璃窗,因而大大消弱了透射光的强度。

(4)因含油气盆地多在160℃以下形成,故选用-190~600℃温度范围冷热台即可。

三、样品选择

最能代表油气运移与成藏时期温度的流体包裹体是烃包裹体和伴生盐水包裹体[5],并要具备以下几方面：

（1）形成时是均一相包裹体。若选定的测温包裹体不全是在均一流体条件下形成的，非均一流体条件导致包裹体温度范围变宽，造成依据温度划分的形成期次过多，推导油气运移和充注时间误差过大。所以，如何确定流体包裹体均一条件是目前大家关注的重要问题：① 一般气液比不大于15%的气液二相流体包裹体，或气液比不小于85%的包裹体形成时应为均一相包裹体，均一流体条件下的流体包裹体在室温或稍微加热条件下，其中的气泡会不停地晃动[6]；② 对于常温下是液相，如降温后能出现气泡的也可测均一温度；③ 对于能液化的气液包裹体尽量选最小气液比的，但对于气化的液气包裹体最好选占多数量的；④ 尽量选气液比大体相近的并占多数比例的几个包裹体同时测温；⑤ 不要选气液比为15%～85%的气液包裹体，因为这类包裹体形成时可能为不均一相，即形成时就含有气泡。

（2）利用伴生盐水包裹体来测定均一温度。烃包裹体与伴生盐水包裹体相比，二者的均一温度往往存在明显差异，其差值通常在20℃左右，甚至可达40℃[7,8]。研究认为，造成二者均一温度差异的原因很可能与烃包裹体中烃气泡与盐水包裹体中水蒸气泡的收缩速率不同有关，前者的收缩速率高于后者[9]。因此，在确定成藏年代方面，一般运用的是伴生盐水包裹体的均一温度。一般伴生盐水包裹体的均一温度只代表最小捕获温度，比真实捕获温度低，只有伴生盐水溶液包裹体达到气体饱和时，均一温度才等于捕获温度[10]。有人认为，烃包裹体的均一温度可能代表了油气藏开始注入时的古地温。

（3）不要选近裂纹的包裹体，在测试过程中可能会破裂。

（4）不能选泄漏、变形、卡脖子的流体包裹体，形成后其成分、体积在成岩作用时期可能已发生变化。

（5）不能选成分发生不可逆变化的烃包裹体，如有固体沥青在烃包裹体中形成。

四、实验步骤

含油气盆地中流体包裹体常规的实验条件和测定流程如下[11,12]：

(1)将包裹体薄片放在荧光显微镜下观察烃包裹体岩相学特征。

(2)包裹体薄片浸在酒精或丙酮中24h以上，将包裹体薄片从玻璃载片上取下，洗净粘片胶。

(3)将包裹体薄片放在-18℃冰箱中2天，使低温形成的流体包裹体气相出现。

(4)包裹体薄片放在荧光显微镜下找出待测烃包裹体、待测伴生盐水包裹体，并照相、划圈。

(5)将划圈部分切成小岩片，小岩片最大直径应小于样品室金属圈内径。如小岩片直径大于金属圈内径，则小岩片会架在金属圈上而不能很好地与样品加热底板、载岩薄片的石英玻璃无缝隙接触，测的温度会有误差。

(6)将小岩片小心放入热台中心，关好热台窗盖。

(7)在热台显微镜中，寻找测温的烃包裹体和伴生盐水包裹体。因烃包裹体只测均一温度，一般先测烃包裹体和伴生盐水包裹体均一温度，后测伴生盐水包裹体冰点。

(8)开始升温的速度控制在5～10℃/min，注意观察包裹体的气泡或相态的变化情况，当接近气泡或相的界限消失前,升温速度小于2℃/min,仔细观察到达包裹体完全均一的温度(图4-2),并恒温1~2min,核实包裹体是否完全均一。然后开始降温,观察气泡或液相重新出现的温度。其后,再重复测定一次,看两次包裹体均一温度的数据是否基本一致。由于含油气盆地中包裹体均一温度不高,一般形态完整的包裹体都可进行多次测定而不会爆裂。

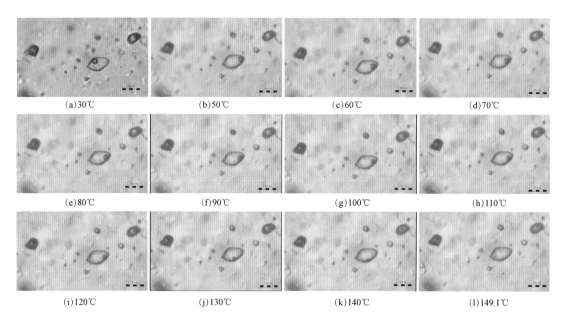

(a)30℃ (b)50℃ (c)60℃ (d)70℃

(e)80℃ (f)90℃ (g)100℃ (h)110℃

(i)120℃ (j)130℃ (k)140℃ (l)149.1℃

图4-2 石英愈合缝气相烃包裹体和伴生盐水包裹体均一温度过程

(9)对于含CO_2包裹体的测定,为了便于观测,室温最好控制在25℃以下有利于观察CO_2包裹体中跳动的气泡。对于含盐类子矿物的包裹体以及处于临界状态的包裹体的观测应进行多次测定。

(10)记录内容:赋存矿物、烃包裹体期次、成因类型(原生还是次生)、颜色、荧光、形态、大小、气液比、烃包裹体和伴生盐水包裹体的均一温度、伴生盐水包裹体的初熔点和冰点,显微照相。

五、均一温度值效正

1. 伴生盐水包裹体的捕获温度

对形成在一定围压条件下的自然界流体包裹体,常压下测的均一温度不能简单等同于流体包裹体在深埋高压下形成的温度。若由伴生盐水包裹体的均一温度推测含油气盆地烃包裹体捕获温度需进行压力校正。中国石油大学(华东)采用密度分别为$0.9320g/cm^3$和$0.7350g/cm^3$的重质油和汽油合成人工包裹体,合成的重质油烃包裹体和汽油烃包裹体相当于原油的两个极端情况,他们分别在不同的盐度、不同的温度、不同的压力、不同的油性下合成烃包裹体和伴生盐水包裹体(表4-1)。捕获温度是已知的实验控制流体包裹体形成的温度数据,盐度也是实验前配好的固定数据,均一温度值是合成的烃包裹体的伴生盐水包裹体在常温下用热台测出来的。

表 4-1　合成包裹体实验条件(引自葛云锦,2010)[13]

实验	油样	油水比	实验温度(℃)	实验压力(MPa)	盐度(%)	时间(d)
第一次实验	97#汽油	3:7,2:8,1:9,1:14	300	50	4	7
第二次实验	重质油	2:8	300,250,200,150	50	4	15
第三次实验	重质油	2:8	150	10,20,30,40	4	15
第四次实验	重质油	2:8	150	40	4,8,12,16	15

从分析结果可以看出:

(1)盐度对包裹体均一温度与捕获温度的差值 ΔT_h 的影响不大,在其他条件都相同的情况下,不同盐度实验样品的 ΔT_h 之间的差异在 1~2℃,而且没有表现出随温度变化而变化的趋势,说明盐度不是储层包裹体均一温度与捕获温度差值的主要影响因素。

(2)油水比对包裹体均一温度与捕获温度的差值 ΔT_h 的影响不大,在其他条件都相同的情况下,不同油水比实验样品的 ΔT_h 之间的差异在 1~3℃,而且没有表现出随油水比的变化而变化的趋势,说明储层中油气饱和度不是储层伴生盐水包裹体均一温度与捕获温度差值的主要影响因素。

(3)轻质油实验合成的伴生盐水包裹体的 ΔT_h 比重质原油的低,也就是说轻质油储层的盐水包裹体的均一温度比重质原油的均一温度更接近捕获温度,从表 4-2 中见同一温度条件下二者相差 2~4℃,故差别不是很大。

(4)在压力相同的情况下,成岩温度越高,包裹体均一温度与捕获温度之间的差值越大(表 4-3),二者之间有很好的线性关系: $\Delta T_h(℃) = 4.2329 T_h + 1.2938$。

(5)在一定成岩温度下,压力越大,其均一温度的影响越大,表现在均一温度与捕获温度之间的差值(ΔT_h)随压差增大而增大(表 4-3),二者之间有很好的线性关系: $\Delta T_h(℃) = 1.7059 \times p_{捕获}(MPa) - 5.7059$。

表 4-2　盐水包裹体均一温度平均值与捕获温度的关系[13]

盐度(%)	5										20									
油样	重质油					汽油					重质油					汽油				
均一温度平均值(℃)	177	153	126	104	81	178		129	106	84	174	150	129	106	82	176	154	133	109	86
捕获温度(℃)	210	180	150	120	90	210	180	150	120	90	210	180	150	120	90	210	180	150	120	90

表 4-3　合成包裹体设定温度、压力变化与 ΔT_h 关系[13]

实验次数	1	2	3	4	5	6	7	8
盐水包裹体均一温度平均值(℃)	244	204	158	123	141	134	130	123
设定温度(℃)	300	250	200	150	150	150	150	150
设定压力(MPa)	50	50	50	50	10	20	30	40
ΔT_h(℃)	56	46	42	27	9	16	20	27

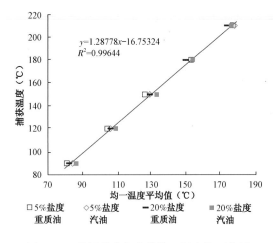

图4-3 储层盐水包裹体均一温度校正曲线

根据表4-2中数值以盐水包裹体均一温度平均值为横坐标,捕获温度为纵坐标在图上投点,可作为在形成压力不知但盐度和油性已知下拟合成的盐水包裹体均一温度与捕获温度之间的校正曲线(图4-3),曲线可用公式 $y = 1.28778x - 16.75324$,$R^2 = 0.99644$ 表示,其中 x 为盐水包裹体均一温度,y 为捕获温度,此线是介于汽油与重质油之间的线,如是凝析油可在推导捕获温度数上减 $1.5℃$,如是重质油可在推导捕获温度数上加 $1.5℃$,因为不大于 $1.5℃$ 的温度误差是可接受的,故可以对油性不做考虑。在压力和盐度等其他信息缺失的情况下可以通过该关系曲线粗略校正包裹体均一温度。

2. $p—T$ 图求包裹体的捕获温压

(1)利用地温梯度线与盐水包裹体等容线的交点估算流体包裹体的捕获温度和压力。以麦碧娴(1991)做的泌阳凹陷古近系各期成岩自生矿物流体包裹体均一温度校正为例(图4-4)[14],图中 T_1, T_2 和 T_3 分别代表盐水溶液包裹体均一温度的最小值、峰值和主要范围最大值,利用第一期方解石、第二期早期加大边、第三期晚期加大边和钠沸石、第四期方沸石中流体包裹体的盐度、古地温梯度(换算成压力—温度梯度线)与 T_1, T_2 和 T_3 的等容线相交,其交点为流体包裹体的捕获温度和压力。

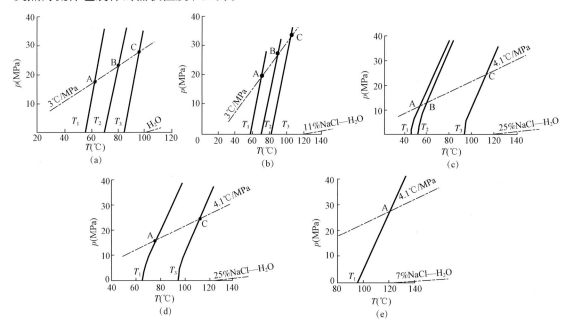

图4-4 泌阳凹陷中心碳酸盐岩地区流体包裹体均一温度校正(引自麦碧娴,1991)

(a)第一期方解石;(b)第二期早期加大边;(c)第三期晚期加大边;(d)第三期钠沸石;(e)第四期方沸石

（2）以同时捕获两个不混溶流体为基础的地质温压计，两种不混溶流体同时分别被不同的包裹体捕获，这两种包裹体等容线的相交点限定了包裹体捕获时的温压条件。以麦碧娴（1991）做的泌阳凹陷古近系各期成岩自生矿物流体包裹体均一温度校正为例[14]，图 4-5 中 T_1，T_2 和 T_3 分别代表盐水溶液包裹体均一温度的最小值、峰值和主要范围最大值，T_1'，T_2' 和 T_3' 则是代表烃有机包裹体的最小值、峰值和主要范围的最大值。利用成岩矿物中的第二期石英早期加大边、第三期石英晚期加大边、第三期钠沸石、第四期方沸石中烃包裹体与盐水包裹体等容线作图（图 4-5），其交点就是形成时的捕获温度与压力，对于具有特殊组分或盐度非常高的包裹体，可以用 25%（质量分数）的 NaCl 溶液的等容线代替。

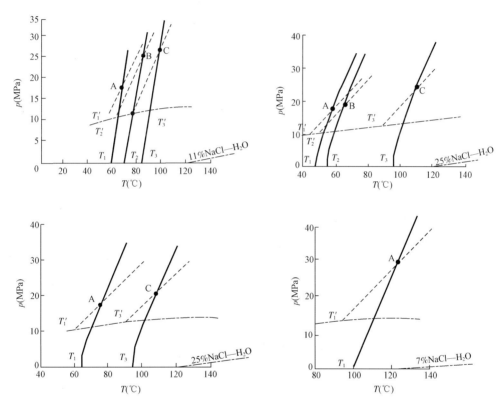

图 4-5　泌阳凹陷中心碳酸盐岩地区流体包裹体均一温度校正（引自麦碧娴，1991）

　　　　盐水溶液包裹体的泡点曲线（据 Pottor,1978）　　盐水溶液包裹体的等容线（据 Pottor,1978）

　　　　烃有机包裹体的泡点曲线（据 Mclimans,1987）　　烃有机包裹体的等容线（据 Mclimans,1987）

3. NaCl—H_2O 盐水包裹体捕获温度

当然，目前运用很广泛的包裹体均一温度校正方法是 Potter（1997）[15] 的不同浓度 NaCl 溶液的均一温度与压力关系图（图 4-6）。使用该表之前得先求取伴生盐水包裹体的盐度以及形成压力，在不同盐度图中将均一温度与压力线相交点对应的 Y 坐标就是 ΔT_h（℃），均一温度 $+\Delta T_h$ 就是捕获温度。

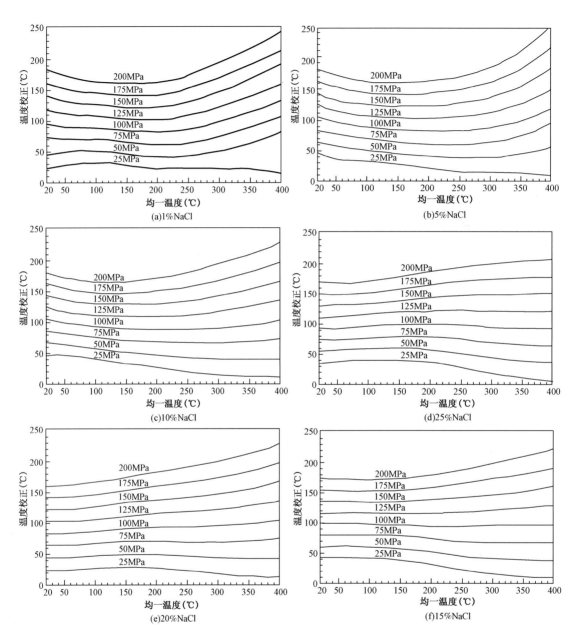

图4-6 不同浓度NaCl溶液的温度校正与均一温度和压力的函数关系图(引自Potter,1997)

更为精确校正的方法是利用包裹体相平衡原理,借助VTflinc软件、PVTsim软件和PVTpro 4.0软件等精确计算包裹体等容线方程,然后联立求解两类同期包裹体的可获得该期包裹体的捕获温度及压力。

第二节 流体包裹体均一温度的应用

流体包裹体的均一温度是包裹体研究中最基础和最重要的地球化学参数,烃包裹体和伴生盐水包裹体的均一温度是划分烃包裹体期次和分析油气成藏期次、成藏地温、成藏时期的重要的依据。

一、埋深与流体包裹体均一温度关系

应该说包裹体形成时的温度是受控于包裹体形成时的地温,而正常情况下地温与埋深是成正比关系的[16]。那埋深与流体包裹体的关系如何? 当然我们对流体包裹体现有埋深是已知的,现有埋深与流体包裹体关系及意义何在?

对中国主要含油气盆地的烃包裹体和伴生盐水包裹体均一温度值与埋深做相关图(图 4 - 7 和图 4 - 8)[16-26]。按地表 14℃,地温梯度为 25℃/km 做一地温梯度线(图 4 - 7 和图4 - 8 中黑色虚线),在 2000 ~ 5000m 埋深的大部分油藏尤其是气藏的烃包裹体温度和伴生盐水包裹体温度分布在以地温梯度线为轴的梯形框中,也显示包裹体形成温度与埋深呈很好的正相关。尤其是埋深 2000 ~ 5000m 的大部分油藏的烃包裹体均一温度和伴生盐水包裹体的均一温度值与埋藏深度成正比关系,所以在应用均一温度时,应结合储层构造升降史,如储层总构造运动趋势是下降的,则伴生盐水包裹体的均一温度值的最低温度可能是注入时的温度,较高的则是后期储集阶段形成的;相反,如果储层总构造运动趋势是上升的,则伴生盐水包裹体的均一温度值的最高温度可能是注入时的温度,较低的则是后期储集阶段形成的。

但也存在一些特别之处:

(1)埋深小于 2000m 的多数油气藏烃包裹体及伴生盐水包裹体的均一温度会较高,偏离梯形框。如莺哥海盆地气藏、济阳坳陷稠油藏、鄂尔多斯盆地安塞地区油藏、洛伊三门峡地区油藏。莺歌海盆地新近纪沉积速率高达 0.79mm/a,厚度逾万米[17],导致莺歌海盆地成为南海北部大陆架盆地中典型的高温超压盆地,地温梯度大于 50.0℃/km[18],莺歌海盆地目前已探明的气田区大多位于盆内相对高温区域,故使 1350 ~ 1640m 埋深的莺歌海盆地气藏温度高达137 ~ 166℃。济阳坳陷 ZX41 井稠油藏位于一个小的相对独立的断块内,受后期构造活动的影响较大导致地温传导不畅,形成一个相对封闭的局部古地温异常区,古地温梯度较高,平均为 40.0℃/km[19]。鄂尔多斯盆地烃类包裹体在储层中大量形成的时间为早白垩世中晚期[20],而鄂尔多斯盆地在早白垩世后发生过强烈的剥蚀作用,盆地东部安塞地区剥蚀厚度为1400 ~ 1600m[21],使现浅埋藏的油藏烃包裹体温度较高的原因是形成时的埋深较深温度较高。洛伊三门峡地区油藏上古生界以及三叠系地温梯度为 37.9℃/km 左右,地层剥蚀在1600 ~ 1800m[22]。

由此可见,浅埋油气藏伴生盐水包裹体和烃包裹体温度较高,有两种情况:① 属高压高温地区,如莺歌海盆地和济阳坳陷;② 成藏后迅速大幅度抬升区,如鄂尔多斯盆地和洛伊三门峡地区。

(2)埋深大于 5000m 的有些油气藏烃包裹体及伴生盐水包裹体的均一温度会较低,偏离梯形框,主要是塔里木盆地奥陶—寒武系储层中的流体包裹体。塔里木盆地奥陶—寒武系储

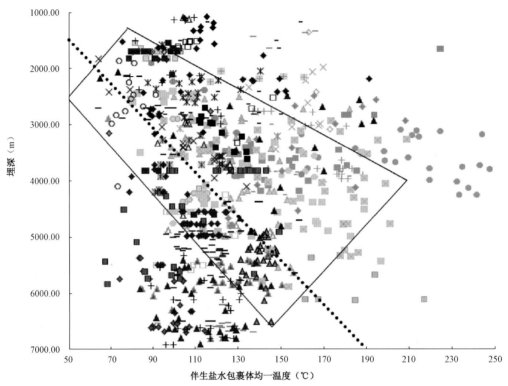

◆ 准噶尔盆地重质油	▲ 塔里木盆地沙雅隆起稠油	◇ 胜利油气区	● 松辽盆地北部深层火山岩气藏
■ 松辽盆地徐家围子断陷气藏	△ 东营凹陷民丰洼陷气藏	✕ 黄骅坳陷港西断裂气藏	✳ 东濮凹陷白庙地区气藏
◎ 渤海湾盆临清坳陷气藏	＋ 南海北部琼东南盆地气藏	﹣ 琼东南盆地东部地区气藏	﹣ 南海北部莺歌海盆地气藏
▲ 鄂尔多斯盆地气藏	▥ 四川普光气田	▦ 四川东部飞仙关组气藏	⊞ 四川东部中部气藏
▥ 川西前陆盆地气藏	◉ 塔里木盆地库车凹陷气藏	▢ 塔里木盆地塔东地区气藏	▨ 塔里木盆地巴楚地区气藏
✚ 渤海湾盆地文安斜坡凝析油	■ 内蒙古查干凹陷凝析油	▲ 渤海湾盆地临清坳陷凝析油	● 东濮凹陷胡庆地区凝析油
✖ 珠江口盆地珠三凹陷凝析油	◉ 龙尾错地区轻质油	▢ 塔里木盆地哈拉哈塘凹陷凝析油	△ 塔里木盆地库车凝析油
﹣ 塔里木盆地塔河油田轻质油	▲ 塔里木盆地塔北地区轻质油	✳ 塔里木盆地塔东地区轻质油	◆ 大庆海拉尔盆地中质油
＋ 松辽南部中央坳陷中质油	▲ 冀中坳陷文安斜坡中质油	✕ 渤海湾盆地南堡凹陷中质油	✖ 歧口凹陷中质油
﹣ 大港油田田埕北断阶区中质油	＋ 东海西湖凹陷中质油	﹣ 内蒙古查干凹陷中质油	✳ 南阳凹陷中质油
◇ 东胜地区中质油	▢ 鄂尔多斯盆地安塞地区中质油	▢ 鄂尔多斯盆地蟠龙地区中质油	▢ 鄂尔多斯盆地延长探区中质油
◇ 柴达木盆地北缘地区中质油	△ 柴达木盆地西部中质油	◎ 准噶尔盆地北三台地区中质油	﹣ 下扬子黄桥地区中质油
﹣ 塔里木盆地沙雅隆起中质油	◆ 塔里木盆地塔河油田	▲ 塔里木盆地塔东地区中质油	◆ 塔里木盆地塔东地区中质油
■ 塔里木盆地塔中地区中质油	▦ 塔里木盆地巴楚地区中质油	◆ 济阳坳陷重质油	■ 埕岛重质油
▲ 平南重质油	✕ 琼东南盆地东部地区重质油	﹣ 珠江口盆地珠三凹陷重质油	▢ 准噶尔盆地重质油
＋ 塔里木盆地塔北地区重质油	﹣ 塔里木盆地塔中地区重质油		

图 4-7 中国油气田伴生盐水包裹体均一温度与埋深关系图

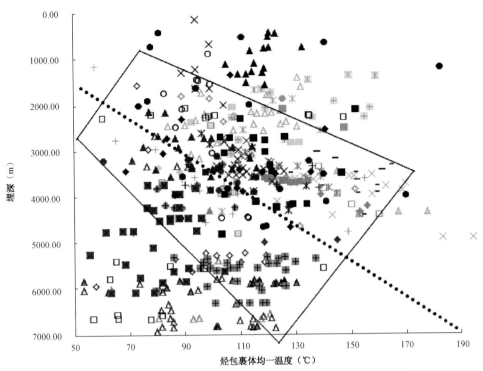

图4-8 中国油气田烃包裹体均一温度与埋深关系图

层中的油藏是多期成藏,并以晚海西期为主成藏期,自晚海西期构造运动后至23Ma喜马拉雅构造运动期间,塔里木盆地主要的奥陶—寒武系储层成藏区塔北、塔中、塔河地区基本上下沉了1500~2000m,即从油气注入时的2500~4500m到现今的5000~7000m[23],故使晚海西期形成的烃包裹体及伴生盐水包裹体的均一温度多较低(如图4-7和图4-8中塔中地区中质油、沙雅隆起中质油、塔北地区中质油、塔河油田中质油和轻质油等)。Susumu Okubo

(2005)[24]实验证实,包裹体在368℃情况下,加热192h会使烃包裹体均一温度值降低20℃;在活化能为46kcal/mol、温度大于160℃的情况下,经历2Ma也能使均一温度值降低20℃。即温度升高烃包裹体内发生热解使均一温度降低,这是塔里木盆地奥陶—寒武系深层储层流体包裹体均一温度比较低的另一个原因。

另外,图4-7和图4-8中的塔河地区和塔北轮南地区的喜马拉雅期形成的轻质油烃包裹体及伴生的盐水包裹体温度也较低,为什么?塔里木盆地塔河地区奥陶系油藏多被认为是多期成藏,主成藏期为海西晚期充注油和喜马拉雅晚期充注凝析气[25],塔河油田最后一期成藏为14~17Ma,包裹体均一温度多在140℃左右,之后油层下沉使现今油田埋深温度为170~180℃[26],虽然凝析油是喜马拉雅晚期充注,但之后的快速下沉使之与现地温有近20~30℃之差。

可见深埋地区的油气均一温度比现有埋深温度低,主要原因是由于构造作用导致较浅埋藏油气形成后地层下沉,或者是后期热解使均一温度值偏低等影响。

二、流体包裹体均一温度推测油气形成时期

烃包裹体的均一温度一般认为是低于形成温度的[27,28],而伴生盐水包裹体的均一温度更能代表当时的地质温度,也就是烃包裹体的形成温度[29,30]。如果是选定一期烃包裹体和伴生盐水包裹体,它们的均一温度频数分布直方图中的数据集中值一定是这一期烃包裹体的形成温度值,也是这一期油气运移时的地温。从理论上讲,同一期形成的流体包裹体均一温度波动范围应在15℃左右[31],但有时温度值较宽,其原因可能是由选择的包裹体合理性决定的,如测试了不是同期形成的、气液比不合适的、有成分或体积变化肉眼鉴定不出来的包裹体。

通常,当压力不超过溶液平衡蒸汽压时,伴生盐水包裹体均一温度可被看成包裹体捕获时的真实温度[32]。当然表生环境下流体包裹体的捕获压力和均一温度测试时的环境压力差别非常小也可作为捕获温度[33]。此时,可将温度换算成深度:

$$T = T_0 + Z(dT/dZ)/1000 \tag{4-1}$$

式中　T——流体包裹体捕获温度,℃;

　　　T_0——包裹体被捕获时的地表温度,℃;

　　　Z——埋藏深度,m;

　　　dT/dZ——地温梯度,℃/km。

结合埋藏演化史,对应深度Z的时间即为捕获流体包裹体的形成时间,也是油气的成藏时间[34]。

当包裹体被捕获时的压力高于平衡蒸汽压时,均一温度的测定值通常是包裹体捕获温度的最小值[35]。当埋深大于2km时,常压下测得的伴生盐水均一温度与捕获温度间有较大误差,要对均一温度进行必要的压力校正[36]。

三、影响 ΔT_h 的因素

伴生盐水包裹体均一温度 $T_{h_{aqu}}$ 与烃包裹体均一温度 $T_{h_{oil}}$ 的差值为 $\Delta T_h(T_{h_{aqu}} - T_{h_{oil}})$。同温均一捕获条件下,由于烃包裹体与伴生盐水包裹体等容线的不同,气液两相烃包裹体和含溶解轻烃气液两相盐水包裹体的均一温度一般均低于伴生盐水包裹体均一温度。Goldstein

（2001）[37]认为，烃类包裹体在捕获后会发生化学变化，从而导致其均一温度的改变，伴生盐水包裹体在捕获后的变化相对小一些。Okubo（2005）[38]认为，随着温度的增加烃包裹体内的油组分裂解对油成熟度及均一温度也有很大的影响。由此可见，如何认识 ΔT_h 和其地质涵义对了解油气成藏过程至关重要。

1. 形成温度对 ΔT_h 的影响

平宏伟认为，捕获温度越高 ΔT_h 越大[39]。中国石油大学（华东）实验证明，合成轻质油的烃包裹体的伴生盐水均一温度与 ΔT_h 显示明显正比关系（图4-9中黑色点），也证明"捕获温度越高 ΔT_h 越大"。是不是所有油气田的 ΔT_h 都会受捕获温度影响？统计了国内外45个地区四种油气藏[17-22,25,26]的伴生盐水包裹体与 ΔT_h 相关图，正常油藏（或正常油烃包裹体）和稠油油藏（或稠油烃包裹体）明显显示捕获温度越高 ΔT_h 越大的特点（图4-10和图4-11）。但气藏、凝析油气、轻质油的捕获温度与 ΔT_h 没有太多相关性（图4-9和图4-12），因为气藏、凝析油气是油气共存，为过饱和气的油藏（油气藏），其烃包裹体的温度更多的是受含气饱和度的影响。

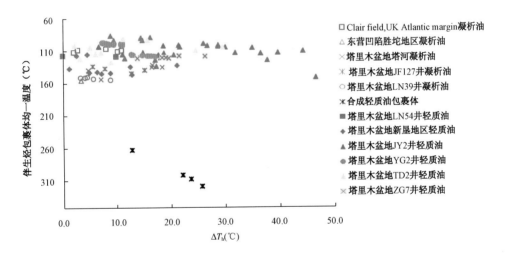

图4-9　中国凝析油气形成温度与 ΔT_h 相关图

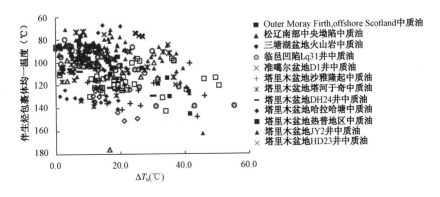

图4-10　中国中质油形成温度与 ΔT_h 相关图

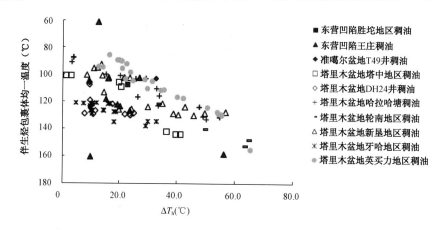

图4-11 中国稠油形成温度与 ΔT_h 相关图

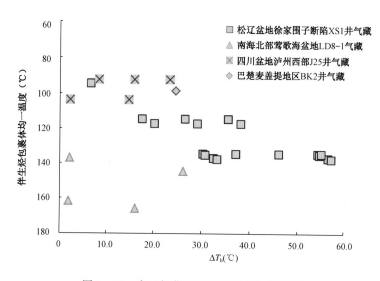

图4-12 中国气藏形成温度与 ΔT_h 相关图

2. 油气组分对 ΔT_h 的影响

烃包裹体的均一温度还与油捕获时的组分有关,在其他条件不变时,同一捕获温度下黑油的 ΔT_h 较挥发油 ΔT_h 来得大[39]。通过对国内外48个油田503个样品的 ΔT_h 统计(其中364个塔里木样品是笔者多年来的实测数据)列于表4-4,将表4-4数据做成平均值直方图(图4-13),图中显示从凝析油—轻质油—中质油—重质油,其 ΔT_h 明显变大。从实验数据统计结果看出,油田的原油性质越轻 ΔT_h 越小,油田的原油性质越重 ΔT_h 越大。凝析油、轻质油、中质油和重质油的 ΔT_h 平均统计数值分别为9.2℃,15.7℃,17.94℃和26.42℃。

表 4－4　国内外不同油性的油气藏与 ΔT_h 关系

原油性质	凝析油气				轻质油			中质油				重质油		
来源	国外	国内	塔里木盆地	总	合成包裹体	塔里木盆地	总	国外	国内	塔里木盆地	总	国内	塔里木盆地	总
最低值(℃)	2.3	3.6	3.5	2.3	12.2	0.3	0.3	10.6	2.8	1.8	1.8	1.4	3.3	1.4
最高值(℃)	11	18.5	15.3	18.5	25.7	32.5	32.5	42	46.7	51.2	51.2	56.5	65.7	65.7
集中段(℃)	3~11	5~16	5~9	3~15	12~25	6~20	6~20	17~35	6~35	6~30	7~20	9~27	9~40	9~30
平均值(℃)	7	12.4	7.7	9.2	21.1	15.7	15.9	27.1	21.42	15.31	17.94	21.92	27.24	26.42
样品数(个)	5	8	9	22	4	108	112	11	187	153	251	24	94	118

注:塔里木盆地数据是自测,其他是引用国内外文献。

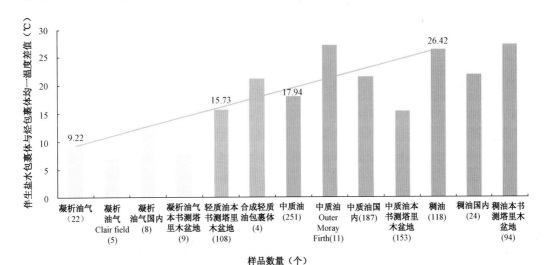

图 4－13　图内外不同性质的油气藏 ΔT_h 平均值直方图

3. 地温梯度对 ΔT_h 的影响

地温梯度对 ΔT_h 影响其实质是包裹体形成后温度对其的影响。地温梯度越高,同深度包裹体受热的温度也越高。Diamond(2003)[40]认为,在受热的情况下,包裹体壁会发生变形扩张,包裹体被拉伸。拉伸的热力学结果是体积增加,引起密度和包裹体内部压力降低,导致流体包裹体均一温度升高[41]。当然地温梯度越高,相同深度的温度也就越高,对深埋藏中的烃包裹体内部可能会伴有发生热解使其均一温度值降低[25],最终 ΔT_h 升高。

据塔里木盆地 21 口井不同深度同期烃包裹体和伴生盐水包裹体温度,计算出 ΔT_h 的平均差值,和这一期伴生盐水包裹体每 1000m 平均均一温度递增值即地温梯度,将这 21 口井 ΔT_h 的平均差值和地温梯度投在图 4－14 中。再结合前人的国内外测试成果(图 4－14 图例中后 7 口井),所有的点都落在绿框里,显示地温梯度与 ΔT_h 成很好的正比关系。

4. 形成压力对 ΔT_h 的影响

Munz 等(1999)[42]对挪威北海地区的 Frøy 和 Rind 研究区进行了详细研究,测温数据和 p—T 图显示 25/2－15R2 井中的烃包裹体均一温度比 25/2－5 井和 25/2－13 井都低,归因于

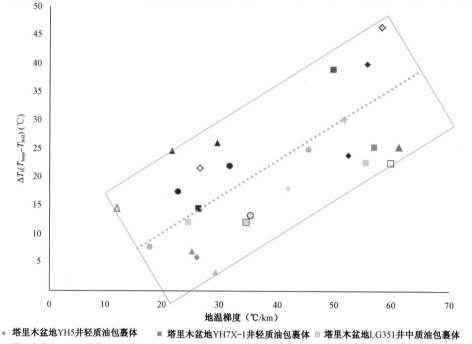

塔里木盆地YH5井轻质油包裹体　■ 塔里木盆地YH7X-1井轻质油包裹体　□ 塔里木盆地LG351井中质油包裹体
◇ 塔里木盆地YM201井中质油包裹体　△ 塔里木盆地TZ83井中质油包裹体　○ 塔里木盆地DH24井中质油包裹体
▥ 塔里木盆地H6-1井中质油包裹体　　✳ 塔里木盆地XK101井中质油包裹体　▲ 塔里木盆地LG36井中质油包裹体
▲ 塔里木盆地YM201井中质油包裹体　● 塔里木盆地LX1井中质油包裹体　　▦ 塔里木盆地TZ24井中质油包裹体
▥ 塔里木盆地TZ822井中质油包裹体　■ 塔里木盆地TZ24井重质油包裹体　◆ 塔里木盆地H902井重质油包裹体
▲ 塔里木盆地XK101井重质油包裹体　◆ 塔里木盆地YH5井重质油包裹体　　■ 塔里木盆地YM201井重质油包裹体
◆ 塔里木盆地沙雅隆起XH1井　　　　▲ 塔里木盆地塔河油田YQ8井　　　　● 塔里木盆地塔河油田YQ10井
□ 塔里木盆地沙雅隆起S53井　　　　◇ 塔里木盆地沙雅隆起XH3井　　　　✳ Outer Moray Firth, offshore Scotland-K中质油
▲ Clair field,UK Atlantic margin-D-C轻质油

图4-14　地温梯度与ΔT_h关系图

井25/2-15R2井有较高的压力。Bourdet(2008)[43]利用人工合成富CH_4盐水包裹体在等温降压的情况下对包裹体进行研究,发现大多数流体包裹体会发生拉伸或泄漏而再平衡。压力对流体包裹体均一温度有较大影响。理论认为压力降低使包裹体发生拉伸甚至泄漏,密度降低,均一温度值升高。这一点在Bourdet(2008)[41]的实验中也得到了证实。

5. 宿主矿物对ΔT_h的影响

Pironon(2007)[44]用合成流体包裹体模拟包裹体在深埋藏储层中形成及再平衡实验。经历相同的降压升压后,发现石英和方解石中烃包裹体T_h值没什么区别,但它们的盐水包裹体T_h值存在差异。方解石中盐水包裹体T_h值相对较低,石英中相对较高。说明流体包裹体宿主矿物对T_h值有影响。理论上,对于塑性易变形的矿物,随着压力降低,流体包裹体内部压力高于外部压力,使流体包裹体体积增加,密度降低,导致T_h值增加;压力增加,流体包裹体体积减小,密度增加,T_h值降低。对于刚性易碎矿物,在压力升降过程中,流体包裹体易发生破碎屑,使流体泄漏,密度降低,T_h值增大。

四、ΔT_h 的指示意义

1. 判断气顶

Munz 等(1999)[42]和 Munz(2001)[45]认为,ΔT_h 是烃包裹体中天然气欠饱和程度的重要指标,烃包裹体含气饱和度越高,均一温度将越接近伴生盐水包裹体的均一温度,即 ΔT_h 越接近于零。Munz 等(1999)[42]对挪威北海地区的 Frøy 和 Rind 研究区进行了详细研究,p—T 图显示 25/2 – 5 井和 25/2 – 13 井包裹体在相似的温压条件下捕获,测温数据显示 25/2 – 5 井中烃包裹体均一温度比 25/2 – 13 井中烃包裹体均一温度低,反映了 25/2 – 5 井中石油挥发性成分略低于 25/2 – 13 井中石油,推断在相同温压条件下,捕获的烃包裹体均一温度越高,挥发性成分越多。Tseng 和 Pottorf(2002)[46]曾对北海北部 Greater Alwyn – South Brent 地区的包裹体进行过显微热分析,发现了 3 种烃包裹体即均一到液相、气相和临界相 3 类。其中第一种均一到液相的烃包裹体均一温度多为 70 ~ 90℃,而伴生盐水包裹体均一温度多为 90 ~ 120℃,烃包裹体的均一温度相对于伴生盐水包裹体的均一温度低,代表了石油在被捕获时含气不饱和;第二种均一到气相的烃包裹体均一温度比伴生盐水包裹体均一温度稍低或相等,如在 South Brent Field 地区,烃包裹体均一温度(79 ~ 85℃)和盐水包裹体均一温度(80 ~ 87℃)显示了相似的值,代表了石油被捕获时为近饱和或饱和富气流体。故在油气藏中,含气饱和的伴生盐水包裹体可以通过比较与它们同期的烃包裹体均一温度差来判断,如烃包裹体的均一温度和盐水包裹体的均一化温度显示相等,并且均一温度与现今储层温度大体一致,就很有可能在油柱上存在气顶;如果烃包裹体的均一温度和盐水包裹体的均一温度大致相等,并且均一温度与现今储层温度不一致,则可能有古气顶;如果烃包裹体的均一温度小于盐水包裹体的均一温度,则油柱含气欠饱和,并且在包裹体被捕获时气顶是不太可能存在的[47]。

2. 判断烃包裹体是否发生裂解

烃包裹体荧光颜色通常被视作判断油气成熟度的宏观标尺,随着烃包裹体内油质成熟度提高,荧光颜色变化为褐色→黄色→蓝色→蓝白色。近年来,不少学者对烃包裹体的荧光颜色与其所代表的烃类成熟度关系提出了质疑。Georgeet 等(2001)[48]根据澳大利亚油田采集的 36 个砂岩样品包裹体生标参数分析结果,认为应用烃包裹体颜色判断烃流体成熟度是不可靠的,理由是:多于 65% 蓝白色和多于 50% 白色荧光烃包裹体样品对应的生标参数指示其成熟度分布区间从低到高都有,低成熟度烃包裹体也可能发蓝色或蓝白色荧光,这与"发蓝白色荧光烃包裹体应对应于高成熟度烃类"的传统的认识是相矛盾的。

Okubo(2005)[49]研究认为,ΔT_h 的出现并不仅仅是因为烃类包裹体与伴生盐水包裹体等容线的不同,早期捕获的烃包裹体随着温度的增高(或埋深的增加),在其封闭体系内部也会发生热裂解作用,从而导致烃类包裹体的均一温度降低,而 ΔT_h 也就随之增大,并认为烃包裹体发生这种热裂解的临界温度可能为 120℃左右。赵艳军等(2008)在准噶尔盆地准东地区和东营凹陷,对蓝白色荧光烃包裹体做 ΔT_h—$T_{h_{aq}}$(伴生盐水包裹体均一温度)和 ΔT_h—$T_{h_{oil}}$(烃包裹体均一温度)图[30],关系呈一"V"字形,ΔT_h 在 $T_{h_{oil}} = 120℃$ 或 $T_{h_{aq}} = 123 ~ 132℃$ 存在拐点,赵艳军认为"拐点"之上(≤120℃)到发黄色荧光烃包裹体最高均一温度范围内的发蓝白色荧光

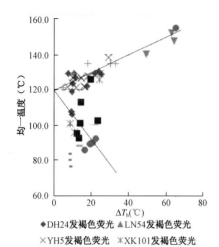

图 4 - 15　褐色烃包裹体的伴生盐水
包裹体 $T_{h_{aq}}$ 与 ΔT_h 关系图

烃包裹体肯定是捕获后遭受裂解作用的结果。

塔里木盆地塔北地区奥陶系储层中有 3 种烃包裹体：早海西期形成的以发褐色荧光为主的烃包裹体、晚海西期形成的以发黄色荧光为主的烃包裹体和喜马拉雅期形成的以发蓝色荧光为主的烃包裹体。对以上三期烃包裹体做伴生盐水包裹体 $T_{h_{aq}}$ 和 ΔT_h 图（图4 - 15至图 4 - 17），发现三期烃包裹体的 ΔT_h 在 $T_{h_{aq}} = 120℃$ 存在拐点，呈一"V"字形，事实证明烃包裹体发生这种热裂解的临界温度也为120℃左右。图 4 - 15 和图 4 - 16 中显示塔北地区早期烃包裹体原油热裂解现象是普遍的，早海西期发褐色荧光烃包裹体和晚海西期发黄色荧光烃包裹体属于早期捕获的烃包裹体，随着埋深的增加和温度的增高，在其封闭体系内部也会发生热裂解作用，从而导致烃类包裹体的均一温度降低，而 ΔT_h 也就随之增大。

发蓝白色荧光烃包裹体温度分布有两种情况。一种是喜马拉雅期形成的高成熟的烃包裹体，如轮南 39 井 5421.88m、解放 127 井 5312.98m、新垦 8H 井 6809.5m、新垦 101 井 6817.2m 的发蓝白色荧光的烃包裹体，其形成温度常在"拐点"以下高于120℃（图 4 - 17），其 ΔT_h 差值不大，说明是由原油运移形成的轻组分。另一种是早期油期运移的产物，其形成温度常低于120℃（"拐点"

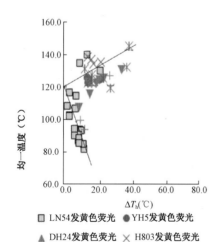

图 4 - 16　黄色烃包裹体的伴生盐水包裹体
$T_{h_{aq}}$ 与 ΔT_h 关系图

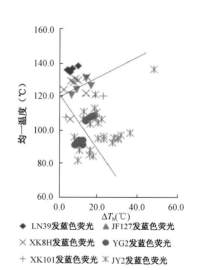

图 4 - 17　蓝色烃包裹体的伴生盐水包裹体
$T_{h_{aq}}$ 与 ΔT_h 关系图

之上),如英古 2 井 6054.45m 和金跃 2 井 7085.62～7093.37m 处的发蓝色荧光的烃包裹体,说明发蓝白色荧光烃包裹体是由早期油捕获后遭受裂解作用的结果。由以上分析可以推测,在塔北英古 2 井和金跃 2 井的轻质烃包裹体可能是早期中等成熟的油(如晚海西期油)热分解而成,而塔北轮南地区和新垦地区的轻质烃包裹体可能是高成熟的烃源岩产生的轻质油充注而成。

第三节　流体包裹体的爆裂法测温

流体包裹体爆裂法测温最早由加拿大学者 Scott[49] 于 1948 年提出,此方法是利用声学原理对流体包裹体爆裂所产生的声响进行记录,可以对各种矿物进行温度测定,特别是有利于解决均一法不能测定的不透明矿物的测温问题[50,51]。

一、基本原理

流体包裹体是矿物在结晶过程中被捕获的原始均一的成矿溶液,这种溶液当时处在高温高压状态,呈均一的液相。随着结晶温度从高温下降到常温,液相不断收缩,出现了气相气泡。这就是常温常压下所见到的气液二相包裹体。当将此流体包裹体再从常温逐渐加热时,由于热胀作用,液相不断膨胀,直至加热到矿物结晶温度时,气泡消失成均一液相。这时,如果温度继续增大,就会引起流体包裹体内部压力急剧增大,当流体包裹体内部压力大到流体包裹体腔壁承受不住时则发生爆裂。这时即产生了热爆裂声。可将发出大量响声时的温度记录下来,这个温度称之为爆裂温度,用爆裂温度测定矿物生成温度的方法叫爆裂法测温。将大量流体包裹体的爆裂声响记录下来,即可得出爆裂谱线,由此谱线可看出大量流体包裹体爆裂的起点(拐点)、高峰和流体包裹体爆裂的脉冲数(即包裹体爆裂次数)。一般将拐点所对应的温度称为爆裂温度值(T_d),爆裂温度值往往高于均一温度,接近形成温度的上限值。

流体包裹体的爆裂过程可用简化了的范德华方程中的等容状态方程表示。其气液包裹体形成时的温度(T_t)与压力(p_t)之间的关系为:

$$T_t = Ap_t + T_o \qquad (4-2)$$

式中,A 和 T_o 为常数,与流体包裹体成分、盐度和密度有关。在室温下,当对流体包裹体继续加热,在升到一定温度时,其内压大大超过流体包裹体腔壁的抗压极限,流体包裹体就发生爆裂,此时:

$$T_d = Ap_d + T_o \qquad (4-3)$$

式中,T_d 为爆裂温度;p_d 为爆裂时的压力;A 和 T_o 为常数。当我们研究某一矿床的流体包裹体时,其流体包裹体在爆裂时与形成时的成分和密度是相同的,所以,上述两个式子中 A 和 T_o 的数值相等,两式相减,即可得爆裂温度(T_d)与形成温度(T_t)间的关系式:

$$T_t = A(p_t - p_d) + T_d \qquad (4-4)$$

式(4-4)又可称为流体包裹体温压校正方程,可利用流体包裹体爆裂时的温度和压力,来计算形成温度和压力。

二、实验步骤

(1)先在显微镜下对所测的矿物及所含流体包裹体进行含量、成因类型等观察,一般含大量原生流体包裹体的单矿物适合爆裂法测温。

(2)根据待测矿物大小确定爆裂法测温样品的粒级,要求选择的矿物颗粒粒级既保留最多的包裹体,又没有其他矿物连生。样品经过破碎、筛选、选矿,选出欲测矿物,纯度应在90%以上。

(3)在大量测试之前,可以做某些条件实验:① 粒级实验。如选择40~60目、60~80目和80~100目3个粒级,所选定的粒级应考虑有大量包裹体爆裂、拐点明显且容易选定等条件。② 升温速率的实验。升温速度要缓慢、均匀,同一批样品要用相同的升温速度,并确定加热的最终温度。③ 仪器灵敏实验。这与包裹体含量关系很大,包裹体含量多且能大量爆破,则仪器灵敏度就高。④ 爆裂频次总分道和强度道量程的级别确定。⑤ 样品放置的位置要固定一致。⑥ 样品量的条件实验。如果用0.2g样品做出清楚的包裹体爆裂谱线,则所需测量的全部样品均可用0.2g。

(4)要求样品在样品管中均匀分布且成平面,使其受热尽量均匀。

(5)将装有样品的石英管安装在有话筒的导声管上,关好隔音箱。

(6)开启爆裂仪,记录笔稳定,耳塞监听正常。

(7)打开调压变压器,加温速度要均匀,且按实验的升温速率进行升温。

(8)做好每个样品的包裹体爆裂实验记录,以积累数据。

三、爆裂法的优缺点

1. 优点

从上述分析不难看出,爆裂法测温有它不可代替的优势:

(1)爆裂法测温不但能在透明矿物中进行,而且能对不透明矿物进行温度测定,所以它更适合金属矿床成因研究。

(2)国外研制的新一代爆裂仪与计算机相连,自动化程度高、速度快,整个分析过程无需人员介入,全部自动完成,而且价格低廉,特别适用于以勘查为目的的大量样品的分析。

(3)爆裂法可获得多种包裹体信息如温度、频次(包裹体丰度)、不同包裹体群(因不同包裹体群有不同的爆裂温度和丰度)等信息。

(4)爆裂仪(图4-18)轻便、小型化,样品用量少,可同时测定3~4个样品。

(5)利用相同样品(用量、种类)并且在相同条件下进行爆裂,所得结果有可比性。可作热晕,对成矿物质来源、矿液流动方向、扩大勘探远景区有一定意义。

(6)爆裂温度值及爆裂图谱的对比研究,可揭示成矿流体的活动期次,热液蚀变作用的温度和强度,分析成矿作用强弱,扩大矿化远景区并为成矿远景评价提供有用参数。

2. 缺点

(1)爆裂法不如均一法测温直观、准确,不能区分哪一期是烃包裹体形成时的温度值、不能区分烃包裹体期次、不能区分烃包裹体和伴生盐水包裹体、不能区分原生次生包裹体,在烃包裹体测温中很少使用。

（2）爆裂法记录的主要是气液包裹体的爆裂声，但热爆裂声的产生，不仅可以是包裹体引起的，还有矿物的解理爆裂声、矿物炸裂纹响声、矿物（如石英）相转变的微裂声以及矿物颗粒的破碎等都会引起热爆声。所以，如何区分包裹体的爆裂声和非包裹体的响声，是正确开展包裹体爆裂法测温的关键[52]。

对于爆裂法测温曲线峰形解释历来有也多种说法，其中席斌斌、施娘华[54,55]等在研究江西省全南县大吉山钨矿含矿石英脉时指出，爆裂法测温曲线中低温爆裂峰是由次生包裹体爆裂所致，而较高温爆裂峰是原生包裹体爆裂形成的。

含油气盆地研究时极少用爆裂法测温，但如果是脉体矿物中只有一期烃包裹体，却只有一世代脉体矿物时，可以将脉体矿物挑出来进行爆裂法测温，爆裂法测温曲线中低温爆裂峰是由烃包裹体爆裂所致，而较高温爆裂峰是伴生盐水包裹体爆裂形成的。

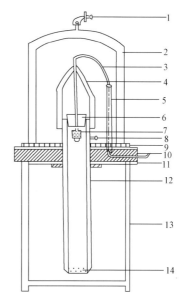

图 4-18　热声爆裂仪双层真空玻璃隔音装置[53]
（1—抽气孔；2—双层真空玻璃罩；
3—话筒导线；4—双层真空玻璃盖；
5—铜管；6—橡皮塞；7—电容话筒；8—抽气孔；
9—橡胶板；10—泡沫塑料；11—电木板；
12—双层真空石英玻璃管；13—支架；14—样品）

第四节　流体包裹体盐度的估测

一、冷冻法测盐水包裹体盐度基本原理与注意事项

1. 基本原理

冷冻法是研究盐水包裹体类型和盐度的基本方法之一。测定对象包括包裹体的冻结温度（T_f）、初溶温度（T_e）和冰点温度（T_{mice}，缩写成 T_m），它们是了解盐水包裹体封存原始地质流体类型和盐度的重要数据[56]。对低盐度的 $NaCl—H_2O$ 包裹体，可以根据拉乌尔定律，即稀溶液的冰点下降与溶质的摩尔浓度成正比的原理来测定流体的含盐度[57]。拉乌尔定律认为：

（1）对于稀浓度溶液来说，溶液的冰点下降数值与溶质的种类及性质无关，而仅仅取决于溶解在水（溶剂）中的溶质的浓度。

（2）压力对冰点下降的影响甚微，一般可以忽略不计。

（3）该定律仅适用于理想溶液或非电介质的稀溶液，不适合烃包裹体。

Hall 等（1988）根据实验数据，获得了利用冰点下降温度计算盐度的公式：

$$W = -1.76958 T_m - 0.042384 T_m^2 - 0.00052778 T_m^3 \qquad (4-5)$$

式中：W 为 NaCl 的质量分数；T_m 为冰点温度（℃，为负数）。根据拉乌尔定律及上述冰点下降公式，可以通过实测盐水包裹体的冰点温度来计算包裹体中的盐度。

2. 注意事项

但在实际应用冷冻法测定盐水包裹体盐度时还需注意以下事项：

（1）对于最简单的 NaCl—H_2O 体系，冷冻法也只适用于盐度在 0 ~ 23.3%（质量分数）稀溶液的测定，当盐度高于 23.3%（质量分数）时，溶液的盐度就不能根据冰点来测定了。因此，NaCl—H_2O 体系的冰点最低不会低于 - 21.2℃，即相当于盐度为 23.3%（质量分数）时的冰点。

（2）地质样品内盐水包裹体中流体除了 NaCl—H_2O 体系外，常见的还有 KCl—H_2O 等体系。如果根据其他性质能够确定流体包裹体中是以 NaCl—H_2O 体系以外的组分为主时，则应根据相应的体系实验数据来确定其盐度。

（3）地质上所观察到的盐水包裹体是非常复杂的水溶液体系，NaCl 可能是其中的最主要溶质。所以冷冻法所获得的盐度实际上是多组分溶质的总和结果，在油气成藏期研究时常可直接用冰点温度（而不是盐度）对比分析说明。

二、实验步骤

含油气盆地中含甲烷的包裹体冷冻温度很低，目前流体包裹体的冷冻测定，主要是用液氮制冷的设备，例如英国 Linkamn 公司的 THMSG600 和 MDSG600 冷—热台，温度范围：- 180 ~ + 600℃，精度和稳定性为 0.1℃。由于含油气盆地中流体包裹体个体普遍较小，观测冰点的难度比均一温度测定大，选择的流体包裹体大小最好不小于 10μm。

测定步骤：

（1）以 15 ~ 20℃/min 速率快速降温到 - 100 ~ - 90℃并在此温度下恒温 1min，使包裹体充分冰冻。

（2）然后以 10℃/min 的速率缓慢回升温度，至 - 60 ~ - 50℃时，再改成以 1 ~ 3℃/min 的速率缓慢回升温度，观察冻结包裹体开始有液相出现，使冻结晶体表面润湿，增加了晶体的透明度，而突然变亮时的温度作为该盐水包裹体的初熔温度（T_e）或称为低共熔温度。由表 4 - 5 可见包裹体的初熔温度与体系的组分有关，但由于地层水和油田水组分比较复杂，因此，低共熔温度难以准确判定流体的类型。

表 4 - 5　包裹体的初熔温度与体系的组分有关（据 A. C. BOPHCEH KO，1974；Crawford，1981）

体系	低共熔温度（℃）	分子式	形态	折射率	双折射率	在低共熔点时的成分（%）	溶解系数
NaCl—H_2O	20.8	NaCl	立方体	1.544	均质	23.30%	0.105
		NaCl · $2H_2O$	单斜	1.416	0.005	NaCl	0.14
KCl—H_2O	- 10.6	KCl	立方体	1.149	均质	19.70%	0.16
						KCl	

体系	低共熔温度(℃)	分子式	形态	折射率	双折射率	在低共熔点时的成分(%)	溶解系数
$Na_2CO_3—H_2O$	-2.1	$Na_2CO_3·10H_2O$	斜方	1.44	0.034		1.7
$NaHCO_3—H_2O$	-2.3	$NaHCO_3$	针状	1.583	0.206		0.14
$NaCl—KCl—H_2O$	-22.9	$NaCl$	立方体	1.544	均质	20.17% NaCl	1.015
		KCl	立方体	1.49	均质	5.81% KCl	0.16
		$NaCl·2H_2O$	单斜	1.416	0.005		0.14
$NaCl—Na_2CO_3—H_2O$	-21.4	$NaCl$	立方体	1.544	均质		0.015
		$NaCl·H_2O$	单斜	1.416	0.005		0.14
		$Na_2CO_3·10H_2O$	斜方	1.44	0.034		1.7
$Na_2CO_3—NaHCO_3—H_2O$	-21.8	$NaCl$	针状	1.544	均质		0.015
		$NaCl·2H_2O$	斜方	1.416	0.005		0.14
		$NaHCO_3·10H_2O$		1.583	0.206		0.14
$NaCl—CaCl_2—H_2O$	-3.3	$NaHCO_3$	立方体	1.583	0.206		0.14
			斜方	1.44	0.304		1.7
$NaCl—Na_2CO_3—H_2O$	-52	$NaCl$	立方体	1.544	均质	1.8% NaCl	0.015
		$Na_2CO_3·10H_2O$	斜方	1.416	0.006	29.4% CaCl₂	0.14
		$CaCl_2·6H_2O$					
$MgCl_2—H_2O$	-35	$NaCl$	六方体	1.544	均质	1.56% NaCl	0.015
		$NaCl·2H_2O$	单斜	1.416	0.005	22.75% MgCl₂	0.14
		$MgCl_2·2H_2O$	单斜	1.582			0.1
$CaCl_2—H_2O$	-33.6	$MgCl_2·12H_2O$				21% MgCl₂	
$KCl—CaCl_2—H_2O$	-49.8	$CaCl_2·6H3O$	六方体	1.393			
				1.417			
$FeCl_2—H_2O$	-56						
卤水	-71.5						

（3）继续升温至 -22℃左右时，降低升温速度，以 0.5～1℃/min 左右的升温速度进一步缓慢升温，并注意观察，以盐水包裹体中最后一粒冰融化的温度作为包裹体的冰点温度（T_m）。在盐水包裹体较小的情况下，一般很难观察到冰晶溶化，这样在观察不到冰晶溶化的情况下，就可根据盐水包裹体在接近冰点时，气泡都要发生激烈跳动或从不动到动等现象是与最后冰晶溶化有一定关系这一规律作为估侧冰点的间接标志[58]。

（4）可用 HaCl 的冰点下降温度计算盐度的公式计算出盐度。

（5）温度回升到室温以后，可以再重复测定一次。

测温过程中，如果发现包裹体冷冻时很难冻结，回温到 0℃以上冰晶不能立即熔化等异常现象，表明包裹体处于亚稳定状态或生成了含甲烷等气体的水合物。

三、实例分析

以测试鄂尔多斯盆地榆88井1995.2m石英中盐水包裹体冰点、初熔点和均一温度分析为例,图4-19视域下见1号和2号两个较大的盐水包裹体,在22℃常温下气泡圆润而不动。

开始降温使盐水包裹体结冰:到-35℃时,未见冰块出现;在-45℃时,2号盐水包裹体突然变暗并出现结冰现象;在-54℃时,见1号盐水包裹体结冰,2号盐水包裹体结成大冰块并变明亮;在-60℃时,1号盐水包裹体变暗,而2号盐水包裹体中冰块具有立体感和包裹体内出现空隙;在-90℃时,1号盐水包裹体更暗和2号盐水包裹体冰块立体感更清晰。

开始升温测试初溶温度:升到-70℃和-60℃时,1号和2号盐水包裹体特征基本保持在-90℃的状态;升到-54℃,1号盐水包裹体边部一下明亮起来,2号盐水包裹体冰块出现间隙并出现了气泡,此温度为1号盐水包裹体的初溶点。

继续升温测试冰点温度:升到-43℃冰块进一步变小,1号盐水包裹体内出现气泡,2号盐水包裹体气泡变圆并动了一下;升到-36℃冰块进一步变小,1号盐水包裹体气泡变圆,2号盐水包裹体气泡变圆并动了一下;升到-29.1℃1号和2号盐水包裹体中的冰块进一步变小成一个小冰块,1号盐水包裹体气泡动了,2号盐水包裹体气泡却因被冰块压在下方小空间中,因受小空间形状控制反而气泡又变不圆并不动了;这种现象一直到-18.8℃,1号盐水包裹体随着冰块的变小,气泡粘着小冰块在包裹体中漫漫游动,近冰块消失-11℃时,1号盐水包裹体内一小冰块时粘在气泡上;升到-10.9℃,1号盐水包裹体最后一个冰块消失,-10.9℃温度为1号盐水包裹体的冰点温度,1号盐水包裹体气泡很快在约-10.5℃时开始较快的动起来,气泡的体积明显大于降温前常温22℃时,而2号盐水包裹体在-10.5℃冰消失,气泡界线明朗,可形状还是受控于包裹体空间,并未见气泡跳动起来,-10.5℃温度为2号盐水包裹体的冰点温度。

继续升温测试包裹体的均一温度,0℃时,1号盐水包裹体气泡还稍大于常温;在34.6℃时,1号盐水包裹体气泡才开始变得小于常温但并没强烈动;34.6℃时,2号盐水包裹体的气泡还呈扁的夹在下方小空间中;升到75.74℃时,1号盐水包裹体气泡明显变小了,并开始在包裹体中强烈运动,而2号盐水包裹体的气泡也小的可以离开小空间了;升到100.12℃时,1号盐水包裹体气泡却固定在包裹体顶部不动了,而2号盐水包裹体中的气泡开始强烈运动;到142.8℃时,1号盐水包裹体气泡很小了,加上固定在顶部角上不动,非常不好辨识,而2号盐水包裹体中的气泡因强烈运动而很好辨识到;升到153.64℃时,1号和2号盐水包裹体气泡不见了,1号盐水包裹体在有气泡的边上突然没有了内壁上的小黑影为特征(气泡所在显出的小黑点),此时温度是气泡消失温度,也是气液均一相的温度;153.64℃是1号和2号盐水包裹体的均一温度。再降温到152.15℃时1号盐水包裹体的气泡又出现了。

由以上盐水包裹体温度实验可发现:(1)降温出现冰块的温度与升温冰块初溶温度有较大的差值;(2)气泡变圆时并不是最后一个冰块消失的时候,只要有足以有让气泡变圆的空间就可,这时可能冰还在;(3)气泡开始动了并不是最后一个冰块消失的时候,只要有大于气泡的空间就可,这时可能冰还在;(4)最后一个冰块消失的时候可能气泡不一定就一定变圆;(5)温度升高气泡变小,气泡常运动的较快,但也不一定一直运动到均一时,有时可能会随着

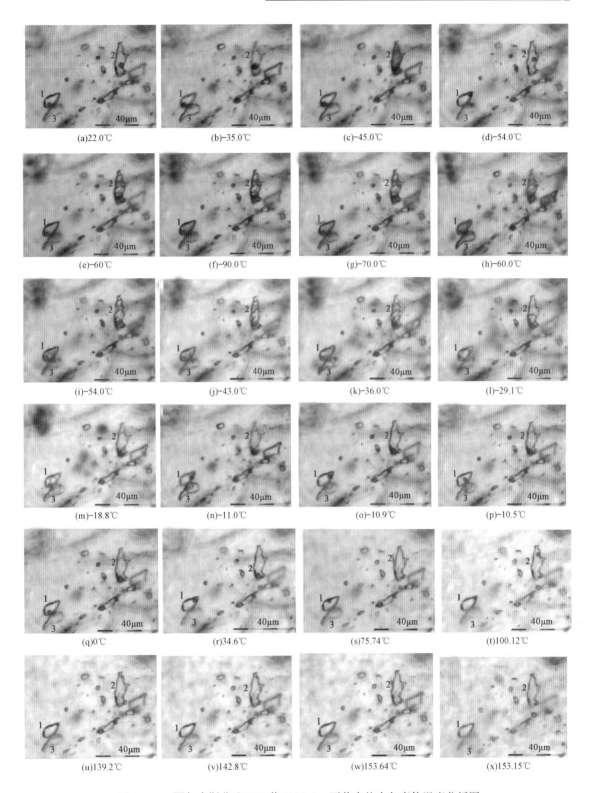

图 4 - 19 鄂尔多斯盆地 Y88 井 1995.2m 石英中盐水包裹体温度分析图

温度升高气泡变小,气泡夹在角或沾在边上而不动了;(6)升温时气泡消失的温度(均一温度)与下降出现气泡的温度有1.5℃左右的差值。

在实际测试盐水包裹体冰点时,尤其是测试体积较小的盐水包裹体时,因包裹体小冰块不明显,故常将气泡动了或气泡圆了时的温度作为冰点温度,看来是有误差的。

四、冷热台校正

(1)仪器质量要求:冷热台一年至少校正一次,仪器搬动后需要进行校正。用标准流体包裹体校正时,每一次校正最好选择同一个标准流体包裹体。

(2)对热台应采用测定标准物质熔点或已知标准包裹体的均一温度方法作温度校正。所测熔点误差不超过±1℃,冰点误差应不超过±0.1℃。冷热台可不作校正曲线。

(3)均一温度测定质量要求,同个流体包裹体平行测定均一温度绝对偏差应不大于2℃。

(4)冰点测定质量要求,同个盐水包裹体平行测定冰点绝对偏差应不大于0.2℃。

(5)温度校正物质要求:所用化合物应是分析纯、未变质的化合物,或封闭好的标准包裹体。常用的几种化合物的熔点见表4-6。标准包裹体均一温度参考制造单位给定的均一温度值。用已知冰点的物质或标准包裹体,在冷冻台上冷冻,分别测定各标准试样的冰点,并与已知冰点对比。常用作冷冻温度校正的物质及冰点温度见表4-7。

表4-6 常用化合物的熔点

名称	纯度	熔点(℃)	名称	纯度	熔点(℃)
对硝基甲苯	分析纯	51.64	蒽	分析纯	215.88
萘	分析纯	80.1	对硝基苯甲酸	分析纯	239.56
苯甲酸	分析纯	122.35	蒽醌	分析纯	284.55
1,6-己二酸	分析纯	151.59			

表4-7 常用化合物的冰点

冷冻物质	冰点温度(℃)	冷冻物质	冰点温度(℃)
纯水	0.0	20% NaCl 水溶液	-16.3
5% NaCl 水溶液	-2.9	23.3% NaCl 水溶液	-21.1
10% NaCl 水溶液	-6.5	四氯化碳	-22.8
正十二烷	-9.6	邻二甲苯	-25.18

参 考 文 献

[1] 刘鑫,杨传忠. 碳酸盐岩矿物流体包裹体的主要研究方法及其应用[J]. 石油实验地质,1991,13(4):399-407.

[2] 刘德汉. 包裹体研究——盆地流体追踪的有力工具[J]. 地学前缘,1995,2(3-4):149-154.

[3] 周慧,郇爱华,熊益学,等. 流体包裹体的研究进展[J]. 矿物学报,2013,33(1):93-100.

[4] 张铭杰,唐俊红,张同伟,等. 流体包裹体在油气地质地球化学中的应用[J]. 地质论评,2004,50(4):397-406.

[5] 李宏卫,曹建劲,李红中,等. 油气包裹体在确定油气成藏年代记期次中的应用[J]. 中山大学研究生学

刊,2008,29(4):29-35.

[6] 米敬奎,戴金星,张水昌. 含油气盆地包裹体研究中存在的问题[J]. 天然气地球化学,2005,16(5):602-605.

[7] Pagel M,Walgenwitz F,Dubessy J. Fluid Inclusions in Oil and Gas-bearing Sedimentary Formations[A]. Burrus J. Thermal Modeling in Sedimentary Basins[C]. Houston,Texas:Gulf Publishing Comp. ,1985:565-583.

[8] McLimans R K. The Application of Fluid Inclusions to Migration of Oil and Diagenesis in Petroleum Reservois[J]. App. Geochem,1987,(2):585-603.

[9] 施继锡,李本超,傅家谟. 有机包裹体及其与油气的关系[J]. 中国科学:化学 生物学 农学 医学 地学,1987,17(3):318-326.

[10] Hanor J S. Dissolved Methane in Sentary Brines:Potential Effeet on the PVT ProPerties of Fluid Inclusions[J] Economic Geology,1980,75:603-617.

[11] 刘德汉,卢焕章,肖贤明. 油气包裹体及其在石油勘探和开发中的应用[M]. 广州:广东科技出版社,2007,127-130.

[12] SY/T 6010—2011 沉积盆地流体包裹体显微测温方法[S].

[13] 葛云锦. 碳酸盐岩烃类包裹体形成机制及其对油气成藏的响应[D]. 中国石油大学(华东),2010:50-53.

[14] 麦碧娴,汪本善. 泌阳凹陷下第三系流体包裹体特征及其应用——I 流体包裹体研究[J]. 地球化学,1991,(4):331-337.

[15] Potter R W Ⅱ. Pressure Correction for Fluid Inclusion Homogenization Temperature based on the Volumetre Properties of the System NaCl—H_2O[J]. J. Res. U S Geol. Surv. ,1977,5:603-607.

[16] 汪新文. 地球科学概论[M]. 北京:地质出版社,1999.

[17] 万志峰,夏斌,林舸. 超压盆地油气地质条件与成藏模式——以莺歌海盆地为例[J]. 海洋地质与第四纪地质,2010,30(6):91-97.

[18] 谢玉洪,刘平,黄志龙. 莺歌海盆地高温超压天然气成藏地质条件及成藏过程[J]. 天然气工业,2012,32(4):19-23.

[19] 杨振峰,王振奇,于赤灵. 济阳坳陷郑家—王庄稠油油藏成藏年代研究[J]. 石油天然气学报,2006,28(2):28-30.

[20] 郑卉,白玉彬,郝孝荣. 鄂尔多斯盆地安塞地区长9油层组流体包裹体特征与成藏时间[J]. 岩性油气藏,2013,25(6):79-83.

[21] 陈瑞银,罗晓容,陈占坤. 鄂尔多斯盆地中生代地层剥蚀量估算及其地质意义[J]. 地质学报,2006,80(5):685-693.

[22] 李风勋,章新文,熊翠. 洛伊——三门峡地区烃源岩热演化史研究[J]. 石油天然气学报,2009,31(4):161-165.

[23] 张光亚,宋建国. 塔里木克拉通盆地改造对油气聚集和保存的控制[J]. 地质论评,1998,44(5):511-521.

[24] Susumu Okubo. Effects of Thermal Cracking of Hydrocarbons on the Homogenization Temperature of Fluid Inclusions from the Niigata Oil and Gas Fields,Japan[J]. Applied Geochemistry,2005,20:255-260.

[25] 饶丹,秦建中,许锦,等. 塔河油田奥陶系油藏成藏期次研究[J]. 石油实验地质,2014,36(1):83-89.

[26] 顾忆,邵志兵,陈强路. 塔河油田油气运移与聚集规律[J]. 石油实验地质,2007,29(3):224-230.

[27] Karlsen D A,Nedkvitne T,Larter S R,et al. Hydrocarbon Composition of Authigenic Inclusions:Application to Elucidation of Petroleum Reservoir Filling History[J]. Geochimica et Comochimca Acta,1993,57:3641-3659.

[28] Pagel M,Walgenwitz F,Dubessy J. Fluid Inclusions in Oil and Gas-bearing Sedimentary Formations[M]// Burruss J. Thermal Modeling in Sedimentary Basins. Houston,Texas:Gulf Publishing Comp. ,1985,565-583.

［29］陈红汉. 油气成藏年代学研究进展［J］. 石油与天然气地质,2007,28(2):143-150.

［30］赵艳军,陈红汉. 油包裹体荧光颜色及其成熟度关系［J］. 地球科学:中国地质大学学报,2008,33(1):91-96.

［31］Goldstein R H,Reynolds T J. Systematics of fluid Inclusions in Diagenetic Minerals［J］. SEPM ShortCourse,1994,31:1-199.

［32］波蒂尔 R W,郭其悌. 根据 NaCl—H₂O 体系的体积性质对气液包裹体均一化温度进行的压力校正［J］. 地质地球化学,1979,(4):46-50.

［33］陈勇,周振柱,高永进. 济阳拗陷东营凹陷盐岩中的烃类包裹体及其地质意义［J］. 地质论评,2014,60(2):464-472.

［34］张文淮,陈紫英. 流体包裹体地质学［M］. 武汉:中国地质大学出版社,1993,190-191.

［35］葛云锦,陈勇,周瑶琪. 不同油水比条件下人工合成碳酸盐岩烃类包裹体特征实验研究［J］. 地质学报,2009,83(4):542-549.

［36］Conliffe J,Azmy K,Gleeson S A,et al. Fluids Associated with Hydrothermal Dolomitization in St. George Group,Western Newfoundland,Canada［J］. Geofluids,2010,10:422-437.

［37］Goldstein R H,Reynolds T J. Systematics of Fluid Inclusions in Diagenetic Minerals［J］. SEPM,1994:55-56.

［38］Okubo S. Effects of Thermal Cracking of Hydrocarbons on Thehornog Homogenization Temperature of Fluid Inclusions from the Niigataod and Gas Fields. Japan［J］. Applied Geochemistry,2005,20:255-260.

［39］平宏伟,陈红汉. 影响油包裹体均一温度的主要控制因素及其地质涵义［J］. 地球科学:中国地质大学学报,2011,36(1):131-138.

［40］Diamond LW. Glossary:Terms and Symbols used in Fluid Inclusion Studies. In:Fluid Inclusions:Analysis and Interpretation［J］. Mineralogical Association of Canada,Vancouver,2003,32,363-372.

［41］Bourdet J,Pironon J,Levresse G,et al. Petroleum Type Determination through Homogenization Temperature and Vapour Volume Fraction Measurements in Fluid Inclusions［J］. Geofluids,2008,8,46-59.

［42］Munz I A,Johansen H,Holm K,et al. The Petroleum Characteristics and Filling History of the Fray Field and the Rind Discovery,Norwegian North Sea［J］. Marine and Petroleum Geology,1999(16):633-651.

［43］Bourdet J,Pironon J. Strain Response and Re-equilibration of CH₄-rich Synthetic Aqueous Fluid Inclusions in Calcite during Pressure Drops［J］. Geochimica et Cosmochimica Acta,2008,72,2946-2959.

［44］Pironon J,Bourdet J. Petroleum and Aqueous Inclusions from Deeply Buried Reservoirs:Experimental Simulations and Consequences for Overpressure Estimates［J］. Geochimica et Cosmochimica Acta,2008,72,4916-4928.

［45］Munz I A. Petroleum Inclusions in Sedimentary Bbasins:Systematics,Analytical Methods and Applications. Lithos,2001,55:195-212.

［46］Tseng H Y,Pottorf R J. Fluid Inclusion Constraints on Petroleum PVT and Compositional History of the Greater Alwyn-South Brent Petroleum System,Northern North Sea［J］. Marine and Petroleum Geology,2002,19(7):797-809.

［47］Vityk M O,Pottorf R H,Chimenti,R J,et al. Method to Evaluate the Hydrocarbon Potential of Sedimentary Basins from Fluid Inclusions［P］:WOUS0200542,2002-08-08.

［48］George S C,Ruble T K,Dutkiewicz A,et al. Assessing the Maturity of Oil Trapped in Fluid Inclusions using Molecular Geochemistry Data and Visually-determined Fluorescence Colours［J］. Applied Geochemistry,2001,16:451-473.

［49］Scott H S. The Decrepitation Method Applied to Minerals with Fluid Inclusion［J］. Econ. Geol.,1948,43:637-654.

［50］卢焕章,范宏瑞,倪培,等. 流体包裹体［M］. 北京:科学出版社,2004.

［51］Shepherd T J,Rankin A H,Alderton D H M. A Practical Guide to Fluid Inclusion Studies［M］. NewYork:

Blackie,1985.

[52] 单林,杨恩荣,张文智,等.爆裂法实验条件的讨论[J].西北地质,1983,3:66-74.

[53] 单林,张文智.热声爆裂仪双层真空玻璃隔音装置的介绍[J].地球化学,1979,(4):340-342.

[54] 席斌斌.江西省全南县大吉山钨矿成矿流体地球化学特征及成矿预测[D].北京:中国地质大学(北京),2007.

[55] 施娘华.江西省全南县人吉山钨矿床流体包裹体爆裂法初步研究[D].北京:中国地质大学(北京),2007.

[56] 刘德汉,卢焕章,肖贤明.油气包裹体及其在石油勘探和开发中的应用[M].广州:广东科技出版社,2007:130-134.

[57] 卢焕章,范宏瑞,倪培,等.流体包裹体[M].北京:科学出版社,2004,201-229.

[58] 王雅静.冷冻法测定流体包裹体冰点方法的研究[J].矿产与地质,1989,3(13):70-75.

第五章 含油气盆地烃包裹体的 GOI 和 EGOI

1996 年,Eadington 等[1]提出 GOI(Grains containing Oil Inclusions):GOI(%) = 含烃包裹体的矿物颗粒数目×100%/总矿物颗粒数目。针对砂岩储层油藏提出了 GOI 统计方式如下:应用计算机程序控制的电动显微镜,在 10 倍目镜下随机选择 100 个 0.625mm×0.625mm 网格,在紫外光激发下统计含发荧光烃包裹体石英颗粒数,然后统计视域下的石英颗粒总数,利用公式得到 GOI 值。O'Brien(1996)[2],Eadington(1996),Lisk(2002)[3]和 George(2004)[4]通过对澳大利亚一些砂岩油气田资料的分析,认为可用 GOI 参数来反映储层含油饱和度,其中古油层、古运移通道和水层的 GOI 指数通常分别为:不小于 5%、1~5% 和不大于 1%。这个方法在我国得到了广泛的应用,但也出现争议,谢小敏等[5]认为准噶尔盆地莫索湾地区 GOI = 6% 可能是判断白垩系和侏罗系油层的参照标准。但姜振学等[6,7]认为,塔里木盆地志留系沥青砂岩的 GOI 值平均为 4.83%,可见有些油层的 GOI 参数是有偏差的。我们在对塔里木油田油层研究中发现,有些晚成藏的油层 GOI 值大部分小于 5%,评价这些晚成藏的油层其 GOI 指数标准是多少?

第一节 砂岩古油层的 GOI

将国内主要含油气盆地砂岩油藏 49 组烃包裹体的 GOI 汇总于图 5-1,图 5-1 中分析了塔里木盆地 TZ117 井和 DB102 井的 GOI,引用准噶尔盆地莫索湾地区 M1 井、M4 井、M7 井、M10 井、M101 井、MB1 井、MB3 井、MB5 井和 MB16 井[6]的 GOI,东营凹陷牛庄地区 N103 井、N105 井、N106 井、N107 井、S11 井[8]和 N106-D 油藏[9]的 GOI,柴达木盆地北缘地区南八仙[10]和西部尖顶山、跃进 1 号[11]的 GOI,鄂尔多斯盆地马家滩地区 F2 井、F4 井、F5 井、G3 井、G5 井、G6 井、G7 井、J2 井、J3 井和 J5 井[12]的 GOI,辽河坳陷西部凹陷 H614 井、HN5 井、HN7 井、S102 井、S105 井、S107 井、S118 井和 S208 井[13]的 GOI,渤海湾盆地南缘东濮凹陷 Q11 井[14]的 GOI,塔里木盆地 HD1-18H、TZ11 井、TZ12 井、TZ15 井、TZ16 井、TZ32 井、TZ117 井[6,7]和 TZ402[15]的 GOI。

图 5-1 中数值显示:(1)水层的烃包裹体 GOI 多为 1% 以下;(2)油水层 GOI 多为 1%~5%;(3)GOI≥5% 的为古油层,多为早期油气运移成藏的油层,并埋深在 2000m 以下。

(1)(2)(3)条都符合 Eadington 的砂岩油层的 GOI 参数。但"晚成藏"不同,这里的"晚成藏"油气层是指油气充注时间较晚,多为喜马拉雅期发生油气运移,现已没有油气的运移但已在储层中成藏,成藏后基本未发生成岩胶结作用的油气层。(4)浅埋晚成藏的油层中的 GOI 达不到 5%,如柴达木盆南八仙古近系中 775~1845m 油层、尖顶山古近系中 1605~1998m 油层、跃进 1 号古近系中 1605~2019m 油层和辽河坳陷 H614 井的 2925m 油层(Xiang 等,2012)。这些油层都为浅埋晚期油气充注后保存在储层中成藏的,因埋藏浅、地层新,成岩矿物未达到大量成岩的条件,所以胶结作用不强,孔隙中虽有油气存在,但很少被捕捉包裹在成

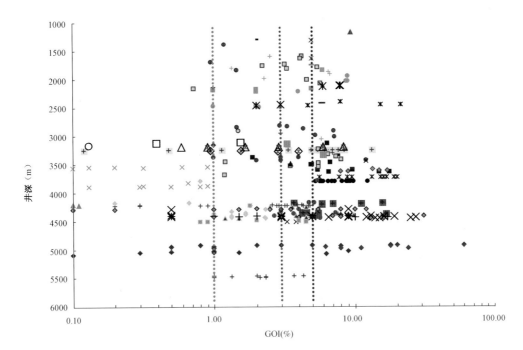

符号	说明	符号	说明
◆	塔里木库车DB102井J油层	■	准噶尔盆地莫索湾地区M1井K—J油层
■	准噶尔盆地莫索湾地区MB1井K—J油层	▲	准噶尔盆地莫索湾地区M4井K—J油层
×	准噶尔盆地莫索湾地区M10井J油层	●	准噶尔盆地莫索湾地区M3井J油层
+	准噶尔盆地莫索湾地区M7井J油层	△	济阳坳陷东营凹陷N103井E油层
╫	济南坳陷东营凹陷N105井E油层	✕	济阳坳陷东营凹陷N106井E油层
●	柴达木盆地北缘地区南八仙E油层	✛	柴达木盆地西部尖顶山E油层
□	柴达木盆地西部跑跃进一号E油层	▬	鄂尔多斯盆地马家滩地区F2井T油层
■	鄂尔多斯盆地马家滩地区G5井T油层	▲	鄂尔多斯盆地马家滩地区G6井T油层
✕	鄂尔多斯盆地马家滩地区G7井T油层	✕	鄂尔多斯盆地马家滩地区J2井T油层
●	辽河坳陷西部J310油层	+	辽河坳陷西部HN5油层
▬	辽河坳陷西部HN7油层	○	辽河坳陷西部H614油层
◆	辽河坳陷西部S102油层	■	辽河坳陷西部S105油层
▲	辽河坳陷西部S107油层	×	辽河坳陷西部S118油层
✱	渤海湾盆地南缘东濮凹陷桥11井E油层	+	塔里木盆地塔北地区HD1-18H井S油层
●	塔里木盆地TZ11井S沥青层	◆	塔里木盆地TZ402井C油层
◆	塔里木盆地TZ117井S油层	■	准噶尔盆地莫索湾地区MB1井K-J水层
■	准噶尔盆地莫索湾地区M10井K水层	▲	准噶尔盆地莫索湾地区M101井J水层
×	准噶尔盆地莫索湾地区M16井K-J水层	✕	鄂尔多斯盆地马家滩地区F1井T水层
●	鄂尔多斯盆地马家滩地区M2井T水层	+	鄂尔多斯盆地马家滩地区F4井T干层
▬	鄂尔多斯盆地马家滩地区J2井T水层	▬	鄂尔多斯盆地马家滩地区J5井T干层
◆	塔里木盆地TZ11井S白砂层	□	济阳坳陷东营凹陷S11井E油水层
△	济阳坳陷东营凹陷S106井E低产油层	◇	济阳坳陷东营凹陷S107井E低产油层
○	济阳坳陷东营凹陷S106井E油水层	✱	鄂尔多斯盆地马家滩地区F2井T油水层
✕	塔里木盆地TZ117井S差油层	+	塔里木盆地TZ117井S油水层

图 5 – 1 中国砂岩储层中油藏 GOI

（M1 井、M4 井、M7 井、M10 井、M101 井、MB1 井、MB3 井、MB5 井、MB16 井的 GOI 值来自谢小敏等，2007；N103 井、N105 井、N106 井、N107 井、S11 井的 GOI 值来自郝雪峰等，2006；N106 – D 油藏的 GOI 值来源于宋明水，2007；柴达木盆地北缘地区南八仙井 GOI 值来自仰云峰等，2009；西部尖顶山和跃进 1 号的 GOI 来自于李贤庆等，2009；F2 井、F4 井、F5 井、G3 井、G5 井、G6 井、G7 井、J2 井、J3 井、J5 井的 GOI 值来自于李继宏，2007；H614 井、HN5 井、HN7 井、S102 井、S105 井、S107 井、S118 井、S208 井的 GOI 值来自于黄文彪，2007；Q11 井的 GOI 值来自于李萍，2008；HD1 – 18H、TZ11 井、TZ12 井、TZ15 井、TZ16 井、TZ32 井、TZ117 井的 GOI 值来自于姜振学等，2006；TZ402 井的 GOI 值来自于王飞宇等，2004）

岩矿物中形成包裹体,故烃包裹体相对较少。(5)埋藏较深晚成藏的油层中的 GOI 也不到 5%,如济阳坳陷牛 106 井古近系中 3269 ~ 3276m 油层、辽河坳陷 J310 井的 3378 ~ 3433m 油层和 S102 井的 3171m 油层、准噶尔盆地莫 7 井侏罗系油层、鄂尔多斯盆地郭 5 井三叠系中 2181 ~ 2228m 油层。这些油藏都为深埋晚期油气充注后保存在储层中成藏的,这些油层虽然砂岩储层时代较早(J—T)、埋深也较深(2000 ~ 3500m),油气充注前可能有较强的成岩作用和较多的成岩矿物形成,但在油气进入成藏后成岩作用不强,所以虽有油气存在,但被捕捉包裹在成岩矿物中形成的烃包裹体较少,故烃包裹体含量较少。

以上第(4)和第(5)两种情况的古油层 GOI 多小于 5%,多数点或部分点落入 3% ~ 5% (图 5 - 1),故建议将"晚成藏"的古油层 GOI 指数定在 3% ~ 5%。晚成藏古油层如现在是油层,在荧光下孔隙裂缝中含大量发荧光的储层沥青,如塔里木盆地山前冲断带的柯东 101 井上白垩统库克拜组(K_1k)2960.17 ~ 2969.57m 油气层内见储层沥青,内见喜马拉雅期形成的发蓝白色荧光的烃包裹体(图 5 - 2),含量主要为 2% ~ 4.3%,个别达 13%,平均为 3.2% (图 5 - 1,图 5 - 3)。如果不是油层但烃包裹体含量在 3% ~ 5% 及以上,说明地层有晚期油气注入但未被封闭于地层中,如 KD101 井下白垩统克孜勒苏群(K_2kz)3117.03 ~ 3121.06m 细粒岩屑石英砂岩内未见工业油气层,显示为含油气水层,但喜马拉雅期形成的发蓝白色荧光的烃包裹体含量为 2% ~ 28%,平均为 8.7%(图 5 - 1),颗粒荧光分析也证明这一段烃包裹体含很高(图 5 - 3),说明 KD101 井克孜勒苏群细粒岩屑石英砂岩段曾有晚期油气大量充注(即古油层),现不是油层的原因是:上覆 3050 ~ 3116m 近 66m 地层为厚层状泥岩、灰质泥岩,有较好的封闭作用,可是 KD101 井位于克里阳构造带上,喜马拉雅运动期由于印度板块与欧亚板块的碰撞,使塔里木陆块与其南侧的陆块之间的昆仑山造山带再次受到挤压[16,17],基底卷入断层克里阳构造带受这一变形机制影响成为重要的油气通道[18],同时也是下部克孜勒苏群的油气向上运移至上白垩统库克拜组成藏了。

故砂岩古油层 GOI 指数应在 Eadington 等提出"GOI > 5% 为古油层,GOI = 1% ~ 5% 为含油层,GOI < 1% 为水层,"的基础上补充一特例:不小于 3% 或 3% ~ 5% 为浅埋—中埋深晚成藏的古油层。

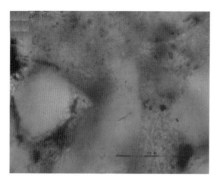 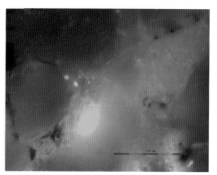

(a) KD101井,2960.17m,单偏光　　　　　　(b) KD101井,2960.17m,荧光

图 5 - 2　KD101 井发蓝色荧光的气相烃包裹体

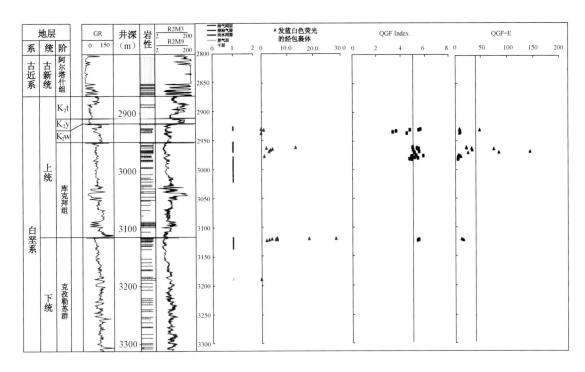

图5-3　KD101井自然伽马曲线和电阻率测井曲线与GOI值、QGF值、QGF-E深度剖面对比图

第二节　碳酸盐岩古油层的 EGOI

一、碳酸盐岩古油层 EGOI 统计方法

Eadington 提出 GOI 统计方法是以砂岩的颗粒为单元的,而在我们对碳酸盐岩储层研究时发现,碳酸盐岩不像砂岩由碎屑颗粒组成,按组构可将碳酸盐岩分为 4 种情况:(1)粒屑结构,由粒屑、亮晶和(或)泥晶组成,粒屑中的内碎屑、鲕粒、球粒、藻团粒、核形石、变形粒等多是泥晶质的方解石,不可能包裹油气形成烃包裹体;粒屑间的泥晶方解石充填物也因晶粒太小而无法观测包裹体;粒屑间的亮晶方解石充填物是包裹体赋存的主要矿物,亮晶方解石外形受粒屑孔影响大,多为不规则菱角状,大小多受孔隙影响,无法当成"颗粒"统计含烃包裹体的亮晶多少。(2)泥晶结构,指粒径小于 0.03mm 的碳酸盐岩质点,因晶体矿物本身太细小,其间的包裹体在正常显微镜下已不可能观察到。(3)原地生长的生物结构,主要有生物 + 泥晶和(或)亮晶,生物组构有骨架组构、黏结组构、障积组构 3 种,生物组构大小及形状都受生物影响,没有"颗粒"。由此可见用传统的"GOI 统计方法"不太适用。(4)晶粒结构,碳酸盐岩由结晶的晶体构造,当矿物晶粒为大于 0.1mm 细晶或更大晶体时,可看清矿物晶粒及包含在内的烃包裹体,应可将晶粒做"颗粒"来统计"含烃包裹体的晶粒",但这种岩石类型成为碳酸盐岩储层的为少数,主要是白云岩类。再加上碳酸盐岩的烃包裹体分布不均匀、赋存矿物后期多变化的特点,故极少有人对碳酸盐岩油层做系统的 GOI 工作。

通过"塔里木盆地塔中油气藏流体包裹体研究及成藏期厘定"、"塔北奥陶系油气藏流体包裹体研究及成藏期厘定"和"塔里木盆地重点油气藏流体包裹体研究和成藏期厘定"3 个项目对塔里木盆地寒武—奥陶系碳酸盐岩储层烃包裹体进行了系统的研究,共取 2740 个碳酸盐岩样品磨成包裹体薄片,其中含烃包裹体的薄片仅占总薄片的 30.7%(表 5 - 1),可见烃包裹体分布的不均匀性。经过多年对这些包裹体薄片的观察,发现烃包裹体多数分布在缝合线及其两侧[图 5 - 4(a)]、愈合缝[图 5 - 4(b)]、脉体[图 5 - 4(c)]和洞充填物中[图 5 - 4(d)],只有少数是在亮晶方解石中(表 5 - 1),故方解石胶结物也是常见的赋存矿物但并不是烃包裹体的主要赋存处。在尝试多种方法估算烃包裹体含量后,发现用有效网格法对碳酸盐岩储层中的烃包裹体含量进行统计比较合理[19]。

表 5 - 1 塔里木盆地碳酸盐岩储层烃包裹体薄片统计量

地区	塔北隆起	塔中隆起	巴楚隆起	塔东隆起	共计
包裹体磨片数(个)	1755	136	320	150	2361
含烃包裹体薄片数(个)统计 EGOI 的薄片数(个)	649	34	120	50	853
含烃包裹体的薄片所占比例(%)	37.0	24.9	37.5	33.3	36.1
烃包裹体在脉体中的片子个数及占比例(%)	138	6	55	29	228
	21.3	17.6	45.8	58	26.7
烃包裹体在缝合缝中的片子个数及占比例(%)	163	2	16	4	185
	25.1	5.9	13.3	8	21.7
烃包裹体在愈合缝中的片子个数及占比例(%)	266	9	8	6	289
	41.0	26.5	6.7	12	33.9
烃包裹体在孔洞中的片子个数及占比例(%)	52	8	27	5	92
	8.0	23.5	22.5	10	10.8
烃包裹体在亮晶方解石中的片子个数及占比例(%)	33	9	14	6	62
	5.1	26.5	11.7	12	7.3

碳酸盐岩有效网格法(Effective Grid Containing Oil Inclusions,简称 EGOI),分两种情况:(1)如主要在亮晶方解石充填物(或脉体矿物、或孔洞充填物)中发现烃包裹体,以 0.625mm × 0.625mm 为一个单元做 10 × 10 的标尺网格,在荧光下用 10 倍目镜 × 10 倍物镜以 0.625mm × 0.625mm 为单元,如一个单元网格中全部为亮晶方解石充填物(或脉体矿物、或孔洞充填物)或部分为亮晶方解石充填物(或脉体矿物、或孔洞充填物)的称为有效网格[图 5 - 5(c)(d)],统计有效网格中含发荧光的烃包裹体的网格数;(2)如烃包裹体主要在愈合缝或缝合线中,在紫外荧光下用 10 倍目镜 × 10 倍物镜以 0.625mm 长为标尺段,将同期延长贯穿全视域的愈合缝[图 5 - 5(a)]或同期的缝合线[图 5 - 5(b)]用 0.625mm 标尺段分成若干段,统计含发荧光的烃包裹体段和总段数。任意取 10 个全视域,将 10 个全视域统计的含发荧光的烃包裹体有效网格占总有效网格的百分比,为碳酸盐岩的 EGOI。

用示图说明一个视域中如何统计含发荧光的烃包裹体有效网格数和总有效网格数,在图 5 - 5(a)中 10 个有效段中有 2 段含烃包裹体,则 EGOI = 2 ÷ 10 × 100% = 20%;在图 5 - 5(b)

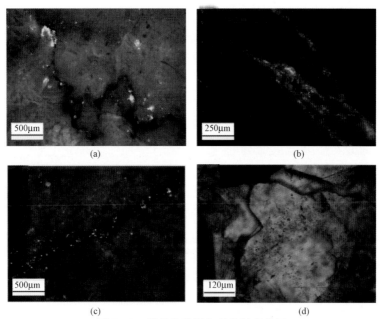

图 5 - 4 碳酸盐岩烃包裹体赋存位置

(a)沿缝合线分布的发黄色荧光的烃包裹体,H6 - 1 井,O,6665.30m,紫外荧光;(b)愈合缝中发蓝色荧光的烃包裹体,BD2 井,O,4300.71m,紫外荧光;(c)方解石脉中发褐黄色荧光的烃包裹体,TZ62 井,O,4753.83m,紫外荧光;(d)方解石洞中发蓝色荧光的烃包裹体,JY2 井,O,7087.33m,单偏光 + 紫外荧光

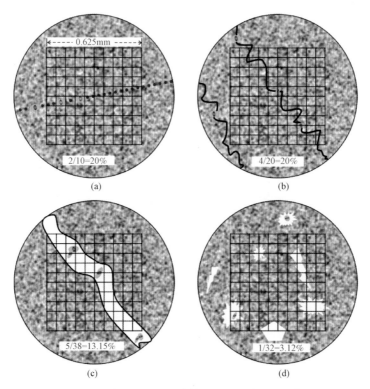

图 5 - 5 碳酸盐岩烃包裹体 EGOI 统计方法示意图

中 20 个有效段中有 4 段含烃包裹体,则 $EGOI = 4 \div 20 \times 100\% = 20\%$;在图 5 - 5(c)中一共有 38 个格中含脉体矿物,其中只有 5 个格见烃包裹体,则 $EGOI = 5 \div 38 \times 100\% = 13.15\%$;在图 5 - 5(d)中 32 个单元格含有孔洞矿物,其中只有 1 个格见烃包裹体,则 $EGOI = 1 \div 32 \times 100\% = 3.12\%$。当然实际实验中要任意选 10 个视域,将 10 个全视域统计的含发荧光的烃包裹体有效网格占总有效网格的百分比,为碳酸盐岩的 EGOI。

二、碳酸盐岩古油层 EGOI 指数特点

选取塔里木盆地塔中隆起、塔北隆起、巴楚隆起 3 个地区寒武系—奥陶系 21 组典型碳酸盐岩油水层的样品,深度为 4200 ~ 7100m。

现以 YH7X - 1 井为例,该井是塔里木盆地塔北隆起牙哈断裂构造带牙哈 7 号构造上的一口预探井,所取样品主要分布在 5810 ~ 5960m 的寒武系,其岩性主要为泥晶灰岩、泥晶白云岩和粉晶白云岩。在 5810 ~ 5870m 间油气显示为油层,颗粒荧光分析结果在油层部位 QGF 大于 6,说明也是一古油层。EGOI 统计烃包裹体含量大于 5%,高的甚至达到 60%(图 5 - 6),并与

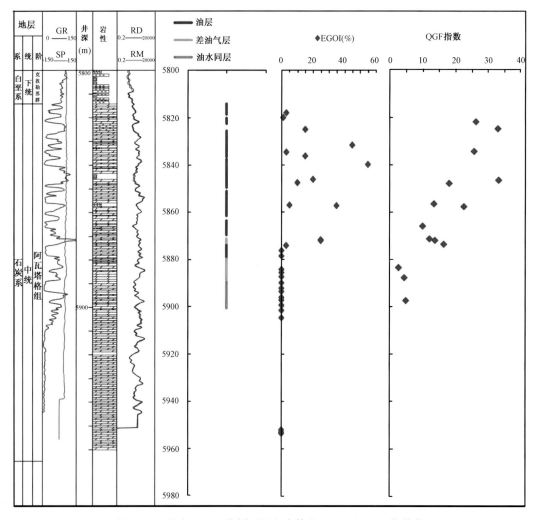

图 5 - 6　牙哈 7X - 1 井剖面烃包裹体的 EGOI 和 QGF 指数值

颗粒荧光实验数据具有很好的正相关性。水层处的样品,QGF 指数小于6,QGF 显示出比油层低的趋势,可见这层岩石中未有古油层,在显微镜下也未发现烃包裹体,其 EGOI 值为零。

再如,LG36 井是塔里木盆地塔北隆起轮南低凸起东部斜坡带上的一口预探井,对该井奥陶系的石灰岩进行的烃包裹体观察发现,主要含有两种烃包裹体,即发黄色荧光的烃包裹体和发蓝色荧光的烃包裹体,从图 5-7(a)(b)中可以看出,发蓝色荧光的烃包裹体明显晚于发黄色荧光的烃包裹体,结合烃包裹体温度等分析研究,认为发黄色荧光的烃包裹体代表晚海西期的油气充注的"足迹",而发蓝色荧光的烃包裹体代表喜马拉雅期油气充注的"足迹"。在 LG36 井的 5930~5950m[图 5-7(a)(b)]和 6016~6050m[图 5-7(c)(d)]两段岩层中都见

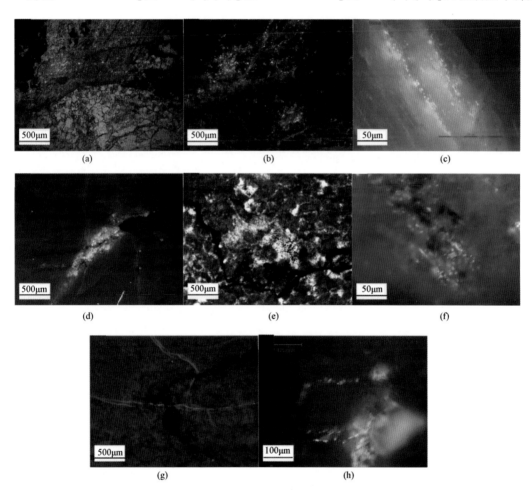

图 5-7　塔里木盆地寒武系—奥陶系碳酸盐岩储层中的烃包裹体

(a)两期方解石脉体,LG36 井,O,5934.02m,单偏光 + 紫外荧光;(b)同(a),两期脉体中两期烃包裹体,紫外荧光;(c)方解石脉中发蓝色荧光的烃包裹体,LN36 井,O,6030.54m,紫外荧光;(d)发黄色荧光的烃包裹体,LG36 井,O,6027.89m,紫外荧光;(e)沿缝合线分布的第 I 期烃包裹体,QG1 井,6682.81m,单偏光;(f)发褐色荧光的第 I 期烃包裹体,QG1 井,6682.81m,紫外荧光;(g)裂缝发蓝白光,QG1 井,6689.75m,紫外荧光;(h)愈合缝中发蓝色荧光的烃包裹体,YM101 井,O_2,5469.67m,紫外荧光

有这两期烃包裹体。在 5930 ~ 5950m 段两期烃包裹体的 EGOI 含量较高(> 5%, 表 5 - 2 中的 19 行), QGF 也较高(> 6%)(图 5 - 8), 说明两期油气都在 5930 ~ 5950m 段成藏形成古油层, 古油层中的油保存到今形成现在的工业油层。而 6016 ~ 6050m 段只在上部 6016 ~ 6025m 段见有两期烃包裹体, 其 EGOI 值也高(> 5%, 图 5 - 9 中的 d 点, 表 5 - 2), 对应的 QGF 也高于 4, 在 6025 ~ 6050m 段 QGF 大于 4, 但只见到早期发黄荧光的烃包裹体(EGOI > 5%), 未见到晚期发蓝白色荧光的烃包裹体(EGOI = 0)。可见上部 6016 ~ 6025m 段水层可能有古油藏, 但现今油气已不存在了, 下部 6025 ~ 6050m 差油层的油主要是早期油气充注的结果, 晚期油气未充注进此层段。

表 5 - 2　塔里木盆地碳酸盐岩储层中烃包裹体的 EGOI 值

序号	井号	井段(m)	地层	含油性	EGOI(%)		
					最小值	最大值	平均
1	H3	4020. 54 ~ 4039. 51	O	油层	20	22	21
2	BD2	4190. 02 ~ 4309. 26	O	油层	5	70	28. 5
3	ZG17 - 1H	6077. 56 ~ 6083. 61	O	水层	0	6	0. 93
4	TZ201 - 1H	5059. 66 ~ 5460. 87	O	油层	3	13	7. 37
5	TZ721 - 8H	4942. 56 ~ 4953. 62	O	水层	0	0. 85	0. 28
	TZ721 - 8H	4945. 88 ~ 4951. 52	O	油层	5. 5	22. 5	6. 5
6	YM2	5340. 03 ~ 6050. 31	O	油层	4	100	73. 8
	YM2	6197. 5 ~ 6200. 12	O	差油层	1. 5	4	2. 75
7	YG2	6054. 45 ~ 6058. 4	O	油层	5	65	41. 25
8	YM201	5869. 35 ~ 6086. 05	O	油层	4	100	39
9	YM202	5878. 33 ~ 6199. 8	O	水层	0	3	0. 38
	YM202	5874. 7 ~ 6061. 1	O	油层	10. 1	14	12. 05
	YM202	5865. 8 ~ 6015. 3	O	差油层	1	3	2. 3
10	YM101	5469. 67	O	水层	4	4	4
11	JY2	7090. 52 ~ 7094. 05	O	油层	3	60	35. 25
12	XK7	6915. 68 ~ 6923. 31	O	油层	4	100	31. 25
13	XK4	6835. 83 ~ 6842. 20	O	油层	2	85	22. 83
14	H801	6731. 15 ~ 6737. 55	O	差油层	1	35	12. 67
15	H6	6625. 43 ~ 7047	O	水层	0	3	0. 51
16	H601 - 1	6639. 3 ~ 6641. 0	O	油层	35	45	41. 67
17	YH7X - 1	5889. 84 ~ 5953. 52	€	水层	0	0	0
	YH7X - 1	5817. 52 ~ 5868. 78	€	油层	3	55	18. 82
18	QG1	6689. 03 ~ 6701. 41	O	油层	3	5	4. 17
19	LG36	6061. 93 ~ 6024. 93	O	水层	3	55	17
	LG36	5940. 58 ~ 5950. 63	O	油气层	10	90	54. 5
	LG36	6025. 54 ~ 6043. 17	O	差油气层	1	10. 5	3. 7

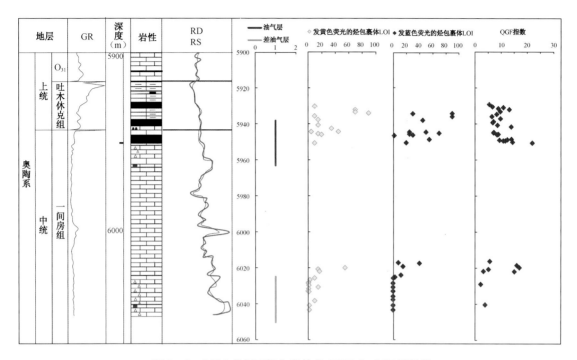

图 5 - 8 LG36 井剖面烃包裹体的 EGOI 和 QGF 指数值

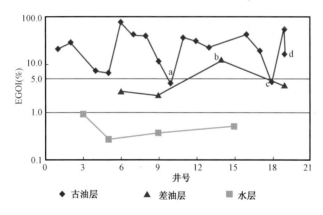

图 5 - 9 塔里木盆地 19 口井的油水层的 EGOI 值

a—YM101 井,晚成藏,现今为干层,EGOI 小于 5;b—哈 801 井,现今为差油层,EGOI 大于 5;

c—QG1 井,晚成藏,现今为油层,EGOI 值小于 5;d—LG36 井,现今为水层,EGOI 值大于 5

　　YH7X - 1 井和 LG36 井实例说明,用 EGOI 指数判别碳酸盐岩油水界面是可行的。通过对塔里木盆地 19 口井油水层 EGOI 统计结果证明(图 5 - 9),碳酸盐岩辨别古油层的 EGOI 指数:EGOI≤1% 为水层或干层,EGOI = 1% ~5% 为含油层或油水层,EGOI≥5% 为古油层,古油层 EGOI 指数与砂岩的 GOI 指数数值相同。

三、碳酸盐岩晚成藏古油层 EGOI 指数特点

　　QG1 井是个多期成藏的油层,见有两期烃包裹体,第 I 期是早海西期充注的油沿缝合线

注入,在其两侧形成发暗的褐色荧光的深褐色液相烃包裹体[图5-7(e)~(f)],因形成早烃包裹体多已破坏;第Ⅱ期为喜马拉雅期凝析油沿张开的裂缝充注[图5-7(g)],因充注较晚,沿张开的裂缝中基本未见充填物,说明充注后胶结作用不强或还未发生胶结作用,在凝析油充填的张开裂缝或孔隙边极少见到发蓝色荧光的烃包裹体。在紫外荧光下统计 QG1 井油层 EGOI 发现,多数点落在1%~3%(图5-10,图5-9中的c点,表5-2),这主要是晚成藏油层进入储层后成岩作用的时间短,在这期油气充入后能形成的成岩矿物或愈合的缝极少,所以包裹在这期成岩矿物中的烃包裹体数相对来说极少,晚期烃包裹体 EGOI 能达到 5% 以上不太可能,所以对于碳酸盐岩中的晚期形成的烃包裹体 EGOI≥3% 或 EGOI 为 3%~5% 可能是晚成藏的古油层。

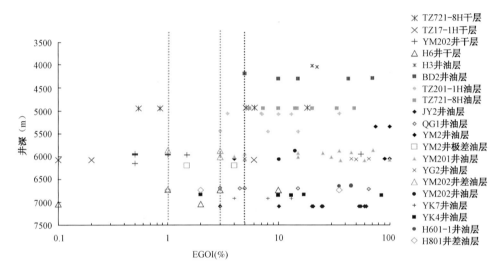

图5-10 塔里木盆地碳酸盐岩储层中烃包裹体的 EGOI

碳酸盐岩晚成藏油层如果不是油层却见晚期烃包裹体含量在 3%~5%,说明地层有晚期油气注入但未被封闭于地层中。如塔里木盆地英买力地区的 YM101 井中奥陶统一间房组 5450~5470m 段,内见喜马拉雅期形成的发蓝白色荧光的烃包裹体含量达 4%(图5-11,图5-9中的a点,表5-2),颗粒荧光 QGF 数据也大于4,显示 5450~5470m 段应有古油层存在,但现在未见工业油气层,因为 YM1 地区遭受早海西期构造而形成的一组近北东向断裂切穿奥陶系,直到志留系[20],这些断层在喜马拉雅构造运动时开裂,使喜马拉雅期的油气注入 YM101 井中奥陶统一间房组后有短暂停留,后沿断裂上移到上面地层中,致使 YM101 井在中奥陶统一间房组储层内见喜马拉雅期烃包裹体但未形成油气层。

四、小结

19 组油水层的 EGOI 值统计结果见表5-2、图5-9 和图5-10,从图中可看出,多数油层 EGOI≥5%,故将古油层的 EGOI 指数定在不小于 5%。塔里木盆地碳酸盐岩的大部分古油层中的油一直保存到至今形成现在油藏,但也有层位中的烃包裹体 EGOI≥5%,但现在已没有油气在储层中,只是水层,如图5-7中的d点 LG36 井的 6016~6025m 段水层,说明曾经有过古油层,但油气未被保存下来,现已成水层。TZ721-8H 井、TZ17-1H 井、YN202 井、H6 井 4 口

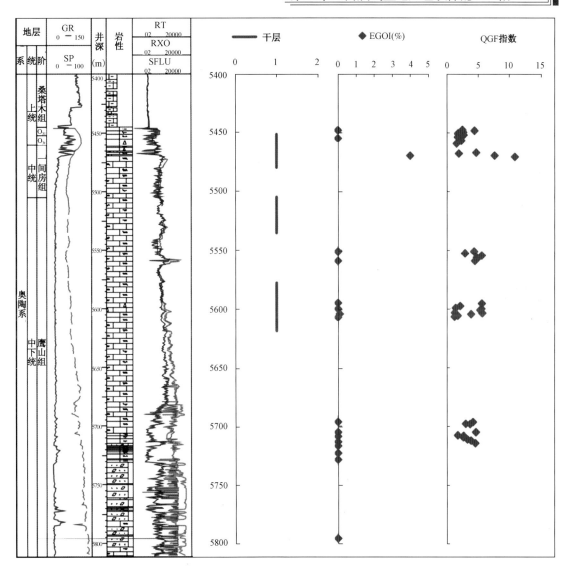

图 5 - 11 YM101 井井剖面烃包裹体的 EGOI 和 QGF 指数值

井水层烃包裹体含量统计,大多 EGOI≤1%。故定水层的 EGOI≤1%。

塔里木盆地一些差油层的 EGOI 多在 1% ~5%,个别井如图 5 - 9 中的 b 点和表 5 - 2 中的 H801 井,在 6731.15~6737.55m 处的烃包裹体含量较高(EGOI≥12.6%),但现今是差油层,说明可能原先是油层,因部分油气移走流失而成为现今的差油层。

塔北地区 QG1 井主要为喜马拉雅期油气充注而形成的晚成藏油藏,其油层的 EGOI 主要落在 1% ~3%,因为晚成藏油气注入以后成岩作用时间短,形成的成岩矿物极少,故被包裹的烃包裹体就极少,也就是 EGOI 值较低,含量一般不会高于 5%,多数都在 3% ~5%,故建议晚成藏(主要是喜马拉雅期成藏)的古油层 EGOI 值应是 3% ~5%,而不是不小于 5%。对于有些碳酸盐岩水层,EGOI 为 3% ~5%,而烃包裹体又是晚期油气充注而形成的,如 YM101 井(图 5 - 9 中的 a 点,表 5 - 2),说明这段地层曾经有油气注入成藏,但油气未被保存住而移走了。

本书认为,碳酸盐岩辨别古油层的 EGOI 指数与砂岩辨别古油层的 GOI 指数是一致的:EGOI≤1% 为水层或干层,EGOI = 1% ~5% 为含油层或油水层,EGOI≥5% 为古油层。对于晚期油气充注的烃包裹体,EGOI≥3% 或 EGOI 为 3% ~5% 为晚成藏的古油层。

第三节　气藏烃包裹体含量统计方法

一、古气层 GOI 或 EGOI 分析方法

不管是砂岩油层的 GOI 统计还是碳酸盐岩油层的 EGOI 统计,都是在荧光显微镜下进行的,统计的是含发荧光烃包裹体的颗粒或有效网格。但对于气藏来讲,常会形成大量的气相烃包裹体,而气相烃包裹体多不发荧光或发极弱荧光,偏光显微镜更适合观察气相烃包裹体。

对塔里木盆地砂岩气藏 6 口井(表 5 - 3)和碳酸盐岩气藏 15 口井(表 5 - 4)在荧光下进行 GOI 或 EGOI 统计,砂岩气藏中只有依南 2 井的气层 GOI≥5%,含气层 GOI 在 1% 左右,多数气藏的气层 GOI 不到 1% 或近 0。碳酸盐岩气藏也是如此,20 口井只有巴楚地区 M401 井奥陶系碳酸盐岩 2360 ~2372m 气层和塔东地区 YD2 井凝析气藏气层见有较多的发荧光的烃包裹体,多数井的气层未见发荧光烃包裹体(EGOI =0)或少量发荧光的烃包裹体(EGOI≤3%)。可见对气层的含量统计不能只在荧光下统计发荧光的烃包裹体,要在偏光下统计所有烃包裹体(发光的液气相烃包裹体和不发光的气相烃包裹体)的 GOI 或 EGOI。

表 5 - 3　塔里木盆地砂岩气藏井 GOI 值

地区	井号	地层	含油气性	深度(m)	GOI(%)		
					最小值	最大值	平均
塔里木盆地	AW3	K	气层	3549. 7 ~ 3551. 35	3	7	5
塔里木盆地	YN2	J	气层	4787. 86 ~ 4899. 63	12	25	18. 80
塔里木盆地	YN2	J	气水层	4840. 58 ~ 4901. 98	0. 01	3	0. 90
塔里木盆地	DN201	K	气水层	5265. 76 ~ 5419. 98	0	5. 10	0. 68
塔里木盆地	DB204	K	气层	5942. 02 ~ 5986. 2	0	0. 10	0. 02
塔里木盆地	YT11	K	气层	5952. 42 ~ 5956. 82	0	0	0

表 5 - 4　塔里木盆地碳酸盐岩气藏 EGOI 值

地区	井号	地层	含油气性	深度(m)	EGOI(%)		
					最小值	最大值	平均值
塔里木盆地	H4	O	气层	3802. 93 ~ 4817. 13	0	0	0
塔里木盆地	H3	O	气层	3904. 83 ~ 4605. 92	0	0	0
塔里木盆地	M401	O	气层	2257. 38 ~ 2373. 70	0	75	9. 15
塔里木盆地	M8	O	气层	1643. 57 ~ 1812. 83	0	0	0
塔里木盆地	GD1	O	气水层	1544. 28 ~ 2101. 98	0	5	1

续表

地区	井号	地层	含油气性	深度(m)	EGOI(%)		
					最小值	最大值	平均值
塔里木盆地	MC1	O	气层	4323.68~4479.51	0	0	0
塔里木盆地	TC1	O	气水层	6244.41~6260.07	0	0	0
塔里木盆地	GC4	O	气层	5502.73~6342.99	0	0	0
塔里木盆地	TD2	O	气层	4555.27~4975.94	0	0	0
塔里木盆地	YD2	O—€	凝析气层	3275.94~4409.84	2	30	25.21
塔里木盆地	YM7	O_1	气层	5219.20~5242.93	0	0.2	0.1
塔里木盆地	YM9	O_1	气水层	5184.23~5226.73	0	0	0
塔里木盆地	YM33	$€_3$	气层	5533.63~5422.5	0	0.6	0.3
塔里木盆地	YM321	$€_3$	气层	5346.35~5352.15	0	0	0
塔里木盆地	YM36	$€_2$	气层	6096.60~6098.10	0	0	0

气藏按成熟度可分成生物气、热解气、裂解气,其中油型热解气和煤热解的凝析气一般会伴生轻质油组分,故可见发蓝白色荧光的烃包裹体,如塔里木盆地轮古36井凝析气藏气层中见有较多的发荧光的烃包裹体[图5-12(a)(b)]。其他成因尤其是裂解气一般没有油的伴生,发荧光的烃包裹体会极少或没有,如四川砂岩气藏和塔里木盆地英买7地区的YM36井[图5-12(c)]、YM7井[图5-12(d)]等碳酸盐岩气藏。对于气藏笔者建议在单偏光下统计所有烃包裹体(发荧光的液气相烃包裹体和不发荧光的气相烃包裹体),砂岩气层是在单偏下统计含烃包裹体颗粒百分比(GOI),碳酸盐岩气层是在单偏下统计含烃包裹体有效网格百分比(EGOI)。

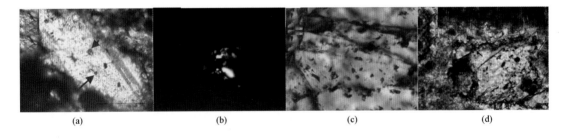

(a)   (b)   (c)   (d)

图5-12 气相烃包裹体

(a)方解石中气相烃包裹体,LG36井,5835.83m,单偏光;(b)方解石中气相烃包裹体,LG36井,5835.83m,紫外荧光;
(c)方解石中气相烃包裹体,YM36井,6096.6m,单偏光;(d)方解石中气相烃包裹体,YM7井,5242.93m,单偏光

二、古气层 GOI 或 EGOI 指数特点

1. 砂岩古气层 GOI 指数特点

本文对塔里木盆地库车地区 KS4 井、AW3 井、YN2 井、DN201 井、DB204 井、YT11 井、TB2 井和牙哈地区 YH3 井的砂岩气藏气层、含气层、水层做在单偏下烃包裹体颗粒百分比统计(GOI),结合国内其他地区的成果,如准噶尔盆地莫索湾地区 MB1 井、MB5 井[5]、P5 井[21],塔里木盆地

TZ402 井、牙哈地区、库车 YN2 井[22] 做出中国砂岩储层中气藏 GOI 图(图 5 – 13)。图 5 – 13 中数据显示塔里木盆地 YN2 井 S 和 J 中的气层、YT11 井 K 中的气层的多数点落在 3% ~5% ,其他气层也有很多点落在 3% ~5% ;含气层 GOI 多数落在 1% ~3% ,水层的 GOI 多不大于 1% 。

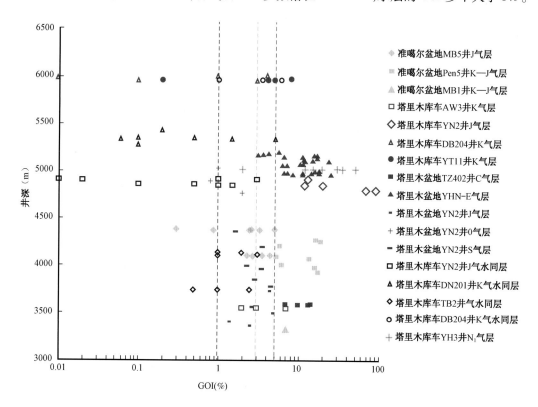

图 5 – 13　塔里木盆地砂岩储层中气藏 GOI 图

(M1 井,MB5 井的 GOI 值引自谢小敏等,2007[5];P5 井的 GOI 值引自曹建等,2007[21];

TZ402 井、牙哈地区、YN2 井的 GOI 值引自王飞宇,2006[22];其他的 GOI 值自测)

　　其中 YN2 井 S 和 J 中的气层、YT11 井 K 中的气层及其他气层多数点落在 3% ~5% ,这是因为塔里木盆地气藏多数是在喜马拉雅期约 2 ~20Ma 形成,属于晚成藏气藏,天然气进入砂岩储层后成岩作用不足,成岩胶结作用包裹的天然气几率就大大降低,从而形成的气相烃包裹体就少,使 GOI 多数点落在 3% ~5% 。本文建议砂岩气藏 GOI≥3% 为古气层界线;GOI = 1% ~3% 为含气层或气水层,GOI≤1% 为水层或干层。

　　塔里木盆地轮台断隆牙哈断裂上的 YH3 井新近系中新统吉迪克组($N_1 j$)4998.5 ~5017.84m 粉砂岩段主要为气水同层或干层(图 5 – 14),但喜马拉雅期形成的气相烃包裹体含量为 12% ~50% ,平均为 22.5% (图 5 – 13 和图 5 – 14),说明有古气层存在,颗粒荧光分析也证明这一段烃包裹体含很高,在其上覆 4909.41 ~4996.99m 有近 87.58m 的泥岩层,即有较好的盖层,也证明古气层形成的有利条件。但因为受燕山 – 喜马拉雅期牙哈断裂带负反转构造作用影响,YH3 井吉迪克组发育有不规则张性裂缝,构造裂缝使 4998.53 ~5017.84m 粉砂岩段油气沿裂缝移出,故成为气水同层或干层。

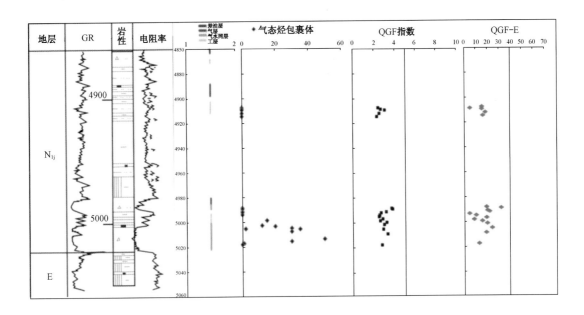

图 5 – 14　YH3 井自然伽马曲线和电阻率测井曲线与 GOI 值、QGF 值、QGF – E 深度剖面对比图

2. 碳酸盐岩古气层 GOI 指数特点

本书对塔里木盆地全盆地寒武系—奥陶系碳酸盐岩 19 个气藏的气层、含气层、水层进行了单偏下气相烃包裹体有效网格百分比统计(图 5 – 15):虽然气层的有些点 EGOI 指数是从

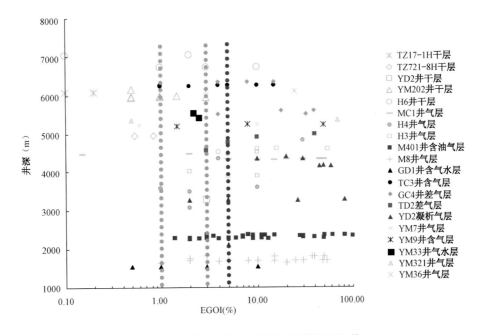

图 5 – 15　塔里木盆地碳酸盐岩气藏 EGOI 值

2%开始,但多数点 EGOI 还是以不小于 3% 为特征;气水层或含气层的 EGOI 指数多落在 1% ~3%;水层的 EGOI 多数不大于1%(图 5 – 15)。故建议将碳酸盐岩古气藏的 EGOI 指数与砂岩古气藏的 GOI 指数划分标准一致起来:不小于 3% 为古气层,1% ~3% 为古含气层或古气水层,不大于 1% 为水层或干层。

第四节　含油气盆地烃包裹体的 GOI 和 EGOI 特点

(1)用 Eadington 等提出荧光下统计含烃包裹体的颗粒百分比的"GOI"方法非常适合砂岩油藏的古油水层划分,但对于碳酸盐岩古油层和所有古气层的判识是不合适的。

(2)针对碳酸盐岩古油层提出了 EGOI,即:① 有效线段法,如烃包裹体主要在愈合缝或缝合线中,在 10 倍目镜×10 倍物镜用 0.625mm 长为标尺段,将同期延长贯穿全视域的愈合缝或同期的缝合线用 0.625mm 标尺段分成若干段,统计含烃包裹体段和总段数,任意取 10 个全视域,将 10 个全视域统计的含烃包裹体段占总段数的百分比为碳酸盐岩的 EGOI;② 有效网格法,如主要在晶体胶结物(或脉体矿物或洞孔充填物)中发现烃包裹体,以 0.625mm × 0.625mm 单元,在 10 倍目镜×10 倍物镜以 0.625mm × 0.625mm 为单元做一个 10 × 10 的标尺网格,如一个单元网格中全部为晶体胶结物(或脉体矿物或洞孔充填物)的或部分为晶体胶结物(或脉体矿物或洞孔充填物)的称为有效网格。统计含烃包裹体有效网格数和总有效网格数,任意取 10 个全视域,将 10 个全视域统计的含烃包裹体有效网格占总有效网格数的百分比为碳酸盐岩的 EGOI。

(3)因为气层中多为不发荧光的气相烃包裹体,其统计方法不同于油藏,改成在单偏镜下统计所有烃包裹体的 GOI(砂岩气层)或 EGOI(碳酸盐岩气层)值。

(4)不管是碳酸盐岩油层还是砂岩油层,晚成藏的油气藏如喜马拉雅期形成的因油气充注的晚,油气注入后成岩胶结作用不强或不足,导致油气层中有古油气存在于孔隙裂缝中,在荧光下见孔隙发光,但烃包裹体含量不高,通过大量的实验统计,提出不小于 3% 或 3% ~5% 为晚成藏的古油层 GOI 或 EGOI 指数。

(5)对于晚成藏的古油气,如烃包裹体达到 3% ~5%,而未见油气层,说明有晚期形成的油气注入并有短暂停留,后因构造作用使注入的油气未被封闭而移运到其他地层中了。

(6)碳酸盐岩古油层的 EGOI 指数与砂岩古油层的 GOI 指数相同:不大于 1% 为水层或干层,1% ~3% 为古含油层或古油水层,不小于 3% 或 3% ~5% 为晚成藏(喜马拉雅期)的古油层,不小于 5% 为古油层。

(7)碳酸盐岩古气层的气水层 EGOI 指数与砂岩古气层的气水层 GOI 指数相同:不小于 3% 为古气层,1% ~3% 为古含气层或古气水层,不大于 1% 为水层或干层。

(8)深埋早成藏的古沥青层,因油充注后,未胶结作用前,因强烈地质作用使大部分轻质组分流失只残留不可动沥青质,也会导致烃包裹体含量较低也就是 GOI 或 EGOI 较低。

参考文献

[1] Eadington P J,Lisk M,Krieger F W. Identifying Oil Well Sites[P]:US5543616. 1996 – 08 – 06.
[2] O'Brien G W,Lisk M,Duddy I,et al. Late Tertiary Fluid Migration in the Timor Sea:a Key Control on Thermal

and Diagenetic Histories[J]. APPEA Journal,1996,36(1):399－427.

[3] Lisk M,O'Brien G W,Eadington P J. Quantitative Evaluation of the Oil－leg Potential in the Oliver Gas Field,Timor Sea,Australia[J]. AAPG Bulletin,2002,86(9):1531－1542.

[4] George S C,Liskb M,Eadington P J. Fluid Inclusion Evidence for an Early,Marine－sourced Oil Charge Prior to Gas－condensate Migration,Bayu－1,Timor Sea,Australia[J]. Marine and Petroleum Geology,2004,21:1107－1128.

[5] 谢小敏,曹剑,胡文瑄. 叠合盆地储集层烃包裹体GOI成因与应用探讨——以准噶尔盆地莫索湾地区为例[J]. 地质学报,2007,81(6):834－842.

[6] 姜振学,庞雄奇,王显东,等. 塔里木盆地志留系沥青砂岩有效厚度的确定方法[J]. 地质学报,2006,80(3):418－423.

[7] 姜振学,王显东,庞雄奇. 塔北地区志留系典型油气藏古油水界面恢复[J]. 地球科学——中国地质大学学报,2006,31(2):201－208.

[8] 郝雪峰,陈红汉,高秋丽. 东营凹陷牛庄砂岩透镜体油气藏微观充注机理[J]. 地球科学——中国地质大学学报,2006,31(2):182－190.

[9] 宋明水. 含烃流体包裹体丰度法追溯古油水界面的局限性[J]. 油气地质与采收率,2007,14(3):5－8.

[10] 仰云峰,李贤庆,董鹏. 柴达木盆地北缘地区油气储集层中流体包裹体特征及成藏期研究[J]. 地球化学,2009,38(6):591－599.

[11] 李贤庆,董鹏,仰云峰. 柴达木盆地西部古新近系储集层流体包裹体特征及油藏成藏时间研究[J]. 石油天然气学报(江汉石油学院学报),2009,31(6):44－48.

[12] 李继宏. 鄂尔多斯盆地西缘马家滩地区油气成藏研究[D]. 西安:长安大学,2007:67－71.

[13] 黄文彪. 鸳鸯沟洼陷西斜坡成岩场分析与应用[D]. 大庆:大庆石油学院,2007:88－89.

[14] 李萍. 东濮凹陷断裂输导体及其与油气成藏关系[D]. 西安:西北大学,2008:53－56.

[15] 王飞宇,张水昌,梁狄刚. 塔中4油田油气水界面的变迁与成藏期[J]. 新疆石油地质,2004.25(5):560－562.

[16] Burtman V S,Molnar P. Geological and Geophysical Evidence for Deep Subduction of Continental Crust Beneath the Pamir[J]. Geological Society of America Special Paper,1993,286:1－76.

[17] Li Xiangdong,Wang Kezhuo. The Tethys Framework and its Tectonic Significance of Southwest Tarim and the Adjacent Region[J]. Xinjiang Geology,2000,18(2):113－120.

[18] Zeng Changmin,Du Zhili,Zhou Xuehui,et al. Structural Characteristics and Deformation Mechanism of Kedong Thrust Beltin Piedmont of Kunlun Mountain[J]. Xinjiang Petroleum Geology,2000,32(2):133－137.

[19] Zhang Nai,Pan Wenlong,Tian Long,et al. Using a Modified GOI Index(Effective Grid Containing Oil Inclusions) to Indicate Oil Zones in Carbonate Reservoirs[J]. Acta Geologica Sinica(English Edition),2015,3(89):801－840.

[20] Zhou Junfeng,Zhang Huquan,Liu Jianxin,et al. Paleozoic Fault Feature and its Formation Mechanism in YM1－2 Block District of Tabei Uplift[J]. Natural Gas Geoscience,2012,23(2):237－243.

[21] Cao Jian,Jin Zhijun,Hu Wenxuan,et al. Integrate GOI and Composition Data of Oil Inclusions to Reconstruct Petroleum Charge History of Gas－condensate Reservoirs:Example from the Mosuowan Area,Central Junggar Basin(NW China)[J]. Acta Petrologica Sinica(English edition),2007,23(1):137－144.

[22] 王飞宇,师玉雷,曾花森. 利用烃包裹体丰度识别古油藏和限定成藏方式[J]. 矿物岩石地球化学通报,2006,25(1):12－18.

第六章 含油气盆地流体包裹体的光谱分析及应用

烃包裹体无损鉴定多是通过光激发烃包裹体分子能级变化而发出不同光波来实现的,最常见的光谱分析有荧光光谱分析、颗粒荧光分析、红外光谱分析和拉曼光谱分析。

第一节 烃包裹体的荧光光谱分析

一、基本原理

1. 烃包裹体发荧光的原因

石油的主要组成是碳氢化合物、N—S—O 化合物和无机气体,碳氢化合物根据分子结构又可以细分为正构烷烃、烯烃、环烷烃和芳香烃。芳香族化合物和 N—S—O 化合物是石油的主要发光成分[1]。Khorasani(1987)[2]对 N—S—O 组分的荧光性进行了分析,证明在紫外线光激发下会发射出低强度的弱红色荧光,含 N—S—O 组分:具有 0.48nm 堆积高度的缩聚芳环带,在紫外线激发下,其中的 π→π *(芳香烃体系)和 π→π *(羰基)以非常复杂的方式发生转场和相互作用而发射出低强度的弱红色荧光。

芳香烃组分在不同的发射激光波长下会产生特征不同的荧光光谱[3],随着芳香烃的增加,顶峰位置逐渐红移,Ex228nm/Em340nm 处的峰顶基本为二环芳香烃化合物(如萘系物等),而 Ex256nm/Em363nm 处基本为三环芳香烃化合物(如菲系物等)(图 6 - 1)。Kavanagh(2009)[4]通过对不同环芳烃做荧光分析,表明不同环芳烃组分在激光下会产生不同特征的荧光光谱,如 1 个环的芳香烃荧光发射谱图的 λ_{max} 对应在 260 ~ 280nm 内,2 个环的芳香烃荧光发射谱图的 λ_{max} 对应在 300 ~ 340nm 内,3 个环的芳香烃荧光发射谱图的最大强度光谱波长 λ_{max} 对应在 340 ~ 400nm 内,5 个环的芳香烃荧光发射谱图的 λ_{max} 多在大于 400nm 外(图 6 - 2)。低环芳香烃类比高环芳香烃类荧光谱图的最大光谱强度对应的波长小,随着环数增加,波长增加,荧光"红移"[5-8],Khorasani(1987)[2]实验论证了随着成熟度的增加,芳香族化合物发生缩聚作用,并导致荧光红移和强度的快速降低(图 6 - 3 和表 6 - 1)。

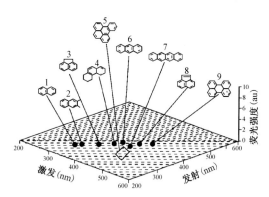

图 6 - 1 典型芳香烃化合物在三维全扫描荧光光谱图中的位置(引自 Richard 等,2009)

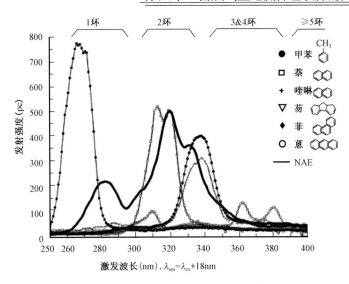

图 6-2 NAE 检测的多环芳香烃与单环芳香烃的 SFS 光谱图（引自 Kavanagh,2009）

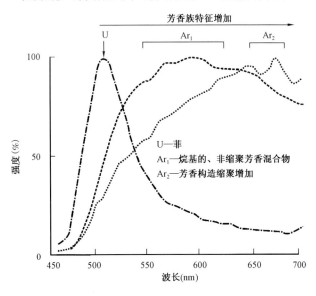

图 6-3 简单芳香结构与芳香混合物的光谱蓝移峰值图（引自 Khorasani,1987）

表 6-1 实验条件下色谱柱分离组分的光谱范围所对应的化学构造（引自 Khorasani,1987）

最大发射谱（主峰）	谱范围*	化学构造
U	蓝—绿色	简单芳香烃
Ar₁	中等波长绿色—短波长红色	高度烷基化的非缩聚芳香族
Ar₂	中等波长红色—长波长红色	缩聚增加的芳香族

　　高度缩聚体系基本上不发荧光可能是许多能量交换通过大的共轭 π-体系来实现的,从而产生了淬灭效应。原油中的芳香族化合物含有许多发光团和很大的共轭 π-体系。在这样一个复杂体系中,因能量迁移导致的分子间相互作用和交联聚合作用所产生的淬灭效应是非常显著的。

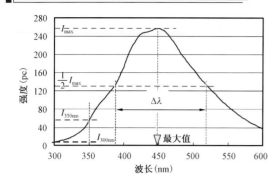

图 6 - 4　典型原油荧光发射谱图

2. 荧光光谱图的主要参数

荧光光谱分析可以消除不同观察者鉴定荧光颜色时有所差别这一突出问题,通过对烃包裹体荧光光谱属性参数(主峰波长、最大荧光强度、油性指数、红绿商等)的分析和定量化描述,可以区分油质的轻重,得到原油特性等信息[9-11]。图 6 - 4 为典型原油荧光发射谱图[12],图中 I_{max} 为最大光谱强度,I_{350nm} 为相应波长为 350nm 的光谱强度,λ_{max} 为相应 I_{max} 的波长,$\lambda_{1/2}I_{max}$ 为相应 $1/2I_{max}$ 的波长,$\Delta\lambda$ 半峰宽

(光谱主峰强度的一半所对应的两个峰长的差值 $= \dfrac{\lambda}{2}_{右} - \dfrac{\lambda}{2}_{左}$)反映了光谱谱形的形态变化,与光谱的红绿商有一定相关性。

二、影响烃包裹体荧光的因素及应用

尽管原油荧光主要来自于多环芳烃和杂环化合物等发光团,但至今仍不能将荧光光谱范围与复杂的原油化学结构相关联,因为原油组分荧光特性受多方面因素影响。

1. 饱和烃化合物

在紫外光激发下,$\sigma \rightarrow \sigma^*$ 转场因需要的能量太高而难以发射,因此饱和烃一般是不发荧光的。Khorasani(1987)[2]实验论证了当芳香烃中含有基本不发荧光的饱和烃时,会使芳香烃的荧光发生蓝移(图 6 - 5)。

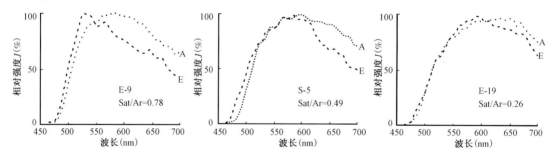

图 6 - 5　主波峰与饱和烃含量关系图(引自 Khorasani,1987)
A—芳香烃含量;E—总提取含量

2. 芳香族化合物

王光辉(2012)[5]将具二苯环奈(标样主峰位置 439nm)和联苯(标样主峰位置 437nm)、三苯环菲(标样主峰位置 433nm)、四苯环屈(标样主峰位置 433nm)和芘(标样主峰位置 472 ~ 505nm 的宽峰)、二苯环加五环的芴(标样主峰位置 435nm)按不同比例加在胜坨地区的原油(原油主峰位置 532nm)中,发现不管是苯环个数如何,当芳香烃荧光光谱主峰(433 ~ 439nm)远离原油主峰(532nm),因这些芳香烃类的主峰位置在原油的左侧,故只会影响原油荧光光谱的短波部分[图 6 - 6(a) ~ (f)],对胜坨地区原油主峰波长和长波部分的光谱影响没有或较少;但芘的荧光主峰是一个从 472nm 到 505nm 的宽峰,因其主峰位置与原油荧光主峰 532nm 相近,故芘的加入会影响原油的荧光光谱,随着芘加入的增多,原油的主峰位置会向短波方向移动[图 6 - 6(e)];相反,

如果减少原油中芘的含量,原油荧光的主峰位置则向波长较长的方向移动。芘是四环芳香烃,但因荧光光谱主峰位于胜坨地区的原油短波一侧,故加入芘会使原油向短波一边移动,而减少芘会使原油向长波一边移动。这组实验证明,芳香烃增加使原油向短波方向移(蓝移)还是向长波方向移(红移),关键是芳香烃的主峰是小于原油的还是大于原油的,而与芳香烃环数无关。

3. N—S—O 化合物

原油中存在大量的 N—S—O 化合物虽然会降低其荧光强度,但对荧光光谱红移的影响并不是很大。在有机物中大量存在 N—S—O 时,N—S—O 组分会改变光谱长波一端,而光谱图中最大光谱强度对应的波长及光谱短波一端几乎没有变化(图 6-7[2])。二苯并呋喃、咔唑和二苯并噻吩是夹于两个苯互不干涉中间芳环的碳原子分别被 O,N 和 S 替换的化合物,王光辉(2012)[5]将以上标准物质按不同比例加入已知油性的胜坨地区的原油中,发现咔唑、噻吩和呋喃等 N,O 和 S 杂环化合物对该区原油荧光光谱的影响主要是在波长较短的部分,对荧光光谱主峰和长波部分几乎无影响[图 6-6(g)~(j)]。不管是 Khorasani 的实验还是王光辉的实验,都证明 N—S—O 对原油的最大光谱强度对应的波长并没有产生显著变化,可能只会降低其荧光强度[5]。

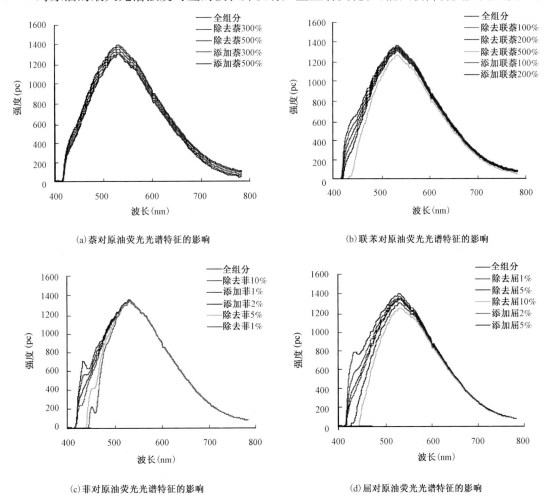

(a)萘对原油荧光光谱特征的影响　　　　(b)联苯对原油荧光光谱特征的影响

(c)菲对原油荧光光谱特征的影响　　　　(d)屈对原油荧光光谱特征的影响

图 6-6　芳香烃对原油的影响(引自王光辉,2012)

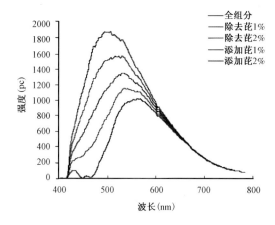

(e)芘对原油荧光光谱特征的影响

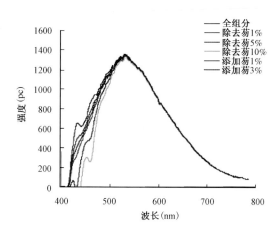

(f)苊对原油荧光光谱特征的影响

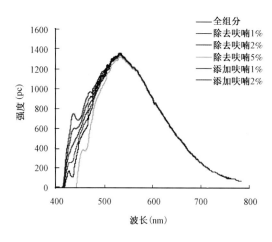

(g)二苯并呋喃对原油荧光光谱特征的影响

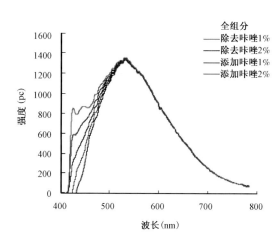

(h)咔唑对原油荧光光谱特征的影响

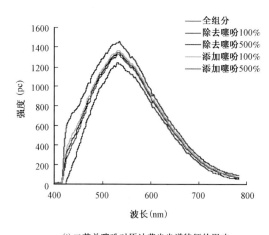

(i)二苯并噻吩对原油荧光光谱特征的影响

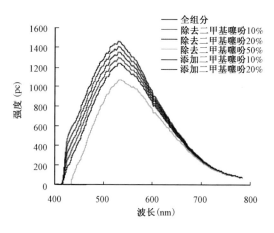

(j)4,6-二甲基二苯并噻吩对原油荧光光谱特征的影响

图6-6　芳香烃对原油的影响(引自王光辉,2012)(续)

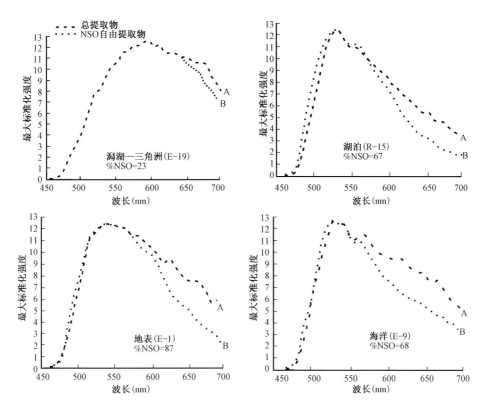

图 6-7　不同沉积环境或热演化程度中富含或贫化 N—S—O 的沥青荧光光谱对比图(引自 Khorasani,1987)

4. 非烃类化合物

非烃类物质的分子更大,所含芳环更多,所发荧光主要位于长波部分(Hagemann,1986;Khorasani,1987)。因此,反映长波部分荧光特征的指标就可能与非烃物质有较好的相关性。非烃总量与右半高波长、半高宽呈显著的正相关关系[图 6-8(a)(b)][5],说明非烃物质主要影响原油荧光光谱的长波部分。Q_{f535} 代表的是长波部分与短波部分的荧光光谱积分面积比,随着 Q_{f535} 值的增大,原油中具有长波波长特征的组分含量也随之增加,即非烃类物质的含量增加。$Q_{650/500}$ 与 Q_{f535} 具有相近的物理意义,只不过它所表示的是 650nm 与 500nm 处的强度之比。$Q_{650/500}$ 与 Q_{f535} 也与非烃总量成正相关关系[图 6-8(c)(d)]。非烃总量与半高宽、Q_{f535}、$Q_{650/500}$ 和右半高波长正相关,说明荧光光谱的"红移"与非烃总量的增加有关。相反地,"蓝移"与非烃总量的减少有关。非烃总量往往控制着原油密度,因此以往根据荧光颜色特征参数预测原油密度的做法仍然是可行的。

以塔里木盆地为实例,塔里木盆地奥陶系碳酸盐岩储层主要分布在塔北地区、塔中地区、塔东地区和巴楚地区,有三期主要成藏期:晚加里东—早海西期、晚海西期、喜马拉雅期,三期成藏期对应地有三期烃包裹体,这三期烃包裹体可能在有些井区没有或只是其中的一期、但总体特征是可以对比的。将不同地区不同井的这三期烃包裹体用显微共聚焦测得其荧光发光光谱,利用 $Q_{650/500}$ 值求得非烃含量(图 6-9),将各区三期烃包裹体非烃含量平均值对比(图 6-

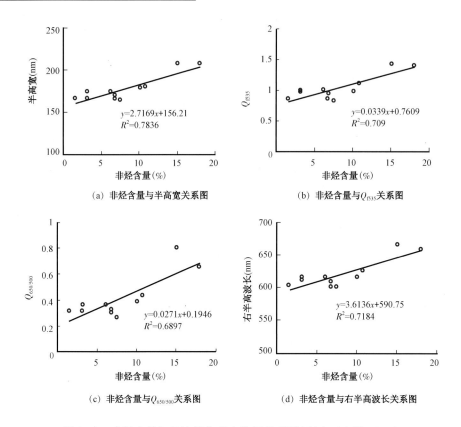

（a）非烃含量与半高宽关系图　　　　　　（b）非烃含量与Q_{I535}关系图

（c）非烃含量与$Q_{650/500}$关系图　　　　　（d）非烃含量与右半高波长关系图

图6-8　非烃含量与长波部分荧光特征关系图（引自王光辉，2012）

10），发现晚加里东—早海西期形成的烃包裹体非烃含量普遍较高，而喜马拉雅期形成的烃包裹体非烃含量普遍较低，原油的非烃含量介于晚海西期形成的烃包裹体与喜马拉雅期形成的烃包裹体之间，但更接近于晚海西期形成的烃包裹体非烃含量，说明原油的主要贡献者是晚海西期形成的油，但受喜马拉雅期形成的油气的影响。

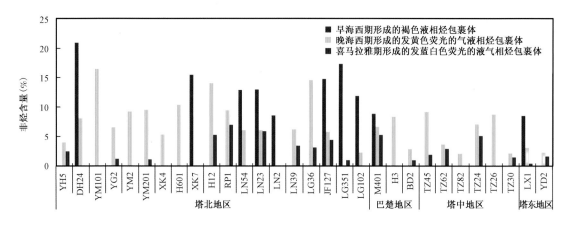

图6-9　塔里木盆地碳酸盐岩储层三期烃包裹体非烃含量直方图

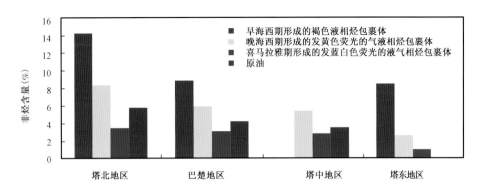

图6-10 塔里木盆地4个地区碳酸盐岩储层烃包裹体非烃含量平均值直方图

5. 油的密度

Hagemann(1986)对荧光光谱信息与原油的实测密度和黏度的关系研究表明,随着原油密度和黏度(20℃,101kPa)的增大,其荧光光谱参数 λ_{max} 和 $Q_{650/500}$ 呈现出增加的趋势(图6-11)。Goldstein 和 Reynolds(1994)[13]也发现烃包裹体中的荧光与液相石油的密度(°API 重度)有关联(表6-2):低密度的液体石油(°API 重度)其荧光在短波长的范围内(蓝光);当液相石油的密度增加时,由于在密度和黏度较大的原油中,多环芳香烃和 N,O,S 杂环化合物的含量均较高,因此随着原油密度和黏度的增加,荧光光谱通常会表现出主峰"红移"的特征。

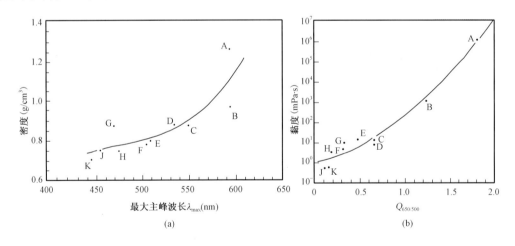

图6-11 荧光光谱参数与原油密度和黏度关系图(引自 Hagemann,1986)

表6-2 油气的°API 重度与荧光颜色的关系(引自 Goldstein 和 Reynolds,1994)

°API 重度	10	15	20	25	30	35	40	45	60
荧光	红色	橘黄色		黄色		绿色	蓝色		白色

以塔里木盆地为实例,塔里木盆地奥陶系碳酸盐岩储层主要分布在塔北地区、塔中地区、塔东地区、巴楚地区,有三期主要成藏期:晚加里东—早海西期、晚海西期、喜马拉雅期,三期成藏期对应地有三期烃包裹体,这三期烃包裹体可能在不同井区没有或只是其中的一期,但总体特征是可以对比的。将不同地区不同井的这三期烃包裹体用显微共聚焦测得其荧光发光光

谱,利用最大主峰波长和$Q_{650/500}$值分别求得密度(图6-12)和黏度(图6-13),将各区三期烃包裹体密度和黏度平均值对比(图6-14、图6-15),发现晚加里东—早海西期形成的烃包裹体密度和黏度普遍较高,而喜马拉雅期形成的烃包裹体密度和黏度普遍较低。塔北地区和塔中地区的原油的密度更接近于晚海西期形成的烃包裹体的密度,说明原油的主要贡献是晚海西期形成的油,而巴楚地区的原油密度更接近喜马拉雅期形成的烃包裹体的密度,说明原油的主要贡献者是喜马拉雅期形成的油气。

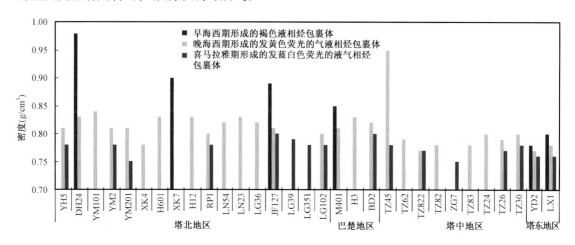

图6-12　塔里木盆地碳酸盐岩储层三期烃包裹体密度图

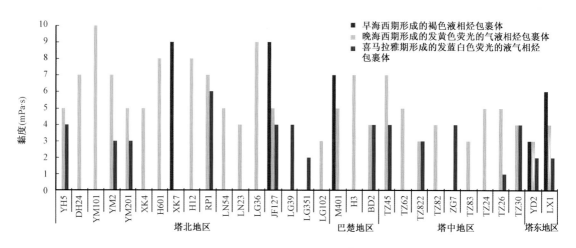

图6-13　塔里木盆地碳酸盐岩储层三期烃包裹体黏度图

6. 其他因素

赋存矿物的影响,有些矿物因含丰富、细小(小于$1/10\mu m$)的晶包有机质而在激光照射下能发出荧光,如萤石、方解石和白云石等。另外,油页岩、藻类和孢粉也可发荧光,易与烃包裹体相混;在荧光下树胶、环氧树脂、棉绒碎屑以及某些污染物也能发出荧光。以上这些都可掩盖、冲淡或影响烃包裹体所发的荧光。

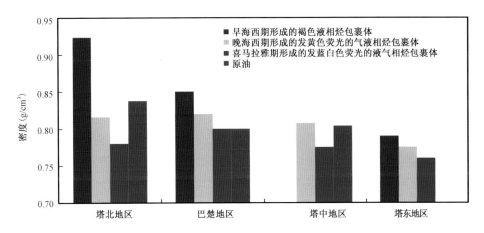

图 6 - 14　塔里木盆地四个地区碳酸盐岩储层烃包裹体密度平均值

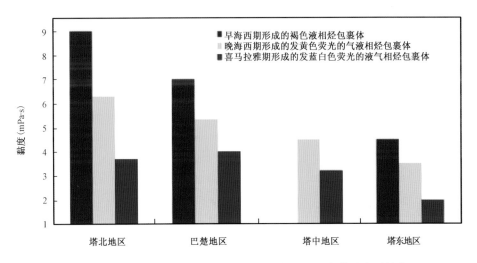

图 6 - 15　塔里木盆地四个地区碳酸盐岩储层烃包裹体黏度平均值

7. 小结

影响烃包裹体荧光光谱特征及发光色原因有:(1)芳香烃增加使原油向短波方向移(蓝移)还是长波方向移(红移),关键是芳香烃主峰小于原油的还是大于原油的;(2)小分子的芳香烃类(萘、联苯、菲、屈2 - 4环简单芳香烃)因荧光光谱主峰多在短波位,当主峰波数远离原油主峰波数,其增加或减少只会改变原油在短波位部分,不会对原油主峰波数产生影响,故也不会使原油"红移"或"蓝移";(3)当简单芳香烃主峰波数和原油主峰波数相近时(如芘),其增加或减少会对原油主峰波数产生影响,因简单芳香烃荧光光谱主峰多在短波位,故会使原油向"蓝移";(4)当芳香烃中含有基本不发荧光的饱和烃时,会使芳香烃的荧光发生蓝移;(5)小分子的 N,O 和 S 杂环化合物(咔唑、噻吩、呋喃等)因荧光光谱主峰多在短波位,当主峰波数远离原油主峰波数,其增加或减少只会改变原油在短波位部分,不会对原油主峰波数产生影响,故也不会使原油"红移"或"蓝移";(6)大分子的多环芳香烃或缩聚增加的芳香族化合物,其增加或减少只会改变原油在长波位部分,并使油的荧光发生明显的"红移";(7)非烃类物质的分子更大,所含芳环更多,所发荧光主要位于长波部分,能使油的荧光发生明显的"红移";(8)随着原油密度和黏度的增加,荧光光谱通常会表现出主峰"红移"的特征。

三、显微荧光光谱的参数及应用

1. 主峰波长(λ_m)

烃包裹体的荧光强度与烃包裹体中油的密度有很大关系,烃包裹体荧光向蓝色移,油质会轻点;反之,主峰值增大,荧光"红移",烃包裹体中油质会重点。不同时期充注和来自于不同油源的油,其荧光强度都有可能存在较大差别。对于同源同期充注的烃类,其成分及成熟度一致,因此其荧光光谱主峰波长应表现出一致性;对不同源的烃类,其主峰波长表现出不一致性。利用原油的荧光光谱的主峰及荧光强度进行油源对比已获得了良好的效果[14,15]。

以塔里木盆地塔北地区烃包裹体研究为实例。塔里木盆地塔北地区烃包裹体期次及种类都可对比,共有三期发荧光的烃包裹体:晚加里东期—早海西期形成的第Ⅰ期以发褐色—褐黄色荧光为主的液相烃包裹体、晚海西期形成的第Ⅱ期以发黄色—黄白色荧光为主的气液相烃包裹体和喜马拉雅期形成的第Ⅲ期以发蓝色荧光为主的气液相烃包裹体。这三期烃包裹体荧光特征如下:

第Ⅰ期发以褐色荧光为主的烃包裹体荧光光谱最高峰波数 λ_{max} 值的范围在 $460 \sim 650\mu m$,多数大于 $500\mu m$(图6-16),说明含有一定量的高环芳烃类,低环芳香烃类含量少,属于重质芳香烃。结合发褐色荧光的烃包裹体在单偏光下一般颜色较深,有的发褐色荧光,有的不发荧光,说明烃组分中含有一定量颜色较深的非烃类和沥青质,推测第Ⅰ期烃包裹体代表了一期重质油气充注。这一期烃包裹体明显分为两组:第Ⅰ组包括英买2地区的YM201井和新垦地区的XK7井、XK4井的烃包裹体,荧光光谱最高峰波数 λ_{max} 数值为 $480 \sim 540\mu m$,显示较重的油质组分。第Ⅱ组包括英买1及周缘地区的YM101井和轮古地区的LG351井,发褐色荧光的烃包裹体荧光光谱最高峰波数 λ_{max} 值骤然变高,为 $560 \sim 650\mu m$,显示出稠油组分特征。英买1及周缘地区,因晚加里东构造使英买1及周缘地区有一组近北东向断裂切穿奥陶系,直到志留系,使这一期油气充注后较轻的组分断续上移,而更重的油组分保留在奥陶系中形成一期稠油质烃包裹体。同样,LG351井和JF127井分别也位于轮古东走滑断裂和桑塔木断陷垒构造带上,由于断裂直通上覆地层,这一期油气充注时轻组分沿断层上移,使第Ⅰ期烃包裹体烃组分表现出较高的 λ_{max} 值。

塔北地区第Ⅱ期以发黄色荧光为主的烃包裹体荧光光谱最高峰波数 λ_{max} 值分散范围较广,从西向东英买2地区—新垦地区—哈拉哈塘地区从 $460\mu m$ 到 $600\mu m$(图6-17)。英买2地区第Ⅱ期烃包裹体荧光光谱最高峰波数较低,λ_{max} 从 $460\mu m$ 到 $510\mu m$;新垦地区第Ⅱ期烃包裹体荧光光谱最高峰波数变高,λ_{max} 从 $480\mu m$ 到 $540\mu m$;哈拉哈塘地区第Ⅱ期烃包裹体荧光光谱最高峰波数更高,λ_{max} 从 $510\mu m$ 到 $590\mu m$,显示出从西向东第Ⅱ期烃包裹体油组分重质组分比重加大。第Ⅱ期烃包裹体由英买2地区—新垦地区—哈拉哈塘地区偏光下颜色也是由无色—极浅褐—浅褐变化,认为这期油气充注时油组分由东向西可能就有变化,即从东边的哈拉哈塘地区到西边的英买2地区油质轻质组分增加,重质组分变少。另图6-17中显示英买1及周缘地区的YM101井的第Ⅱ期发黄色荧光的烃包裹体荧光光谱最高峰波数数值比较高,从地理位置上讲,英买1及周缘地区位于新垦西部,按以上分析,应轻质组分含量更高,然而

YM101 井第Ⅱ期烃包裹体荧光光谱最高峰波数数值较高，$\lambda_{\max}$从 490μm 到 600μm。推则原因有二:(1)因第Ⅱ期烃包裹体油气充注时，受第Ⅰ期烃包裹体形成时的稠油混染影响，使油的重质组分提高;(2)因英买 1 及周缘地区遭受晚加里东构造而形成的一组近北东向断裂切穿奥陶系，直到志留系，使得油气注入英买 1 及周缘地区时轻质组分沿断裂上移，重一点的组分留在了奥陶系储层中。

轮古地区第Ⅱ期烃包裹体的$\lambda_{\max}$集中于 460~560μm(图 6-18)，按分布规律从低到高分为三组。第Ⅰ组$\lambda_{\max}$的分布范围为 470~540μm，代表井位 LN54 和 LG102，位于轮古地区的桑南西地区，说明这一地区烃组分中含饱和烃丰富。第Ⅱ组由桑南东地区的 JF127 井和 LN23 井组成，严格来说$\lambda_{\max}$的分布范围较分散，从 450μm 到 590μm，但是集中范围为 480~560μm，这两口井位于桑塔木断陷垒。第Ⅲ组$\lambda_{\max}$的分布范围与第Ⅱ组相差不大，为 500~580μm，但集中于 500~560μm，代表井位 LG5 和 LG36，分别位于轮古东走滑断裂两侧的中部斜坡带的中平台地区和东部斜坡带轮古东地区。总体看轮古地区第Ⅱ期烃包裹体显示出由西向东组分有变重趋势(图 6-18)，推测原因:一是与桑塔木断陷垒原油横向上差异运聚的作用有关，即由西向东构造逐渐抬升;二是轮古地区东部断层发育，晚海西期油气运移时轻质组分上移，使原油变重，而西部断裂不发育，轻质组分更多地被保存在原油中。

第Ⅲ期发蓝白色荧光的烃包裹体主要发育在英买 2 地区和轮古地区，其荧光光谱最高峰波数较低，$\lambda_{\max}$从 440μm 到 560μm(图 6-19)，对比图 6-16 至图 6-18，第Ⅲ期烃包裹体$\lambda_{\max}$明显低于前两期烃包裹体，更低的$\lambda_{\max}$值说明油中的轻质组分含量变高。已知英买 2 地区奥陶系碳酸盐岩储层中可动油以轻质油为主，明显轻于其他几个地区，图中显示英买 2 地区荧光光谱最高峰波数$\lambda_{\max}$范围较低，为 440~510μm，其中英买 2 地区以 YM201 井$\lambda_{\max}$值最低，在440~470μm 范围内，推断第Ⅲ期烃包裹体形成时的轻质油充注对 YM201 井油气藏有重要的贡献。轮古地区 LG36 井、LG5 井及 LG39 井的$\lambda_{\max}$范围为 460~560μm，值较高，多是由于喜马拉雅期干气入侵带来轻质烃气组分的影响，而轮古东地区的凝析气藏也要归功于这一期油气充注的贡献。

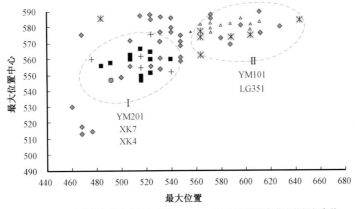

图 6-16　塔北南部地区第Ⅰ期烃包裹体荧光光谱图

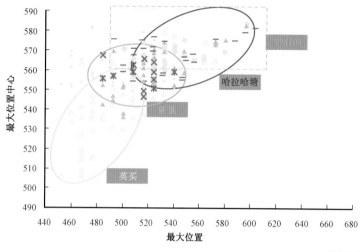

— YM101发黄褐色荧光的烃包裹体 　　　YM2发黄色荧光的烃包裹体 　　　YM201发黄色荧光的烃包裹体
× XK7发褐色荧光的烃包裹体 　　　× XK4发黄褐色荧光的烃包裹体 　　　H601发黄色荧光的烃包裹体
H801发黄色荧光的烃包裹体

图6-17　哈拉哈塘—新垦—英买2—英买1及周缘地区第Ⅱ期烃包裹体荧光光谱图

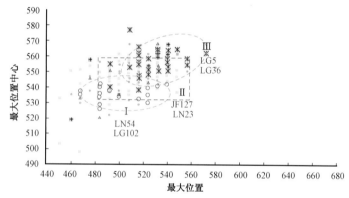

LN54发黄色荧光的烃包裹体 　　　○ LG102发黄色荧光的烃包裹体 　　　JF127发黄色荧光的烃包裹体
LN23发黄色荧光的烃包裹体 　　　× LG5发黄色荧光的烃包裹体 　　　┼ LG36发黄色荧光的烃包裹体

图6-18　轮古地区第Ⅱ期烃包裹体荧光光谱图

2. 红绿商($Q_{F535}/Q_{650/500}$)

红绿商被用来定量化描述荧光光谱形态和结构,代表了荧光颜色中红色部分与绿色部分的比值[16-18]。Q_{F535}被定义为发射波长535~750nm范围内的积分面积$A_{(535~750)}$与发射波长430~535nm范围内的积分面积$A_{(430~535)}$之比。$Q_{650/500}$被定义为650nm波长处荧光强度I_{650}与500nm波长处荧光强度I_{500}的比值。相对而言,$Q_{650/500}$更为常用,其I_{650}越大,反映油中含有较多的大分子组分,成熟度越低;而I_{500}越大则反映油中含有较多的小分子组分,成熟度越高。因此,$Q_{650/500}$值越大,反映了油的成熟度越低;反之,有的成熟度越高[19-21]。

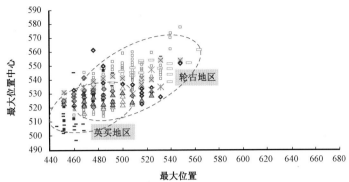

图 6 - 19 塔北隆起第Ⅲ期烃包裹体荧光光谱图

3. 油性指数（R）

油性指数（R）是指波长为 350 ~ 370nm 处与波长为 310 ~ 330nm 处的相对荧光强度比值。结合荧光主峰波长可综合判定原油性质。杨杰等（2002）[14]选择已知密度的不同类型原油进行荧光分析，总结出：原油的密度越大，其荧光的主峰波长（λ_m）越大、油性指数（R）越大（表 6 - 3）[9]。

表 6 - 3 据荧光主峰波长及油性指数判别原油性质的标准（据杨杰等，2002）

项目	凝析油	轻质油	中质油	重质油	超重油
波长（nm）	≤320	320 ~ 360	360 ~ 380	> 380	> 420
油性指数	≤1	1 ~ 1.5	1.5 ~ 3.0	> 3.0	
密度（g/cm³）		< 0.87	0.87 ~ 0.92	> 0.92	> 0.95

四、烃包裹体荧光与油成熟度的关系

对原油及烃包裹体的荧光测试证明随着°API 值的增加，λ_{max} 值尤其是 Q 值是呈现变小趋势的[8]，结合镜下显微荧光观察，随着有机质从低成熟度向高成熟度演化，°API 值的增加，其荧光颜色也会发生变化，即褐色—橘黄色—浅黄色—蓝色—蓝白色，发生蓝移[13,21-23]，但这里的发蓝色荧光、蓝白色荧光的烃包裹体主要指大于同地区发黄色荧光的 T_{hmax} 所有发蓝白色荧光的烃包裹体，当发蓝色荧光、蓝白色荧光的烃包裹体的 T_h 小于同地区发黄色荧光的 T_{hmax} 时，不能用荧光发光性来定其成熟度高低（参见第四章第二节中"三、2ΔT_h 的'拐点'判断烃包裹体是否发生裂解"部分）。

原油成熟度是运移成藏研究方面的重要指标。应用生物标志物研究原油成熟度的参数有很多，二苯并噻吩系列化合物随成熟度增大，具有很强的变化规律[24,25]，无论与 R_o 和 T_{max} 等成

熟度参数[26]，还是与地层埋藏深度之间[27,28]，都能呈现出较好的正相关关系，尤其是该参数既适用于烃源岩热演化的早、中期的低成熟—成熟阶段，又适用于晚期的高成熟—过成熟阶段，具有较广的成熟度应用范围，且在各类烃源岩中分布广泛[29]。下面介绍王光辉(2012)[5]通过二苯并噻吩系列推导的成熟度。

I_{425}为咔唑的荧光光谱主峰波长所对应的原油荧光光谱强度；I_{433}为菲的荧光光谱主峰波长所对应的原油荧光光谱强度；I_{419}为咔唑荧光光谱导数的主峰波长所对应的原油荧光光谱强度；I_{429}为菲荧光光谱导数的主峰波长所对应的原油荧光光谱强度；I_{435}为芴的荧光光谱主峰波长所对应的原油荧光光谱强度。I_{425}/I_{433}，I_{419}/I_{429}和I_{425}/I_{435}等荧光光谱强度比值参数与原油的成熟度 R_o 的相关图(图6-20)[5]中显示二者之间有较好的相关性，利用 I_{425}/I_{433}，I_{419}/I_{429} 和 I_{425}/I_{435} 荧光光谱强度比值参数可计算烃包裹体中原油的成熟度和孔隙中油质沥青的成熟度，其计算公式为：

$$R_{o1}(\%) = (1.2006 - I_{425}/I_{433})/0.7209 \qquad (R^2 = 0.9084) \qquad (6-1)$$

$$R_{o2}(\%) = (1.3949 - I_{419}/I_{429})/1.3690 \qquad (R^2 = 0.9099) \qquad (6-2)$$

$$R_{o3}(\%) = (1.2112 - I_{425}/I_{435})/0.7722 \qquad (R^2 = 0.9069) \qquad (6-3)$$

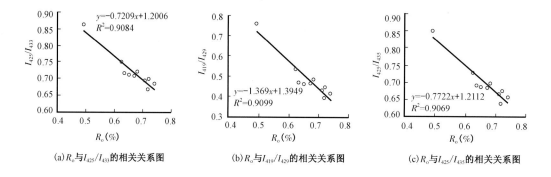

(a) R_o 与 I_{425}/I_{433} 的相关关系图　　(b) R_o 与 I_{419}/I_{429} 的相关关系图　　(c) R_o 与 I_{425}/I_{435} 的相关关系图

图6-20　荧光参数与成熟度相关关系图(据王光辉,2012)

实际应用时可取 $R_o(I_{425}/I_{433})$，$R_o=(I_{419}/I_{429})$ 和 $R_o(I_{425}/I_{435})$ 的平均值作为烃包裹体的 R_o 预测值。以塔里木盆地为实例，塔里木盆地奥陶系碳酸盐岩储层主要分布在塔北地区、塔中地区、塔东地区、巴楚地区，有三期主要成藏期：晚加里东—早海西期、晚海西期、喜马拉雅期，三期成藏期对应地有三期烃包裹体。利用 I_{425}/I_{433}，I_{419}/I_{429} 和 I_{425}/I_{435} 分别求得 R_o 再平均(图6-21)，将各区三期烃包裹体 R_o 平均值对比(图6-22)。塔北地区的 R_o 多数分布在0.6~1.0，塔中地区的 R_o 值为0.8上下，多数高于0.8，巴楚地区的 R_o 值分布在0.6~0.8，相对较低，塔东地区的 R_o 值与塔中地区相似，多高于0.8。4个地区的三期烃包裹体所展现出的 R_o 值共同特点为褐色荧光烃包裹体的 R_o 值小于黄色荧光烃包裹体的 R_o 值小于蓝色荧光烃包裹体的 R_o 值，即晚加里东—早海西期形成的烃包裹体 R_o 普遍较低，而喜马拉雅期形成的烃包裹体 R_o 普遍较高，晚海西期形成的烃包裹体 R_o 介于其间。

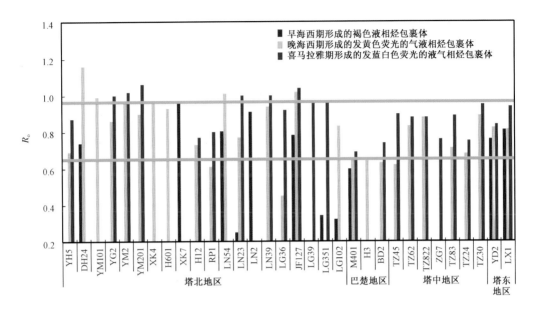

图 6-21 塔里木盆地碳酸盐岩储层三期发荧光的烃包裹体 R_o 图

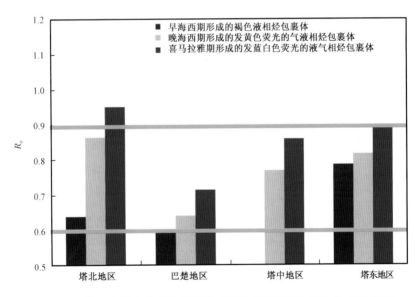

图 6-22 塔里木盆地碳酸盐岩储层三期发荧光的烃包裹体 R_o 平均值图

五、烃包裹体组分的预测

众所周知,正构烷烃是原油的重要组分。预测烃包裹体中的正构烷烃的摩尔分数,在运移成藏、有机质热演化与原油品质研究等方面均具有十分重要的意义。另外,成藏研究需要对古流体压力进行预测。烃包裹体中液相正构烷烃的摩尔分数、N_2 和 CO_2 的含量以及气相烷烃的摩尔分数是恢复古流体压力的重要参数。

1. 烃包裹体中 α 和 β 参数的预测

Thiéry(2002)[30]把含有数百种正构烷烃的原油简化为两个参数,设原油中,C_6 以上的正构烷烃服从指数为 α 的几何分布规律,即用 α 可以描述原油的中这些组分的分布特征;C_6 以下的组分(C_1—C_6)则用 β 描述,只要知道了 α 和 β,就能重构正构烷烃的摩尔分数。当原油馏分未发生次生变化时,引入 Thiéry 设定的 α 和 β 两个数值,α 和 β 值实际上反映正构烷烃中轻、重烷烃的比例。$A_右/A_左$(荧光光谱主峰波长右侧积分面积与左侧积分面积之比)应当是能够反映荧光物质轻重比例的重要参数[31]。王光辉(2012)[5]分析了 α 值与 $A_右/A_左$ 和主峰波长关系图,发现它们之间具有较显著的相关关系(图6-23 和图6-24)。原油中非烃和沥青质等重质组分的含量越高,主峰波长就越大,荧光光谱主峰波长右侧积分面积就越小,即 $A_右/A_左$ 比值就越小,代表 C_6 以上的正构烷烃服从指数 β 一定会越大。

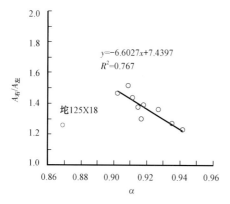

图6-23　α 与 $A_右/A_左$ 关系图
（引自王光辉,2012）

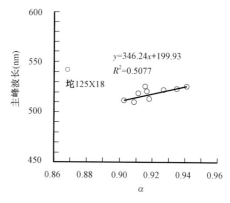

图6-24　α 与主峰波长关系图
（引自王光辉,2012）

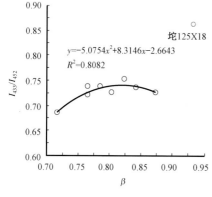

图6-25　β 与 I_{433}/I_{452} 关系图
（引自王光辉,2012）

β 值与 I_{433}/I_{452} 之间存在着较好的相关性(图6-25)。其中,I_{433} 为芳香烃菲的荧光光谱主峰波长处所对应的原油荧光光谱强度,I_{452} 为芳香烃菲的荧光光谱低谷波长处所对应的原油荧光光谱强度。图6-25 中,β 值与 I_{433}/I_{452} 的关系不是单调的,这可能与菲在有机质热演化过程中先升高后降低的双重性有关:当 $\beta < 0.82$ 时,β 与 I_{433}/I_{452} 值具有正相关的特征,其原因可能是随着原油成熟度的升高,β 与 I_{433}/I_{452} 值均增加;当 $\beta < 0.82$ 时,β 与 I_{433}/I_{452} 值具有负相关的特征,当成熟度升高到一定程度时,I_{433}/I_{452} 值开始降低,β 值仍然增加。

2. 烃包裹体中 N_2 和 CO_2 摩尔分数的预测

王光辉(2012)[5]通过系列荧光分析,论证了 N_2/CH_4 物质的量之比与荧光光谱的 I_{419}/I_{429}

之间存在着较好的相关性;CO_2的摩尔分数与半高宽之间也存在较好的相关性。其中,I_{419}/I_{429}是咔唑荧光光谱导数的主峰所对应的原油荧光强度与菲荧光光谱导数主峰所对应的原油荧光强度的比值,反映咔唑与菲之间的含量比。图6-26(a)中:当N_2/CH_4物质的量之比小于3.5%时,N_2/CH_4与I_{419}/I_{429}正相关;当N_2/CH_4物质的量之比大于3.5%时,N_2/CH_4与I_{419}/I_{429}则呈现出负相关关系。根据CH_4摩尔分数和图6-26(a)中的相关关系,可计算出N_2的摩尔分数。

图6-26(b)中,CO_2的摩尔分数与半高宽之间的关系也由二次曲线描述:当CO_2的摩尔分数小于3.5%时,CO_2的摩尔分数与半高宽呈负相关的关系;当CO_2的摩尔分数大于3.5%时,CO_2的摩尔分数与半高宽呈正相关关系。

在有机成因理论中,CO_2与烷烃的生成均与干酪根热演化有关,在干酪根的热演化过程中,生成的气相组分中CO_2的摩尔分数与气相烃组分在所有气体与正构烷烃总量中的摩尔分数是同步增长的。故气相摩尔分数与CO_2的摩尔分数之间存在显著的相关关系[图6-26(c)]。CO_2的摩尔分数可以通过荧光光谱的半高宽进行估计,这里可进一步应用CO_2的摩尔分数计算烃包裹体的气相摩尔分数,为古流体压力的计算提供基础数据。

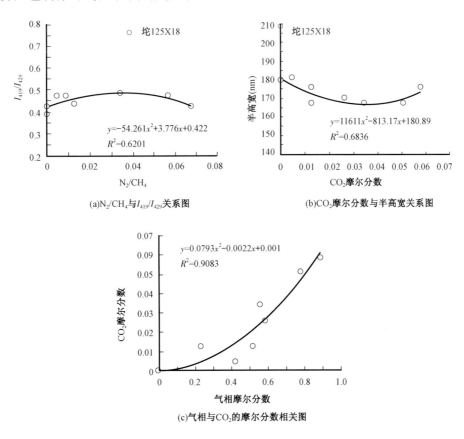

(a)N_2/CH_4与I_{419}/I_{429}关系图

(b)CO_2摩尔分数与半高宽关系图

(c)气相与CO_2的摩尔分数相关图

图6-26　荧光参数与摩尔分数关系图(引自王光辉,2012)

第二节　烃包裹体的颗粒荧光分析

澳大利亚联邦科学工业研究院石油资源研究所(CSIRO)率先将荧光扫描技术(图 6-27)应用于烃包裹体及相关成藏过程研究中,建立颗粒烃包裹体定量荧光分析(Quantitative Grain Fluorescence,简称 QGF)、储层颗粒吸附烃和非烃定量荧光分析(Quantitative Grain Fluorescence on Extract,简称 QGF-E)和三维荧光光谱分析(或全扫描荧光光谱分析,Total Scanning Fluorescence,简称 TSF),应用于储层油气运移通道与古油水界面的研究[30-34],能快速检测储层颗粒中烃包裹体和颗粒表面吸附烃的性质,从而反映储层中烃包裹体丰度及油气特征。该技术相对经济且不破坏样品,所需样品量很少[35]。

图 6-27　颗粒荧光测定系统

一、颗粒荧光实验过程

1. 样品处理前期准备

用 1 倍 30% H_2O_2 : 2 倍蒸馏水配制成的 10% H_2O_2、国产二氯甲烷、进口二氯甲烷、蒸馏水、王水、3.6% HCl;将待用杯、量筒、玻璃棒用清水洗净,用国产二氯甲烷洗两遍,晾干待用。

2. 实验过程(图 6-28)

(1)样品粉碎至单颗粒,根据粒度情况筛选 40~80 目或 80~100 目,碳酸盐岩样品可用 100~120 目。

(2)称取 2.0g 样品放入 50mL 烧杯中,加入 20mL 国产二氯甲烷,超声 10min,清洗液保存作为储层中游离烃样品分析。待样品挥发干。

(3)加入 40mL 的 10% 的 H_2O_2 超声 10min,然后静置 40min,再超声 10min,将 H_2O_2 水洗液倒入废瓶中;然后加入蒸馏水(约 40mL),用玻璃棒充分搅拌,沉静后倒掉蒸馏水,重复 3 次。

(4)加入 3.6% 的稀盐酸 40mL 浸泡(用玻璃棒搅动)20min,倒掉;加入蒸馏水(约 40mL),用玻璃棒充分搅拌,沉静后倒掉,重复 3 次。

(5)样品烘干(<80℃)。

(6)烘干后称出样品具体质量(样品质量在数据处理时会用),用进口二氯甲烷 20mL 超声 10min,取 10mL 清洗液倒入液体样品瓶,用来做 QGF-E 分析。

(7)晾干后的样品做 QGF 分析。

(8)用王水 50mL 在电热板(100~200℃)上加热 3h,样品微沸,蒸馏水清洗 3 次,烘干(<80℃)(注:用二氯甲烷清洗 10min 做背景检测,如背景值高再反复用浓 H_2O_2 加热清洗和二氯甲烷清洗直至荧光背景值可以被接受)。

(9)样品做 QGF+ 分析。

（10）将样品放入玛瑙研钵中，加入进口二氯甲烷充分研磨，将烃包裹体打开，提出溶有烃包裹体组分的二氯甲烷溶液，进行 TSF 测试；最后进行 GC－MS 测试。

本步骤主要用于砂岩，碳酸盐岩（最好是结晶的岩脉）的 QGF 清洗不用 HCl；TSF 不用王水（反复用浓 H_2O_2 加热清洗和二氯甲烷清洗）。

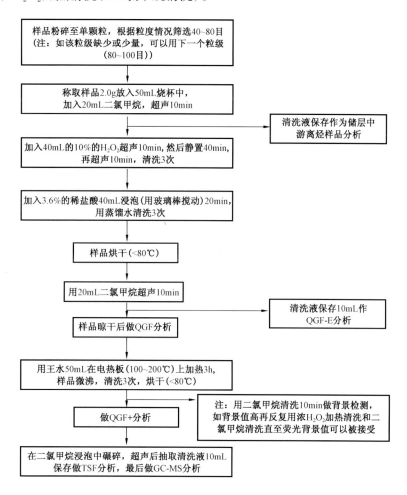

图 6－28　颗粒荧光样品处理步骤（据 Lui 等，2005，2014，有修改[32,33]）

3. 相关名词解释

QGF——定量颗粒荧光（表面吸附物＋包裹体）。

QGF－E——表面淬取物定量荧光。

QGF＋——定量颗粒荧光（包裹体）。

TSF——三维扫描荧光（包裹体）。

二、颗粒荧光数据应用

1. QGF 技术

QGF 技术——定量颗粒荧光（表面吸附物＋烃包裹体）是使用短波长的紫外光对储层岩

石颗粒进行照射激发,通过测量岩石颗粒表面及岩石内部烃包裹体中烃类流体发出的荧光强度来确定古油柱的位置。

研究表明,古油层具有独自的 QGF 光谱范围:在光谱范围 375~475nm 出现谱峰,大多数水层样品荧光光谱在这个范围内比较平缓;油层岩石样品的荧光光谱与水层样品相比,荧光的强度明显增强。QGF 指数是通过计算且计算结果校正到 300nm 波长对应的荧光强度后得到的参数,这个参数反映的是 375~475nm 荧光光谱范围内平均荧光强度。古油层内 QGF 指数普遍大于 4,由油层过渡到水层后,QGF 指数正常情况下会突降至油层的几分之一,甚至几十分之一,由此就可以根据荧光强度和 QGF 值在油藏剖面上急剧变化的位置来确定古油水界面的位置[35,36]。QGF 指数也可用于研究油气运移,处于油气运移路径上的储层岩石颗粒的 QGF 指数介于 0~4 之间。

不同性质油的 λ_{max} 和 $\lambda_{1/2}I_{max}$ 范围是有区别的(表6-4)。世界典型油田原油 λ_{max} 与 $\lambda_{1/2}I_{max}$ 关系图中会发现(图6-29),随 λ_{max} 和 $\lambda_{1/2}I_{max}$ 数据变大,原油由凝析油变成稠油。

表6-4　荧光光谱和正构烷烃配置不同类型的油(据 Liu 等,2003)

烃包裹体类型	λ_{max}(nm)	$\lambda_{m1/2}I_{max}$(nm)	$\lambda_{m1/2}I_{max}$(nm)	主峰碳数
凝析油	<420	325~375	475~500	nC_{12}—C_{14}
中质油	420~450	375~390	500~525	nC_{16}—C_{23}
稠油	>450	>390	>525	$>nC_{24}$

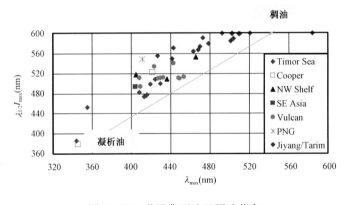

图6-29　世界典型油田原油分布

将世界典型油田原油 λ_{max} 与 $\lambda_{1/2}I_{max}$ 和塔北隆起各地区颗粒含烃包裹体定量荧光分析结果投在 λ_{max} 与 $\lambda_{1/2}I_{max}$ 关系图6-30中,发现塔北隆起烃包裹体具明显的分带特征,塔北隆起北部地区烃包裹烃组分分布在轻质—重质之间,但轻质组分相对偏少;英买2地区—英买1及周缘地区—东河地区—新垦地区—哈拉哈塘地区—热普地区烃包裹体烃组分从轻质—正常油组分突变为重质油组分,然后重质组分相对减少,以轻质—中质组分为主;轮古地区由北西向南东方向表现出重质组分向轻质—重质组分过渡的性质,东部地区轻质组分明显增加。

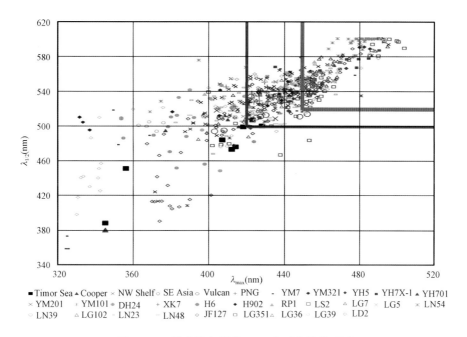

图 6-30 塔北隆起颗粒 QGF 主要参数关系图

在塔中地区也发现类似分带现象,塔中Ⅰ号带中含喜马拉雅期形成的蓝色荧光的烃包裹为主的 TZ83 井、TZ822 井落在凝析油区(图 6-31),而含晚海西期形成的发黄色荧光的烃包裹体较多的 TZ24,TZ26 和 TZ62 主要落在中质—稠油区。TZ45 井区介于两者之间,为中性油区。Ⅰ号带中由北向南轻质组分含量相对减少而重质组分增加。

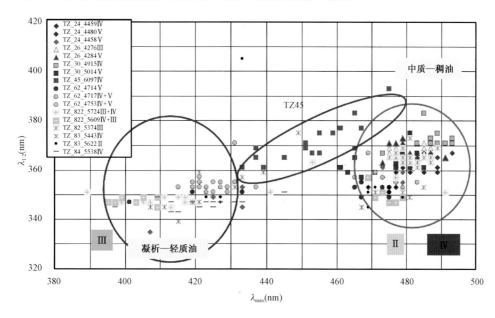

图 6-31 塔中地区颗粒 QGF 主要参数关系图

2. QGF – E 技术

QGF – E——表面淬取物定量荧光为测量吸附于储层颗粒表面的可溶于二氯甲烷(DCM)的烃类提取物的紫外激发光的荧光强度和光谱特征。QGF – E 不同于通常的岩石抽提,它分析的抽提物是吸附于矿物表面的那些吸附力很强的芳香烃和极性化合物。QGF – E 光谱实验显示,四环芳香烃和极性化合物的光谱向短波长方向倾斜,在 360 ~ 380nm 附近形成最高的峰,而且四环芳香烃在 320nm 附近还有一次级峰。沥青质的荧光光谱较对称,谱峰宽阔,位置大约在 420nm[32 – 34]。QGF – E 强度为 1.2g 样品在 20mL DCM 中萃取物的最高荧光强度值,判别标准为:现今油层的 QGF – E 强度较大,深度剖面有突变带,变化程度与石油充注强度成正比,一般最小值大于 40pc[1];始终未发生石油充注的砂岩段 QGF – E 强度值较低,多数情况下小于 20pc;残留油层的 QGF – E 强度通常大于 20pc,大约为 50pc[32 – 37]。

塔里木盆地塔北地区和塔中地区两个重要的碳酸盐岩储层区的 QGF – E 强度大量分布于 10 ~ 1000pc(图 6 – 32),表现出富油充注特征。图中 LG39 井、YM7 井、YM101 井以及 LN23 井等 QGF – E 强度波动较大,有 100pc 附近分布的,也有在 10pc 附近波动的,可以预测这些井中油的分布随深度较多突变,反映出强烈不均匀性。结合表 6 – 5 塔北隆起英买 2—哈拉哈塘—轮台地区烃包裹体 QGF 荧光强度峰为宽峰,表明包裹烃组分为重质组分或是多组分混合,QGF – E 吸附烃的荧光强度普遍表现出双峰或三峰的性质,反映该区储层中不止一次油气充注现象。

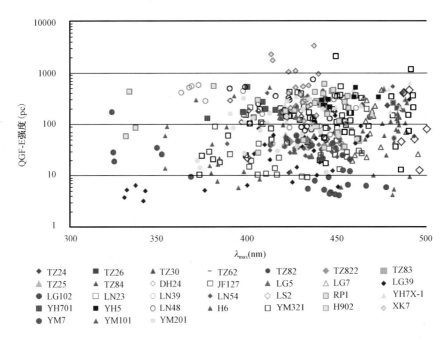

图 6 – 32　塔里木碳酸盐岩地区 QGF – E 图

表 6 – 5　塔北隆起南部地区储层样品 QGF 与 QGF – E 原始谱图

地区	井位	烃包裹体	QGF		QGF – E		密度 d_{20}（g/cm³）	主要贡献
英买 2 地区	YM201	第Ⅰ、第Ⅱ、第Ⅲ期		宽峰，轻、中、重组分都有		轻质油为主，中质油次之	0.8931	第Ⅱ、第Ⅲ期
英买 1 及周缘地区	YM101	第Ⅰ、第Ⅱ、为主，第Ⅲ期次之		宽峰，重组分		中质油为主，稠油次之	0.92	第Ⅰ、第Ⅱ期
东河地区	DH24	第Ⅱ、第Ⅲ期		宽峰，中、重二组分		中质油为主，重质油次之	—	第Ⅱ期
新垦地区	XK7	第Ⅰ、第Ⅱ期		宽峰，重组分		中质油为主，重质油次之	0.92	第Ⅰ、第Ⅱ期
哈拉哈塘地区	H902	第Ⅰ、第Ⅱ为主，第Ⅲ期次之		宽峰，中、重二组分		中质油为主，轻质油次之	0.922	第Ⅱ期为主，第Ⅲ期次之
轮古西地区	LS2	第Ⅰ、第Ⅱ期		宽峰，中、重二组分		中质油	—	第Ⅱ期
轮古 7 地区	LG7	第Ⅰ、第Ⅱ期		宽峰，重组分		重质油为主，中质油次之	0.9478	第Ⅰ、第Ⅱ期
轮古地区	LG5	第Ⅰ、第Ⅱ、第Ⅲ期		宽峰，中、重组分都有		重质油为主，中质油次之	0.8144	第Ⅰ、第Ⅱ期
桑南西地区	LN54	第Ⅱ、第Ⅲ期		宽峰，中、重组分都有		重质油为主，中、轻质油次之	0.8119	第Ⅰ、第Ⅱ、第Ⅲ期

续表

地区	井位	烃包裹体	QGF		QGF – E		密度 d_{20} （g/cm³）	主要贡献
桑南东地区	JF127	第Ⅰ、第Ⅱ、第Ⅲ期		宽峰，重组分为主、中组分次之		轻质油、中质油、重质油都有	—	第Ⅰ、第Ⅱ、第Ⅲ期
轮古东地区	LG351	第Ⅰ、第Ⅱ、第Ⅲ期		宽峰，重组分为主		中质油为主、轻质油、重质油次之	0.8636	第Ⅱ期，第Ⅰ、Ⅲ期次之

3. TSF 技术

三维荧光光谱或全扫描荧光光谱（Total Scanning Fluorescence，简称 TSF）[40-43] 是美国得克萨斯州 A&M 大学地球化学和环境研究小组（GERG）于 20 世纪 80 年代初期提出的一种地球化学勘查方法。三维全扫描荧光法是由发射强度（F）- 激发波长（λEn）- 发射波长（λE_m）组成的三维矩阵光谱。它的表示方法有两种：一是以发射波长为 x 轴，激发波长为 z 轴，荧光强度为 y 轴的三维荧光立体图；二是以发射波长为 x 轴，激发波长为 y 轴的荧光强度等值线图。这两种方法可直观和定量地提供全部荧光信息。图 6 – 33 为塔北 LG36 井油气层（5948.50m）和差油层（6040.35m）井段三维荧光 TSF 光谱图，可以直观看出上段油气层吸附烃谱峰具单峰特性，强峰位于 375nm 附近，平面上相对集中，显示正常油的特性；下段差油气层谱峰较宽，平面上相对发散，强峰位于 420 ~ 430nm，显示出明显的重质油特征。两井段显示出明显不同的油性光谱特征，预示该井至少存在两期油气充注，结合其他资料证实轮古地区确实经历三期油气充注。

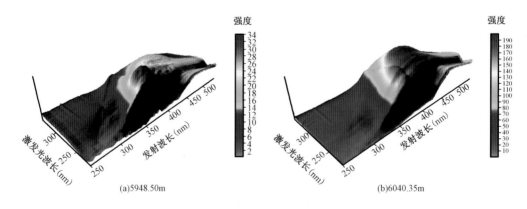

(a)5948.50m (b)6040.35m

图 6 – 33　LG36 井吸附烃 TSF 图

Brook 等（1986）和王启军等（1988）[42] 根据大量的实验提出用荧光强度的比值 R 来评价和预测勘探区油田中的潜油能力及大致的油气类型。两特征峰的荧光强度比值 R（一般以最高峰即主峰 T_1 与次高峰 T_2 的荧光强度之比来反映样品中轻重组分之比，即 $R = F_0 / F_1$）[43]；

TSF R_1（360/320 值）：激发波为 270nm 时，是 360nm 的荧光强度与 320nm 处荧光强度的比值。

TSF R_2（360/320 值）：激发波为 260nm 时，是 360nm 的荧光强度与 320nm 处荧光强度的比值。

另外，Brooks 等提出用荧光强度比值 $R =$［荧光强度（$E_m/E_x = 365/274nm$）/荧光强度（$E_m/E_x = 320/274nm$）］[40]。

系统分析了塔北隆起储层颗粒吸附烃的 TSF 参数 R_1 与 R_2 关系（图 6－34）。塔北隆起牙哈地区总体以正常油为主，从英买 7 地区到东部牙哈地区，重质油组分相对增加；塔北隆起英买 2 地区—英买 1 地区—东河地区—新垦地区—哈拉哈塘地区—热普地区，油质表现为由正常偏重质油变轻后再变重，后趋于正常油的变化特征，轮古地区由北西到南东方向，总体表现为重质油过渡为正常油到含轻质油的特征，重质组分相对减少，而轻质组分明显增加。

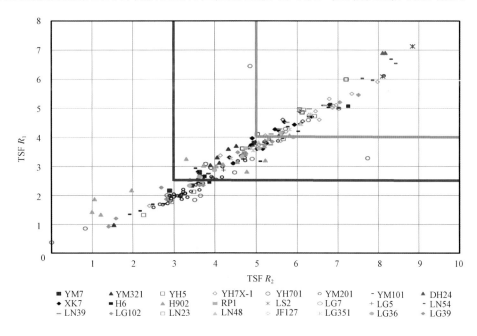

图 6－34 塔北隆起储层颗粒吸附烃 TSF R_1 和 R_2 关系图

第三节 烃包裹体的红外光谱分析

红外显微光谱仪是由发射多色红外线（$1.1 \sim 200 \mu m$）的光源反射器、KBr 分光器、IR－PLAN（一个由奥林巴斯 BH2 MJLT 改装具研究性的可见光显微镜和一个用于红外光谱仪的红外采样附件）组成[44~47]。近年来，各种带有高灵敏度检测器的显微红外光谱仪已能用于烃包裹体的研究[48]，显微红外光谱技术可以在不破坏包裹体的情况下，测定单个烃包裹体的组构、分子结构及推测成熟度。

一、基本原理

傅里叶变换显微红外光谱法（FT－IR）可以获得气体分子振—转光谱结构和凝聚态大分子物质的多原子、分子和基团的振动光谱。基团内原子的振动称为内模式，是决定分子吸收光谱的主要特征，基团与基团运动称为外模式，一定基团的吸收频率具有相当恒定的范围，并且该基团频率与所在的大分子物质无关，这是测试烃包裹体组分内的基团红外特征理论基础。

烃包裹体中可能存在的有机成分有：饱和烃类、烯烃类、芳香烃类、酸、醇、醚和酯含氧基团类、胺类，此外还有 H_2O，H_2S 和 CO_2 等。以上组分基团都有自己对应的红外光谱吸收峰。Pironon 等（1990）论证了以上烃包裹体组分红外光谱结构特征：$3000 \sim 2947 cm^{-1}$ $2960CH_{3a}$ 代表甲基不对称伸缩振动；$2947 \sim 2883 cm^{-1}$ $2930CH_{2a}$ 代表亚甲基不对称伸缩振动；$2883 \sim 2869 cm^{-1}$ $2873CH_{3v}$ 代表甲基对称伸缩振动；$2869 \sim 2800 cm^{-1}$ $2856CH_{2v}$ 代表亚甲基对称伸缩振动。在烃包裹体 $\mu FTIR$ 测定中，在 $3000 \sim 2800 cm^{-1}$ 若出现吸收峰应认为烃包裹体成分中存在"—CH_3"和"—CH_2—"基团。烯烃和芳香烃的"$＝C—H$"伸缩振动出现在 $3100 \sim 3000 cm^{-1}$，在烃包裹体 $\mu FTIR$ 测定中，这个区间若出现吸收峰，应认为有烯烃基或芳香烃存在。胺类的 NH 伸缩振动出现在 $3300 cm^{-1}$ 左右，H_2O 的 OH 伸缩振动在 $3700 \sim 3200 cm^{-1}$ 出现宽谱带，H_2S 的 S—H 伸缩振动峰位置在 $2600 \sim 2500 cm^{-1}$，CO_2 的吸收峰在 $2350 cm^{-1}$ 附近。醛、酮、酸、酯和酸酐的 C—O 伸缩振动分布在 $1850 \sim 1650 cm^{-1}$，醇、醚含氧基团的 C—O 伸缩振动位于指纹区。

二、样品要求

因为红外光束非常敏锐，不仅反映光圈内目标烃包裹体，而且还会反映照射到的一切物质如赋存矿物、胶结物以及目标烃包裹体上下面的其他包裹体，因此，样品制作要尽量避免红外吸收介质如粘胶、载玻璃、空气等。所以烃包裹体岩片制作要求：包裹体薄片磨制时要用无荧光的粘胶如502胶粘，薄片为厚度 $0.06 \sim 0.09 mm$ 的两面抛光片，测前要把包裹体薄片放在丙酮中浸泡3h，除去粘胶。

对于待测烃包裹体大小也是有要求的[47]。试验表明光圈与流体包裹体截面积的面积的比例是优化样品吸光度的关键因素。当光圈面积是流体包裹体横截面的 $75\% \sim 50\%$ 时（图 6－35 中谱 E 线和谱 F 线）得到最佳光谱，衍射限制的光圈面积不能小于 $400 \mu m^2$（即 $20 \mu m \times 20 \mu m$），表明对于单相流体包裹体，横截面超过 $800 \mu m^2$（即，$28 \mu m \times 28 \mu m$）是最适合做红外光谱。如果流体包裹体比这小，红外光谱仍然可以得到的，但其质量和光度测量精度会大幅降低。面积比（光圈面积超过包裹体截面）大于2（图 6－35 谱 L 线—谱 J 线），随着光进入周围基质通过流体包裹体的光被稀释，会对包裹体检测带来严重干扰。根据 Wopenka 等[47] 非常对称的（球形）包裹体实验，得出光圈大小的经验性下限（约 $400 \mu m^2$），转化为最小流体包裹体面积大约 $200 \mu m^2$。但现常用 Nicolet 公司 Nicolet 6700 + continuum 型红外光谱仪对流体包裹体进行分析时可以测得直径为 $5 \mu m$ 以上的流体包裹体。

三、红外光谱定量分析方法

红外吸收光谱表示为百分透过率的波长和曲线图[50]，横坐标是波数，用厘米的倒数（cm^{-1}）来度量；纵坐标可以标示为光源发射光的百分透过率、反射与散射损失校正的百分吸

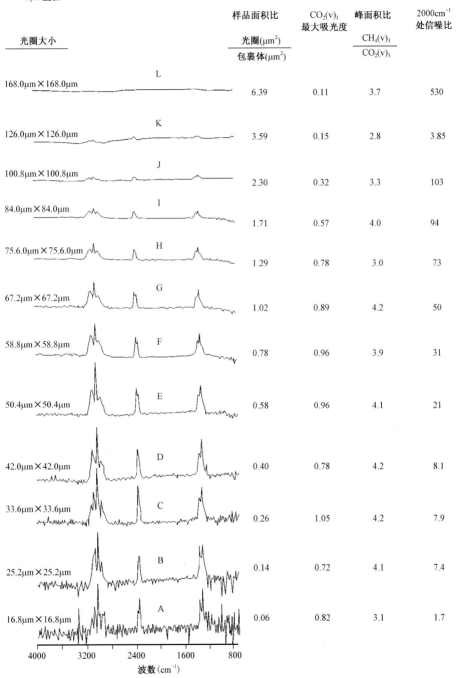

图 6-35　岩盐中单相、高密度、近似球形(直径 75μm)、横截面为 4300μm² 的 CO₂—CH₄ 包裹体红外光谱

（引自 Wopenka B,1990）

收率、与样品中吸收物质总量成正比的吸光度。在研究烃包裹体红外特征时常用的方法有两种:峰高法和峰面积法。

1. 峰高法

直接测量吸收峰的峰高即吸光度,然后根据朗伯—比耳定律求出浓度。红外光谱中的测量峰测出入射光强度 I_0 及透射光强度 I_t,求出吸收度 A:

$$A = -\lg T = -\lg \frac{I_t}{I_0} = \lg \frac{I_0}{I_t} \tag{6-4}$$

测量 I_0 和 I_t 的方法有一点法和基线法两种:

1) 一点法

当背景吸收较小,可以不考虑背景吸收时,直接从谱图中分析波数处读取谱图纵坐标的透过率,得出 I_0 和 I_t,再由式(6-4)计算吸光度。方法如图 6-36 所示。

2) 基线法

实际上通常背景可以忽略的情况较少,有其他峰影响使测量峰不对称时多用基线法测量 I_0 和 I_t。通过谱带两翼透过率最大点作光谱吸收的切线,作为该谱线的基线,两切点连线的中点确定 I_0。分析波数处的垂线与基线的交点,与最高吸收峰顶点的距离为峰高确定 I_t,其吸光度 $A = \lg(I_0/I_t)$。如图 6-37 所示。

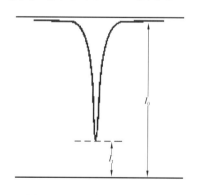

图 6-36　一点法测量吸收度

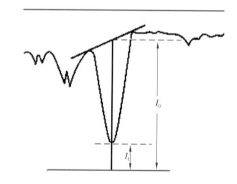

图 6-37　基线法测量吸收度

有色溶液对光的吸收程度与溶液的浓度、液层的厚度及入射光的波长有关。如果入射光的波长不变,光吸收的程度就只与溶液的浓度及液层厚度有关。当入射光的波长、溶液的浓度及温度一定时,溶液的吸光度与液层的厚度成正比,这个关系称为朗伯定律。当入射光的波长、液层厚度和溶液的温度固定时,溶液的吸光度与溶液的浓度成正比,这就是比耳定律。如果将溶液的浓度及液层的厚度对光吸收的影响同时考虑时,两个定律合并,就称为朗伯—比耳定律[50]。其数学表达式为:

$$A = \lg I_0/I_t = \lg 1/T = Kbc \tag{6-5}$$

式中　A——吸光度;

　　　I_0——入射光的强度;

I_t——透过光的强度；

T——透光率；

K——比例常数；

b——液层厚度（即光程）；

c——溶液的浓度。

式中 K 与吸光物质的性质、入射光的波长及溶液的温度等因素有关，也与 b 和 c 的选用单位有关。当 c 以 g/L 表示、b 用 cm 表示时，K 用 a 表示，a 称为吸光系数。

$$A = abc \qquad (6-6)$$

当 c 的单位用 mol/L 表示、b 用 cm 表示时，则常数用 ε 表示，称为摩尔吸光系数。式(6-6)改写为：

$$A = \varepsilon bc \qquad (6-7)$$

2. 峰面积法

它是直测量吸收峰的峰面积，由于测量峰面积利用了吸收峰的全部信息，且峰面积受仪器的影响比较小，所以其准确性、重现性都高于峰高法，特别是在峰高不易准确测量时，更显示出峰面积的优越性。

方法是在区域内选择特征峰，骑过谱带两翼透过率最大点作光谱吸收的切线，作为该谱线的基线，对特征峰进行软件自动拟合，得出所求的峰面积[52]。因为频谱段常重叠，对每个吸收带面积计算时边界很难确定。以"—CH₂—"和"—CH₃"基团为例，在光谱吸收曲线上用 3000cm^{-1}、$v\text{CH}_{3a}$ 和 $v\text{CH}_{2a}$ 峰间的最低处、$v\text{CH}_{2a}$ 和 $v\text{CH}_{3s}$ 峰间最低处、$v\text{CH}_{3s}$ 和 $v\text{CH}_{2s}$ 峰间最低处、2800cm^{-1} 来确定边界（图 6-38）。AREA[CH_{3a}] 和 AREA[CH_{3s}] 代表 CH_3 基团 v_a 和 v_s 的吸收峰面积。AREA[CH_{2a}] 和 AREA[CH_{2s}] 为 CH_2 基团 v_a 和 v_s 的吸收峰面积[图 6-38(a)]。在 $1520 \sim 1300\text{cm}^{-1}$ C—H 弯曲区，AREA[CH_{2+3}] 代表亚甲基基团在 1467cm^{-1} 的吸收值 δ 和甲基基团在 1460cm^{-1} 的 $\delta_{非对称}$ 值面积，AREA[CH_3] 代表 CH_3 基团在 1378cm^{-1} 处 $\delta_{非对称}$ 面积，CH_{2+3} 面积选取的是 1510cm^{-1} 和 1409cm^{-1} 之间部分，CH_3 面积是 1409cm^{-1} 和 1360cm^{-1} 之间部分[图 6-38(b)]。有时因为波峰间的最小值不能测定，限制面积的波数难以界定。这种情况下，边界限制采用如下：

$3000 \sim 2947\text{cm}^{-1}$，AREA[$\text{CH}_3(v_{非对称})$]；

$2974 \sim 2883\text{cm}^{-1}$，AREA[$\text{CH}_2(v_{非对称})$]；

$2883 \sim 2869\text{cm}^{-1}$，AREA[$\text{CH}_3(v_{对称})$]；

$2869 \sim 2800\text{cm}^{-1}$，AREA[$\text{CH}_2(v_{对称})$]。

自然形成的和人工形成的烃包裹体中有些光谱吸收在 3400cm^{-1}，接近于水。此频段与 C—H 伸缩吸收段相重叠，影响面积计算。为了避免影响，选择无水烃包裹体（含水量少于 20%）用于本次实验。当存在液态水计算面积时应先除去，表 6-6 列出了不同成分所在波段位置。

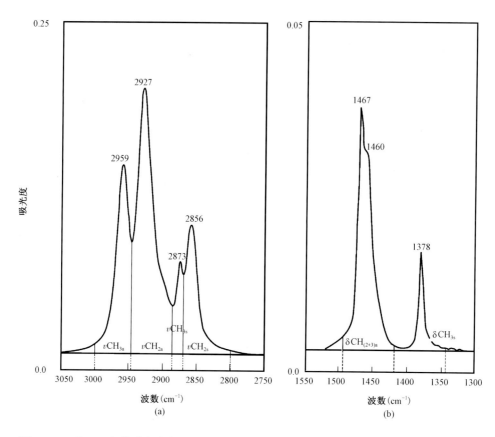

图 6 - 38　溶于四氯化碳中液态正辛烷红外光谱 CH 伸缩区和弯曲区(引自 J. Pironon,1990)

表 6 - 6　**CH₂ 和 CH₃ 中伸缩与弯曲区水和二氧化碳的红外分布带(引自 J. Pironon,1990)**

波数(cm⁻¹)	基团	波数(cm⁻¹)	基团
3400	液态水	2342	二氧化碳
2959	vCH₃ 不对称伸缩	1640	液态水
2927	vCH₂ 不对称伸缩	1467	δCH₂ 不对称弯曲
2873	vCH₃ 对称伸缩	1460	δCH₃ 不对称弯曲
2856	vCH₂ 对称伸缩	1378	δCH₃ 对称弯曲

　　不同峰面积比是正构烷烃碳原子数量的红外特征表现。更多的识别结果可以从 AREA $\left[\sum CH_2 / \sum CH_3 \right]$ (非对称和对称亚甲基峰面积和/非对称和对称甲基峰面积和)比值获取。

3. 烃包裹体红外光谱识别

　　傅里叶变换显微红外光谱法(FT - IR)具有直接提供单个流体包裹体分子结构信息的潜力。但红外光谱叠加现象复杂,存在主矿物基体吸收的干扰,得到烃包裹体光谱困难;另外,红外显微光谱法对流体包裹体中的非芳香烃和非荧光烃不能检测。由于红外测试的透射光束会同时穿越烃包裹体和赋存矿物,因此采集的红外光谱实际上是烃包裹体和赋存矿物两者相叠加的结果[53]。通过两步骤可减掉赋存矿物基底的影响:

(1)避开法。避开赋存矿物红外吸收波段,对于赋存矿物没有吸收而烃包裹体有吸收的波段进行分析。烃包裹体最常见赋存矿物之一是石英,对于石英基底在 4000~2500cm⁻¹ 没有吸收(图6-39),因此它不干扰饱和烃、烯烃、芳烃类、胺类、H_2O 和 H_2S 的测定。石英基底在 2000cm⁻¹ 之下有强吸收,它会干扰 C═O 基团的测定。所以石英中的烃包裹体 μFTIR 测试只要着重对 4000~3000cm⁻¹ 之间的红外谱图进行分析,可以判断烃包裹体的主要组分特征。

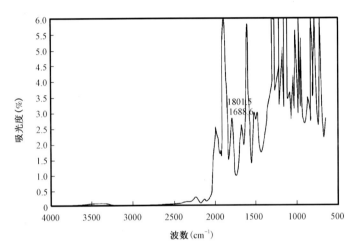

图6-39　石英的红外光谱(引自孙青,1998)

(2)差谱法[52]。傅里叶变换红外光谱的差谱法有两种:① 以烃包裹体(加矿物基体)为样品的单光束光谱,扣除掉烃包裹体附近的矿物基体为背景的单光束光谱,即得到烃包裹体的吸收光谱。② 以烃包裹体(加矿物基体)为样品的单光束光谱,扣除掉以空气为背景的单光束光谱,即得到烃包裹体加基体的吸收光谱;再以烃包裹体附近矿物基体为样品的单光束光谱,扣除掉以空气为背景的单光束光谱,即得到基体的吸收光谱;然后用仪器的计算机软件从烃包裹体加基体的吸收光谱中减去基体的吸收光谱,也可得到烃包裹体的光谱。第二种方法,差减时可以调节差减因子,可得到合理的差谱。

烃包裹体最常见赋存矿物之二是方解石,方解石全吸收约 1200~1600cm⁻¹ 波段的红外辐射,1800cm⁻¹ 附近的红外辐射强吸收或全吸收,2500cm⁻¹ 附近的红外辐射强吸收,720cm⁻¹ 和 890cm⁻¹ 附近以 2800~3000cm⁻¹ 附近红外吸收强度中等-强(图6-40)。方解石在 4000~3000cm⁻¹ 无吸收,因此它不会干扰烃包裹体中 H_2O、胺类、饱和烃、烯烃和芳烃类的测定,但影响 2800~3000cm⁻¹ 有机化合物的饱和碳氢基团(—CH_2—,—CH_3)的伸缩振动吸收带判断,影响 2500cm⁻¹ 附近的 S—H 键的指认,以及 1200~1600cm⁻¹ 波段内含氧化合物的 C—O 官能团的判断。用差谱法可以部分消除(很难全部消除)这些强吸收对测定的干扰。

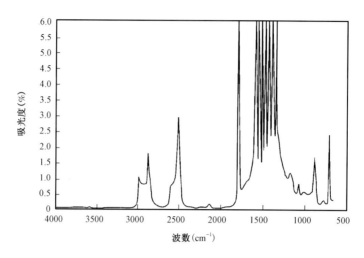

图 6-40　方解石的红外光谱(引自孙青,1998)

四、烃包裹体红外光谱应用

1. 红外光谱参数划分油气成藏期次依据

不同期次的烃包裹体因油源不同,或同源但成熟度不同和形成的地球物理化学条件不同,从而会含有不同的组分、结构,故红外吸收峰谱图会不一样,CH_{2a}/CH_{3a},有机质烷基链碳原子数 X_{inc} 和正烷烃直链碳原子数 X_{std} 参数也不相同。

对塔中烃包裹体进行红外研究,图 6-41 为塔中地区 3 种烃包裹体红外特征图,曲线表现出较大差异性,图 6-41(a)中发黄色荧光浅褐色液相烃包裹体 CH_2 亚甲基不对称伸缩振动($2930cm^{-1}±$)高于 CH_{3a} 甲基不对称伸缩振动($2960cm^{-1}±$),表明烃包裹体中的油成熟度不高。图 6-41(b)中发强褐色荧光的褐色气液相烃包裹体 CH_{2a} 亚甲基不对称伸缩振动与 CH_{3a} 甲基不对称伸缩振动相当,表明烃包裹体中的油成熟度高。图 6-41(c)中发强蓝色荧光的无色液气相烃包裹体的红外谱图变化大,总体上介于图 6-41(a)和图 6-41(b)谱图之间。表明这 3 种烃包裹体组分是有区别的,应是不同期次形成的。结合其他资料得知,图 6-41(a)(b)(c)3 种烃包裹体分别是晚海西期油充注、早喜马拉雅期油气充注、晚喜马拉雅期凝析油气充注时形成的三期烃包裹体。

2. 红外光谱参数判断烃包裹体成熟度

红外吸收频率常用于识别功能基团(—CH_2—,—CH_3),并评估(—CH_2—,—CH_3)基团丰度及碳链长度。例如,正烷烃的特征光谱在 3100~2700cm^{-1} C—H 伸缩区和 1520~1300cm^{-1} C—H 弯曲区,在 3100~2700cm^{-1} C—H 伸缩区,前 4 个吸收带的相对吸收光强度取决于碳链长度。碳链越长,CH_2 在 2927cm^{-1}(非对称)和 2856cm^{-1}(对称)的吸光度相对于 CH_3 在 2959cm^{-1}(非对称)和 2873cm^{-1}(对称)的吸光度增加。Pironon(1990)[51] 提出的 CH_2/CH_3,$X_{inc} = (\sum CH_2/\sum CH_3 - 0.8)/0.09$,$X_{std} = (\sum CH_2/\sum CH_3 + 0.1)/0.27$ 等 3 个参数表征烃包裹体中有机质的成熟度(其中为 CH_3 甲基的吸收率,CH_2 为亚甲基的吸收率)。烃包裹体在 3000~2800cm^{-1} 波数范围内的脂肪烃伸缩振动不受宿主矿物的影响[53]。根据此波数范围

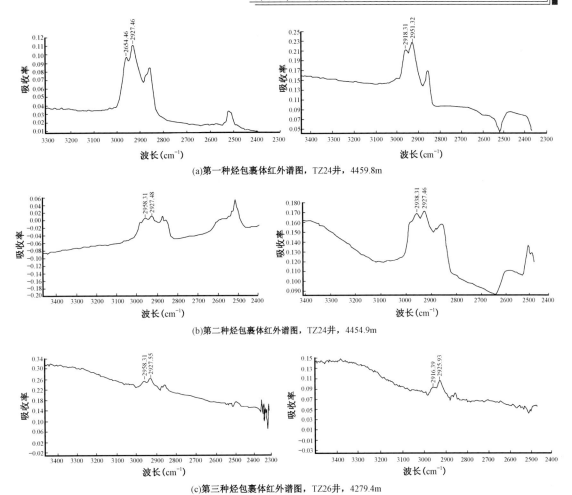

(a)第一种烃包裹体红外谱图，TZ24井，4459.8m

(b)第二种烃包裹体红外谱图，TZ24井，4454.9m

(c)第三种烃包裹体红外谱图，TZ26井，4279.4m

图 6 – 41　塔中地区烃包裹体红外光谱图

内亚甲基和甲基的相对比值 CH_{2a}/CH_{3a}、有机质烷基链碳原子数 X_{inc}（$X_{inc} = (\sum CH_2/\sum CH_3 - 0.8)/0.09$、正烷烃直链碳原子数 X_{std}（$X_{std} = (\sum CH_2/\sum CH_3 + 0.1)/0.27$ 可分析其有机质结构[51]。潘雪峰（2013）[54] 总结出烃包裹体红外参数 CH_2/CH_3，X_{inc} 和 X_{std} 与油气成熟度的关系表（表 6 – 7），CH_2/CH_3，X_{inc} 和 X_{std} 值越低，表明烃包裹体中有机质成熟度越高。因此可运用 CH_{2a}/CH_{3a}，X_{inc} 和 X_{std} 参数划分油气成藏期次与油气充注类型。

表 6 – 7　红外参数与油气成熟度关系表（引自潘雪峰，2013）

油气成熟度	CH_2/CH_3	X_{inc}	X_{std}	正构烷烃碳原子数
低成熟	≥8	≥80	≥30	≥30
成熟	5.3 ~ 8	50 ~ 80	20 ~ 30	20 ~ 30
高成熟	0.98 ~ 5.3	2 ~ 50	4 ~ 20	4 ~ 20
过成熟	≤0.98	≤2	≤4	≤4

将塔里木盆地塔北哈拉哈塘—英买力地区三期烃包裹体红外光谱数值列表(表6－8)并作出 X_{inc} 与 X_{std} 关系图(图6－42)。晚加里东—早海西期形成的第Ⅰ期发褐色荧光的褐色液相烃包裹体点值最小,喜马拉雅期形成的第Ⅲ期发蓝色荧光的无色气液相烃包裹体次之,说明这两期烃包裹体是均是高成熟度油气。晚海西期形成的第Ⅱ期发黄色荧光的浅褐色液相烃包裹体点值较大,其成熟度较前两期低,属成熟油。分析认为:晚加里东—早海西期形成的第Ⅰ期烃包裹体代表一期高成熟重质油气充注,晚海西期形成的第Ⅱ期烃包裹体代表一期成熟中质油气充注,喜马拉雅期形成的第Ⅲ期烃包裹体则代表一期高成熟轻质油气充注。

表6－8 红外光谱参数与烃包裹体期次

烃包裹体期次	红外光谱参数						推测油气类型
	$\sum CH_2 / \sum CH_3$		X_{inc}		X_{std}		
	最小值~最大值	平均值	最大值~最小值	平均值	最大值~最小值	平均值	
第Ⅰ期	1.6~3.6	2.40	8.8~31.4	17.76	6.3~13.8	9.25	高成熟重质油
第Ⅱ期	2.0~6.1	3.70	13.8~58.5	32.24	7.9~22.8	14.08	成熟中质油
第Ⅲ期	2.2~5.0	3.32	15.4~47.7	28.01	8.5~19.2	12.67	高成熟轻质油为主

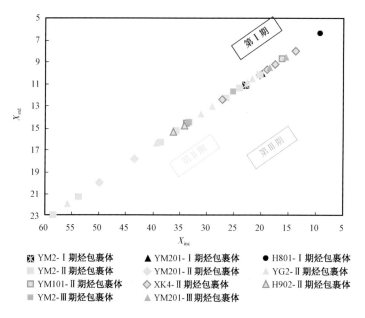

图6－42 烃包裹体红外光谱 X_{inc} 与 X_{std} 关系图

3. 红外光谱参数确定油气

烃包裹体光谱中芳基、烷基的红外吸收明显,不同于原油中红外光谱。陈孔全等(1995)[58]在松辽盆地方解石脉烃包裹体研究中指出芳基、烷基的1600cm^{-1}/(2920cm^{-1} + 2855cm^{-1})大于1时,反映盆地以石油的运移、聚集作用为主;该值小于1时,反映盆地以天然气运聚、聚集作用为主。

4. 红外光谱中水峰的含意

在人工合成的矿物中,液相烃包裹体中含有水相[48,55],Nedkvitne(1993)[56]曾推测矿物表面与油相之间存在一层不易被观察到的水膜。曹剑等(2006)[57]分析准噶尔盆地西北缘烃包裹体,发现内普通含水,故烃包裹体的形成可能与水有着密切关系。显微红外光谱对水的响应亦灵敏,H_2O 的红外谱峰表现为 $3700 \sim 3200cm^{-1}$ 的宽谱带。曹剑等(2006)[57]提出 $H_2O/(CH_3 + CH_2)$ 的相对比值 $0.6 \sim 0.9$,$1.8 \sim 2.8$ 和 $4.6 \sim 5.6$ 分别代表水相对于油占劣势、基本相当、占优势 3 个级别。曹剑对准噶尔盆地西北缘断裂带上的烃包裹体进行了红外光谱测试,测试中不仅检测出了水的普遍存在,而且发现不同流体包裹体之间的水/油相对比值存在较大差异,认为断裂带地区,含油气流体—地层流体混合是"快速"而不是"稳态"的,从而使得现今在流体包裹体中检测到的水油分布表现出极大的不均一性。故利用红外光谱参数 $H_2O/(CH_3 + CH_2)$ 和 CH_3/CH_2 的变化可研究油气成藏机理。

第四节　流体包裹体的拉曼光谱分析

1928 年,印度物理学家拉曼(Raman)首先发现并系统研究了拉曼散射。显微激光拉曼光谱仪(Laser Raman microspectrometer, 简称 LRM)为我们提供了物质分子结构的信息,所以,LRM 在研究矿物岩石和流体包裹体中也已得到了广泛的应用[59-62]。

一、基本原理

显微激光拉曼光谱是一种非破坏性测定物质分子成分的微观分析技术,是基于激光光子与物质分子发生非弹性碰撞后,改变原有入射频率的一种分子联合散射光谱[63,64]。拉曼位移 (Δv_0) 不受入射光 v_0 的影响,而仅仅取决于物质分子的振动能级,因此,利用物质分子基团的差异,可以获得不同的拉曼光谱,从而达到鉴定和研究物质分子基团的目的。显微激光拉曼光谱主要用于对测试物质的分子进行结构分析以及对物质进行定性和定量分析。物质结构分析的依据是拉曼光谱的"退偏振比"(确定分子振动类型)和拉曼位移(确定化合物官能团的类型与位置)。物质定性测定的依据是拉曼位移;物质定量测定的依据则是通过对分子轨道的计算而产生的拉曼光散射强度,物质的拉曼散射强度与该物质分子的摩尔分数成正比[64]。

二、样品要求

拉曼分析流体包裹体的样品要求:

(1)由于拉曼光谱是一种散射技术,要求流体包裹体的主矿物透明。

(2)样品磨成厚度为 $50 \sim 200\mu m$ 两面抛光薄片。

(3)一定用丙醇泡掉玻璃片与岩石薄片之间的黏结剂,避免黏结剂在激光的激发下产生荧光。

(4)在分析时应尽量选用靠近薄片表面的流体包裹体,因为它们的信号比深部流体包裹体的强。当流体包裹体的深度超过 $50\mu m$ 时,分析时就可能需要增加激光束的功率和延长收集时间。而这样会引发诸多的问题,如随着流体包裹体深度的增加,分析的准确度大大降低。

(5)Burke(2001)认为在理想条件下,可以获得石英中 $100\mu m$ 深 $2\mu m$ 大小流体包裹体中可靠的定量结果。但实际上流体包裹体应该大于 $7\mu m$，当流体包裹体大于 $10\mu m$ 时能得到较好的测定结果。

三、拉曼分析的干扰因素

在用拉曼分析烃包裹体时常会有几种不可避免的负面情况，会影响测试谱图的真实性。

（1）荧光干扰。分析烃包裹体的拉曼特征时常会有荧光，主要与以下 3 个方面的因素有关：① 烃包裹体中的有机质，在可见光激发下产生荧光；② 有些主矿物（萤石、方解石和斜长石）本身会产生荧光；③ 薄片表面不干净，黏附的有机胶可能产生表面荧光。对于不同的激发波长，相同物质成分的拉曼谱带的相应位移尽管是不变的，然而激发荧光的相对位置却是不同的，所以选择适当的激发光波长可使记录拉曼光谱时尽可能避开荧光的干扰[66]。另外，将光束在想要分析的位置停留几分钟使之加热可使表面荧光大大减少[67]。

（2）组分热解。通常情况下，激光束的能量不会传递给流体包裹体中的流体而引发化学反应，不过，如果流体包裹体中含有吸收激光的粒子，那么情况就不一样了。由于粒子对激光的吸收，可能是流体包裹体局部的温度大大升高，使流体包裹体发生很大的变化，甚至可能导致流体包裹体中的组分发生化学反应。因此，在进行含气相挥发分流体包裹体（特别是烃包裹体）的激光拉曼光谱分析时，一定要注意观察流体包裹体中是否发生了激光辐射造成的反应，否则可能会产生根本的差错。

（3）压力校正。气体拉曼散射截面参数随压力变化，Seitz 等（1993,1996）的研究表明，CO_2 和 CH_4 等气体的峰面积随压力增加而增大，并且是压力的函数。由于峰形受到压力和组成的影响，这必将影响到用来拉曼定量分析的峰面积，从而会影响拉曼分析的结果，这种现象也应当引起分析者的注意。

四、流体包裹体拉曼光谱的应用

1. 阴离子浓度的确定

流体包裹体的盐度是了解古地质时期流体的化学性质、矿床与油气形成演化的重要参数。因流体包裹体往往很小（$<100\mu m$），其组分不易提出进行成分分析，目前常用冷热台测出流体包裹体的初熔温度和冰点来估计包裹体流体的盐度[68-71]，这一方法不能准确区分复杂地质流体的真实成分[72]。故流体包裹体的盐度如何准确分析出来一直是地学界关注的问题。自显微激光拉曼引进地学界后，用这种方法可以实现对单个流体包裹体成分的测试[71]，并能检测出流体包裹体中 CO_3^{2-}，HCO_3^-，SO_4^{2-} 和 NO_3^- 多种阴离子成分。目前能否用拉曼谱仪测定流体包裹体的阴离子成分和含量有 3 个关键性问题需要解决：（1）拉曼特征峰相距很近的阴离子如 NO_3^- 和 CO_3^{2-} 拉曼峰的准确识别[73]；（2）对于单个阴离子（如自然界流体中最常见 Cl^- 一般无拉曼显示[74]，能否用拉曼光谱检测出；（3）地质流体多是复杂的水溶液，但常温下水的拉曼特征是一个宽大的包络线[75-78]，水的拉曼强度不精确，一些重要的信息常被水包络线包络而无法分辨。

Burke（2001）论证了物质拉曼光谱特征峰的强度与物质浓度之间存在比例关系[79]，因此，对于水溶液中具有强拉曼效应分子，可以通过其拉曼强度的变化来判断其浓度。

1）频移参数法

P. T. Memagh 和 A. R. Wilde 利用盐水中离子对 O—H 拉曼峰的影响，通过 O—H 拉曼峰的频移参数(F)来确定水中盐的浓度,称之为频移参数法。

$$F = F(C,T) = ZD \qquad (6-8)$$

式中　Z——O—H拉曼峰对称性描述参数;

　　　D—阳离子校正系数;

　　　C——浓度,mol/L;

　　　T——温度。

　　其中

$$Z = (Y-X)/[(X+Y)/2] \qquad (6-9)$$

$$D = 2-[(Y/X)/(I_1/I_2)] \qquad (6-10)$$

式中　X——拉曼谱图中2800~3300cm^{-1}间O—H拉曼峰的积分;

　　　Y——拉曼谱图中3300~3800cm^{-1}间O—H拉曼峰的积分;

　　　I_1和I_2——分别为溶液拉曼光谱在3400cm^{-1}和3200cm^{-1}处的拉曼散射强度。

　　不同盐类对水拉曼峰的对称性影响是不一样的,特别是对具有强拉曼信号的盐类而言,其影响是很复杂的,影响程度也是不同的。但总的来说,频移参数都有随浓度增加而变大的趋势,因此,当水拉曼峰的不对称性越明显时,可以肯定盐的浓度就越大。通过在一定温度(如常温)下对标准溶液的测试,做出频移参数(F)与盐浓度关系的工作曲线,那么对于未知溶液则可由上面的方法计算出频移参数(F),再由工作曲线获得盐的浓度。常温下NaCl、KCl溶液和NaCl人工包裹体的拉曼特征参数与溶液的浓度之间的对应关系式分别是:

$$NaCl(\%) = 61.183F_{NaCl} - 22.173^{[80]} \qquad (6-11)$$

$$KCl(\%) = 82.53F_{KCl} - 30.3^{[81]} \qquad (6-12)$$

$$NaCl(\%) = 49.214F_{NaCl} - 20.916^{[82]} \qquad (6-13)$$

以上方程是包括仪器功能特性为一体的系统函数,也就是说对不同仪器函数的系数可能不同,但推导的原理相同。

　　2)特征峰强度比值法

　　针对SO_4^{2-},CO_3^-和HCO_3^-等离子具有很强的拉曼特征峰,利用其特征峰与水拉曼峰的比值随盐浓度的变化来预测水中盐的浓度,称为特征峰强度比值法。

　　SO_4^{2-},CO_3^-和HCO_3^-分别在981cm^{-1},1068cm^{-1}和1018cm^{-1}附近有强拉曼特征峰,其特征峰的强度随浓度增加而增强,盐特征峰强度(I_c)与水在3400cm^{-1}处拉曼峰强度(I_w)的比值为$R(R = I_c/I_w)$。陈勇等(2003)[85]常温下系统对Na_2CO_3,$NaHCO_3$和Na_2SO_4盐水溶液进行了激光拉曼光谱测试,实验数据进行一次强度比值与盐浓度曲线拟合,得到拉曼强度比值(R)与浓度(C)近似方程:

Na_2CO_3

$$R = 0.23036 + 0.81279C \qquad (6-14)$$

$NaHCO_3$

$$R = 0.21608 + 0.36207C \qquad (6-15)$$

Na_2SO_4

$$R = 0.38247 + 2.93461C \qquad (6-16)$$

潘君屹等(2012)[86]提出用$2800 \sim 3800cm^{-1}$区间上水的强特征峰强度(I_w)作为内标,来校正$1064cm^{-1}$处CO_3^{2-}的特征峰强度(I_c)参数,即利用CO_3^{2-}的拉曼峰面积(S_c)与水峰面积(S_w)的比值作为参数($I = S_c/S_w$)。推断室温下水溶液包裹体中,CO_3^{2-}强度参数与浓度之间的函数关系,其定量关系式为:

$$C_{CO_3^{2-}} = -1244I^2 + 132.4I + 0.042 = -1244(S_c/S_w)^2 + 132.4(S_c/S_w) + 0.042$$

$$(6-17)$$

以上方程是包括仪器功能特性为一体的系统函数,也就是说对不同仪器函数的系数可能不同,但推导的原理相同。

同浓度(mol/L)的不同阴离子钠盐对水特征峰的峰形和强度的影响是不一样的,受其钠盐影响的水特征峰自外而内分别为CO_3^{2-},SO_4^{2-},HSO_4^{-},HCO_3^{-}和NO_3^{-}。与纯水相比,CO_3^{2-},SO_4^{2-}和HSO_4^{-}的钠盐对水特征峰强度有增强作用,HCO_3^{-}基本与纯水相当,而NO_3^{-}则对水特征峰的强度有抑制作用。CO_3^{2-},SO_4^{2-}和NO_3^{-}钠盐溶液激光拉曼光谱特征峰明显,设阴离子团特征峰(表$6-9$)强度面积积分S,$2800 \sim 3800cm^{-1}$水特征峰强度面积积分S_w,则:[89]

CO_3^{2-}

$$C = 419.93 \times (S/S_w) \qquad (R^2 = 0.9982) \qquad (6-18)$$

SO_4^{2-}

$$C = 215.02 \times (S/S_w) \qquad (R^2 = 0.9990) \qquad (6-19)$$

NO_3^{-}

$$C = 124.97 \times (S/S_w) \qquad (R^2 = 0.9995) \qquad (6-20)$$

表$6-9$ 各阴离子团拉曼特征峰的拉曼位移(引自叶美芳,2009)

阴离子类型	拉曼特征峰位置(cm^{-1})
CO_3^{2-}	$1064 \sim 1068$
SO_4^{2-}	$978 \sim 981$
NO_3^{-}	$1045 \sim 1048$
HCO_3^{-}	$1011 \sim 1019$
HSO_4^{-}	$1050 \sim 1053$

HCO_3^{-}和HSO_4^{-}在拉曼谱图上也有明显的特征峰,分别为$1013cm^{-1}$和$1052cm^{-1}$左右,同时,谱图上还有CO_3^{2-}和SO_4^{2-}特征峰的存在(图$6-43$)[85]。HCO_3^{-}和HSO_4^{-}强度面积积分S_1,CO_3^{2-}和SO_4^{2-}的拉曼特征峰强度面积积分S_2,水峰在$2800 \sim 3800cm^{-1}$强度面积积分S_w,HCO_3^{-}和HSO_4^{-}钠盐溶液配制浓度C(mol/L)。

HCO_3^{-}

$$C = 419.93 \times (S_2/S_w) = 636.07 \times (S_1/S_w) \qquad (R^2 = 0.9991) \qquad (6-21)$$

HSO_4^{-}

$$C = 215.02 \times (S_2/S_w) = 468.12 \times (S_1/S_w) \qquad (R^2 = 0.9945) \qquad (6-22)$$

3）冰点下特征峰强度比值法

Dubessy（1982）[86] 用纯水包裹体标样、10% NaCl 包裹体标样，常温、高温和冰点下进行拉曼分析，发现常温和高温下盐水包裹体的拉曼光谱均呈现出包络峰的形状，但 $-170℃$ 固态水的拉曼光谱在 $3000 \sim 3500cm^{-1}$ 呈现一系列明显的特征峰，以此可精确地测定冰的拉曼光谱强度。这就为确定水的拉曼特征和氯盐在水中的拉曼特征提供了思路。二次冷冻方式[87,88] 是有利于水合物生成迅速降温至 $-180℃$ 然后缓慢升温至 $-20℃$（NaCl）[97]、$-70℃$（$MgCl_2$）[90] 最后快速降温至 $-180℃$ 时收集的谱图。

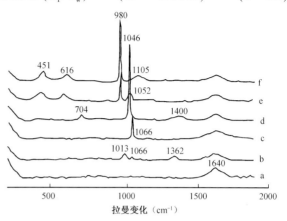

图 6-43　二次去离子水与配制 1mol/L 钠盐溶液的拉曼光谱谱图（引自叶美芳，2009）
a—H_2O；b—HCO_3^-；c—CO_3^{2-}；d—NO_3^-；
e—HSO_4^-；f—SO_4^{2-}

（1）在 $-170℃$ 强拉曼活性阴离子浓度分析。

CO_3^{2-}，HCO_3^-，SO_4^{2-} 和 NO_3^- 等离子本身就具有较好的拉曼活性，它们不与水再络合。在 $-170℃$ 这些阴离子和冰的拉曼峰突出而稳定，随着盐水溶液中阴离子浓度的增加，其阴离子拉曼特征峰的强度增强，如图 6-44 中的 NO_3^- 于拉曼强度 $I_{1046-1050}$ 和图 6-45 中的 CO_3^{2-} 拉曼强度 I_{1069}，冰的拉曼特征峰强度反而变弱，如图 6-44 和图 6-45 中的 I_{3102} 和 I_{3109}。

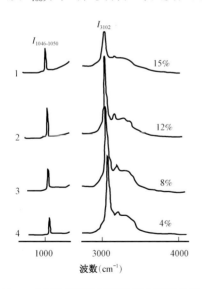

图 6-44　$-170℃$ 不同浓度硝酸钙水溶液拉曼光谱图
$I_{1046-1050}$ 是硝酸根阴离子拉曼峰，I_{3102} 是冰的拉曼峰；
1—4 分别是 100g 水中溶于 15g，12g，8g 和
4g 硝酸钙的溶液拉曼光谱线

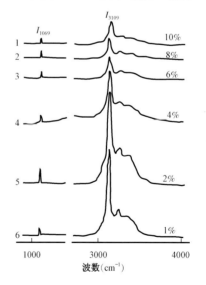

图 6-45　$-170℃$ 不同浓度碳酸钠水溶液拉曼光谱图
I_{1069} 是碳酸根阴离子拉曼峰，I_{3109} 是冰的拉曼峰；
1—6 分别是 100g 水中溶于 10g，8g，6g，4g，2g 和
1g 碳酸钠的溶液拉曼光谱线

Samson 等[90]利用标准溶液对冰及 $NaCl—H_2O$，$CaCl_2—H_2O$ 和 $NaCl—CaCl_2—H_2O$ 体系水溶液进行了冷冻状态下的水合物研究。在此基础上毛毳(2010)做了系列实验分析[91]，并对 $NaCl—H_2O$ 体系的实验数据进行曲线拟合，得到 $3420cm^{-1}/3091cm^{-1}$ 的比值(Y)与 NaCl 盐水溶液浓度(W)的线性关系最好，拟合方程为 $Y = 0.10405W + 0.13313$；对 $CaCl_2—H_2O$ 体系的实验数据进行曲线拟合，得到 $3432cm^{-1}/3090cm^{-1}$ 的比值 Y 与 $CaCl_2$ 盐水溶液浓度 $W(\%)$ 的线性关系最好，拟合方程为 $Y = 0.1055W + 0.13186$；对于 $NaCl—CaCl_2—H_2O$ 体系，当 NaCl 和 $CaCl_2$ 等质量时，混合物的峰 $3420cm^{-1}$，随着混合物浓度的增大强度明显增强(表 6 - 10)。

表 6 - 10　$NaCl—CaCl_2—H_2O$ 体系中拉曼光谱的特征(引自毛毳,2010)

$NaCl - CaCl_2$ 浓度(%)	I_{3090} (A. U.)	I_{3420} (A. U.)	I_{3420}/I_{3090}
5	740.6807	313.9368	0.4238
10	607.5945	539.2367	0.8875
15	712.7103	621.2323	0.8716
20	853.1030	879.7468	1.0312
25	650.5076	967.9228	1.4880

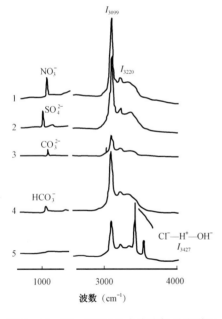

图 6 - 46　在 -170℃ 盐水溶液拉曼光谱图
1—硝酸钠水溶液;2—硫酸钠水溶液;
3—碳酸钠水溶液;4—碳酸氢钠水溶液;
5—氯化钠水溶液

(2)在 -170℃ 氯化物盐溶液拉曼光谱特征。

在氯化物盐溶液中，氯离子是不稳定单价阴离子，在水中 Cl^- 易与水络合成较稳定的基团 $nCl^- - [H^+ - HO^-]_n$，在 -170℃ 氯化物盐溶液的拉曼光谱图中除了有冰的拉曼峰外，在波数 $3403 \sim 3440cm^{-1}$ 还有两个突出的峰($3401 \sim 3413cm^{-1}$ 和 $3424 \sim 3438cm^{-1}$)，而其他盐溶液如硫酸盐碳酸盐溶液拉曼谱图中就没有这两个峰(图 6 - 46)。不管氯化物盐溶液中的阳离子是一价的、二价的、还是三价的，在 -170℃ $3403 \sim 3440cm^{-1}$ 有这两个稳定拉曼峰，此拉曼峰峰位波动小，是 Cl^- 与水络合成稳定的络合物基团 $nCl^- - [H^+ - HO^-]_n$ 的拉曼特征峰。

图 6 - 47(a)是在 -170℃ 时不同浓度的氯化钠水溶液的拉曼谱图。图中显示随着溶液中氯化钠浓度的增大，$nCl^- - [H^+ - HO^-]_n$ 的拉曼特征峰强度($I_{3401-3413cm^{-1}}$)增强，而冰拉曼特征峰强度($I_{3104cm^{-1}}$)变弱。在相同的测试条件下氯化钙溶液与氯化钠溶液的拉曼谱图[图 6 - 47(b)]有相同的规律，即随着溶液中氯化钙浓度的增加，$nCl^- - [H^+ - HO^-]_n$ 的拉曼特征峰强度($I_{3401-3413cm^{-1}}$)增强，而冰的拉曼特征峰强度($I_{3104cm^{-1}}$)变弱。同条件下氯化铁、氯化钾和氯化铜等水溶液的拉曼测试也表明，随着溶液中氯化物盐浓度增高，$nCl^- - [H^+ - HO^-]_n$ 的拉曼峰强度增强，即二者呈正相关关系。

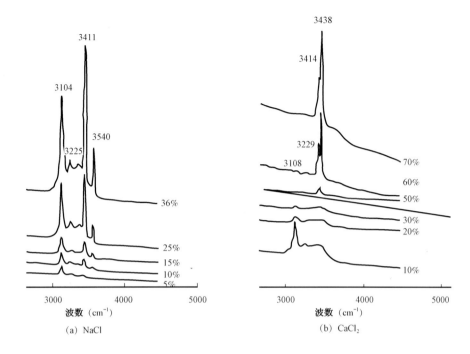

图 6 - 47　在 - 170℃氯盐溶液的拉曼光谱图

(a)不同浓度氯化钠溶液;(b)不同浓度氯化钙溶液

倪培(2009)对 NaCl—H₂O 合成流体包裹体分析也证明,水石盐与含盐度之间存在着正消长关系(图 6 - 48)[92]。无论是水石盐的 3423cm⁻¹峰和 3405cm⁻¹峰与冰峰(3098cm⁻¹)的峰高、峰的截面积之比,还是包裹体中水石盐的总截面积与冰峰(3098cm⁻¹)的截面积之比,都可以作为估测自然界流体包裹体含盐度的指示参数[92]。

(3)在 - 170℃混合液阴离子拉曼光谱特征。

由上得知,在 - 170℃单一盐水溶液阴离子基团的拉曼峰和冰的拉曼峰峰位及峰值明显,拉曼强度与盐水溶液中盐度相关性强。然而,自然界的地质流体往往是两种以上盐类的混合溶液,在混合盐水溶液中以上常见盐的阴离子拉曼特征是否相互影响,尤其是拉曼特征峰峰位相近的 NO₃⁻(1046～1050cm⁻¹)和 CO₃²⁻(1062～1070cm⁻¹)是否相互影响,在 - 170℃它们的光谱特征如何呢?

在 - 170℃先对硝酸钠和碳酸钠的混合液进行拉曼测试,结果显示 NO₃⁻和 CO₃²⁻两阴离子基团的拉曼峰峰尖是很明显(图 6 - 49),NO₃⁻拉曼位移为 1049.8cm⁻¹和 1048.3cm⁻¹,与图 6 - 44 纯硝酸盐中的 NO₃⁻拉曼位移 1046～1050cm⁻¹相对应;CO₃²⁻拉曼位移为 1063.9cm⁻¹和 1062.3cm⁻¹,与图 6 - 45 纯碳酸盐中的 CO₃²⁻拉曼位移 1069cm⁻¹稍少了几个波数,但峰尖清晰。NO₃⁻和 CO₃²⁻的拉曼峰有重叠,通过计算机谱峰剥离技术(如图中虚线部分)即可恢复 NO₃⁻和 CO₃²⁻两阴离子团被包络的拉曼峰形状。

图 6 - 49(a)(b)分别是浓度不同两混合溶液的拉曼光谱,在水溶剂和 Na₂CO₃溶质量不变的情况下,Na₂CO₃在曲线 1 中的量是在曲线 2 中的一半。在完全相同的测试条件下,实验显示 CO₃²⁻的拉曼峰强度($I_{1063.9}$,$I_{1062.3}$)不变,说明基本不受 NO₃⁻浓度变化的影响。而 NO₃⁻的

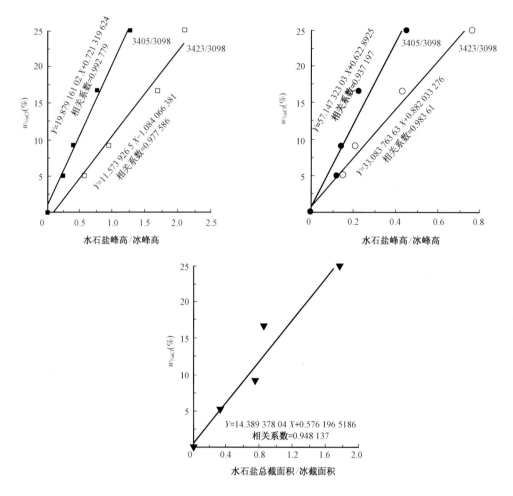

图 6-48　合成 $NaCl—H_2O$ 包裹体中水石盐/冰的拉曼光谱与
对应含盐度之间的相关系数计算(引自倪培,2009)

拉曼峰强度在光谱曲线 2 中($I_{1048.5}$)比在光谱曲线 1 中($I_{1049.8}$)明显地增强,显示 NO_3^- 拉曼峰强度与其浓度呈正相关关系,与单一盐水溶液中的特点相同。

图 6-50 是在 -170℃ 浓度差一倍的 Na_2SO_4,Na_2CO_3 和 Na_2CO_3 三种盐混合液的两拉曼谱图,曲线 1 和曲线 2 拉曼谱线中 NO_3^- 和 CO_3^{2-} 阴离子团拉曼峰虽然有重叠,但峰尖明显,NO_3^- 拉曼移分别是 1049.8cm^{-1} 和 1046.7cm^{-1},CO_3^{2-} 拉曼位移分别是 1065.4cm^{-1} 和 1062.3cm^{-1},可通过剥离技术将二者恢复拉曼峰形。混合液中 Na_2SO_4,Na_2CO_3 和 Na_2CO_3 浓度在曲线 1 中比在曲线 2 中各高一倍,实验显示 SO_4^{2-},NO_3^- 和 CO_3^{2-} 的拉曼峰强度在曲线 1 谱线中比在曲线 2 谱线中等比例增强,这说明各阴离子没有相互反应和制约,如发生反应或制约 SO_4^{2-},NO_3^- 和 CO_3^{2-} 的拉曼峰强度在曲线 1 谱线中就不会等比例增强。阴离子拉曼峰强度增减受阴离子本身浓度影响。冰拉曼峰强度在曲线 1 中($I_{3097.81}$)比在曲线 2 中($I_{3096.61}$)明显降低,这是因为曲线 1 混合液盐度比曲线 2 混合液盐度高,即二者呈正相关关系。

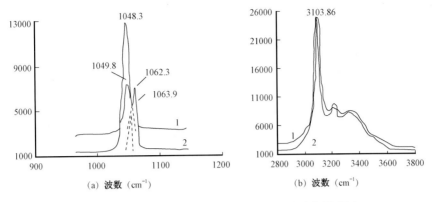

图 6 - 49 － 170℃下硝酸钠和碳酸钠混合溶液拉曼谱图

1—100g 水中溶于 5g 硝酸钠和 5g 碳酸钠混合液的拉曼谱线；

2—100g 水中溶于 2.5g 硝酸钠和 5g 碳酸钠混合液的拉曼谱线

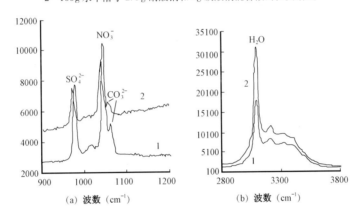

图 6 - 50 － 170℃硝酸钠、碳酸钠和硫酸钠混合溶液拉曼谱图

1—100g 水中溶于 4g 硝酸钠、4g 碳酸钠、4g 硫酸钠混合液的拉曼谱线；

2—100g 水中溶于 2g 硝酸钠、2g 碳酸钠、2g 硫酸钠混合液的拉曼谱线

（4）在 － 170℃溶液阴离子浓度半定量确定。

因为拉曼光谱峰的相对强度（I）是和参与散射的分子数成正比的，所以一般用特征拉曼峰的相对强度（I_i）来求溶液中的溶质的摩尔分数（X_i）：

$$X_i = (I_i/F_i)/(\sum_{i=1}^{n} I_i/F_i) \qquad (6-23)$$

其中 I_i 为液相成分的特征拉曼峰相对强度，F_i 为液相分子拉曼量化因子即液相成分分子拉曼散射截面[97]，F_i 不仅受该成分分子量影响，还受激光功率、温度、仪器等因素的影响，见表 6 - 11，测试时间加长，I_i 增强。

表 6 - 11 － 170℃氯化钠标准溶液拉曼分析结果

浓度（%）	测试时间（s）	S_i	S_{H_2O}	S_i/S_{H_2O}	I_i(3147)	I_{H_2O}	I_i/I_{H_2O}
10	5	3001	42153	0.071193	423	236	0.5579
10	10	5563	76092	0.073109	621	346	0.5572
10	20	10817	151132	0.071573	1207	673	0.5575

续表

浓度(%)	测试时间(s)	S_i	S_{H_2O}	S_i/S_{H_2O}	$I_i(3147)$	I_{H_2O}	I_i/I_{H_2O}
10	30	19962	275930	0.072344	1833	1019	0.5559
10	40	23307	328095	0.071037	2361	1321	0.5595
10	60	34140	468713	0.072838	2988	1665	0.5572

本文引进拉曼半高峰面积 S_i 概念[96]，S_i 在拉曼谱图上是可以直接读取的，它既取决于 I_i，也受 F_i 的影响，当然还受激光功率、温度、仪器等测试条件影响，同一浓度某液相分子用不同的激光功率、或不同的温度、或不同的拉曼仪器会有不同的 S_i。对于盐水溶液来讲，同时变化的还有 S_{H_2O}。但由表6-11可见，尽管在本拉曼仪器测试中（固定激光功率、温度等操作条件），某一特定盐类如氯化钠特征拉曼峰的峰强度(I_i)或峰面积(S_i)随着测试时间的改变而变化，但只要某液相分子浓度不变，其 I_i/S_{H_2O} 比值和 S_i/S_{H_2O} 比值基本不会变。

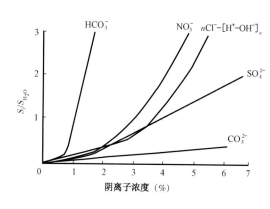

图6-51　盐水中常见五种阴离子浓度与 S_i/S_{H_2O} 相关图

同时 I_i/I_{H_2O} 和 S_i/S_{H_2O} 也如同 I_i 和 S_i 一样，随盐溶液浓度的升高而增大，表现良好的正相关关系，而且该两比值的优点是不受测试时间影响。通过大量标准溶液 -170℃下拉曼分析，建立不同类型盐溶液的浓度与 S_i/S_{H_2O} 工作曲线（图6-51）。当然，这个曲线测试条件是：实验所用拉曼仪为法国JY公司产的JY-1000显微激光拉曼光谱仪，激光514.532nm，打在样品上的功率2~4mW，物镜×50LWD。束斑：在 -170℃测溶液样品束斑在100μm，测包裹体样品束斑在1~5μm测试时间30s。测试温度 -170℃（样品放入冷热台的冰冻室中维持 -170℃恒温。

图6-51即是地层水和包裹体水溶液中常见5种盐类的摩尔浓度与 S_i/S_{H_2O} 的曲线，由此可据所测包裹体中的 S_i/S_{H_2O} 反求盐水包裹体中盐的种类及其浓度。具体步骤：在 -170℃可用拉曼检测未知流体包裹体液相，在拉曼谱图中，据阴离子特征峰峰位识别出阴离子种类，测量其拉曼半高峰面积和冰的拉曼半高峰面积，算出 S_i/S_{H_2O}，在图6-51的纵坐标上找出 S_i/S_{H_2O} 比值数，由此点出发的水平线与阴离子团相关性曲线的交点所对应的横坐标值，就是阴离子在未知溶液中的摩尔分数。

实例说明。塔里木盆地塔中地区 TZ117 井志留系砂岩中成岩胶结物发育，按其生成的次序有：第Ⅰ期石英加大边、第Ⅱ期石英加大边、含铁白云石、石英胶结物、自形石英、方解石胶结物，这些胶结物中都含有流体包裹体，用冷冻法和拉曼分析了 TZ117 井胶结物中流体包裹体，结果列于表6-12。从表中可以发现，冷冻法测的结果，只能大概推测出以哪一种或两种盐为主的总含盐度，对塔里木志留系砂岩胶结物测试结果看，显示的信息是地质流体以氯化物为主，只是不同的地质时期盐度不同。表6-12拉曼测试结果显示砂岩的成岩过程经过了四期演化：第一期低盐度的以氯盐为主，含有少量硫酸盐、硝酸盐的地质流体环境，形成了第Ⅰ期石英加大边;第二期高盐度复杂地质流体进入,以碳酸盐为主,在此环境下第Ⅱ期石英加大边发育和稍后含铁白云石形成,这时期形成的胶结物内含大量的流体包裹体;第三期地质流体的盐度又降低,并以氯盐为主,此时期颗粒间沉淀孔隙式石英胶结物和稍后的少量自形石英,这时期形成的胶结物较干净,含流体包裹体少;第四期主要形成大量的方解石胶结物,其中的流体包裹体碳酸盐含量高达24.223%(摩尔分数)(对于高出图6-51数值范围的数是利用相关曲线外延的方法推算的),说明是高盐度碳酸盐地质流体占主导地位。由此可以发现,石英可在以氯盐为主的地质流体中形成,如TZ117井第Ⅰ期石英加大边;也可在以碳酸盐为主的地质流体中形成,如TZ117井第Ⅱ期石英加大边。方解石白云石等碳酸盐矿物多以碳酸盐为主的地质流体中形成。另外当地质流体中含盐类简单浓度低时,常形成单一干净的成岩矿物;而地质流体中含盐类复杂浓度高时,常形成多种成岩矿物,成岩矿物中杂质和流体包裹体也多。

表6-12 TZ117井志留系砂岩成岩胶结物中流体包裹体拉曼测试结果

成岩期胶结物	冷冻法					拉曼(在-170℃)						
	样品数	初熔温度(℃)	冰点(℃)	盐种类	盐度(%)	样品数	阴离子摩尔分数(%)					盐度(%)
							SO_4^{2-}	CO_3^{2-}	HCO_3^-	NO_3^-	Cl^-	
Ⅰ期石英加大	2	-18.1	-1	NaCl	1.74	4	0.83	0	0	0.90	1.19	2.92
Ⅱ期石英加大	8	-27	-7.4	NaBr	11	8	2.39	11.93	0.82	0	4.51	19.64
含铁白云石	15	-24.3	-7.7	NaCl	11.3	5	1.66	5.11	0.83	2.33	1.79	11.71
石英胶结物	10	-16.2	-1.3	NaCl,KCl	2.77	4	0.84	0	0	0	2.95	3.79
自形石英	0					1	1.01	1.00	0.21	0	1.45	3.67
方解石	20	-40	-10	$CaCl_2$	34	9	0.84	24.22	0.60	0	2.79	28.45

2. 无机成分的确定

拉曼探针可用于鉴定流体包裹体中气体(CO_2,CH_4,N_2,H_2,O_2,H_2O等)和水溶液中的离子(CO_3^{2-},HCO_3^-,SO_4^{2-}等)。目前主要应用拉曼谱图直接解析法,每种矿物质都有其对应的"指纹"拉曼光谱[64](表6-13),通过与已知分子基团、矿物结构的标准拉曼特征峰进行直接对比,从而实现对分子成分和分子配位体结构信息的定性分析。在其他条件一定的情况下,物质的拉曼峰强度与其浓度成正比,据此,可实现对流体包裹体成分浓度等的半定量分析[95],一般将流体包裹体拉曼分析出的所有组分的特征峰强度或特征峰面积相加为总值,某组分特征峰强度或特征峰面积占总值的百分比即为该组分的相对含量。

表6-13 流体包裹体常见分子、离子、赋存矿物的特征拉曼峰

成分	状态	拉曼特征峰值 $\Delta v(cm^{-1})$		
		气相(V)	液相(L)或盐水溶液(B)	赋存矿物(s)
N_2	V,L	2328~2333	2326~2329	
CO_2	V,L	1386~1390	1382~1386	
CO	V,L	2143~2146	2140~2142	
O_2	V,L	1554~1556	1552~1553	

成分	状态	拉曼特征峰值 $\Delta v(cm^{-1})$				
		气相（V）	液相（L）或盐水溶液（B）	赋存矿物（s）		
SO_2	V,L	1150～1153	1147～1149			
H_2S	V,L	2609～2613	2595～2608			
H_2O	V,L,B	3645～3750	3310～3610			
CH_4	V,L	2913～2919	2909～2915			
C_2H_6	V,L	2963～2968	2948～2954			
C_2H_4	V,L	3017～3025	3013～3020			
C_6H_5	V,L	3068～3074	3064～3069			
H_2	V,L	4154～4165	4149～4157			
Cl_2	V	554～557				
F_2	V	889～896				
HCO_3^-	B		1017～1022			
CO_3^{2-}	B		1065～1071			
SO_4^{2-}	B		979～982			
NO_3^-	B		1046～1050			
COS	B		857			
HSO_4^-	B		10150			
$^{12}CO_2$	B		1285/1388			
$^{13}CO_2$	B		1370			
HS^-	B		2574			
C_2H_5	B		2890			
NH_3	B		3336			
方解石	S		1085	283	711	156	
Mg-方解石	S		1087	284	714	175	
白云石	S		1097	299	725	176	
文石	S		1089	209	710	152	
菱镁矿	S		1094	329	738		
菱铁矿	S		1100	302	178		
石英	S		466	207	126		
石膏	S		1006～1007	671	429	326	3250
硬石膏	S		1015～1019	674	515	674	
萤石	S		841	1297	919		
萤石	S		321	926.5	945.5		
石盐	S		520	843	1124		

续表

成分	状态	拉曼特征峰值 $\Delta v(\text{cm}^{-1})$			
		气相（V）	液相（L）或盐水溶液（B）	赋存矿物（s）	
磷灰石	S		966		
重晶石	S		988	460	
焦性石墨	S		1584	1354	
石墨	S		1587	1354	1349
自然硫	S		217	152	472
斜方硫	S		471	217	154
沥青质	S		1576～1613	1400	
苏打石	S		684	1046	1266

注：V—气相；L—液相；B—盐水溶液；S—赋存矿物固相。

3. 有机成分的确定

1）甲烷的确定

Dubessy 等（1999）[96] 提出了用拉曼光谱技术定量分析流体包裹体中低浓度甲烷含量的方法，该方法在天然流体包裹体体系也得到成功的运用，他利用人工合成 $CH_4—H_2O$ 体系流体包裹体研究发现，水溶液中水的伸缩振动和弯曲振动与甲烷伸缩振动的拉曼峰面积比值和液相中甲烷浓度存在很好的线性关系，其适用温度范围超过 300℃，完全可以满足沉积盆地流体包裹体分析的温度范围。

大多数 $CH_4—H_2O$ 体系包裹体中甲烷浓度能够在稍高于均一温度几摄氏度的范围之内获得，然而，NaCl 经常会在成岩流体中出现。Guillaume 等（2003）[97] 对不同 NaCl 浓度的人工合成流体包裹体进行了拉曼光谱分析，用峰面积比值［$S(CH_4)/S(H_2O)$］对 $H_2O—NaCl—CH_4$ 体系进行了标定，在稍高于均一温度几摄氏度的温度范围内采集甲烷和水在液相的伸缩振动光谱确定甲烷浓度，低于均一温度时的液相成分比例根据 Duan 等（1992a）[98] 的模型计算得出。以甲烷的（物质的量）浓度为纵轴，拉曼峰面积比值［S_{CH_4}/S_{H_2O}］为横轴得到不同盐度条件下甲烷浓度（mol/L）与拉曼峰面积之间的关系图（图 6 - 52），图中展示了如下特点：（1）对于给定盐浓度，虽温度不同但获得的数据点都是沿直线分布，当温度超过 100～250℃ 时对实验结果影响很微弱，不会影响对 CH_4 物质的量的估计；（2）随盐浓度不同，直线的斜率不同。由图 6 - 52 数据回归获得的斜率的曲线图与相应的 NaCl 浓度（图 6 - 53），随着盐度增加，该斜率呈指数增长。甲烷浓度（m_{CH_4}）能够由式（6 - 24）计算：

$$m_{CH_4} = (S_{CH_4}/S_{H_2O}) \times [72 - 35\exp(-1.1m_{NaCl})] \quad (R^2 = 0.99) \quad (6 - 24)^{[101]}$$

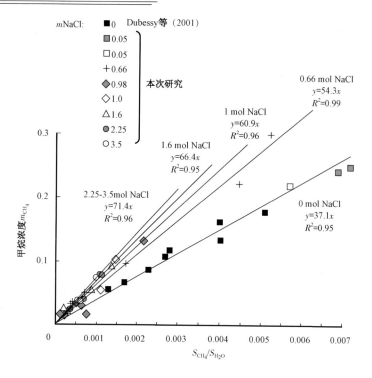

图 6 – 52　甲烷浓度与拉曼峰面积$[S_{CH_4}/S_{H_2O}]$值对比图（引自 Guillaume，2003）

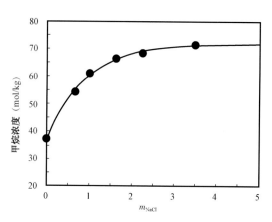

图 6 – 53　甲烷浓度与相应的 NaCl 浓度曲线

2）有机基团的确定

由于烃包裹体的组分复杂,样品荧光干扰很强,一般很难测到烃包裹体组分的拉曼散射光谱。张鼎等（2007）[60]用法国 JY1000 激光拉曼光谱仪实测了几个标准有机样品饱和烃、芳香烃、非烃的激光拉曼光谱。实验表明,无荧光干扰的有机化合物的标样可以测到多种拉曼散射的特征峰。

饱和烷烃类按结构不同分正构烷烃和异构烷烃两种。正构饱和烃化合物虽然碳数不同,但甲基、亚甲基的拉曼光谱特征峰在 2700 ~ 2970cm^{-1}的特征是相同的,都有 2871cm^{-1} ± 和 2933cm^{-1} ± 两个突出峰和一个 2912cm^{-1} ± 弱峰（图 6 – 54）。在低波段也相同,也都有相同的 830 ~ 898cm^{-1},1050 ~ 1100cm^{-1},1300cm^{-1}和 1454cm^{-1}系列峰,但为较弱的峰。可见正构饱和烃因都是有甲基、亚甲基基团组成,虽然碳数不同,但拉曼谱峰是相同的。我们知道甲烷

$$\left(\begin{array}{c} H \\ | \\ H{-}C{-}H \\ | \\ H \end{array}\right)$$ 的 特 征 峰 是 2909 ~ 2919cm^{-1},乙 烷 $$\left(\begin{array}{cc} H & H \\ | & | \\ H{-}C{-}C{-}H \\ | & | \\ H & H \end{array}\right)$$ 特征峰是 2948 ~

$2953cm^{-1}$，丙烷

$$\begin{pmatrix} & H & H & H \\ & | & | & | \\ H-&C-&C-&C-H \\ & | & | & | \\ & H & H & H \end{pmatrix}$$

的特征峰是 $2890cm^{-1}$ ±，故推测 $2912cm^{-1}$ ± 是

$$\text{“} \begin{array}{c} H \\ | \\ H-C- \\ | \\ H \end{array} \text{”}$$
基团峰，$2933cm^{-1}$ + 是 “
$$\begin{array}{c} H & H \\ | & | \\ H-C-&C- \\ | & | \\ H & H \end{array}$$
” 基团峰，$2871 \sim 2878cm^{-1}$ 是

$$\text{“} \begin{array}{ccc} H & H & H \\ | & | & | \\ H-C-&C-&C- \\ | & | & | \\ H & H & H \end{array} \text{”基团峰。}$$

不同碳数异构饱和烃化合物在高波段都有 $2878cm^{-1}$ ±，$2912cm^{-1}$ ± 和 $2962cm^{-1}$ ± 三个突出峰和 $2933cm^{-1}$ ± 一个弱峰(图 6 - 55)，比正构饱和烃多了个 $2962cm^{-1}$ ± 突出峰。在低波段除了有 $830 \sim 898cm^{-1}$，$1050 \sim 1100cm^{-1}$，$1300cm^{-1}$ 和 $1454cm^{-1}$ 系列弱峰，多在 $749cm^{-1}$ 见一

较突出峰。异构饱和烃与正构饱和烃组构上的区别是多了一相分支
$$\text{“} \begin{array}{ccc} & H-C-H \\ & H & H \\ | & | & | \\ -C-&C-&C- \\ | & | & | \\ H & H & H \end{array} \text{”，所以}$$

$2962cm^{-1}$ ± 和 $749cm^{-1}$ 突出峰应是异构基团
$$\begin{pmatrix} & H-C-H \\ & H & & H \\ & | & & | \\ -C-&C-&C- \\ & | & | & | \\ & H & H & H \end{pmatrix}$$
特征峰。

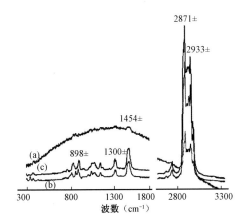

图 6 - 54　正构烷烃类的拉曼光谱图特征
（据张鼐等，2007）

（a）正戊烷；（b）正己烷；（c）正庚烷

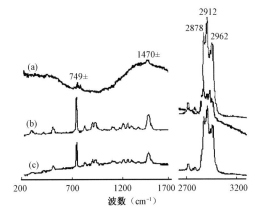

图 6 - 55　异构烷烃类的拉曼光谱图特征
（据张鼐等，2007）

（a）异戊烷；（b）异辛烷；（c）C_{13} 以上饱和烃混合标样

将大分子饱和烷烃混合物测试拉曼[图6-55(c)],发现虽然内含多种大分子饱和烃(正构异构都有),但基拉曼谱图竟和异构饱和烷烃的一样,因为混合物中不管有多少饱和烷烃、

大分子有多少,但它们都是由" H—C—"," H—C—C—"," H—C—C—C—"和

"—C—C—C—"4种有机基团组成,拉曼谱图分析的是有机基团而不是单个饱和烷大分子或者说不是饱和烷烃的碳分子数。说明不管饱和烃分子的碳数多少、分子结构如何,拉曼分析的只是饱和烷烃中的有机基团,只要组成饱和烷烃的基团相同,其拉曼谱图是相同的。由此认为,拉曼在分析烃包裹体时拉曼光谱显示的是烃包裹体中的有机基团,而不是具体烃类,故拉曼分析不能识别烃包裹体中的烃的种类。

对烯烃、环烷烃、苯拉曼分析(图6-56),除了上面的基团特征峰外,还发现了环烷烃中环

己烷" H—C—C—H "基团的拉曼特征峰为804cm^{-1};苯环" C—C "基因有两个

拉曼特征峰(988cm^{-1},3058cm^{-1}),并以988cm^{-1}为主;烯烃中己烯在1294cm^{-1},1635cm^{-1}和2996cm^{-1}有3个烯键(C=C)基团拉曼特征峰,并以1635cm^{-1}为主。

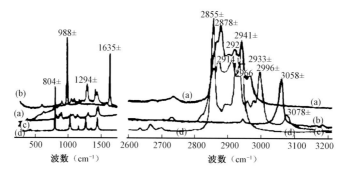

图6-56 苯、环六烷烃、烯烃的拉曼光谱图特征(据张鼐等,2007)

(a)正己烷;(b)苯;(c)己烯;(d)环六烷

4. 储层沥青拉曼特征

1)储层沥青拉曼特征

Rogers[99]最早定义了储层沥青:由油衍生而来,现今存在于晶洞或粒间孔隙中,是石油热

变质过程中天然裂解的产物,随着埋藏深度增加,固体沥青不断发生聚合或增碳缩合作用,沥青的物理化学性质发生有规律的变化。石油组分可以分为烷烃和芳香烃等非极性组分与沥青质和非烃类物质等极性的组分。在油—岩相互作用中,原油中的极性组分(如胶质、沥青质、含有氮硫氧的化合物、金属络合卟啉等极性有机物)在岩石矿物表面被富集,成岩过程中这些极性有机物分子大,又易被岩石吸附,多被较好地保留于岩石孔隙中,故储层沥青应是石油中的极性组分或成岩阶段经成熟作用和变质作用演变后产物,如演变浅的可能保存有较轻质组分,如演化深的可能以极性高分子沥青质、碳化有机质为主。因荧光发光性质可反映有机组分基本特征,按在紫外荧光显微镜下发光特征将储层沥青分成 4 类[102]:油质储层沥青(发白色—蓝色—黄色荧光)、胶质储层沥青(发橙色荧光)、沥青质储层沥青(发褐色荧光)、碳质储层沥青(不发光或发黑色光)。从油质储层沥青到碳质储层沥青轻质组分依次变少、石油族组分中的"沥青质"等高分子组分依次变多。

对石油中的储层沥青,拉曼分析发现,虽然也有荧光宽缓拉曼峰,但总有 2 个成对的 $1379cm^{-1}$ D 峰和 $1605cm^{-1}$ G 峰,这两个拉曼峰值非常稳定,尤以 G 峰更为突出。这是因为储层沥青是经过成岩热演化的高碳化合物,内含有大量芳香构型层面的双碳原子键,所以 G 峰会突出。因为 D 峰是非晶质石墨无序结构的缺陷,而储层沥青多为液相烃,不像煤、石墨具有非晶质石墨无序结构的缺陷,故 D 峰不发育,如果储层沥青已碳化或已热变质到最终产物石墨,那 D 峰会出现的。张䓪等(2009)[101]对石油中的沥青质包裹体组分进行了拉曼光谱分析,发现有两种不同的拉曼光谱特征:一是具有明显的一对 $1379cm^{-1}$ D 峰和 $1605cm^{-1}$ G 峰,但在 $2900 \sim 3300cm^{-1}$ 又有一系列烃类拉曼峰(图 6-57),说明这类沥青质内还含有一定量的烃类,并未完全碳化,将这类包裹体称为沥青烃包裹体。二是只有一对 $1379cm^{-1}$ D 峰和 $1605cm^{-1}$ G 峰(图 6-58),说明这类沥青碳化明显,多已固化成黑色碳质沥青质,将这类包裹体称为碳质沥青包裹体。

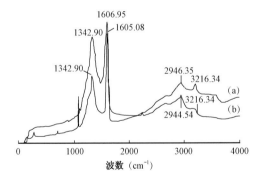
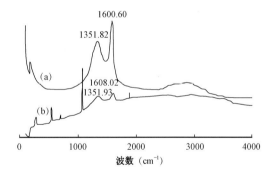

图 6-57　含碳质沥青包裹体拉曼光谱图
(a)塔里木 YD2 井白云石脉中褐色沥青包裹体拉曼谱线;
(b)四川 D4 井气态含沥青包裹体拉曼谱图

图 6-58　碳质沥青质和碳质沥青包裹体拉曼光谱图
(a)塔里木 YD2 井碳质沥青包裹体拉曼谱线;
(b)塔里木 LN63 井褐黑色碳质沥青包裹体拉曼谱图

2)储层沥青拉曼特征峰与成熟度

近年来,Kelemen 等[102]以及 Zeng 和 Wu[103]用拉曼光谱研究了烟煤和干酪根的热演化产物。表明样品的拉曼碳谱中 D 峰和 G 峰形态和比值与热演化实验温度有关,可以反映有机质高热演化阶段的热变程度;William Schopfa 等[104]研究了前寒武系中微体化石的拉曼碳谱中"D 峰—G 峰"特征,提供了保存指数(RIP)与微体化石地质年代和微体化石的"Mapping"图,受到了广泛关注。Wilkins 等(2014)依据不同演化系列(镜质组反射率 $VR_r < 1.1\%$)煤的镜质组、惰质组的拉曼参数建立了一种无须区分显微组分的评价有机质热成熟度公式[9],可有效解决显微组分对成熟度计算结果的影响。Zhou 等(2014)通过对人工熟化沥青拉曼光谱分析建立了沥青反射率与拉曼光谱参数的定量关系,认为峰位差($G—D$)和峰强比(I_D/I_G)可很好地用于定量表征沥青反射率,且通过拉曼参数计算的成熟度数据离散度要低于测定光学反射率离散度[3]。

胡凯等[105-107]、段菁春等[108]和刘德汉等[108]分别对不同镜质组反射率的石墨、煤、沥青进行拉曼分析,将他们所测数据做 R_o 和 G 峰拉曼波数与 D 峰拉曼波数差值($G—D$)关系图(图 6 - 59),结合刘德汉等[109] R_o 和 D 峰拉曼强度与 D 峰拉曼强度比值(D_h/G_h)关系图(图 6 - 60),证明随着 R_o 值变大,$G—D$ 差值、D_h/G_h 比值数也增大,一般将 R_o 为 0.8%,1.3% 和 2% 分别作为油

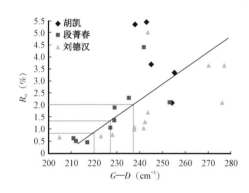

图 6 - 59　石墨、煤、沥青的 R_o 与
$G—D$ 关系图

的低成熟、中成熟、高成熟、过成熟分界点,将 R_o 的分界点分别投在图 6 - 59 和图 6 - 60 中,找到对应的 $G—D$ 差值、D_h/G_h 比值数分别约是 $220cm^{-1}$,$227.5cm^{-1}$,$237.5cm^{-1}$ 和 0.55,0.59,0.66,用 $G—D$ 差值的 $220cm^{-1}$,$226cm^{-1}$,$235cm^{-1}$ 和 D_h/G_h 比值的 0.558,0.596,0.654 数值可画出相应的低成熟、中成熟、高成熟、过成熟区域(图6 - 61)。所以我们可以依据沥青两个成对的 D 峰和 G 峰特征推测储层沥青的演化特征,对于未知沥青测到了拉曼的 G 峰和 D 峰,可投影在 $G—D$ 与 D_h/G_h 关系图中,从而确定相对应的成岩热演化成熟度。

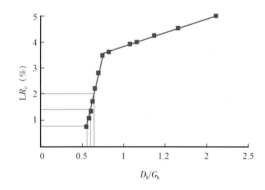

图 6 - 60　石墨、煤、沥青的 R_o 与 D_h/G_h 关系图
(据刘德汉,2012,有修改)

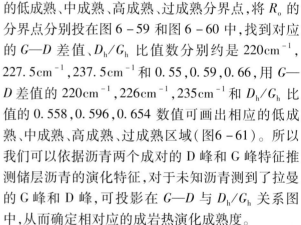

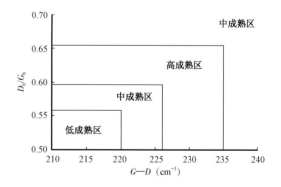

图 6 - 61　沥青成熟度分布图

2015 年,王民等[110]利用澳大利亚二叠系煤、德国石炭系煤和澳大利亚悉尼北部 North Ryde 区泥岩样品进行系统地激光拉曼分析和镜质组反射率分析,建立了基于激光拉曼技术的有机质成熟度评价方法(RaMM)和可以评价成熟度范围 0.4% ~ 2.5% 的 RaMM EqVR 公式。他采用了 7 个拉曼参数(依次为:b—基线斜率;D - FWHM—D 峰位移;G - FWHM—G 峰位移;Saddleindex;$L(G—D)$—峰位差;I_G/I_D—峰强度比;A_G/A_D—峰面积比)进行建模:

$$RaMM\ EqVR = a + \sum_{i=1}^{7}\left[a_i \lg(x_i + b_i)\right] \qquad (6-25)$$

其中，a，a_i 和 b_i 为模型系数；x_i 为第 i 个拉曼参数；$RaMM\ EqVR$ 为拉曼等效反射率（%）。设参与建模的煤样个数为 l，实测随机镜质组反射率为 VR_l，每个样品的拉曼测点数为 N_l（不同样品的拉曼测点数目可不同），通过优化求取实测镜质组反射率与拉曼等效反射率差值的最小值函数［式（6-26）］，即可得到式（6-25）的系数（表6-14），采用 1stopt 软件中的共轭梯度算法优化求取式（6-26）。

$$\min \sum_{k=1}^{l} \sum_{m=1}^{N_l} abs\left[\left(VR_k - RaMM\ EqVR_{k,m}\right)\right] \qquad (6-26)$$

当 $RaMM\ EqVR(1) \leqslant 1.0$ 时用 $RaMM\ EqVR$（6-25）公式，即式（6-25）中的 a，a_i，b_i 模型系数是表6-14中的 $RaMM\ EqVR(1)$ 行；当 $RaMM\ EqVR(1) \geqslant 1.0$ 同时 $RaMM\ EqVR(2) \geqslant 1.3$ 时，用 $RaMM\ EqVR$（6-26）公式，即式（6-26）中的 a，a_i，b_i 模型系数是表6-14中的 $RaMM\ EqVR$（2）行；当 $RaMM\ EqVR(1) > 1.0$ 同时 $RaMM\ EqVR(2) < 1.3$，采用加权平均值公式（6-27）确定。

$$RaMM\ EqVR = RaMM\ EqVR(1) \times \frac{1.3 - RaMM\ EqVR(2)}{\left[RaMM\ EqVR(1) - 1.0\right] + \left[1.3 - RaMM\ EqVR(2)\right]} +$$
$$RaMM\ EqVR(2) \times \frac{RaMM\ EqVR(1) - 1}{\left[RaMM\ EqVR(1) - 1.0\right] + \left[1.3 - RaMM\ EqVR(2)\right]}$$
$$(6-27)$$

表6-14　$RaMM\ EqVR$ 公式系数表

公式/系数	a	a_1	a_2	a_3	a_4	a_5	a_6	a_7
$RaMM\ EqVR(1)$	165.8943	0.5640	−0.7199	−24.8044	−0.5781	0.9878	−0.3349	0.0328
$RaMM\ EqVR(2)$	−399.4573	−0.2212	7.9374	−1.7453	−0.5174	18.8485	0.0723	110.8499

公式/系数		b_1	b_2	b_3	b_4	b_5	b_6	b_7
$RaMM\ EqVR(1)$		1.7194	−86.3740	737.6314	−1.6838	−201.9187	−2.0827	−0.4345
$RaMM\ EqVR(2)$		−0.7295	−47.5035	−43.0050	1.5460	192.4569	−1.6837	9.1805

此方法具有需样量小、微区无损分析、无须区分镜质体和惰质体，且能解决镜质组反射率异常的特点，在分散有机质成熟度测定方面应有广阔的前景。RaMM 技术主要是在煤系及海相泥岩中进行的实例推导，在湖相泥岩和储层沥青中是否可用还需要进一步研究。

3）实例——塔里木盆地塔北地区奥陶系储层沥青的研究

（1）塔北地区奥陶系碳酸盐岩储层沥青的期次。

对塔里木盆地储层沥青研究有从沥青成因分析沥青组分变化的[111]，也有利用沥青荧光性说明其特征的[112]，但利用储层沥青的拉曼特征峰来探讨成藏期次和成熟度的很少。塔北轮南地区储层沥青显微观察，发现有三期储层沥青：第Ⅰ期多赋存在早期愈合缝中，在单偏光下为黑色［图6-62（a）（b）（d）］，在紫外荧光下不发光［图6-62（c）］，有碳化现象，故为碳质储层沥青。第Ⅱ期赋存在愈合缝［图6-62（b）］、溶孔［图6-62（d）］、裂缝［图6-62（e）］中，在单偏光下为黑褐色、褐色［图6-62（b）（d）］，在紫外荧光下发黄褐色光［图6-62（c）］

或褐色光[图6-62(e)],伴生有发黄色荧光的烃包裹体[图6-62(e)],因烃包裹体是原油充注时被包裹在矿物中,其组分未发生分异,由此可见这期储层沥青是原油充注后又遭受破坏,轻质组分分异、变质成以胶质、沥青质为主的有机物,故为沥青质储层沥青。第Ⅲ期多赋存在半充填的晚期裂缝中,在单偏光下为灰色、褐色,在紫外荧光下发蓝色光储层沥青[图6-62(c)]和褐色光储层沥青[图6-62(f)]共生,伴生有发蓝色荧光的烃包裹体[图6-62(f)],储层沥青和烃包裹体都发蓝色荧光,可见这期储层沥青形成较晚,未发生成岩变质作用,由于岩石选择性吸附原油中极性有机质,使这一期储层沥青组分分异,形成了以非极性轻质烷烃类为主的油质储层沥青与以极性沥青质为主的沥青质储层沥青共存现象。

哈拉哈塘—英买力地区储层沥青与轮南低凸起地区的有很好可对比性,也发育相同特征的三期储层沥青:第Ⅰ期多为碳质储层沥青[图6-62(g)(h)(i)];第Ⅱ期也为沥青质储层沥青[图6-62(j)(k)(m)],伴生有发黄色荧光的烃包裹体[图6-62(j)(m)];第Ⅲ期同样是油质储层沥青和沥青质储层沥青共存[图6-62(l)(n)(o)],伴生有发蓝色荧光的烃包裹体[图6-62(o)]。

在JF127井5649.88m处见第Ⅲ期发蓝白色荧光的储层沥青切割前两期储层沥青[图6-62(b)(c)]。在YM201井6015.08m处见第Ⅱ期沥青质储层沥青切割第Ⅰ期储层沥青[图6-62(g)],可见三期储层沥青形成于先后不同的地质时期。

大量薄片观察发现塔北不是每口井区都发育三期储层沥青,除了第Ⅱ期储层沥青普遍分布外,第Ⅰ期储层沥青在轮南低凸起地区较普遍,在哈拉哈塘—英买力地区主要在北部YM4井、XK1井、XK4井、H801井、H6井等靠北的井中较常发现,第Ⅲ期储层沥青主要在塔北南部地区发现,如轮南低凸起地区南边的轮古东地区(LG36井、LD2井、LG351井、LG39井)、桑南西地区(LN54井、LN39井、LG102井)、桑南东地区(JF126井、JF127井、LN23井),和哈拉哈塘—英买力地区南边的YM2井区、H902、RP1、H12-3井、RP4井等,在塔北北部如轮面低凸起地区的中平台地区、哈拉哈塘地区北边的井如H801井未见第Ⅲ期储层沥青。从而形成了塔北北边见第Ⅰ期储层沥青、全区见第Ⅱ期储层沥青、南边见第Ⅲ期储层沥青的格局。

(2)塔北地区奥陶系碳酸盐岩储层沥青拉曼特征及热成熟度。

哈拉哈塘—英买力地区的三期储层沥青与轮南低凸起地区的三期储层沥青不仅在显微荧光特征上有相同之处,在拉曼谱图形态上也特别一致。图6-63(a)是第Ⅰ期储层沥青拉曼谱图,都表现出G峰发育而尖锐,显示出高碳组分为主。D峰较突起,有碳化趋势,可见这一期储层沥青碳化热变较强。另3000cm^{-1}处宽大凸起不高,是烃类组分甲基、亚甲基等在此的荧光表现。

图6-63(b)是第Ⅱ期储层沥青拉曼谱图,G峰相对没第Ⅰ期储层沥青的尖锐,个别的还表现较低,如图6-63(b)中的H902井的第Ⅱ期储层沥青拉曼谱图,显示第Ⅱ期储层沥青高碳组分没有第Ⅰ期储层沥青的多。D峰微突出,在3000cm^{-1}处也有宽大凸起,说明第Ⅱ期储层沥青也有一定的成岩热变作用。

第Ⅲ期储层沥青中发蓝白色荧光的轻组分保存较好,拉曼分析中常有荧光效应,本次选靠近围岩的深色极性组分部分进行拉曼分析。图6-63(c)是第Ⅲ期储层沥青拉曼谱图,G峰也有一定突出,说明靠近围岩的深色极性组分以高碳沥青质为主,3000cm^{-1}处宽大凸起较高,说明第Ⅲ期储层沥青保存有大量的甲基、亚甲基轻质烃类,D峰基本没有,可见无成岩热变碳化趋势。

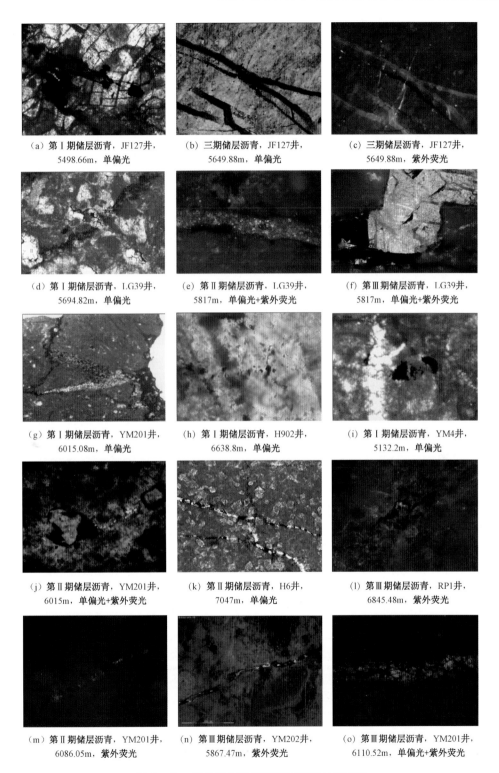

（a）第Ⅰ期储层沥青，JF127井，
5498.66m，单偏光

（b）三期储层沥青，JF127井，
5649.88m，单偏光

（c）三期储层沥青，JF127井，
5649.88m，紫外荧光

（d）第Ⅰ期储层沥青，LG39井，
5694.82m，单偏光

（e）第Ⅱ期储层沥青，LG39井，
5817m，单偏光+紫外荧光

（f）第Ⅲ期储层沥青，LG39井，
5817m，单偏光+紫外荧光

（g）第Ⅰ期储层沥青，YM201井，
6015.08m，单偏光

（h）第Ⅰ期储层沥青，H902井，
6638.8m，单偏光

（i）第Ⅰ期储层沥青，YM4井，
5132.2m，单偏光

（j）第Ⅱ期储层沥青，YM201井，
6015m，单偏光+紫外荧光

（k）第Ⅱ期储层沥青，H6井，
7047m，单偏光

（l）第Ⅲ期储层沥青，RP1井，
6845.48m，紫外荧光

（m）第Ⅱ期储层沥青，YM201井，
6086.05m，紫外荧光

（n）第Ⅲ期储层沥青，YM202井，
5867.47m，紫外荧光

（o）第Ⅲ期储层沥青，YM201井，
6110.52m，单偏光+紫外荧光

图6-62 塔北隆起奥陶系储层沥青显微特征

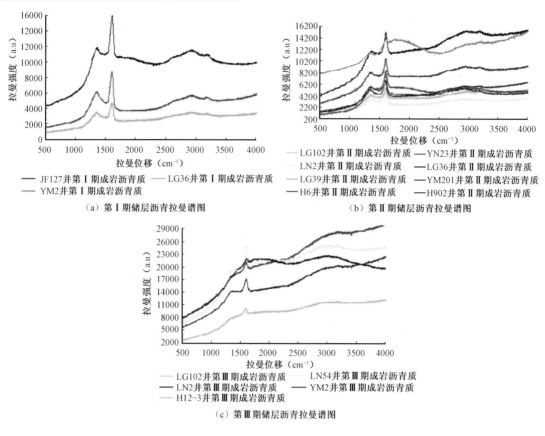

（a）第Ⅰ期储层沥青拉曼谱图

——JF127井第Ⅰ期成岩沥青质 ——LG36井第Ⅰ期成岩沥青质
——YM2井第Ⅰ期成岩沥青质

（b）第Ⅱ期储层沥青拉曼谱图

——LG102井第Ⅱ期成岩沥青质 ——YN23井第Ⅱ期成岩沥青质
——LN2井第Ⅱ期成岩沥青质 ——LG36井第Ⅱ期成岩沥青质
——LG39井第Ⅱ期成岩沥青质 ——YM201井第Ⅱ期成岩沥青质
——H6井第Ⅱ期成岩沥青质 ——H902井第Ⅱ期成岩沥青质

（c）第Ⅲ期储层沥青拉曼谱图

——LG102井第Ⅲ期成岩沥青质 ——LN54井第Ⅲ期成岩沥青质
——LN2井第Ⅲ期成岩沥青质 ——YM2井第Ⅲ期成岩沥青质
——H12-3井第Ⅲ期成岩沥青质

图6-63　塔北奥陶系三期储层沥青拉曼谱图

　　将塔北奥陶系三期储层沥青的拉曼特征峰 $G—D$ 差值与 D_h/G_h 比值做相关图（图6-64），在前面已论证 $G—D$ 与 D_h/G_h 关系图由左下方向右上方显示热成熟度变高，第Ⅰ期储层沥青分布的区域（图6-64中褐色框部分）高于第Ⅱ期储层沥青分布的区域（图6-64中黄色框部分），一般油气运移特点：从早期成熟度低到晚期成熟度变高演化，为什么塔北奥陶系储层中早期形成的第Ⅰ期储层沥青热成熟度高于第Ⅱ期储层沥青的？紫外荧光显微镜下第Ⅰ期储层沥青多为黑色碳质沥青，说明形成后经历序列化成熟作用和变质作用，已形成了热稳定性更高的残余物——碳化高分子有机物，也就是说第Ⅰ期储层沥青的高热成熟度主要是后期成熟作用和变质作用的原因。

　　上节已分析，紫外荧光显微镜下第Ⅱ期储层沥青多发黄褐色光，其组分中有一定的沥青质，说明热成熟度及变质作用远没有第Ⅰ期储层沥青强，没到碳化阶段。但 $G—D$ 多分布在大于230cm^{-1}范围，这主要是保持原油高成熟度特征。

　　第Ⅲ期储层沥青分布在最上面并明显向右偏，$G—D$ 多分布在大于240~270cm^{-1}过成熟区范围内，在紫外荧光下是发蓝白色油质储层沥青的重质部分[图6-64（c）]，所以是一期成熟度高但未发生热蚀变化的储层沥青。

　　塔北西部哈拉哈塘—英买力地区三期储层沥青的 $G—D$ 与 D_h/G_h 关系图[图6-64（a）]与塔北东部轮南低凸起地区的[图6-64（b）]现象非常一致，可见整个塔北隆起自东向西所经历的成藏期次是相同的。

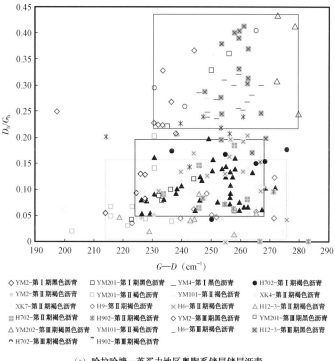

◇ YM2-第Ⅰ期黑色沥青　　□ YM201-第Ⅰ期黑色沥青　　— YM4-第Ⅰ期黑色沥青　　● H702-第Ⅰ期褐色沥青
◆ YM2-第Ⅱ期褐色沥青　　□ YM201-第Ⅰ期褐色沥青　　YM101-第Ⅱ期褐色沥青　　✕ XK4-第Ⅱ期褐色沥青
✕ XK7-第Ⅱ期褐色沥青　　■ H9-第Ⅱ期褐色沥青　　✕ H6-第Ⅱ期褐色沥青　　△ H12-3-第Ⅱ期褐色沥青
▦ H702-第Ⅱ期褐色沥青　　✳ H902-第Ⅱ期褐色沥青　　◇ YM2-第Ⅲ期黑色沥青　　□ YM201-第Ⅲ期黑色沥青
△ YM202-第Ⅲ期黑色沥青　　YM101-第Ⅱ期褐色沥青　　— H6-第Ⅲ期褐色沥青　　✕ H12-3-第Ⅲ期黑色沥青
♠ H702-第Ⅲ期褐色沥青　　✳ H902-第Ⅲ期褐色沥青

(a) 哈拉哈塘—英买力地区奥陶系储层储层沥青

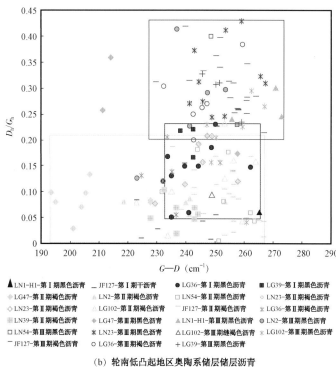

▲ LN1-H1-第Ⅰ期黑色沥青　　— JF127-第Ⅰ期干沥青　　● LG36-第Ⅰ期黑色沥青　　■ LG39-第Ⅰ期黑色沥青
◆ LG47-第Ⅱ期褐色沥青　　▲ LN2-第Ⅱ期褐色沥青　　□ LN54-第Ⅱ期褐色沥青　　○ LN23-第Ⅱ期褐色沥青
◇ LN23-第Ⅱ期褐色沥青　　△ LG102-第Ⅱ期褐色沥青　　— JF127-第Ⅲ期褐色沥青　　✳ LG36-第Ⅱ期褐色沥青
▦ LN39-第Ⅲ期黑色沥青　　◆ LG47-第Ⅲ期黑色沥青　　▲ LN1-H1-第Ⅲ期黑色沥青　　◉ LN2-第Ⅲ期黑色沥青
□ LN54-第Ⅲ期黑色沥青　　✳ LN23-第Ⅲ期黑色沥青　　△ LG102-第Ⅲ期缝褐色沥青　　✳ LG102-第Ⅲ期黑色沥青
— JF127-第Ⅲ期褐色沥青　　○ LG36-第Ⅲ期褐色沥青　　+ LG39-第Ⅲ期黑色沥青

(b) 轮南低凸起地区奥陶系储层储层沥青

图 6-64　塔北奥陶系储层储层沥青 G—D 与 D_h/G_h 关系图

结合前人对塔北隆起成藏演化分析成果,认为第Ⅰ期储层沥青其沥青化形成于早海西运动期,其相关油气藏形成于早古生代[113],由于上覆盖层不发育和构造裂缝使轻质组分多已移出,残余的重质组分由于序列化成熟作用和变质作用,产生了热稳定性更高的残余物——高碳化合物,并已向碳化转变。第Ⅱ期储层沥青相关油气藏应与晚海西期大规模成油有关,是一次成熟油的注入[96,114-116],成岩作用热演化使组分分异,但未见碳化成固体碳质沥青,说明这一期古油藏得到较好的保存。赋存在晚期半充填裂缝中的第Ⅲ期储层沥青应与喜马拉雅期过成熟凝析油气注入[120]有关,因形成较晚而未经大的构造热事件改造,未变质的发蓝白色荧光的油质储层沥青得以保存,由于岩石选择性吸收了原油中的极性组分(如胶质、沥青质等极性有机物),使这一期储层沥青组分分异,形成了以非极性轻质烷烃类为主的油质储层沥青和以极性沥青类为主的沥青质储层沥青共存于裂缝中现象。因这一期储层沥青主要分布于塔北的南部,说明这期过成熟凝析油气充注由南向北,并只注入塔北南边地区,多数北部地区未注入。尤其是在哈拉哈塘—英买力地区南边油质储层沥青发现,为在本区找喜马拉雅期凝析油藏提供了证据和靶区。

总之塔北奥陶系储层中发育三期储层沥青:第Ⅰ期高热成熟度碳质储层沥青、第Ⅱ期成熟沥青质储层沥青、第Ⅲ期过成熟油质储层沥青和沥青质储层沥青。三期储层沥青的分布及性质决定塔北奥陶系成藏北部老、南部新;北部重质油、南部凝析油的特点。

5. 流体包裹体内压的确定

1)流体包裹体中甲烷拉曼特征峰与内压的关系

甲烷有4个拉曼活性波谱[117],分别为强对称拉伸振动(V_1为2917cm^{-1})、弱反对称拉伸波谱(V_3为3020cm^{-1})和弱泛频($2V_4$为2576cm^{-1}和$2V_2$为3070cm^{-1})。甲烷拉曼信号中最强的V_1振动随压力增加而拉曼位移减小,在3.4MPa压力下,气体甲烷的V_1位于2917.3cm^{-1},表现为一个尖锐的强峰;而在31.7MPa压力下的液相中,V_1表现为一个宽而矮的峰带,中心位置在2911.3cm^{-1}[118]。前人用实验证明,在0~70MPa压力条件下,甲烷V_1振动拉曼位移随压力增加呈现一级指数递减的趋势(图6-65)[119],在20MPa以下,甲烷V_1振动的拉曼位移与压力几乎成直线关系[124],超过50MPa后减小速度变缓,这为利用甲烷的拉曼位移来指示流体包裹体的压力提供了计算方法。此外,Brunsgaard等(2002)[125]还对甲烷V_3和$2V_2$振动拉曼强度比值随压力的变化做了研究,结果证实可以用该比值来获取研究体系的总压力。

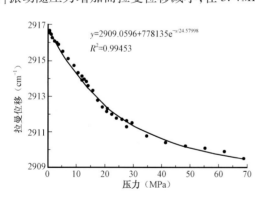

图6-65 CH$_4$拉曼位移与压力的关系
(引自Jeffery等)

流体包裹体中甲烷水合物的生成温度为7.5℃、生成压力为5.6MPa[122]。表6-15中列出了不同温度下流体包裹体中甲烷的拉曼位移[123],由于温度升高对拉曼位移会产生一定的影响,在用甲烷拉曼峰分析流体包裹体压力时对温度的影响应进行校正。另还需要注意仪器的分辨率等因素会对拉曼信号产生影响,在用甲烷拉曼峰分析流体包裹体压力时应对这些干扰因素进行校正。

表 6-15　不同温度下甲烷 M1 伸缩振动的拉曼位移(引自陈勇等,2005)

温度(℃)	拉曼位移(cm⁻¹)
19	2916. 60
50	2916. 20
100	2915. 53
150	2916. 20
200	2914. 28
214	2912. 25
241	2911. 64

2)流体包裹体中组分拉曼特征峰与内压的关系

很多实验证明,流体包裹体的主要组分的拉曼特征峰的位移(波数)与测试时的温度和流体包裹体的内压存在很好的相关性。对流体包裹体中的 H_2O、CO_3^{2-} 和 SO_4^{2-} 及较高碳数的烷烃在高温高压下的拉曼光谱分析,发现这些组分特征峰与温度和压力存在的相关性,并将三者的相关性列出了参考公式(表 6-16),通过在均一温度下测定的流体包裹体主组分的激光拉曼光谱波数,就可推测流体包裹体形成时的压力。但因公式多是在单一组分的已知样品中实验所得,自然界流体包裹体是多组分的,故在应用时应注意组分之间相互影响。

表 6-16　硫酸根离子、纯水、碳酸根离子和烷烃的拉曼峰与温度和压力的关系

压标物质	拉曼峰	压标表达式(压力单位为 MPa)	资料来源
硫酸根离子 SO_4^{2-}	981cm⁻¹的 S—O 伸缩振动峰	$p = 190.44\Delta\nu_{p(S-O)} + 0.0027t^2 + 2.9019t - 111.68$	乔二伟等(2006)
纯水 H_2O	3400cm⁻¹的 O—H 振动拉曼峰	$p = -32.24\Delta\nu_{p(O-H)} - 0.0179t^2 + 27.7981t - 6776.79$	Yang 等(2009)
5% NaCl 溶液	3400cm⁻¹的 O—H 振动拉曼峰	$p = -47.45\Delta\nu_{p(O-H)} - 0.0314t^2 + 40.7355t - 9484.13$	杨玉萍(2008)
10% NaCl 溶液	3400cm⁻¹的 O—H 振动拉曼峰	$p = -56.08\Delta\nu_{p(O-H)} - 0.0384t^2 + 45.8799t - 10112.87$	杨玉萍(2008)
碳酸根离子 CO_3^{2-}	1066cm⁻¹的 C—O 伸缩振动拉曼峰	$p = 166.33\Delta\nu_{p(C-O)} - 5.30t - 125.91$	段体玉(2004)
烷烃	2900cm⁻¹的 C—H 伸缩振动拉曼峰	$p = 78.27\Delta\nu_{p(C-H)} + 59.47$	乔二伟等(2008)

3)流体包裹体中子矿物拉曼特征峰与内压的关系

通常情况下,激光拉曼光谱仪可以作为鉴定流体包裹体中未知子矿物的无损手段之一。陈勇等(2006)[129]采用显微测温与低温原位拉曼光谱技术分析和鉴定了东营凹陷平南地区火山岩中的含石盐子晶流体包裹体,通过对含石盐子晶流体包裹体研究,揭示了该区岩浆中存在高盐度流体。刘景波等(2000)[130]通过拉曼光谱,识别出大别山超高压变质带片麻岩的锆石

中有重晶石和硬石膏包裹体,它们与柯石英共生,由此表明,超高压变质过程中存在变质流体。表6-17列出了流体包裹体中常见子矿物拉曼特征峰波数,可据此推断子矿物名称。

表6-17 常见子矿物拉曼光谱峰的位移 $\Delta\nu$(cm $^{-1}$)

矿物名称		$\Delta\nu$(cm $^{-1}$)				
碳酸盐	文石	152	209	710	1089		
	方解石	156	283	711	1085		
	镁方解石	157	284	714	1087		
	菱镁石		329	768	1094		
	白云石	176	299	725	1097		
	苏达石			684	1046	1266	
硫酸盐、磷酸盐	硬石膏	515	628	674	1015		
	石膏	492	623	671	1006	3250	3500
	重晶石	460			988		
	磷灰石				966		

Christian(2000)[131]通过高温高压实验研究发现石英的拉曼位移与压力和温度之间具有非常好的函数关系(图6-66);Philippe 等(1993)[132]菱镁矿、白云石和方解石的拉曼光谱研究结果也表明它们的拉曼位移与压力和温度之间同样也具有很好的函数关系。实验研究表明,包裹体中具拉曼活性的子矿物如石英、方解石、白云石和菱镁矿等,其拉曼位移与压力之间具有良好的线性关系,这一特性使我们能够通过测量矿物包裹体中含有这些子矿物的拉曼位移来确定矿物的形成压力。

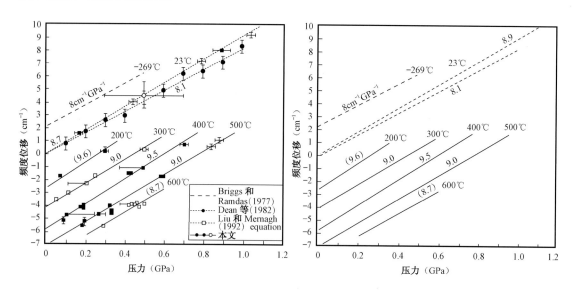

图6-66 石英464cm^{-1}拉曼位移与温度和压力关系图(引自 Christian,2000)

因此从理论上说,采用激光拉曼光谱方法测定流体包裹体的形成压力是可行的,即测试均一温度下流体包裹体子矿物拉曼,由此推测的压力就是流体包裹体形成压力。只要拉曼光谱的测量在热台上对包裹体加温至均一后就可,但对于含子矿物的包裹体来说,到达完全均一温度时该矿物都将消失,故将无法获得它们的拉曼光谱数据,对此,郑海飞等(2005)[133]采用如下间接的方法加以解决:即在子矿物未消失前,在不同温度下测量它们的拉曼光谱数据,然后将由此获得的一组数据进行作图,并用直线方程进行拟合,最后通过外推到均一温度时即可获得该子矿物消失时的拉曼光谱数据。

参 考 文 献

［1］ Burruss R C. Practical Aspects of Fluorescence Microscopy of Petroleum Fluid Inclusions［J］. SEPM Short Course,1991,25(1):1 - 7.

［2］ Khorasani G K. Novel Development in Fluorescence Microscopy of Complex Organic Mixtures:Application in Petroleum Geochemistry［J］. Organic Geochemistry,1987,11(3):157 - 168.

［3］ Richard J Arneson. An Individual Voluntary Choice or do(or refrain)from doing an Action and her Volunrary Consent to be Impinged on or Acted upon by others(or not)obviously have great Moral Significance［J］. A phys,2009

［4］ Kavanagh R J,Burnison B K,Frank R A,et al. Detecting Oil Sands Process - affected Waters in the Alberta Oil Sands Region using Synchronous Fluorescence Spectroscopy［J］. Chemosphere,2009,76(1):120 - 126.

［5］ 王光辉. 显微荧光光谱参数及其在东营凹陷胜坨地区油气成长藏研究中的应用［D］. 北京:中国科学院研究生院,2012:22.

［6］ Hagemann H W,Hollerbach A. The Fluorescence Behaviour of Crude Oils with Respect to Their Thermal Maturation and Degradation［J］. Organic Geochemistry,1986,10(3):473 - 480.

［7］ Lin R,Davis A,Bensley D. The Chemistry of Vitrinite Fluorescence［J］. Organic Geochemistry,1987,11(5):393 - 399.

［8］ Stasiuk L D Snowdon L R. Fluorescence Micro - spectrometry of Synthetic and Natural Hydrocarbon Fluid Inclusions:Crude Oil Chemistry,Density and Application to Petroleum Migration［J］. Applied Geochemistry,1997,12(3):229 - 241.

［9］ 慈兴华,向巧玲,陈方鸿. 定量荧光分析技术在原油性质判别方面的应用探讨——以胜利油区为例［J］. 石油实验地质,2004,26(1):100 - 102.

［10］ 吕修祥,周新源,李建交.塔里木盆地塔北隆起碳酸盐岩油气成藏特点［J］.地质学报,2007,81(8):1057 - 1064.

［11］ 丰勇,陈红汉,叶加仁. 伊通盆地岔路河断陷油气成藏过程［J］. 地球科学——中国地质大学学报,2009,34(3):502 - 509.

［12］ Liu Keyu,Peter Eadington,Heather Middleton,Applying Quantitative Fluorescence Techniques to Investigate Petroleum Charge History of Sedimentary Basins in Australia and Papuan New Guinea,Journal of Petroleum［J］. Science and Engineering,2007,57:139 - 151.

［13］ Goldstein R H,Reynolds T J. Systematics of Fluid Inclusions in Diagenetic Minerals［J］. SEPM Short Course,1994,31:69 - 85.

［14］ 杨杰,陈丽华. 利用荧光光谱进行原油测定及对比的方法［J］. 石油勘探与开发,2002,29(6):69 - 71.

［15］ Hagemann H W,Hollerbach A. The Fluorescence Behaviour of Crude Oils with Respect to Their Thermal Maturation and Degradation［J］. Organic Geochemistry,1986,10(3):473 - 480.

［16］ Guihaumou N,Szydlowskii N Pradier. Characterization of Hydrocarbon Fluid Inclusion by Infra - red and Fluorescence Microspectrometry［J］. Mineralogical Magazine,2000,54(375):311 - 324.

［17］ 李纯泉,陈红汉,刘惠民. 利用油包裹体微束荧光光谱判识油气充注期次［J］. 地球科学——中国地质大学学报,2010,35(4):657-660.

［18］ 施继锡,余孝颖. 碳酸盐岩中包裹体有机质特征与非常规油气评价［J］. 矿物学报,1996,16(2):103-108.

［19］ 方欣欣,甘华军,姜华. 利用石油包裹体微束荧光光谱判别塔北碳酸盐岩油气藏油气充注期次［J］. 地球科学——中国地质大学学报,2012,37(3):580-585.

［20］ 王光辉. 显微荧光光谱参数及其在东营凹陷胜坨地区油气成长藏研究中的应用［D］. 北京:中国科学院研究生院,2012:22

［21］ Oxtoby N H. Comments on:Assessing the Maturity of Oil Trapped in Fluid Inclusions using Molecular Geochemistry Data and Visually-determined Fluorescence Colours［J］. Applied Geochemistry,2002,17:1371-1374.

［22］ 郝雪峰,陈红汉,高秋丽,等. 东营凹陷牛庄砂岩透镜体油气藏微观充注机理［J］. 地球科学,2006,31(2):182-190.

［23］ 赵艳军,陈红汉. 烃包裹体荧光颜色及其成熟度研究［J］. 地球科学——中国地质大学学报,2008,33(1):91-96.

［24］ Santamaria-Orozco D,Horsfield B,Di Primio R,et al. Influence of Maturity on Distributions of Benzo and Dibenzothiophenes in Tithonian Source Rocks and Crude Oils,Sonda de Campec-he,Mexico［J］. Organic Geochemistry,1988,28(8):423-439.

［25］ Chakhmakhchev A,Suzuki M,Takayama K,et al. Distribution of Alkylated Dibenzothiophenes in Petroleum as a Tool for Maturity Assessments［J］. Organic Geochemistry,1997,26(7):483-490.

［26］ Radke M. Application of Aromatic Compounds as Maturity Indicators in Source Rocks and Crude Oils［J］. Marine and Petroleum Geology,1988,5(3):224-236.

［27］ 包建平,王铁冠,陈发景. 烃源岩中烷基二苯并噻吩组成及地球化学意义［J］. 石油大学学报:自然科学版,1996,20(1):19-23.

［28］ 李景贵. 海相碳酸盐岩二苯并噻吩化合物成熟度参数研究进展与展望［J］. 沉积学报,2000,18(3):480-483.

［29］ 罗健,程克明. 烷基二苯并噻吩—烃源岩热演化新指标［J］. 石油学报,2001,22(3):27-31.

［30］ Thiéry R,Pironon J,Walgenwitz F. Individual Characterization of Petroleum Fluid Inclusions (Composition and p—T Trapping Conditions) by Microthermometry and Confocal Laser Scanning Microscopy:Inferences from Applied ther Modynamics of Oils［J］. Marine and Petroleum Geology,2002,19(7):847-859.

［31］ 韩志文,周怡. 煤和油源岩的荧光性研究［M］. 北京:地质出版社,1993.

［32］ Liu K,Eadington P. Quantitative Fluorescence Techniques for Detecting Residual Oils and Reconstructing Hydrocarbon Charge History［J］. Organic Geochemistry,2005,36:1023-1036.

［33］ Liu K,George S C,Lu X,et al. Innovative Fluorescence Spectroscopic Techniques for Rapidly Characterising Oil Inclusions［J］. Organic Geochemistry,2014,72:34-45.

［34］ 施伟军,蒋宏,席斌斌. 油气包裹体成分及特征分析方法研究［J］. 石油实验地质,2009,31(6):643-648.

［35］ Liu K,Kurusingal J,Coghlan D,et al. Quantitative Grain Fluorescence (QGF),a Technique to Detect (Palaeo) Oil Zones by Measuring Trace Fluorescence from Reservoir Grainss［R］. CSIRO Petroleum Unrc-Stricted Report,2001:1-10.

［36］ Liu K,Coghlan D,Cable T,et al. Quantitative Grain Fluorescence(QGF)Procedure's Manual and Explanation Notes［R］. CSIRO Confidential Report,2002:2-60.

［37］ 邢恩袁,庞雄奇,肖中尧,等. 利用颗粒荧光定量分析技术研究塔里木盆地库车拗陷大北1气藏充注史［J］. 石油实验地质,2012,34(4):432-437.

［38］Brooks J M,Kennicutt M C,Barnard L A,et al. Applications of Total Scanning Fluorescence to Exploration Geochemistry［R］. Proceedings,15th Offshore Techology Conference,1983:393 - 400.

［39］Brooks J M. Three Dimensional Total Scanning Fluorescence Tahnical Report No. 1［R］. Department of Occanonmphy Tecss A & M Univesty,1984.

［40］朱桂海,Jame M Brooks. 三维全扫描荧光光谱在海洋石油勘探中的应用［J］. 石油实验地质,1987,3(4):240 - 248.

［41］朱桂海. 三维全扫描荧光法探讨长江口邻近陆架有机沉积物来源.［J］沉积学报,1989,7(1):117 - 125.

［42］王启军,陈建渝. 油气地球化学［M］. 北京:中国地质大学出版社. 1988,309,123.

［43］陈银节,姚亚明,赵欣. 利用三维荧光技术判识油气属性［J］. 物探与化探,2007,31(2):138 - 142.

［44］Cifruhka S D,Cohne A J. Infrared Evidence of Crystalline. Anunnium Chloride in Fluid Inclusions Contained in Sylvite［J］. EoS,1969,50:357.

［45］Canz H H,Kalkreuth W. Application of Infrared Spectroscopy to the Classification of Kerogen Types and the Evolution of Source Rock and Oil - shale Potentials［J］. Fuel,1987,66:708 - 711.

［46］Giae A P,Richar son C K. Compositiom of Petroleum Inclusions from the Cave - in - rock Fluorspar District［J］. Illinois. Geol. Soc. Amer Abstr. Prog. ,1986,18:615.

［47］Wopenka B,Pasteris J D, Freema n J J. Analysis of Individual Fluid Inclusions by Fourier Transform Infrared and Geochem［J］. Cosmochem Acta,1990,54:519 - 533.

［48］Pironon J. Synthesis of Hydrocarbon Fluid Inclusions at Low Temperature［J］. Am Miner,1990,75:226 - 229.

［49］密勒 R G J,斯特斯 B C. 红外光谱学的实验方法［M］. 于拴林,译. 北京:机械工业出版社,1995,22 - 23.

［50］王建鸣. 朗伯—比耳定律的物理意义及其计算方法的探讨［J］. 高等函授学报:自然科学版,2000,13(3):32 - 33.

［51］Pironon J,Barres O. Semi - quantitative FT - IR Microanalysis Limits:Evidence from Synthetic Hydrocarbon Fluid Inclusions in Sylvite［J］. Geochimica et Cosmochimica Acta,1990,54(3):509 - 518.

［52］孙青,翁诗甫,张煦. 傅里叶变换红外光谱分析矿物烃包裹体的限制——基体吸收问题初探［J］. 地球科学:中国地质大学学报,1998,23(3):248 - 252.

［53］冯乔,马硕鹏,樊爱萍. 鄂尔多斯盆地上古生界储层流体包裹体特征及其地质意义［J］. 石油与天然气地质,2006,27(1):28 - 32.

［54］潘雪峰,刘麟. 苏北盆地 S - F 油田烃类流体包裹体红外光谱特征研究［J］. 地质勘探,2013,36(3):31 - 34.

［55］Kihle J,Johansen H. Low - temperature Isothermal Trapping of Hydrocarbon Fluid Inclusions in Synthetic Crystals of KH_2PO_4［J］. Geochim Cosmochim Acta,1984,58:1193 - 1202.

［56］Nedkvitne T,Karlsen D A,Bjurlykke K,et a1. Relationship between Reservoir Diagenetic Evolution and Petroleum Emplacementin Ula Field,North Sea［J］. Mar. Petrol Geol,1993:255 - 270.

［57］曹剑,姚素平,胡文宣,等. 烃包裹体中水的检出及其意义［J］. 科学通报,2006,51(13):1583 - 1588.

［58］陈孔全,徐言岗,张文淮. 松辽盆地南部烃包裹体特征及石油地质意义［J］. 石油与天然气地质,1995,16(2):138 - 147.

［59］丁俊英,英倪,培饶冰. 显微激光拉曼光谱测定单个包裹体盐度的实验研究［J］. 地质论评,2004,50(2):203 - 209.

［60］张鼐,田作基,冷莹莹. 烃和烃类包裹体的拉曼特征［J］. 中国科学:D 辑,2007,37(7):900 - 907.

［61］李荣西,王志海,李月琴. 应用显微激光拉曼光谱分析单个流体包裹体同位素［J］. 地质前缘,2012,19(4):135 - 140.

[62] 张泉,赵爱林,郝原芳. 显微激光拉曼在流体包裹体研究中的应用[J]. 有色矿冶,2005(01).

[63] 徐培苍,李如碧,王永强,等. 地学中的拉曼光谱[M]. 西安:陕西科学技术出版社,1996,39.

[64] 程光煦. 拉曼和布里渊散射——原理及应用[M]. 北京:科学技术出版社,2001.

[65] Burke E A J. Raman Micro – spectrometry of Fluid Inclusions[J]. Lithos,2001,55(1 – 4):139 – 158.

[66] 何谋春,张志坚. 显微激光拉曼光谱在矿床学中的应用[J]. 岩矿测试,2001,20(1):43 – 47.

[67] 张泉,赵爱林,郝原芳. 显微激光拉曼光谱在流体包裹体研究中的应用.[J]有色矿冶,2005,21(1): 51 – 53.

[68] Roedder E. Technique for the Extraction and Partial Cchemical Analysis of Fluid – filled Inclusions from Minerals[J]. Econmic Geology,1958,3:235 – 269.

[69] Roedder E. Studies of Fluid Inclusions I:Low Temperature Application of a Double – purpose Freezing and Heating Stage[J]. Economic Geoloy,1962,7:57.

[70] Roedder E. Fluid Inclusion Studies on the Porphyry – type Ore Deposits at Bingham[J]. Economic Geology, 1971,1:66.

[71] 刘斌,沈昆. 流体包裹体热力学[M]. 北京:地质出版社,1999,44 – 72.

[72] Roedder E. The Composition of Fluid Inclusions[J]. U S. Geological Survey Professional Paper,1972, 440 – 464.

[73] Brigite W,Jill D P,John J F. Analysis of Individual Fluid Inclusions by Fourier Transform Infrared and Raman Microspectroscopy[J]. Geochimica Cosmochimica Acta,1990,54:683 – 698.

[74] Emst A J. Raman Microspectrometry of Fluid Inclusions[J]. Lithos,2001,55:139 – 158.

[75] Dubessy J, Gelsler D, Kosztolanyi C, et al. the Deyermination of Sulphate in Fluid Inclusions using the M. O. L. E. Raman Microprobe:Application to a Keuper Halite and GeochemicalConsequences[J]. Geochimica Cosmochimica Acta,1983,47:1 – 10.

[76] Busing W R,Hornig D F. the Effect of Dissolved KBr KOH or HCl on the Raman Spectrum of Water[J]. Journal Chemical Physical,1961,65:284 – 292.

[77] Walrafen G E. Raman Spectral Stydies of the Effects of Electrolytes on Water[J]. Journal Chemical Physical, 1962,36:1035 – 1042.

[78] Walrafen G E. Raman Spectral Stydies of Water Structure[J]. Journal Chemical Physical,1962,40: 3249 – 3256.

[79] Burke E A J. Raman Microspcetrometry of Fluid Inclusions[J]. Lithos,2001,55:139 – 158.

[80] 何谋春,吕新彪,刘艳荣. 激光拉曼光谱在油气勘探中的应用研究初探[J]. 光谱学与光谱分析,2004, 24(11):1363 – 1366.

[81] 吕斩彪,姚书振,何谋春. 成矿流体包裹体盐度的拉曼光谱测定[J]. 地学前缘,2001,8(1):431 – 433.

[82] 丁俊英,倪培,饶冰,等. 显微激光拉曼光谱测定单个包裹体盐度的实验研究[J]. 地质论评,2004,50 (2):203 – 209.

[83] 陈勇,周瑶琪,章大港. 几种盐水溶液拉曼工作曲线的绘制[J]. 光散射学报,2003,14(4):216 – 218.

[84] 潘君屹,丁俊英,倪培. Na_2CO_3 – H_2O 体系人工流体包裹体中 CO_3^{2-} 离子的显微拉曼光谱研究[J]. 南京 大学学报:自然科学版,2012,48(3):328 – 335.

[85] 叶美芳,王志海,唐南安. 盐水溶液中常见阴离子团的激光拉曼光谱定量分析研究[J]. 西北地质, 2009,42(3):120 – 127.

[86] Dubessy J,Audeoud D,Wilkins R,et al. The use of the Raman Microscopy Mole in the Determination of the Electrolytes Dissolved in the Aqueous Phase of Fluid Inclusion[J]. Chemical Geology,1982,37:137 – 150.

[87] 倪培,丁俊英,饶冰. 人工合成 H_2O 及 $NaCl$ – H_2O 体系流包裹体低温原位拉曼光谱研究[J]. 科学通 报,2006,51(9):1073.

［88］ Franks F. Photosynthesis：From Light to Biosphere［M］. New York：Plenum Press，1972，115.

［89］ 杨丹，徐文艺. NaCl—MgCl₂—H₂O 体系低温拉曼光谱研究［J］. 光谱学与光谱分析，2010，30（3）：697－701.

［90］ Samson Iain M，Walker Ryan T. Cryogenic Raman Spectrsopic Studies in the Systym NaCl—CaCl₂—H₂O and Implicaions for Low Temperaure Phase Behavior in Aqueous Fluid Inclusions［J］. The Canadian Mineralogist，2000，38（1）：35－43.

［91］ 毛毳，陈勇，周瑶琪，等. NaCl－CaCl₂盐水低温拉曼光谱特征及在包裹体分析中的应用［J］. 光谱学与光谱分析，2010，30（12）：3258－3263.

［92］ 倪培，Jean Dubessy，丁俊英，等. 低温原位拉曼光谱技术在流体包裹体研究中的应用［J］. 地学前缘，2009，16（1）：173－180.

［93］ Schrotter H W. Raman Scattering Cross Cection in Gases and Liquids［J］. Raman Spectroscopy（Theory and Practice）Section 4. New York. 1979，31－45.

［94］ 张鼐，张大江，张水昌，等. 在－170℃盐溶液阴离子拉曼特征及浓度定量分析［J］. 中国科学（D辑）：地球科学，2005，35（22）：1165－1173.

［95］ 张敏，张建锋，李林强，等. 激光拉曼探针在流体包裹体研究中的应用［J］. 世界核地质科学，2007，24（4）：238－244.

［96］ Dubessy J. High—temperature Raman Spectroscopicstudy of H₂O—CO₂—CH₄ Mixtures in Synthetic Fluid Inclusions：First Insights on Molecular Interactions and Analytical Implications［J］. Eur. J. Mineral，1999，11：23－32.

［97］ Guillaume D，Teinturier S，Dubessy J，et al. Calibration of Methane Analysis by Raman Spectroscopy in H₂O—NaCl—CH₄ Fluid Inclusions［J］. Chemical Geology，2003，1. 94：41－49.

［98］ Duan Z，Moller N，Greenberg J，et al. The Prediction of Methane Solubility in Natural Waters to High Ionic Strength from 0 to 250℃ and from 0 to 1600 bars［J］. Geochim. Cosmochim，Acta 56，1992，1451 － 1460.

［99］ Rogers M A. Significance of Reservoir Bitumen to Thermal Maturation Studies Western Canada Basin［J］. AAPG Bull，1974，58（9）：1806－1824.

［100］ 陈丽华，郭舜玲，王衍琦. 中国油气储层研究图集（卷五）——自生矿物显微荧光阴极发光［M］. 北京：石油工业出版社，1994，170－171.

［101］ 张鼐，邢永亮，曾云，等. 塔东地区寒武系白云岩的流体包裹体特征及生烃期次研究［J］. 石油学报，2009，30（5）：692－697.

［102］ Kelemen S R，Fang H L. Maturity Trends in Raman Spectra from Kerogen and Coal［J］. Energy & Fuels，2001，15：653－658.

［103］ Zeng Yishan，Wu Chaodong. Raman and Infrared Spectroscopic Study of Kerogen Treated at Elevated Temperatures and Pressures［J］. Fuel，2007，（86）：1192－1200.

［104］ William Schopfa，Anatoliy B J. Kudryavtsevb C. Confocal Laser Scanning Microscopy and Raman Imagery of Ancient Microscopic Fossils［J］. Precambrian Research，2009（173）：39－49.

［105］ 胡凯，Wilkins R W T. 激光拉曼光谱碳质地温计——一种新的古地温测试方法［J］. 科学通报，1992，37（14）：1302－1305.

［106］ 胡凯，刘英俊，Wilkins R W T. 激光喇曼光谱碳质地温计及其地质应用［J］. 地质科学，1993，28（3）：235－245.

［107］ 胡凯，刘英俊，Wilkins R W T. 沉积有机质的拉曼光谱研究［J］. 沉积学报，1993，11（3）：64－71.

［108］ 段菁春，庄新国，何谋春. 不同变质程度煤的激光拉曼光谱特征［J］. 地质科技情报，2002，21（2）：65－68.

[109] 刘德汉,肖贤明,田辉.固体有机质拉曼光谱中 D—G 峰的热演化模式与镜质组反射率的关系[G].第十三届全国有机地球化学学术会议论文摘要汇编,2012:66 – 67.

[110] 王民,等.激光拉曼技术评价沉积有机质热成熟度[J].石油学报,待发表.2016.

[111] 刘洛夫,赵建,张水昌.塔里木盆地志留系沥青砂岩的成因类型及特征[J].石油学报,2000,21(6):12 – 18.

[112] 陈强路,范明,尤东华.塔里木盆地志留系沥青砂岩储集性非常规评价[J].石油学报,2006,27(1):30 – 34.

[113] 苗忠英,陈践发,张晨.塔里木盆地轮南低凸起天然气分布规律与成藏期次[J].石油学报,2011,32(3):404 – 411.

[114] 王清华,肖贤明,肖中尧.塔里木盆地轮南低隆起储层石油包裹体 GOR 特征及其地质意义[J].科学通报,2004,49(增刊1):25 – 29.

[115] 朱光有,杨海军,朱永峰.塔里木盆地哈拉哈塘地区碳酸盐岩油气地质特征与富集成藏研究[J].岩石学报,2011,27(3):827 – 844.

[116] 卢玉红,肖中尧,顾乔元.塔里木盆地环哈拉哈塘海相油气地球化学特征与成藏[J].中国科学(D辑):地球科学,2007,37(增刊Ⅱ):167 – 176.

[117] 赵靖舟,庞雯,吴少波.塔里木盆地海相油气成藏年代与成藏特征[J].地质科学,2002,37(增刊):81 – 90.

[118] Subramanian S,Sloan Jr E D. Molecular Measurements of Methane Hydrate Formation[J]. Fluid Phase Equilibria,1999,158 – 160,813—820.

[119] Jeffery C S,Pasteris J D,Chou I – Ming. Raman Spectroscopic Characterization of Gas Mixtures. Ⅱ. Quantitative Composition and Pressure Determination of CO_2—CH_4 System[J]. American Journal of Science,1996,296:577 – 600.

[120] Brunsgaard H S,Berg R W,Stenby E H. Raman Spectroscopic Studies of Methane – ethane Mixtures as a Function of Pressure[J]. Applied Spectroscopy,2001,55(6):745 – 749.

[121] Brunsgaard H S,Berg R W,Stenby E H. How to Determine the Pressure of a Methane Containing Gas Mixture by the Means of Two Weak Raman Bands,3 and 2+[J]. Jounal of Raman Spectroscopy,2002,33:160 – 164.

[122] 陈勇,周瑶琪,任拥军,等.甲烷水合物拉曼光谱特征及其在流体包裹体分析中的应用[J].中国石油大学学报:自然科学版,2007,31(6):13 – 18.

[123] 陈勇,周瑶琪,刘超英,等.CH_4—H_2O 体系流体包裹体均一过程激光拉曼光谱定量分析[J].地学前缘,2005,12(4):592 – 597.

[124] 乔二伟,段体玉,郑海飞.流体包裹体压力计研究之一:高温高压下 Na_2SO_4 溶液的拉曼光谱[J].矿物学报,2006,26(1):89 – 93.

[125] Yang Y P,Zheng H F. Pressure Determination by Raman Spectra of Water in Hydrothermal Diamond – anvil Cell Experiments[J]. Applied Spectroscopy,2009,63(1):120 – 123.

[126] 杨玉萍.高温高压下 NaCl—H_2O 体系的 Raman 光谱研究及应用[D].北京:北京大学,2008.

[127] 段体玉.流体包裹体拉曼光谱压力计的实验研究[D].北京:北京大学,2004.

[128] 乔二伟,郑海飞,徐备.流体包裹体压力计研究之二:高温高压下碳氢化合物的拉曼光谱[J].岩石学报,2008,24(9):1981 – 1986.

[129] 陈勇,周瑶琪,颜世永.激光拉曼光谱技术在获取流体包裹体内压中的应用及讨论[J].地球学报,2006,27(1):69 – 73.

[130] 刘景波,叶凯,从柏林.大别山超高压变质带片麻岩锆石中重晶石和硬石膏包裹体及其意义[J].岩石学报,2000,16(4):482 – 484.

［131］Schnidt C, Martin A Ziemann In – situ Raman Spectroscopy of Quartz A Pressure Sensor for Hydrothermal Dia-
mond – anvil Cell Experiments at Elements at Elevated Temperatures［J］. American Mineralogist, 2000, 85:
1725 – 1734.

［132］Philippe G, Claudine B, B runo R, et al. Raman Spectroscopic studies of Carbonates, Part I: High – Pressure
and High – Temperature Behaviour of Calcite, Magnesite, Dolomite and Argonite［J］. Physics and Chemistry of
Minerals, 1993, 20:1 – 18.

［133］郑海飞,段体玉,孙樯. 一种潜在的地质压力计:流体包裹体子矿物的激光拉曼光谱测压法［J］. 地球科
学进展, 2005, 20(7):804 – 807.

第七章　流体包裹体打开方法和前处理

　　包裹体的成分定量分析多包括两个彼此独立而又相互联系的部分:组分的提取和组分的分析。一般包裹体成分定量分析前是要先提取其组分的,包裹体非常微小,一般直径为 $1 \sim 20\mu m$,包裹体中所含的物质只有 $10^{-12} \sim 10^{-9}g$,因此,包裹体成分定量分析前的样品准备是决定成分分析好坏的非常关键一步,只有制备出能代表包裹体成分的纯净样品,才能得到真实的包裹体成分。

　　样品制备包括挑选赋存包裹体的矿物、净纯、打开包裹体、提取包裹体组分等几步。可能因使用仪器、测试目的的不同,前处理步骤会不同,但前处理的目的是相同的:提取出纯净包裹体组分。

　　现在常用的提取流体包裹体组分的方法有研磨法、挤压法、爆裂法、微钻法、激光法等,选用什么样的方法主要看包裹体赋存矿物、包裹体期次、包裹体大小和测试目的(图7-1)。当研究层中或赋存矿物中只有一期流体包裹体时,可用所有方法打开;对于一块样中存在两期及以上流体包裹体,一般可用爆裂法、激光法、微钻法打开;对于大于 $20\mu m$ 最好在 $50 \sim 100\mu m$ 的烃包裹体适合激光法,对于以小于 $20\mu m$ 为主的烃包裹体可用研磨法、挤压法、爆裂法、微钻法。

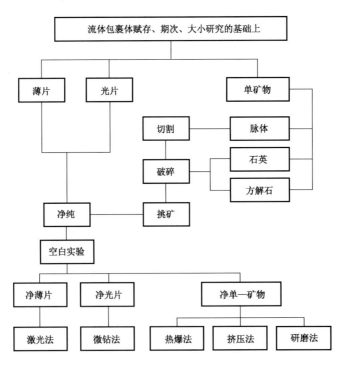

图 7-1　流体包裹体组分提取方式示意图

第一节　样品挑选

现常用于流体包裹体组分提取的样品有 3 种:单矿物颗粒、薄片、光片。

一、单矿物颗粒挑选

单矿物颗粒要求分析的颗粒最好是含单期次流体包裹体。用含单期次流体包裹体的单个矿物颗粒做样品可以避免岩石孔隙油气混染、提高待测流体包裹体含量、减少其他矿物中的流体包裹体对其成分的混染。单矿物颗粒挑选步骤如下:

(1)破碎岩石筛选颗粒。破碎粒度大小以能使颗粒成单一矿物为准。如流体包裹体赋存在砂岩、火山岩矿物中,按赋存矿物颗粒平均大小选取破碎粒度,一般筛选 60～100 目。如流体包裹体在碳酸盐岩方解石充填物中,一般筛选 120～140 目。如流体包裹体赋存在脉体中,应先将脉体切割下来,再筛选 40～80 目或更细。

(2)挑选单矿物颗粒。将筛选颗粒在立体显微镜下挑选赋存矿物,挑选矿物原则是看待测包裹体集中、单一分布在哪种矿物中,以提高包裹体数量和纯度,这样会大大降低非赋存矿物中其他包裹体成分混染。以沉积盆地砂岩为例,破碎的砂岩碎屑中有岩屑、长石和石英等,因要研究沉积盆地成岩或成藏流体特征,故一般选性质稳定的石英(内含待测的成岩期形成的次生盐水包裹体或烃包裹体),故只将石英碎屑挑出即可。再如石灰岩碎屑常挑选亮晶方解石或(石英、方解石、白云石、石膏等)脉石矿物、云岩碎屑常挑选单晶白云岩、火山岩碎屑常挑选石英或长石、金属矿床碎屑常挑选硫化物等。

二、薄片或光片挑选

用激光剥蚀薄片直接打开流体包裹体测成分,要先在(荧光)显微镜观察被测包裹体大小、形状、子矿物物理特征、离顶面的位置,一般要找到 20～100μm 的圆形包裹体,并离表面近、包裹体周边没有裂纹的才行。

用电子探针分析流体包裹体中子矿物或固体包裹体时,要包裹体已在表面并被打开,子矿物或固体包裹体已暴露在表面,故应选待测包裹体已暴露表面的薄片或光片。

用微钻取样时一般用的是特制光片,是一种两面抛光、厚度有 2～4mm 的光片。先在荧光镜下确定烃包裹体的位置,烃包裹体不要靠近缝隙、孔隙。如果是多期次烃包裹体,不同期次的烃包裹体一定要分开有 500μm 以上的距离。

第二节　样品净化

虽然因测试仪器不同,测试目的不同,可能对样品要求不同,但纯净样品,降低吸附地层水、吸附烃类和泥质矿物对流体包裹体组分的污染都是非常必要的。

一、单矿物颗粒的净化

不管是提取盐水包裹体组分还是烃包裹体组分,提取之前都要对赋存单矿物颗粒净化,但净化过程是有区别的。

1. 烃包裹体样品的净化

除去可溶烃类和附带杂质：称取 3.00g（颗粒量可据包裹体含量及所测目的而变）左右样品放入 50mL 烧杯中，加入 20mL 国产二氯甲烷超声 10min［（1）在超声器水糟中加水过半；（2）样瓶装入网框中，再将网框放入水槽中；（3）打开开关；（4）调超声时间为 10min］。倒掉溶液，待溶剂挥发干。

除去活性有机化合物和颗粒表面黏附的黏土物质：将上一步做好的样品置于 500mL 的烧杯并向其中加入 10% 100mL 双氧水，使大部分有机质被氧化，用蒸馏水洗涤。重新加入双氧水浸泡，约为 24h。重复 3~5 次操作，直到岩石颗粒表面变为白色。

加入蒸馏水（约 40mL），用玻璃棒充分搅拌，沉静后倒掉，重复 3 次。

对于石英颗粒样品可先用 3.6% HCl 40mL 浸泡 20min（用玻璃棒搅动），倒掉；加入蒸馏水（约 40mL），用玻璃棒充分搅拌，沉静后倒掉，重复 3 次。这一步只对不溶于酸的矿物颗粒，可以除去碳酸盐矿物、金属氧化物、氢氧化物及能产生矿物荧光的覆盖层。对于方解石等在酸中溶解的矿物这一步不要做，直接进入下一步。

最后在 100mL 二氯甲烷中超声波抽提并收集矿物清洗液，然后加入内标角鲨烷（约 0.58g）做 GC-MS 分析，监测样品是否已达到清洁要求。如果还有污染（污染物超过内标的 1%），则应重复以上实验，直到没污染为止。

2. 盐水包裹体样品的净化

取约 200mg 以上的颗粒（石英或方解石或萤石等），放入 100mL 烧杯中，加入 50mL（1:1）HCl，在电热板 80~100℃ 保温 1h，过夜，倒掉酸，用去离子水清洗样品数次，超声振荡 5 分钟，再用去离子水反复漂洗，在 80℃ 烘箱内烘干颗粒样品[1]，备用。

二、薄片的净化

将两面抛光的流体包裹体薄片在丙酮（或酒精）中浸泡 24h，去载玻璃和去粘胶，制成岩薄片。如是测烃包裹体最好将岩薄片再用有机溶剂浸泡一会，溶除表面、孔缝中烃类；如测盐水包裹体最好将岩薄片用离子水浸泡一会，清除溶剂、地层水等。将岩薄片放在有机溶剂或离子水清洗过的器皿中备用，移岩薄片进仪器时应用有机溶剂或离子水清洗过的镊子等工具。

三、光片的净化

光片是二面抛光厚度在 2~4mm 的岩石光片，用于烃包裹体微钻取样。先用三氯甲烷淋滤 7 天，直到淋滤液无任何色调后，再用三氯甲烷淋滤 7 天。最后在 100mL 二氯甲烷中超声波抽提并收集矿物清洗液，然后加入内标角鲨烷（约 0.58g）做 GC-MS 分析，监测样品是否已达到清洁要求。如果还有污染（污染物超过内标的 1%），则再淋滤，直到污染物没超过内标的1%。净光片一定净镊子移、净器皿装，不可用手动。

四、空白实验

不管是烃包裹体样品还是盐水包裹体样品，在正式打开流体包裹体前空白实验是关键，因为流体包裹体中所含的成分是微量极的，任何外界的污染都可能导致实验具有极大的偏差。

为确保所测的流体来自于流体包裹体,必须做两个空白:过程空白和罐体空白,背景的污染不能超过内标的1%。

第三节　打开流体包裹体

打开流体包裹体方法主要有:研磨法、挤压法、微钻法、热爆法、激光剥蚀法。

一、研磨法

适用于赋存矿物中含单期次的流体包裹体的破碎提取。如赋存矿物中含有多期次流体包裹体,所提取的组分是多期次流体的混合组分,不可能分析某时期流体组分特性,没有研究意义。主要有两种研磨法,一是将矿物放入玛瑙研钵中,二是将矿物放入球磨机(碾磨罐)中,研磨后,矿物粒度要小于流体包裹体的直径,以使流体包裹体打开。研磨时如提取盐水包裹体中组分就加少量去离子水,如提取烃包裹体组分就加二氯甲烷。玛瑙研钵是开放系,故只为离线前处理。球磨机是封闭体系(图7-2[2]),可抽成真空,为在线前处理。

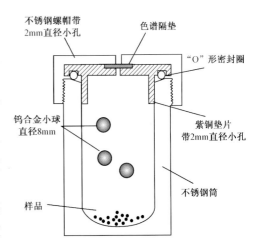

真空球磨法具体步骤:称取5~10g经过前处理的单矿物颗粒放入球磨仪中,抽真空30min,抽去残余气体,真空度达到10^{-2}Pa;注入氦气,粉碎5~10min,加热70℃,恒温10min;采集气体样品输入测试仪中进行在线气相组分分析[3];后打开球磨机,放入有机溶剂,离线提取流体包裹体液相,送色质、色谱等进行离线液相组分分析。

研磨一般不会产生高温,故不会让流体包裹体的组分因温度升高而改变。但不能过研磨使包裹体流体组分被矿物粉末吸附,有时在研磨时将样品加热到400℃[4],可大大降低吸附的影响。

图7-2　球磨机装置示意图(引自宫色,2006)

二、挤压破碎法

适用于赋存矿物中含单期次的流体包裹体的破碎提取。将20~40mg净化的单矿物颗粒装进一支一头封闭、另一头接有真空阀的不锈钢管或紫铜管内(图7-3),再将该管接在真空系统上,抽真空到10^{-3}Pa,然后关闭阀门,将管取下,再用压碎手柄将样品压碎,打开流体包裹体,打开的流体包裹体释放出的流体随载气进入色谱仪等测试仪中测试成分。

这种方法不能将样品破碎到粒径1mm以下,因此,只能打开破裂面上的流体包裹体,特别适用于裂缝胶结物样品,因为裂缝胶结物中的流体包裹体含量是砂岩中的2~3倍。

挤压一般不会产生高温,故不会让流体包裹体的组分因温度升高而改变,但为了减少包裹体流体组分被矿物粉末吸附,常在压碎时将样品加热到400℃[4],就可以大大降低吸附的影响。

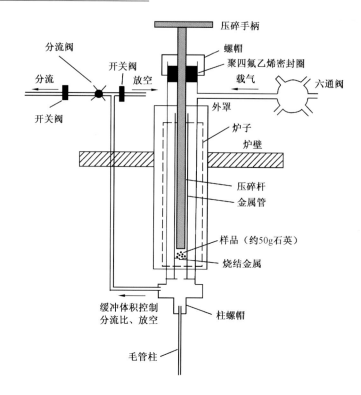

图7-3　压碎装置示意图(引自 George al,2004)

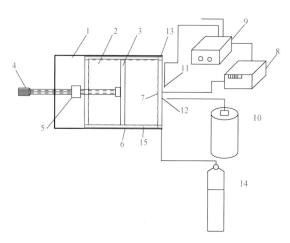

图7-4　低温有机溶剂样品室
1—小平台；2—样品槽；3—滑板；4—推动杆；5—活扣；
6—保温层；7—铂电阻温度传感器；8—温度控制器；
9—冷却泵；10—液氮罐；11—制冷腔的出口；
12—制冷腔的进口；13—制冷腔；14—氮气瓶；
15—氮气多孔吹气环形管

三、微钻法

微钻法是一种离线打开烃包裹体的方法，特别使用于多期次、小体积烃包裹体的组分提取，可对含多期次多种类流体包裹体赋存矿物中的某一期次烃包裹体组分提取，可对任意大小的烃包裹体磨开，是最有效的单期次烃包裹体生物标志物组分提取的方法（国家发明专利 200910085342.70 和国家发明专利 201010111409.20）。

将净光片放入在特制的低温有机溶剂样品室中（图7-4），在荧光显微镜下将待打开的烃包裹体移至于视域中心，并加上微钻[图7-5(b)]，恒温在 -70℃用微钻——磨开同期次烃包裹体[如图7-5(c)中第 I 期褐色烃包裹体]。打开的烃包裹体中的烃类直接被样品室中的有机溶剂溶解[图7-5(d)]，避免了蒸发到空气中或吸附到矿物表面。可不断打开多个同期次烃包裹体,直到提取组分的量能满足测试量的要求。将溶有烃包裹体组分的有机溶剂吸取,后送色谱分析全组分特征和轻组分特征、送色质色谱测生物标志物特征、送气体稳定同位素质谱仪测全油碳同位素或饱和烃单体同位素特征。如测全油组分特征可以蒸发有机溶剂后直接测,如测芳香烃、饱和烃组分特征要在分析前先进行烃组分分离处理再上机。

　　如光片中含有两期烃包裹体如图7-5,当取完脉体矿物中的第Ⅰ期褐色烃包裹体组分后,将光片取出再用三氯甲烷淋滤净化,净化后再重新对愈合缝中第Ⅱ期黄色烃包裹体组分进行提取。

　　微钻法对烃包裹体大小没有要求,只是不同期次的烃包裹体相间距离要大于500μm,如图7-5(a)的A点两期烃包裹体相距大于500μm,若两期烃包裹体相距小于500μm[图7-5(a)的B点],在此处钻开矿物时易将两期烃包裹体同时打开,故不适合钻取。

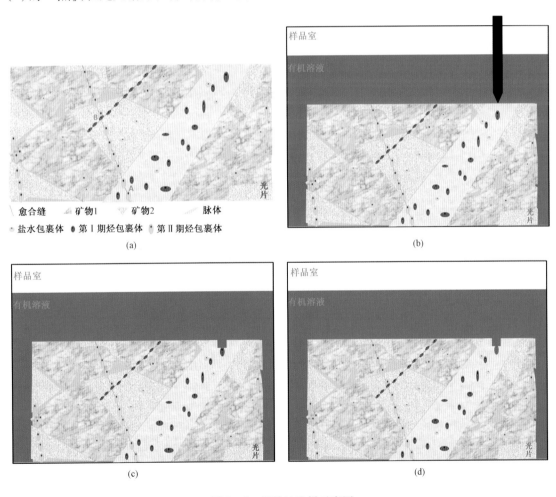

图7-5　微钻法取样示意图

四、热爆法

　　这种方法是在线分析流体包裹体气相的前处理方法之一,可据不同期次流体包裹体热爆温度提取不同期次的包裹体组分,但热爆最大的问题是高温度让包裹体组分尤其是烃包裹体组分分解,故对于烃包裹体,热爆法最好温度不要太高。

1. 流体包裹体热爆曲线的确定

先用热爆法测出流体包裹体测温曲线。将 0.25~0.5mm 粒级矿样装入石英管内,根据流体包裹体热爆测温曲线,判断有几组流体包裹体,如果要测定其中一组流体包裹体的成分,那么就应该选取该组流体包裹体的爆裂高峰温度作为打开流体包裹体的温度。

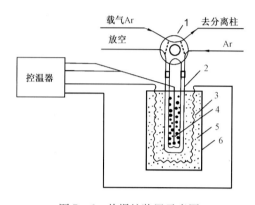

图 7 – 6　热爆炉装置示意图

(引自何新秀,1995)

1—六通阀;2—样品管;3—电炉丝;

4—拉温热电偶;5—保温材井;6—炉外壳

2. 热爆打开流体包裹体

将净单矿物颗粒样品封闭于热爆炉中(图7 – 6)。较高的爆裂温度势必会影响烃包裹体的原始组分,而较低的爆裂温度又难以使烃包裹体爆裂。对于盐水包裹体爆破温度高于 450~500℃ 时,盐水包裹体中气相 CH_4 和 H_2O 间可能会发生反应生成 CO,CO_2 和 H_2,从而影响测试结果,故爆破温度最好在 450℃ 以下。目前打开烃包裹体来释放其中的烃类常升温至 310~350℃。也有人根据不同期次流体包裹体的均一温度选择不同的温度打开。

热爆提取流体包裹体气相时注意 H_2 和 CH_4 的产生会影响对流体包裹体内这两个组分的量[5]。加热到 350℃ 时有 H_2 放出,温度在 450~600℃ 时 H_2 量稍有增加,继续升温达 700℃ 时,H_2 量突然增大,到 800℃ 时已超出该灵敏度下的测定范围。故 H_2 的释放不可能与大量流体包裹体爆破有关,而可能是由于高温下某些化学反应如:$H_2O + CO \Longleftrightarrow CO_2 + H_2$,$CH_4 + H_2O \Longleftrightarrow CO + 3H_2$、$2FeO + H_2O \Longleftrightarrow Fe_2O_3 + H_2$ 以及有机物的分解所致,因此,大量的 H_2 直接来源于流体包裹体的可能性比较小。CH_4 的释放量较分散,600℃ 以下释放出的 CH_4 可能来自流体包裹体;但在 650℃ 以上 CH_4 不大可能来自大量流体包裹体的爆破,在实验中温度高于 600℃ 时,某些样品出现暗灰色,说明样品中有机物的分解:$CH_3CH_3 \xrightarrow{600℃} CH_2 = CH_2 + H_2$,或 $CH_3CH_2H_3 \xrightarrow{700℃} CH_2 \Longleftrightarrow CH_2 + CH_4$,故 650℃ 以上 CH_4 可能来自样品中有机物的分解。

热爆炉可封闭抽成真空与气相成分测试仪相联为在线分析流体包裹体气相的前处理方法之一(图7 – 6)[6]。将热爆后的矿碎粉提取,用离子水溶解流体包裹体组分中的盐水或用有机溶剂溶解烃包裹体组分中的液相烃类,做流体包裹体液相成分的提取,再送有关分析仪做离线分析流体包裹体液相组分。

五、激光剥蚀法

1998 年,澳大利亚 CSIRO Division of Petroleum Resources 的 Greenwood 提出了激光微裂解理论,研制了激光热裂解—色谱—质谱探针仪器(图7 –7),利用激光剥蚀技术打开包裹体后,对有机质先进行富集再做色谱质谱定性定量分析,并在人工包裹体进行了分析研究,取得了良好效果[7]。

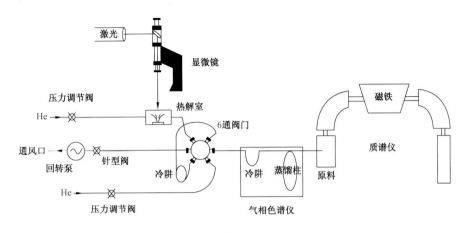

图 7 - 7　激光热裂解—色谱—质谱探针仪器

2001 年,中国石油大学(北京)钟宁宁与 Greenwood 在激光微裂解理论的基础上进一步完善了激光热裂解—色谱—质谱分析方法,利用激光的高亮度特性,把聚焦激光束投射至微区产生高温,在瞬时将微区样品气化以提取微量样品供 GC - MS 分析。在对研究对象进行形态观察和空间定位的同时,提取微量样品并进行微区成分分析,它经由显微镜传递激光束,利用激光的高度方向性、单色性和高亮度特性提取微量样品或直接进行光度检测[8]。

2011 年,无锡石油地质所的张志荣和饶丹在此仪器的基础上采用 193nm 的紫外准分子激光对宿主矿物进行剥蚀释放出包裹体内的油气组分,将检测化合物的范围扩大到 C_4—C_{27}[9]。

激光剥蚀法(图 7 - 8[7])可对单个流体包裹体打开提取组分,但激光最大的问题是高温度让流体包裹体组分尤其是烃包裹体组分分解,激光剥蚀时最好放置于能控温的封闭室中并伴有降温过程使样品室温度能控制在 200～300℃。

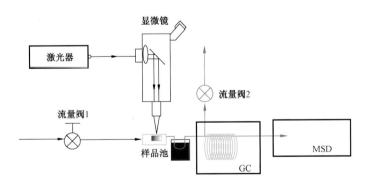

图 7 - 8　激光剥蚀色谱—质谱分析结构示意图(引自张志荣,2011)

激光剥蚀法有很多种,现介绍一种能降低对流体包裹体组分热影响的方法。样品(颗粒、薄片、光片都可,但以薄片为主)置于密闭的微体积剥蚀池中。直接以包裹体直径大小的激光光束剥蚀包裹体通常会导致流体包裹体爆裂或物质飞溅,Gunther[10]报道了对于复杂的多相流体包裹体采用分段剥蚀方式,可有效地减少剥蚀损失和主矿物的干扰,提高激光剥蚀效率。首先以 4~10μm 剥蚀孔径,较低的激光功率打开流体包裹体上层的基质[图 7-9(a)],之后增大剥蚀孔径至 20μm 打开流体包裹体(孔径常常为实际包裹体直径的一半),此时气相及少量液相进入载流系统,大量的液相及盐类矿物晶体仍保留在流体包裹体中[图 7-9(b)];最后以较大的激光功率及 40μm 的剥蚀孔径或孔径应与实际包裹体尺寸相匹配[图 7-9(c)]剥蚀整个流体包裹体。

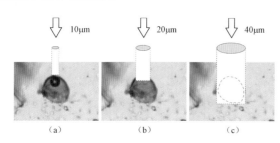

图 7-9 多相单个流体包裹体激光分步剥蚀

热剥蚀池现多由耐热材料制成的,样品置于金属导体上通过热传导方式进行温度控制[11-13],通常可达 350℃,从而可有效地防止在剥蚀过程中由于温度剧增导致样品的微小断裂而引起的损失。

用激光剥蚀法打开的流体包裹体最好是[14]:(1)包裹体大小应大于 5~80μm,最好大于 20~50μm;(2)流体包裹体最好是圆形或近圆形,以获得最高的"烧蚀效率"和最大的信噪比;(3)直径较小的流体包裹体到薄片表面的距离不超过 20μm,较大的流体包裹体到薄片表面的距离不超过 40μm,以避免上面物质或上面流体包裹体的"污染";(4)流体包裹体的寄主矿物要有比较高的强度,不易发生破裂,以避免在激光烧蚀时流体包裹体发生泄漏。

参 考 文 献

[1] 朱和平,王莉娟. 四极质谱测定流体包裹体中的气相成分[J]. 中国科学,2000,D31(7):586-590.

[2] 宫色. 储层有机包裹体成分分析方法的建立及其应用研究[D]. 中国科学院,2006:14.

[3] 陈孟晋,胡国艺. 流体包裹体中气体碳同位素测定新方法及其应用[J]. 石油与天然气地质,2002,4(23):339-343.

[4] Cuney M. Flesic Magmatism and Uranium Deposits[J]. Bulletin de la Société Géologique de France,2014,185(2):75-92.

[5] 何禄卿,刁培良. 湘西金矿矿物包裹体中气体成分的测定与研究[J]. 地质地球化学,1981,5:37-39.

[6] 何新秀,冯正光. 矿物包裹体中气相组分的色谱法同时测定方法研究[J]. 成都理工学院学报,1995,22(1):105-110.

[7] Greenwood P F,George S C,Hall K. Application of Laser Micropyrolysis - gas Chromatography - mass Spectrometry[J]. Org. Geochem. ,1998,29(5-7):1075-1089.

[8] 钟宁宁,Paul Greenwood. 沉积有机质激光热裂解—色谱—质谱探针分析技术的尝试及其前景讨论[J]. 地球化学,2001,30(6):605-611.

[9] 张志荣,张渠,席斌斌,等. 含油包裹体在线激光剥蚀色谱—质谱分析[J]. 石油实验地质,2011,33(4):437-441.

[10] Gunther D,Audetat A,Fricsknecht R,et al. Quantitative Analysis of Major,Minor and Trace Elements in Fluid Inclusion Using Laser Ablation - inductively Coupled Mass Spectrometry[J]. J. Anal. At Spectrom,1998,13:263-270.

[11] Thompson M,Chenery S R,Brett L. Calibration Studies in Laser Ablation Microprobe - inductively Coupled Plasma Atomic Emission Spectrometry[J]. J. Anal. At Spectram,1989,4:11-16.

［12］Shepherd T J,Chenery S R. Laser Ablation ICP – MS Elements Analysis of Individual Fluid Inclusions:an Evaluation Study[J]. Geochim Cosmochim Acta,1995,59:3997 – 4007.

［13］胡圣虹,胡兆初,刘勇胜,等. 单个流体包裹体元素化学组成分析新技术——激光剥蚀电感耦合等离子体质谱[J]. 地学前缘,2001,8(6):434 – 440.

［14］李晓春,范宏瑞,胡芳芳,等. 单个流体包裹体 LA – ICP – MS 成分分析及在矿床学中的应用[J]. 矿床地质,2010,29(6):1017 – 1029.

第八章　固体包裹体成分分析及应用

因包裹体在常温下相态不同,成分分析所选的方法可能完全不同,如固态包裹体和流体包裹体分析成分的方法就不同。固态包裹体因包裹体本身即使打开也不会发生组分外溢,故多采用打开包裹体直接在包裹体表面测试组分,而流体包裹体打开其组分会外溢,故多要在打开时用一定的载体带出包裹体组分,后送入仪器再进行组合分析。本章介绍适合测固态包裹体成分的分析方法。

第一节　扫描电子电镜分析

扫描电子电镜(SEM)和扫描电镜—能谱分析,能对单个打开的熔融包裹体、流体包裹体中的子矿物、包裹体打开后由液相挥发在包裹体壁上形成的无机质沉淀物进行分析。扫描电镜可鉴定 $1\mu m$ 的子矿物,特别是那些黑色不透明矿物。

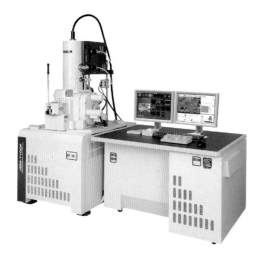

图 8-1　扫描电子电镜

一、基本原理

扫描电镜(图 8-1)的电子枪发射出电子束,电子在电场的作用下加速,经过两三个电磁透镜的作用后在样品表面聚焦成极细的电子束。该细小的电子束在透镜的上方的双偏转线圈作用下在样品表面进行扫描,被加速的电子与样品相互作用,激发出各种信号,如二次电子、背散射电子、吸收电子、X 射线、阴极发光等。这些信号被按顺序、成比例的交换成视频信号、检测放大处理成像,从而在荧光屏上观察到样品表面的各种特征图像和离子量。

二、实验步骤

由于扫描电镜电子束的穿透能力较弱,不能透过流体包裹体的腔壁,所以要求被鉴定的矿物必须暴露在外表。有两种方法可以将熔融包裹体、流体包裹体中的子矿物、包裹体打开后的无机质沉淀物暴露在外:一种是在光学显微镜下,选择熔融包裹体、含有子矿物的包裹体薄片并且这些包裹体在薄片中近表面,将选择好的包裹体薄片用手工细磨,边磨边在显微镜下观察,直到熔融包裹体或子矿物暴露在外为止,该方法仅适用于子矿物个体较大且不溶于水的流体包裹体子矿物样品;另一种是将选择好的岩石矿物样品随机破碎,挑选已暴露到表面的熔融包裹体或含子矿物的流体包裹体的岩石矿物碎块,碎块断面新鲜且表面比较平坦的为好,大小一般为 $10mm \times 10mm$,厚 $3\sim 5mm$,被选出的碎块样品应尽快放置在干燥器内,以防石盐和钾盐等子矿物的潮解及灰尘的污染,在扫描电镜观察之前,样品贴结在电镜专用样品座上,样品表面喷涂金或碳,该方法不仅适用于子矿物包裹体样品还适用于熔融包裹体。

样品放入扫描电镜后,首先在低倍镜下(500~1000倍)缓慢旋转 x 轴和 y 轴移动样品,使观察点依次从左至右,由上往下逐步移动,注意寻找寄主矿物表面的小坑,有的小坑就很可能为暴露出来的包裹体,然后再提高放大倍数(2000倍以上)进一步确认。在小坑(包裹体空洞)内发现子矿物后,进一步观察、照相,并进行 X 射线能谱分析,根据子矿物形态和 X 谱线特征,确定子矿物的成分和名称。

用扫描电镜进行测试时,需要将样品进行干燥处理,然后再在上面喷碳(金)。这种处理方法使它的适用范围受到限制,一些含水或油的样品不能进行测试,而且这种方法有可能造成测试结果不准确。为了克服这些缺点,环境扫描电镜应运而生。环境扫描电镜的原理基本上和扫描电镜是一样的,它们的差别主要在样品室,环境扫描电镜的样品室是低真空的,因此,环境扫描电镜除了可以按常规的方法观察材料的形貌和结构外,还适用于观察含水、油的样品及非导电样品。环境扫描电镜的显著特点是:可在气相或液相存在的环境中观察样品,避免干燥和真空损伤,并可连续观察材料反应的动力学过程。

三、结果应用

1. 子矿物

用扫描电镜鉴定包裹体子矿物不但能清晰地观察包裹体腔内子矿物的形态,又能得到这些矿物半定量的成分。这些资料编合起来足以确定矿物种属。SEM 鉴定出来的子矿物有氯化钠、氯化钾、氯钙石、方解石、天青石、菱铁矿、重晶石、石膏、铁绿泥石、金云母、钾长石、白云母、绿泥石、金红石、磷灰石、钙靛石、滑石、刚玉、黄铜矿、黄铁矿、针铁矿、磁铁矿、铁菱锰矿、无水芒硝、钾芒硝、稀土矿物、钠辉石等。

1977年,Metzger[1]科罗拉多詹姆斯萤石矿床包裹体子矿物扫描电子显微镜研究,鉴定出氯化钠、氯化钾、钙长石、铁菱锰矿、金云母、石膏、天青石、无水芒硝、钾芒硝和重晶石等。

范宏瑞(1998)[2]对系列流体包裹体内子矿物 SEM 鉴定:(1)江西城门山斑岩铜(钼)矿床石英斑岩石英中多相包裹体子矿物的主元素为 S,Fe 和 Cu,认为暗黑色子矿物应为含铜黄铁矿;(2)白云鄂博超大型稀土—铁—铌矿床矿脉内流体包裹体内稀土子矿物进行了鉴定,确认包裹体内稀土子矿物可能为氟碳铈矿和氟碳钡矿,说明白云鄂博稀土矿物初始成矿热液中极富含稀土元素。

2. 熔融包裹体

单强等(2000)[3]在四川冕宁稀土矿床中发现大量富含晶体的流体—熔融包裹体,通过对包裹体中的子晶和包裹体打开后由液相挥发在包裹体壁上形成的无机质沉淀物 SEM 分析,发现流体—熔融包裹体中固体相主要是重晶石,含有常量金属元素 K,Na,Ca,Ba 和 Al 等以及非金属元素 S,O,F,Cl 和 Si,显示在流体—熔融包裹体的液相中含有硅酸盐相物质和 $BaSO_4$。特别有意义的是,在包裹体的残留物中发现了 La,Ce 和 Nd 等稀土元素,均以轻稀土铈为主,从而进一步证实四川冕宁稀土矿床确实是一个与盐熔体有关的热液矿床。

第二节　电子探针分析

电子探针（EPMA）全称为电子探针 X 射线显微分析仪（图 8 - 2）。主要是对固体包裹体的成分测定和固熔体的成分分析。EPMA 技术具有高空间分辨率（约 $1\mu m^3$）、简便快速、精度高、分析元素范围广（$^4Be \sim ^{92}U$）、不破坏样品等特点，使其很快就在包裹体成分分析领域得到应用。

图 8 - 2　电子探针 X 射线显微分析仪

一、基本原理

电子探针仪主要由电子光学系统、X 射线谱仪系统、光学观察及样品室、电子讯号检测系统、计算机及附属装置组成。

电子探针分析是在 2×10^{-5} 毛❶的真空柱体内，将聚焦成 $1\mu m$ 左右的电子束直接轰击于样品的抛光面上，受到轰击微区内的基态原子被电离，其内层电子被轰出了原子之外，而留下一个空位。这时原子处于受激发的不稳定状态，能级较高的外层电子即向能级较低的内层跃迁填补这个空位，使其恢复基态。由于这种跃迁是由高能级的 L 层跃迁到低能级的 K 层，因此，释放出波长相应于能量差的 X 射线来。不同元素的原子构造不一，K 层和 L 层的能量大小不同，因而所释放出来的 X 射线能量（或波长）也不同，所以称之为元素的特征 X 射线，根据这些特征 X 射线的波长便可知道样品中含有那些元素，这就是定性分析。样品中某种元素的含量越多，所产生的特征 X 射线的强度也就越大，因此，根据某元素的特征 X 射线强度的大小，也就可以计算出某元素的含量，这就是定量分析。将被分析元素的特征 X 射线强度值与标样同名特征 X 射线的强度值相比，其比值通过修正计算之后，就可得到元素的定量分析数据。

二、实验步骤

待分析的样品除了尺寸大小应适于放在仪器中外，还要求样品表面平整、光滑、导电性良好。对于非导电样品一般采用真空镀膜式离子溅射的方法使样品表面涂上一层碳或铝膜。分析时要注意标样及试样均涂有同一材料相同厚度的导电膜。此外，对于岩石矿物样品尤其要防止样品表面的污染，切勿用手摸矿物表面，不能用钢笔水污染分析区域。最后，磨好的样品不能在空气中久置，已镀膜的样品需马上分析，否则有可能因氧化而影响分析精度。

岩矿样品的导电性不同制样方法不同：对于导电性较好的金属矿物光片，类似于普通矿相样品的制备，磨平、抛光后，只要光片大小适于安放在样品座上即可，最后用导电涂料把欲分析矿物与样品座联上，该导电矿物周围若是脉石和不导电矿物时，必须用导电涂料把周围矿物与样品座联上；对于光片上导电性不好的矿物，应用真空镀膜和离子溅射的方法使其表面导电；

---

❶ 1 毛 = 1mmHg = 133.33Pa。

对于薄片样品,一般应去掉盖玻璃,用酒精或丙酮等有机溶剂洗掉表面树胶,然后镀膜后切成适合于放入样品室内的大小即可分析。

三、结果应用

EPMA 是测定包裹体中主要元素、氯、硫、氟的最精确方法。对于熔融包裹体中的氢和氧含量的间接计算,Aaderson(1974)用"差额法"估算熔融包裹体中溶解的水含量(100% 减去 EPMA 分析总量),但这种方法未广泛推广,现代应用的合成分光晶体允许直接分析氧,因此对于含水样品来说,EPMA 的分析总量可接近 100%。

Semenko[4]借助 EPMA 和 SEM 研究了自然金的包裹体,检测出包裹体壁上沉淀的 Fe,Mg, Mn,Ca,K,Na 和 Cl 等沉淀物质。陈培荣等(1996)用 EPMA 对盐源斑岩铜矿的包裹体进行研究,发现了黄铜矿子矿物,由此判断成矿流体是一种富 Cu,Fe 和 S 的 H_2O—NaCl 体系,并根据包裹体中通过电子探针鉴定的子矿物体积分数以及各相的密度值计算得到成矿流体盐度,证明了是一种高矿质流体。

第三节　离子探针分析

二次离子质谱仪(SIMS)简称离子探针(图 8-3)可以在非常小($\leqslant 20\mu m$)的光斑内确定痕量元素含量,对某些元素来说检测限可低于 1×10^{-6}。国外数个实验室已利用该技术分析硅酸盐熔融包裹体氟、氢和变化较大的痕量金属。离子探针的二次离子质谱仪(SIMS)用于分析流体包裹体的电解质,可以实现对小的锆石晶体包裹体的无损伤的原位同位素分析。还可以对流体包裹体中的组分进行分析。

一、基本原理

SIMS 分析需在一真空腔内用 $5 \sim 10keV$ 的离子束轰击靶样的表面。这些能量碰撞事件或一次离子通过喷溅过程引起样品表面的粒子溅射到周围的真空中。溅射微粒包括各种带电和不带电的单原子或多原子的粒子,这些带正、负电荷的粒子被称为二次离子。由于给定元素的溅射离子强度与样品表面该元素的浓度成正比例,通过分析和检测这些离子(二次离子)就可以了解物质表面的组成成分及其含量。从样品

图 8-3　二次离子质谱仪

表面溅射出来的二次离子由浸没透镜引出。加速并聚焦后成为具有一定能量的二次离子束,然后再引入由一磁棱镜和一静电反射镜组成的质量分析系统(滤质器)。离子束第一次通过磁棱镜时,在磁场作用下,离子束将按照不同质(质量 M)荷(电荷 Ze)比分开,从质量分析系统出来的离子束经转换器将二次离子转换为电子束,测量电子束的强度就可以知道该元素的含量。

SIMS 灵敏度为 $10^{-9} \sim 10^{-5}$,可分析所有的元素及其同位素,其空间分辨率和灵敏度满足

分析微米级流体包裹体的要求。

二、实验步骤

把天然含包裹体的石英晶片和含合成流体包裹体的淬火石英棒切成薄片,并两面抛光,以用于显微测温和照相。把选作 SIMS 分析的薄片固定在直径为 25mm 的环氧树脂小片上,喷上 0.04μm 厚的金层,装在探针样品支架上。

用聚焦在 75 ~ 100μm、200 ~ 500nA、12.5keV 的稳定 O^- 离子束轰击石英主晶来打开预选包裹体。以平均速度 0.6 ~ 0.9μm/min 来轰击溅射坑,以便达到位于样品表面以下 3 ~ 20μm 的包裹体。用自动交换电子倍增器或法拉第筒形检测器记录从样品溅射的二次阳离子的强度。

三、结果应用

SIMS 技术获得的信息非常丰富,不但包括了无机和有机成分特征,而且能够反映出同位素的组成特征,并且能进一步区分出有机碎片离子的结构特征,可以识别出饱和烃、芳香烃以及含氧官能团的碎片离子,这正符合目前人们对有机包裹体成分分析之所需。

Diamond[5]等对马尼托巴东南部比塞特的太古宙金矿床石英中单个含金流体包裹体的 SIMS 分析,得到 K/Na = 0.036 + 0.04/ - 0.02,Ca/Na = 0.034 + 0.07/ - 0.03。

用该方法 Nambu 等[6]得到了 -90℃下单个流体包裹体的 11 种元素(Li,B,Na,Mg,Al,K,Ca,Mn,Fe,Cu,Zn)的半定量数据。

Diamond 等[7]曾用 SIMS 分析过天然盐水包裹体中的 Na,K 和 Ca 等成分,并进行了半定量研究。

李荣西等[8]用"飞行时间二次离子质谱仪(TOF - SIMS)"成功地分析了碳酸盐岩方解石中两个有机包裹体成分,质谱图不但包括许多种有机离子(脂肪烃、芳香烃、含氧官能团等),而且包括无机离子及同位素。

参 考 文 献

[1] Metzger F W,et al. Scanning Electron Mincroscopy of Daughter Minerals in Fluid Inclusions[J]. Econ. Geol.,1977,72(2):141 – 152.

[2] 范宏瑞,谢奕汉,王英兰. 扫描电镜下流体包裹体中子矿物的鉴定[J]. 地质科技情报,1998,17(增刊):111 – 117.

[3] 单强,牛贺才. 扫描电镜—能谱在单个包裹体物质组成研究中的应用[J]. 岩石学报,2000,16(4):711 – 725.

[4] Semenko V L. The Electron Microscopy Study of Fluid Inclusions in Native Gold[J]. Fluid Inclusion Research,1992,189.

[5] Diamond L W. Elemental Analysis of Individual Fluid Inclusions in Minerals by SIMS:Application to Cation Ratios of Fluid Inclusions in an Archaeon Mesothermal Gold – quertz Viein[J]. Geochimica et Cosmochimica Acta,1990,54:545 – 552.

[6] Nambu M,Sato T. The Analysis of Fluid Inclusions in the Microgram Range with an Ion Microanalylzer. Bull[J]. Mineral,1981,104:827 – 833.

[7] 李荣西,金奎励,梁汉东. 用飞行时间二次离子质谱(TOF – SIMS)分析单个有机包裹体化学成分[J]. 中国科学(D). 待刊.

第九章　盐水包裹体成分分析及应用

流体包裹体据组分可以分成两大类:一类是无机盐水包裹体,另一类是有机烃包裹体。两者因组分不同,分析方法是不同的,故所用设备也不相同,尤其是液相分析。本章主要介绍盐水包裹体成分分析方法。

第一节　四极质谱法

四极质谱法(QMS)是通过压碎或热爆裂方法提取包裹体气体(图9-1),再用四极质谱仪分析其中的气体成分,是近年来国内外较普遍采纳的流体包裹体气体成分分析方法之一[1-3]。

一、基本原理

四极质谱仪是由4根笔直的、与轴线平行并等距离地悬置着的、施加幅度相同的直线电流和射频电压的极棒作为质量分析器。不同质荷比的离子在这4根平行的极棒产生的交变电场中运动,根据其运动轨迹来实现质量分离,并经过检测器检测后,得到样品分子(或原子)的质谱图。样品的质谱图包含着样品定性和定量信息,通过对它的处理,就可以得到样品定性和定量分析结果。

图9-1　四极质谱法(QMS)

二、实验步骤

1. 样品清洗

将纯度大于99%、粒度为60~80目、样量在200mg以上的单矿物样品(石英、方解石、萤石)放入100mL烧杯中,加入50mL(1:1)HCl,在电热板80~100℃保温1h,过夜,倒掉酸,用去离子水清洗样品数次,超声振荡5min,再用去离子水反复漂洗,在80℃烘箱内烘干样品[4],备用。

2. 实验方法

既可采用热爆法,也可采用碎裂法。称取50mg石英样品于石英玻璃管内,通过电炉加热使石英玻璃管内的样品达到100℃,打开SV2阀初抽真空;然后关闭SV2,打开SV1,待分析管内真空度达到5×10^{-6}Pa时,将100℃以内的次生包裹体和样品吸附气体去除;关SV1阀开VLV测定,同时将电炉温度仪1℃/5s的升温速度升到设定温度,即时地检测,从而可获得气体总压力与温度的曲线,亦称包裹体爆裂温度曲线。根据爆裂温度曲线就可以得到群体包裹体在不同温度的爆裂情况。在此基础上,再分别测定不同温度区间的气相成分。

三、结果应用

四极质谱仪可以测定在石英、橄榄石、萤石、方解石等矿物中流体包裹体的气相成分（H_2O，CO_2，CH_4，C_2H_6，N_2，O_2，H_2S，He，Ar）及包裹体水含量。由于 H_2 的质量数小及水对 H_2 的干扰，四极质谱分析法不能给出 H_2 的结果。另外，由于同质量数的干扰，CO 的结果波动大。

利用四极质谱测定群体包裹体爆裂温度曲线划分温度区间，并分别测定不同温度区间包裹体气相组分的方法，能连续并且准确提供不同成矿阶段成矿流体包裹体气相组成。不同温度区间的包裹体，代表不同成矿阶段、不同成藏期或不同来源的地质流体特征。对解释矿床成因、流体的来源等方面能起重要作用。

第二节　电感耦合等离子质谱法

电感耦合等离子体质谱（ICP－MS）技术是目前公认的最准确的元素分析技术（图9－2），适用于测定包裹体液相中的 Na，Mg，Mn，Zn，Cu，Pb，Sr，Ba 和 Rb 等元素及稀有、稀土元素和同位素等组分。

一、基本原理

ICP－MS 的主要特点首先是灵敏度高，背景低，计数率一般可达数万/(10^{-9} s)，背景计数非常低（计数率一般只有 0.×~×）。大部分元素的检出限在 0.000×~0.00×ng/mL 范围内，结合先进的化学分离富集方法，解决 76 个元素的配套分析问题，实现痕量和超痕量元素测定。

二、实验步骤

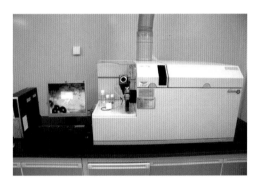

图9－2　电感耦合等离子体质谱（ICP－MS）

通常将实验样品粉碎至 60 目，在镜下仔细挑纯石英单矿物，需 1~2g（纯度大于 99%）；用 HNO_3 热煮样品 5~10h，再用二次去离子水清洗数次，直至清洗液的电导率达到二次去离子水的电导率为止，然后烘干样品 12h。用高温爆裂（>500℃）—淋滤流体包裹体组分，纯化后的样品封入充满氩气的"U"型石英管中，低温烘干样品表面的吸附水 10min；500℃以上高温爆裂 5min，同时用气相色谱仪精确测定流体包裹体中的 H_2O 含量。Ghazi 等（1993）[5]证实，用 5% 的 HNO_3 作为淋滤液可以有效地提取 REE，同时可以减少石英表面对 REE 的重新吸附。因此，爆裂后的样品加入 5% HNO_3 5mL，然后，超声波振荡、离心分离提取流体包裹体中的流体，立即用 ICP－MS 进行分析。

三、结果应用

用 ICP－MS 测定各种岩石和地质流体中低含量的稀土元素已有报道[5-8]。李厚民等（2003）[9]用 ICP－MS 测定了胶东焦氏金矿中石英包裹体及黄铁矿包裹体中的稀土元素，从而获得了成矿流体成因信息。包裹体中流体真实的 REE 浓度用 μg/mLH₂O 表示，苏文超等

(1997)[10]用 ICP – MS 测出黔西金矿床石英脉中流体包裹体的 La,Ce,Pr,Nd,Sm,Eu,Gd,Tb,Dy,Ho,Er,Tm,Yb 和 Lu 稀土元素。还可据流体中$^{86}Sr/^{87}Sr$ 值估算成矿年龄,Br/Cl 值确定流体来源(石山大三,1997)。

第三节　激光剥蚀电感耦合等离子质谱分析

激光剥蚀(消融)电感耦合等离子质谱(LA – ICP – MS)是近年来发展迅速的微区微量元素分析新技术(图 9 – 3)[11–13],它是在高灵敏度、高精密度、低检出限、多元素同时检测并可提供同位素组成比值信息的等离子体质谱技术的基础上,结合高空间分辨率的激光采样技术而形成的,已成功地用于单个流体包裹体元素组成的定量分析,能更精确地对成矿流体演化及成因机制进行研究[14]。

一、基本原理

LA – ICP – MS 是激光消融与 ICP – MS 联机的一种破坏性的单个包裹体液相成分分析方法,高空间分辨率激光器剥蚀孔径 4 ~ 300μm,可打开微小体积的流体包裹体。激光器熔融样品打开包裹体,产生的激光气溶胶由载气流(Ar 或 Ar + He 混合气)载入等离子体中离子化,离子流经采样锥进入质谱系统进行质量过滤,最后由检测器检测不同离子的信号强度。运用外标校对元素比值,并结合内标使用,可以获得定量测试结果。对于固体熔融物的分析精度一般为 2% ~

图 9 – 3　激光剥蚀电感耦合等离子质谱仪
(LA – ICP – MS)

5% RSD(相对标准误差),对于流体包裹体则为 10% ~ 30% RSD。LA – ICP – MS 的一些复杂系统可能引起成分分馏和质量干扰。对于分馏效应,可以通过运用产生小粒子的短波长激光器和运用 He 作为运载气体来减小;对于质量干扰,则可以通过使用高分辨率质谱仪,或者配备动力反应室或碰撞室,在一定程度上消除。

二、实验步骤

用激光剥蚀法打开流体包裹体,用213nm 和266nm 的激光[15,16]进行烧蚀整个流体包裹体后,用高纯 He 气或 He + Ar 混合气体作为载气[17],在气溶胶进入 ICP – MS 之前增加一个动态反应池,通过化学碰撞反应将分子及分子团"打散"为原子,从而能有效地减少一些质量干扰效应[18]。所有相态的组分形成激光气溶胶进入 ICP,产生的激光气溶胶由载气流(Ar 或 Ar + He 混合气)载入等离子体中离子化,离子流经采样锥进入质谱系统进行质量过滤,最后由检测器检测不同离子的信号强度。由于 ICP – MS 灵敏度极高,足以测定小到 10μm 左右的流体包裹体内的液相成分。

LA – ICP – MS 普遍用于单个流体包裹体中微量—超微量元素的分析,对 Cu 和 Fe 及稀土元素等的检出限大约为 0.1×10^{-6}。但存在一定局限性:(1)对于微小尺寸的单个流体包裹体,尤其是直径小于20μm 的单个多相流体包裹体(含子矿物),其大多数元素的 RSD 均大于

30%。（2）现行的单个流体包裹体元素的定量校正技术,存在着对天然流体包裹体溶液组成的假定条件（理想溶液且阳离子均以氯化物形式存在）或天然流体包裹体与人工流体包裹体激光剥蚀特性的匹配问题,进而影响分析结果的准确性。（3）微小的瞬时信号采集及质谱的扫描速度、质谱分析灵敏度制约着单个流体包裹体中多元素的同时检测,难以提供更全面的单个流体包裹体化学组成信息。（4）无法消除多原子间的相互干扰（如 S 和 As 在相对分子质量 32,34 和 75 处,由于原子间的干扰而无法区分）。（5）最突出的是在激光打洞过程中,其热量有可能使主矿物产生裂隙,从而发生流体的泄漏以及在提取流体过程中,把部分主矿物组分也提取出来,随同流体包裹体液相成分一并进入 ICP – MS 进行分析,使得结果产生误差。

三、结果应用

适合分析单个流体包裹体的微量、痕量元素构成,进而分析成矿流体的演化、流体的来源示踪、古流体作用过程的物理化学模型及成矿机制研究。

（1）内标元素^{23}Na 对比法。Gunther[12]首先利用显微量热法计算单个流体包裹体中 NaCl 的等效浓度,然后以^{23}Na 为内标元素,用 LA – ICP – MS 测定所有离子对^{23}Na 的比值,再假定所有阳离子均以氯化物形式存在,通过校正公式

$$\chi_{真实}(NaCl) = \chi_{等效}(NaCl) - 0.5\sum\chi(X^{n+}Cl_n) \qquad (9-1)$$

式中,χ为阳离子,$n+$为阳离子的价态数,计算出真实的 NaCl 浓度,最后推算出其他元素的含量,采用该方法成功地测定了直径为 10～50μm 的 39 个天然包裹体中 19 个元素的含量,测定限为 ng/g～μg/g,精密度为 5%～20%。

1998 年,Audetat 和 Gnther[14]以澳大利亚 YankeeLoad 锡矿为研究对象,采用 LA – ICP – MS 分析技术在同一石英单晶的核部至边缘,对两个"沸腾组合"中 4 个气相包裹体和 9 个盐水包裹体进行了化学组成的测定（图 9 – 4）,结果表明,YankeeLoad 锡矿的成矿物理学、化学机制在于:高温的岩浆卤水与低温的大气降水混合促进锡石的沉积,同时岩浆气相选择性富集 B 和 Cu 使之迁移与液相混合。

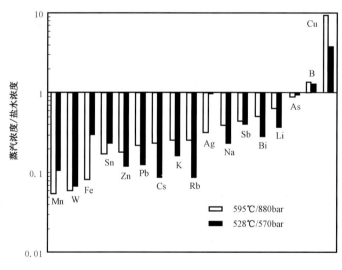

图 9 – 4　在岩浆气和卤水中形成的包裹体 17 种元素浓度图（引自 Audetat,1998）

1999 年，Ulrich[19] 采用 LA – ICP – MS 技术测定斑岩铜钼金矿中单个成矿流体包裹体（图 9 – 5），包裹体内有液态水体（L）、气泡（V）、halite（盐晶体）、chalcopy-rite（黄铜矿）、heamatite（赤铁矿）和 XY 不明晶体，元素分析内含有 Au 和 Cu，以及其他主次要、微量元素（包括 Na），盐水包裹体中 Au/Cu 比的平均数（0.9×10^{-4} 质量）几乎与堆积矿床相同（1.1×10^{-4}），表明铜和金是同时运输的，说明在高温盐溶液中这两种金属在它们的 +1 价态时形成稳定的氯复合物。它们同时沉淀可能由流体冷却驱使，和 Au 首先掺入铜—铁硫化物的固溶。

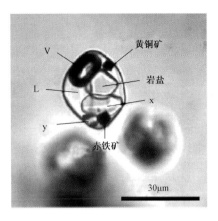

图 9 – 5　多相盐水包裹体
（引自 T. Ulrich，1999）

（2）熔体包裹体微量元素分析，根据不同矿物的剥蚀速率进行手动实时聚焦分层剥蚀，则包裹体分析信号主要由背景信号（S_1）、主矿物信号（S_2）、主矿物与熔体包裹体混合信号（S_3）、包裹体剥蚀后主矿物信号（S_4）4 部分组成（图 9 – 6），确定二者相对贡献比例，即熔体包裹体与混合物的质量比 x：

$$\chi = \frac{m_{\mathrm{incl}}^{i}}{m_{\mathrm{mix}}^{i}} = \frac{c_{\mathrm{host}}^{i} - c_{\mathrm{mix}}^{i}}{c_{\mathrm{host}}^{i} - c_{\mathrm{incl}}^{i}} \qquad (9 – 2)$$

其中：m_{incl}^{i} 和 m_{mix}^{i} 分别代表熔体包裹体和混合剥蚀物的总质量；c_{host}^{i}，c_{mix}^{i} 和 c_{incl}^{i} 分别代表元素在主矿物、混合物及熔体包裹体中的含量；c_{host}^{i} 和 c_{mix}^{i} 可利用基体归一法计算获得；χ 值通过估算剥蚀物质寄主矿物与包裹体信号差分趋势获得，获得 χ 比即可获得熔体包裹体中元素浓度。

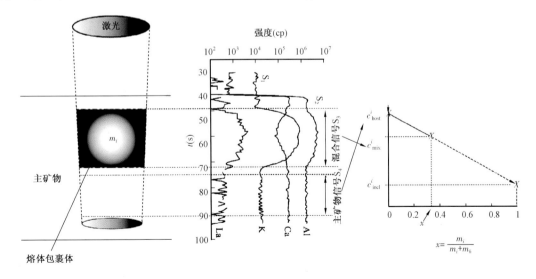

图 9 – 6　LA – ICP – MC 单一熔体包裹体分析示意图（引自赵令浩等，2013）

Marchev 等（2009）[20] 利用对高 Mg 堆晶岩橄榄石单斜辉石斑晶中的熔体包裹体成分定量分析，有力地证明了富辉橄玄质岩浆的存在。

Guzmics 等(2008)[21]选择上地幔捕掳体中磷灰石和钾长石的碳酸岩熔体包裹体微量元素定量分析,表明该捕掳体和碳酸岩熔体来源于 70 ~ 74km 深度。单斜辉石—磷灰石—钾长石—斜长石的矿物组合单斜辉石明显 Cr 亏损及 Zr 和 Hf 富集的特征表明该捕掳体是由于碳酸岩浆与上地幔超基性岩交代作用产生。

第四节　质子诱发 X(γ)射线分析

质子探针法随射线诱发模式之不同分为质子诱发 X 射线(PIXE)分析和质子诱发 γ 射线(PIGE)分析(图 9 - 7),适用于单个包裹体非破坏性多个微量元素分析。

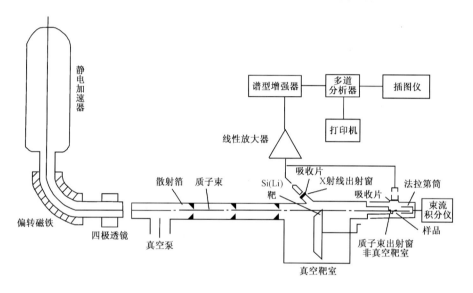

图 9 - 7　质子诱发 X(γ)射线仪

一、基本原理

由于高能质子聚焦束可穿入主矿物数十微米,而达到矿物表层下的流体包裹体内,引发包裹体内原子的特征 X 射线发射(PIXE),因此与电子探针相比,它具有较深的穿透本领。质子探针其射线束的直径小于 $10\mu m$,照射截面为 $2\mu m \times 2\mu m$,检测下限为 1 ~ 10mg/kg。可以分析样品表面以下 5 ~ $40\mu m$ 的包裹体。在 PIXE 的基础上,再结合质子诱发 γ 射线(PIGE)分析,可对样品作全元素定量分析及对元素空间分布作图。

质子轨迹的可预测性、PIXE 的产率和 X 射线吸收、高空间分辨率、高灵敏度和大的反应截面使 PIXE 成为分析流体包裹体中原子序数大于 13,尤其是大于 30 的元素的较理想的工具。PIXE 可以对微米级流体包裹体中的多元素同时测定,原理和扫描电子显微探针(SEM)一样,但灵敏度高于 SEM 两个数量级。而 PIGE 方法则仅对那些原子核能进行(p,γ),(p,p′γ)或(p,αγ)蜕变的元素分析效果较好,如 Li,F,Na 和 B 等原子序数小于 13 的元素,如包裹体液相中的 Na,K,Ca,Cl,Br,Mn,Fe,Ni,Cu,Zn,Co,Sn,AS,Rb 和 Sr 等多种常量元素和微量元素。

二、实验步骤

两面抛光的流体包裹体薄片可以用作扫描质子探针分析。在进行 PIXE 分析前,应在显微镜下仔细观察样品中包裹体类型及位置,进行素描和照相。选择测试的包裹体目标时要注意尽可能选择包裹体相对较大(一般要大于 $5\mu m$)且较靠近表面者,若包裹体距离表面较深,应进一步进行磨薄处理。因为质子在进入包裹体表面的覆盖层时,也会被此覆盖层吸收而引起一些 X 射线的衰减或增强,因此,倘若包裹体上面的覆盖层太厚,就会影响包裹体内元素测量的准确度。但是包裹体也不能太靠近表面,即覆盖层也不能太薄,因为质子束的轰击会在此覆盖层上产生电荷积累并发热,从而导致包裹体在测量过程中爆裂,故一般要求包裹体上面的覆盖层厚度为 $5\sim20\mu m$,包裹体的最佳个体大小在 $5\sim20\mu m$。覆盖层厚度可以通过光学显微镜准确测量,误差为 $1\mu m$ 左右。为使所测试样品表面导电以避免电荷累积,并收集束流,需对样品进行镀膜(导电膜)处理,澳大利亚 CSIRO 核微探针实验室是在样品表面镀厚约 20nm 的碳膜,上海复旦大学核微探针实验室是在样品表面镀厚约 100nm 的钛膜。

三、结果应用

可测试包裹体液相中的 Na,K,Ca,Cl,Br,Mn,Fe,Ni,Cu,Zn,Co,Sn,AS,Rb 和 Sr 等多种常量元素和微量元素。最早将 PIXE 引入流体包裹体成分分析的学者是 Horn[23]。1987 年,德国的 Horn 和 Traxel 最先尝试用 PIXE 分析流体包裹体,获得了流体包裹体的 PIXE 定性数据。国内,魏元柏等(1998)[24] 利用上海复旦大学的质子探针,用 PIXE 和 PIGE 的方法对贵州烂泥沟卡林型金矿床中石英及方解石内包裹体的液相成分,测得 Na,Mg,K,Ca 和 Cr 等多种元素,进行了定量分析尝试,计算了成矿压力与成矿深度,且通过与地质实际资料对比取得了不错的效果。

第五节　同步辐射 X 射线荧光分析

同步辐射 X 射线荧光微探针(SXRF,SRXRF)利用实验站 BSRF 光束中的电子同步加速器辐射发出高强度 X 射线束对矿物样品进行 X 射线荧光分析(图 9 - 8)。用于单个流体包裹体微量元素无损分析,可确定盐类组分(镁盐例外)、微量元素。

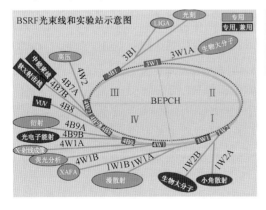

图 9 - 8　北京同步辐射装置实验站及 X 射线荧光微分析

一、基本原理

实验装置主要由狭缝、束流强度监控电离室、样品扫描台及控制系统、Si(Li)探测器及谱仪系统和显微观测系统组成。显微镜放大倍数为 450 倍,工作距离 49mm,带 CCD(电荷耦合器件),可使微小包裹体清晰地显示在电视屏幕上。入射光由狭缝组件调节得到所需的光斑尺寸,光斑位移为 $5\mu m/$步。样品至探测器窗口距离可调至 40 ～ 50mm,探测限可以达到 9 ～ 10 量级,在研究微量元素的含量及其空间分布上,比常规同类技术具有更高的灵敏度和良好的空间分辨率,能对多元素同时快速分析,是一种无损而又具有较低检测限的技术,适合对单个流体包裹体进行非破坏性原位定量分析的理想手段。

二、实验步骤

同步辐射 X 射线荧光分析所需的包裹体薄片可以按照常规的包裹体薄片制片方法,磨制成厚度为 70 ～ 100μm 两面抛光的薄片即可。磨制成的薄片要从载玻璃上取下,然后用丙酮或化学纯的乙醚将其上的黏结剂清洗干净。为防止薄片破损,可将其贴附于无干扰元素的 Mylar 薄膜并固定在标准的幻灯片支架上。由于仪器空间分辨率的限制,目前一般选用大于 20μm 的代表性包裹体。调整样品移动台使所选包裹体的图像清晰地落入显微目镜的标志上,保证使入射同步辐射光的微束光斑准确打到所选流体包裹体内部,至此就可以对包裹体进行采谱测试了。

可选有 26 种元素含量的玻璃薄片 NIST612 为标样[23],在相同的实验条件下(测量时间统一取 500s),分别测定流体包裹体内、外和标样所含元素的 K_a 线的净峰面积计数,于是流体包裹体样品中的各种元素的含量可由下式求出:

$$C^i/N^i = C^s/N^s \qquad (9-3)$$

式中 C^i 和 C^s——分别为待测样品和标样中元素的含量;

N^i(已校正),N^s——分别为待测样品和标样中元素的 K_a 线的净峰面积计数。

三、结果应用

1. 分析油气来源

研究流体包裹体中的常见元素和微量元素的含量及其比值特征,可用于区分海相和陆相沉积。邬春学(2002)[25]对西部含油气盆地流体包裹体作 SRXRF 微束分析,得到了它们所含 K、Ti、V、Cr、Mn、Fe、Co、Ni、Cu、Zn、Rb、Sr、Y、Zr、Ba 和 Pb 等元素的半定量分析结果,发现一组流体包裹体内,V 相对富集,而 Ni 含量较低或未检测出,其钒镍比 V/Ni > 1,其中有的 Ti,Cr 和 Zn 特别富集,有的 K 和 Fe 特别富集,这可作为流体包裹体形成时可能处于海相沉积环境的指标之一,也可说明这一组流体包裹体内的油气组分来自海相泥质生油岩;而另一组流体包裹体,V/Ni < 1,Fe 的含量高,但 Cr 和 Zn 的含量相对较低,反映流体包裹体形成时可能处于陆相沉积环境,流体包裹体内的油气可能来自陆相生油岩。

2. 分析形成环境

邬春学等(2002)[25]对柴达木盆地油区的 N_{21} 层组的 3 个流体包裹体作 SRXRF 微束分析,

依据流体包裹体 K,Ti,V,Cr,Mn,Fe,Co,Ni,Cu,Zn,Rb,Sr,Y,Zr,Ba 和 Pb 等元素的半定量分析结果,N_2^1 层组的流体包裹体均富集 K,Ti,Fe 和 Ba 等元素,反映成油时有高浓度的卤水。

第六节　离子色谱法

一、基本原理

离子色谱法(图 9-9)主要用于阴离子分析,一次进行可以测定 F^-, Cl^-, Br^-, SO_4^{2-}, NO_3^-, PO_4^{3-} 和 BrO_3^- 等多种阴离子。和其他色谱仪一样,离子色谱主要由分析系统和检测系统组成。主要部件为交换容量低的离子交换树脂柱(分离柱)、交换容量高的离子交换树脂柱(抑制柱)和电导检测器,附件有淋滤洗液储液槽、注射阀和高压泵等。测试液由注射阀注入,淋洗液由高压泵送入仪器,当混合后的被淋洗液进入分离柱后,即产生交换反应。交换反应达到平衡后,待测离子全部吸附在树脂上,但这种吸附是动态平衡的,淋洗液连续流动,使性质不同的各种阴离子得以分离。

图 9-9　离子色谱法分析仪

二、实验步骤

分离后的组分由淋洗液携带,一次通过抑制柱进入电导池,电导池产生信号,经过放大送至记录仪。以出峰时间和面积(或峰高)作为阴离子分析定性、定量的依据。采用这种方法,只需将样品中包裹体高温爆裂后制成溶液,无须进行化学分离即可进行测定,灵敏度可达到 $10^{-9} \sim 10^{-6}$ 数量级,而且操作简单、速度快、用样量少(100μL)、成本低。

因为淋洗液通常是酸性或碱性溶液,在测定电导率时,可能会带来很大的基底电导。由于基底电导的存在,使得痕量离子的测定发生困难。为了克服此缺点,在淋洗液进入电导测试仪前,使它先经过抑制柱,以除去淋洗液的阳离子,同时使待测离子在抑制柱中转变成容易检测的离子型化合物。

三、结果应用

离子色谱法的优点在于能一次性对流体包裹体中离子的测定。程莱仙等(1983)[26]利用离子色谱仪测定了石英流体包裹体试样中 Li^+,Na^+,NH_4^+ 和 K^+ 4 种阳离子含量,分别绘制了4 种离子的工作曲线,其线性范围分别为 Li^+:0.005 ~ 0.1mg/L;Na^+:0.2 ~ 4.0mg/L;NH_4^+:0.02 ~ 0.1mg/L;K^+:0.05 ~ 1.0mg/L。对阴离子的测定范围更广,能测定 F^-,Cl^-,PO_4^{3-},

Br^-，NO_3^-，SO_4^{2-}和SeO_4^{2-}等阴离子[27-29]。罗宗瑞通过对100多个矿物流体包裹体样品液相成分的阴离子进行测定，发现F^-，Cl^-和PO_4^{3-}等阴离子工作曲线线性程度较好，并且将实验结果与离子选择电极法分析F^-和Cl^-的结果相对照，数据很接近，其灵敏度优于离子电极法，尤其是对氯离子的分析更为明显。除了单独测定阴阳离子外，也可以对流体包裹体中液相阴阳离子进行同时测定。杨丹等(2014)[30]的研究表明，通过提取液的浓缩与富集将样品需要量由常规的3.00g降低到300mg，使用双通道离子色谱仪，实现了石英、方解石、萤石、闪锌矿、石榴子石、磁铁矿和黄铁矿等多种矿物流体包裹体液相成分中Li^+，Na^+，K^+，Mg^{2+}，Ca^{2+}，F^-，Cl^-，Br^-，NO_3^-和SO_4^{2-}等阴阳离子的同时分析。刘敏等通过测试土屋斑岩铜矿石英中流体包裹体成分，发现流体包裹体液相中阳离子以Ca^{2+}和Na^+为主，少数含K^+和Mg^{2+}；阴离子主要有NO_3^-，SO_4^{2-}，F^-和Cl^-，阴阳离子含量基本呈正相关关系，并换算出了包裹体溶液中的离子浓度大约为37.6%~50.3%[31]。

第七节 原子吸收分光光度计

一、基本原理

原子吸收分光光度法又称原子吸收光谱法(图9-10)，是利用被测元素的基态原子对特征辐射的吸收程度进行定量分析的方法。试样中被测元素的化合物在高温中被电离成基态原子光源发射出的特征辐射线经过原子蒸汽时将被选择地吸收，在一定条件下，被吸收的程度与基态原子的数目成正比。通过分光检测器测量该辐射线被吸收的程度就可以测得试样中被测元素的含量。主要用于对痕量元素杂质的分析，其灵敏度较高，而且选择性好，可应用于各种气体、金属有机化合物、金属无机盐中微量元素的分析。

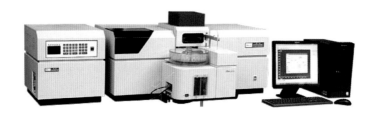

图9-10　原子吸收分光光度计

二、实验步骤

将破碎后的流体包裹体样品5g分别放入250mL聚四氟乙烯烧杯中，加入50mL二次蒸馏水，功率为170W，30℃超声1h，提取流体包裹体的液相成分。将浸取液移至50mL塑料瓶中，元素在石墨炉中被加热原子化后，变成基态原子蒸汽，并有选择性地吸收空心阴极灯发射的特征辐射。一定的浓度范围之内，吸收强度与试液中被测元素的含量成正比。其定量关系可以用郎伯—比耳定律，即$A = -\lg I/I_0 = -\lg T = KCL$。$I$是透射光的强度，$I_0$是发射光的强度，$T$是透射比，$K$是光通过原子化器的长度，$C$为被测样品的浓度，每台仪器的$L$值是固定的，因此$A$

$=KCL$。按不同阳离子原子吸收的工作条件要求进行选择,依次用原子吸收法测定 K^+,Na^+, Ca^{2+} 和 Mg^{2+} 的含量。

三、结果应用

张芷先等(1988)[32]将流体包裹体破碎后用超声提取其中的液相成分。按不同阳离子原子吸收的工作条件要求进行选择,用原子吸收法测定 K^+,Na^+,Ca^{2+} 和 Mg^{2+} 的含量。并采用相同实验条件,通过对丹东五龙金矿的石英样品分析进行验证实验,得出的验证结果与实验结果重现性很好,相对误差 $\pm 15\%$,表明方法是可靠的。从而可以根据分析所得的数据来进一步探讨成矿条件。

第八节　常规数据分析及计算

一、流容气流压力计

利用流容气流压力计分析流体包裹体中的气相成分。在流容气流压力计分析真空系统中,采用研磨法或热爆法打开包裹体,首先用液氮收集 H_2O 和 CO_2,再用干冰把 CO_2 分离出来,移掉干冰后 CO_2 气体被释放,即可读出 CO_2 气体压力值;液氮收集 H_2O,在此水中制取 H_2,使用 MAT250 仪器测定 CO_2 气体中碳、氢同位素及 H_2 中的氢同位素(森清寿郎,1997)。这样,不但得到了流体包裹体中 H_2O 和 CO_2 的物质的量比,还可以同时制取测定流体包裹体中碳、氢、氧同位素的样品。

用 Hayeseg Q 收集 $CH_4 + N_2$,移掉 Hayeseg Q 后,$CH_4 + N_2$ 气体被释放,可读出 $CH_4 + N_2$ 的合压力值,此时,可得到 $CO_2/(CH_4 + N_2)$ 的物质的量比值,再把收集到的 $CH_4 + N_2$ 混合气体使用四重极质量分析仪(或 MAT252 等)测得 CH_4/N_2 的物质的量比值,从而得到流体包裹体气相 $CO_2/CH_4/N_2$ 物质的量比值。

二、酸度计

S220 - K 梅特勒—托利多酸度计/pH 计(图 9 - 11)测流体包裹体液相的 pH 值的测定。

将爆破后的样品 5g 分别放入 250mL 聚四氟乙烯烧杯中,加入 50mL 二次蒸馏水,功率为 170W/30℃ 超声 1h,提取包裹体的液相成分。取浸取液少部分,放入 20mL 烧杯中,在 PXD - 3 型数字离子计上测定其 pH 值。

三、离子计

PXD - 3 型数字离子计(图 9 - 12)测流体包裹体液相的测定氟、氯。将爆破后的样品 5g 分别放入 250mL 聚四氟乙烯烧杯中,加入 50mL 二次蒸馏水,功率为 170W/30℃ 超声 1h,提取包裹体的液相成分。将浸取液 25mL 于 50mL 烧杯中,加入 1.5mL 柠檬酸钠及硝酸钾缓冲液。于 PXD - 3 型数字离子计上,分别测定氟、氯的电极电位,然后对照标准曲线,计算氟、氯阴离子含量。

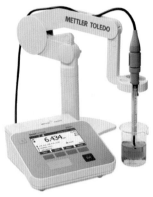

图9-11　S220-K梅特勒-托利多酸度计/pH计　　　图9-12　PXD-3型数字离子计

四、盐度的计算[33]

盐度采用质量分数(单位:%)表示,即100g溶液中含有NaCl的质量(单位:g)。根据包裹体分析所测Cl^-和Na^+(单位:g/L)的量和水的质量(G_{H_2O}),可换算为相应的浓度N_i,即:

$$N_i = X_i/M_i \tag{9-4}$$

式中:N_i为某元素的浓度(单位:mol/L);X_i为流体包裹体中某元素的质量浓度(单位:g/L);M_i为某元素的摩尔质量(相对原子质量)。如果$N_{Cl^-} \geqslant N_{Na^+}$,则:

$$盐度 = \left[(N_{Na^+} M_{NaCl})/(N_{Na^+} M_{NaCl} + G_{H_2O}) \right] \times 100 \tag{9-5}$$

如果$N_{Cl^-} < N_{Na^+}$,则:

$$盐度 = \left[(N_{Cl^-} M_{NaCl})/(N_{Cl^-} M_{NaCl} + G_{H_2O}) \right] \times 100 \tag{9-6}$$

五、矿化度(MC)的计算[33]

矿化度规定为1L水中所溶解溶质的总质量,单位以g/L表示,即:

$$MC(g/L) = X_{F^-} + X_{Cl^-} + X_{SO_4^{2-}} + X_{HCO_3^-} + X_{Na^+} + X_{K^+} + X_{Ca^{2+}} + X_{Mg^{2+}} \tag{9-7}$$

六、还原参数(R)的计算[33]

还原参数R,常以气相中还原性气体物质的量之和与氧化性气体物质的量之和的比值来表示,即:

$$R = (N_{H_2} + N_{CO} + N_{CH_4})/N_{CO_2} \tag{9-8}$$

参 考 文 献

[1] Masakatsu Sasada, Takayuki Sawaki, Takeno. Analysis of Fluid Inclusion Gases from Geothermal Systems, using a Rapid-scanning Quadrupole Mass Spectrometer[J]. Eur. J. Mineral, 1992, 4:895-906.

[2] David I, Norman, John A. Musgrave. N_2—Ar—He Compositions in Fluid Inclusions: Indicatorsof Fluid Source

［J］．Geochimica et Cosmochimica Acta，1994，58（3）：1119－1131.

［3］Yoichi Muramatsu，Ryo Komatus，Takayuki Sawaki，Munetake Sasaki. Gas Composition of Fluid Inclusion from the Morigeothermal Reservoir，Southwestern Hokkaido，Japan［J］. Resource Geology，1997，47（5）：283－291.

［4］朱和平，王莉娟. 四极质谱测定流体包裹体中的气相成分［J］. 中国科学，2000，D31（7）：586－590.

［5］Ghazi A M，Vanko D A，Roedder E，et al. Determination of Rare Earth Elementsin Fluid Inclusionsby Inductively Coupled Plasma－mass Spectrometry（ICP－MS）［J］. Geochimica et Cosmochimica Acta，1993，57（18）：4513－4516.

［6］Banks D A，Yardley B W D，Campbell A R，et al. REE Composition of an Aqueous Magmatic Fluid：a Fluid Inclusions Study from the Capitan Pluton，New Mexico［J］. U S A Chemical Geology，1994，113：259－272.

［7］Lewis A J，Palmer M R，Sturchio N C，et al. The Rare Earth Element Geochemistry of Acid_sulphate and Acid_sulphate_chloride Geothermal Systemes from Yellowstone National Park，Wyoming，USA［J］. Geochimica et Cosmochimica Acta，1997，61（4）：695－706.

［8］Johannesson K H，Zhou Xiaoping. Geochemistry of the Rare Earth Elements in Natural Terrestrial Waters：a Review of what is Currently Known［J］. Chinese Journal of Geochemistry，1997，16（1）：20－42.

［9］李厚民，沈远超，毛景文. 等. 石英、黄铁矿及其包裹体的稀土元素特征——以胶东焦家氏金矿为例［J］. 岩石学报，2003，19（2）：267－274.

［10］苏文超，胡瑞忠，漆亮. 黔西南卡林型金矿床流体包裹体中微量元素研究［J］. 地球化学，2001，30（6）：512－516.

［11］Steve F D. Laser Ablation Inductively Coupled Plasma Mass Spectrometry：Achievements，Problem，Prospects［J］. J Anal At Spectrom，1999，14：1385－1403.

［12］Gunther D，Horn I，Hattendorf B. Recent Trends and Developments in Laser Ablation－ICP－mass Spectrometry［J］. Fresenius J Anal Chem，2000，368：4－14.

［13］Chen Z，Doherty W，Gregoir D C. Application of Laser Sampling Microprobe Inductively Coupled Plasma Mass Spectrometry to the in Situ Trace Element Analysis of Selected Geological Materials［J］. J Anal At Spectrom，1997，12：653－660.

［14］Audetat A，Gnther D，Heinrichca. Formation of a Magmatic－hydrothermal Ore Deposit：in Sights with LA－ICP－MS Analysis of Fluid Inclusions［J］. Science，1998，279：2091－2094.

［15］Jeffries T E，Jackson S E，Longenich H P. Application of a Frequency Quintupled Nd：YAG Source（λ＝213 nm）for Laser Ablation Inductively Coupled Plasma Mass Spectrometric Analysis of Minerals［J］. Journal of Analytical Atomic Spectrometry，1998，13：935－940.

［16］Graupner T，Bratz H，Klemd R. LA－ICP－MS Micro－analysis of Fluid Inclusions in Quartz using Acommercial Merchantek 266nm Nd：YAG Laser：A Pilot Study［J］. Eur. J. Mineral，2005，17：93－102.

［17］Gnther D，Heinrich G A. Enhanced Sensitivity in Laser Ablation－ICP Mass Spectrometry using Helium－argon Mixtures as Aerosol Carrier［J］. Journal of Analytical Atomic Spectrometry，1999，14：1363－1368.

［18］Hattendorf B，Gnther D. Charact Eristics and Capabilities of an ICP－MS with a Dynamic Reaction Cell for Dry Aerosols and Laser Ablation［J］. Journal of Analytical Atomic Spectrometry，2000，15：1125－1131.

［19］Ulrich T，Gnther D，Heinrichca. Gold Concentrations of Magmatic Brines and the Metal Budget of Porphyry Copper Deposits［J］. Nature，1999，399：676－679.

［20］Marchev P，Georgiev S，Zajacz Z，et al. High－K Ankaramitic Melt Inclusions and Lavas in the Upper Cretaceous Eastern Srednogorie Continental Arc，Bulgaria：Implications for the Genesis of are Shoshonites［J］. Lithos，2009，113（1－2）：226－245.

［21］Guzmics T，Zajacz Z，Kodolanyi J，et al. LA－ICP－MS Study of Apatite and K Feldspar－hosted Primary Carbonatite Melt Inclusions in Clinoproxenite Xenoliths from Lamprophyres，Hungary：Implications for Significance of Carbonatite Melts in the Earth's Mantle［J］. Geochimica et Cosmochimica Acta，2008，72（7）：1864－1886.

［22］ 赵令浩,詹秀春,胡明月,等. 单个熔体包裹体激光剥蚀电感耦合等离子体质谱分析及地质学应用[J]. 岩矿测试,2013,32(14):1－14.

［23］ Horn E E,Traxel K. Investigations of Individual Fluid Inclusions with the Heidelberg Proton Micreoprobe—a Nondestructive Analytical Method[J]. Chem. Geol. ,1987,61:29－35.

［24］ 魏元柏,周式俊,陈武,等. 核微探针在包裹体成分分析中的应用[J]. 自然科学进展,1998,8(2):220－223.

［25］ 邬春学,黄宇营,杨春,等. 基于SRXRF的单个流体包裹体无损分析及其在石油地质中的应用[J]. 核技术,2002,25(10):793－798.

［26］ 程莱仙,陶恭益,王文英. 石英流体包裹体中锂、钠、铵和钾的离子色谱测定[J]. 分析试验室,1985,4(3):61.

［27］ 罗宗端,明道萍,喻铁阶. 离子色谱法测定矿物包裹体液相成分中的阴离子[J]. 矿产地质研究院学报,1986,1:62－69.

［28］ 许银焕,蒋桂玉. 离子色谱法测定矿物包裹体中阴离子[J]. 铀矿地质,1988,5:303－306.

［29］ 马雁林,孙其志,宋群. 离子色谱测定矿物流体包裹体浸取液中 SeO_4^{2-} 的方法研究[J]. 长春地质学院学报,1994,24(3):342－346.

［30］ 杨丹,徐文艺. 多种矿物流体包裹体中液相阴阳离子的同时测定[J]. 岩石矿物学杂志,2014,33(3):591－596.

［31］ 刘敏,王志良,张作衡,等. 新疆东天山土屋斑岩铜矿床流体包裹体地球化学特征[J]. 岩石学报,2005,25(06):1446－1455.

［32］ 张芷先,王彦英,姜华. 矿物包裹体的气、液相成分测定[J]. 辽宁地质,1988,1:86－93.

［33］ 王真光,王莉娟. 流体包裹体成分物理化学参数的 NET2.0C# 语言计算程序[J]. 矿床地质,2011,30(4):754－759.

第十章　烃包裹体成分分析及应用

烃类包裹体中通常包含有液态和气态烃类,其中气态烃类多可用在线直接进样方式进行成分分析,而液态烃类通常由溶剂溶解提取后采用离线方式进行组分分析。

第一节　气相色谱分析及应用

气相色谱仪可以对包裹体中气体和易挥发或可转化为易挥发的液相和固体组分进行定性与定量分析。

一、基本原理

气相色谱主要是利用混合物质的沸点、极性及吸附性质的差异来实现混合物的分离,被分离的混合物在进样口汽化为气体后,由载气携带进入色谱柱。柱内含有液体或固体固定相,由于样品中各组分的沸点、极性或吸附性能不同,每种组分都倾向于在流动相和固定相之间形成分配或吸附平衡,但由于载气是流动的,这种平衡实际上很难建立起来。正是由于载气的流动,使样品组分在运动中进行反复多次的分配或吸附/解附,结果在载气中分配质量轻的组分先流出色谱柱,而在固定相中分配质量大的组分后流出,从而使样品中不同性质的组分得以分离。

二、实验步骤

1. 流体包裹体气相分析

流体包裹体气相分析多采用在线真空热爆法、真空球磨法、真空压碎法、真空激光剥蚀法提取气体组分和直接进样进行气相色谱测试。热爆法、真空球磨法、真空压碎法获得群体流体包裹体气体;真空激光剥蚀法获得单个流体包裹体气体。如现常用的"热爆—气相色谱群体成分分析法"(图 10-1)[1,2]、"二维气相色谱法"(图 10-2)[3]、"在线激光剥蚀色谱—质谱分析"(图 10-3)。

图 10-1　同步热分析—气相色谱—质谱联用系统

图 10-2　二维气相色谱仪

图 10 - 3 193nm 激光器 +
气相色谱—质谱仪(联用)

不管采用上面哪种方法打开流体包裹体,其成分的色谱分析流程均包括如下步骤:(1)打开待测流体包裹体前应做空白实验,反复开启进样器的四通阀,除去样品中吸附组分和次生包裹体成分。(2)关闭四通阀,打开待测流体包裹体,保持 10min 或 15min后,开启进样器的四通阀。(3)无机组分分析的气相色谱条件:采用 Chromtec 多孔聚合物填充柱;载气:分析 O_2,N_2,CO_2 和 CH_4 用 He 作载气,分析 He 和 H_2 用 N_2 作载气,参比气:He 和 N_2;柱温:初温 40℃(保持 2min)以 4℃/min 升温到 100℃;检测器温度:250℃;进样口温度:250℃;柱流量:30mL/min;流量模式:热导检测器(TCD),恒压(分流比 100∶1);参考流量:30.0mL/min;定量管:1mL。(4)有机组分分析的气相色谱条件:采用 HP - 1 Methyl Siloxane 50m × 0.5mm × 0.25μm 毛细管色谱柱;载气:N_2;尾吹气:N_2;柱温:初温 40℃(保持 2min)以 4℃/min 升温到 100℃;柱流量:1.1mL/min;检测器温度:250℃;进样口温度:250℃;氢气流量:40.0mL/min,空气流量:400.0mL/min;尾吹气流量:25mL/min;流量模式:氢火焰离子化检测器(FID),恒压(分流比 100∶1);定量管:1mL。(5)最后根据样品中各种气体成分的峰面积值查标准气体的标准曲线,并经计算求出各种气体成分的含量。

流体包裹体气相成分通常比较复杂,一般需要多机检测或两机串联等方式,在单一仪器上很难实现一次性分离。将 TCD 检测器和 FID 检测器串联(二维气相色谱测定流体包裹体中气相成分的方法)[4],并使用两个六通阀将 Porapak - Q 分离柱和 13x 分子筛分离柱串联,通过阀的切换来实现同一群体流体包裹体的气相成分含量的同时测定。多柱串联分离的办法(图 10 - 3[5]),即用 GDX - 105 型填充柱(L_1)分离 H_2O 和 CO_2,用 5A 分子筛柱(L_2)分离 H_2,O_2,N_2,CH_4 和 CO,并在 L_1 和 L_2 之间串接一支装有硅胶—碱石棉的保护柱,以防试样中 H_2O 和 CO_2 进入 L_2。

2. 烃包裹体液相分析

可利用热爆法、球磨法和压碎法取完气相的样品,也可用研磨法、微钻法磨碎的样品,加入有机溶剂(二氯甲烷)溶解烃包裹体液相烃类,封闭低温静态放置 24h 让溶有液态烃的溶剂中的矿物质沉淀,并从清澈溶液中萃取有机成分。后采用气相色谱仪(如 Agilent 7890GC 型)检测烃包裹体液相烃类分布及含量(全油气相色谱分析):采用 Agilent 7890A 型气相色谱仪,色谱柱为 HP - PONA 石英弹性毛细色谱柱,色谱柱长 30 ~ 50m,直径 0.2 ~ 0.25mm,固定相厚度 0.5μm,载气为 N_2,分流比 60∶1,流速 0.7mL/min,程序升温,初始温度 40℃,恒温 1min,以 1℃/min 的速率升温至 70℃,恒温 1min,以 2℃/min 的升温速率升温至 300℃,恒温 30min,进样器温度为 310℃,检测器温度 320℃,FID 检测。正构烷烃 C_9—C_{34} 经归一化后所得的含量分布图。

3. 气相色谱—离子色谱法

气相色谱—离子色谱法是由分离系统(图 10 - 4)连接气相色谱仪再测定矿物盐水包裹体中气相、再由离子色谱仪分析液相阴离子成分的方法。可同时测定 H_2,O_2,N_2,CH_4,CO,CO_2

和 H_2O 等气相成分和 F^-，Cl^- 和 SO_4^{2-} 等液相阴离子成分。

（1）气相色谱—离子色谱法气相成分的测定。0.5g 试样，小心装入石英裂解管中，与四通阀连接，检查各接头不漏气后，套上低温炉，在 $120 \sim 200℃$（控制在起爆温度以下 $20 \sim 50℃$）继续驱除吸附水及次生包体直至记录仪上不再出现 H_2O 和 O_2、N_2 峰为止。关闭四通阀，换上高温裂解炉，在峰值温度下封闭爆破 10min。撤离裂解炉，裂解管自然冷却 2min，再换上已恒温至 $150℃$ 的低温炉，恒温 3min，再开启四通阀，将从分离器（图 10-4）中释放出来的气体送入预先调至基线稳定的色谱仪，记录 H_2O，CO_2，H_2，O_2，N_2，CH_4 和 CO 的色谱峰，用归一化法计算气相各成分的百分含量。

（2）气相色谱—离子色谱法液相成分的测定[5]。将测定气相成分后的试样细心倒入 40mL 离心管中，加入 10mL 水，置于超声波清洗器上浸取 10min，再置高速离心机上离心分离，将清洗液移入 10mL 中塑料瓶中。阴离子的测定分取上述清液 2.0mL 于 5mL 比色管中，加入 0.3mL 淋洗液 B，摇匀。用注射器吸取 1.0mL 注入测定阴离子的色谱仪中，记录 F^-，Cl^-，NO^{3-} 和 S_4^{2-} 等成分的峰高，用工作曲线法求出各组分的含量。阳离子的测定用注射器吸取 1.0mL 塑料瓶中的清液，直接注入装有阳离子分离柱的离子色谱仪中，分别测定 K^+，Na^+，Ca^{2+} 和 Mg^{2+}，记录各成分的峰高，同样用工作曲线法求出它们的含量。

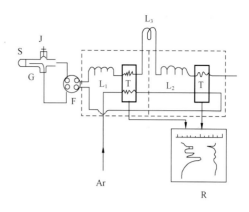

图 10-4 气相色谱—离子色谱仪三柱串联分离双热导检测系统

S—试样；G—石英裂解管；J—标准气注入口；F—四通阀；T—热导池；R—双笔记录仪；L_1—GDX—105 柱，2m；L_2—SA 分子筛柱，2m；L_3—硅胶—碱石棉柱，0.3m；Ar—载气（氩气）

三、结果应用

气相色谱仪分析的烃包裹体组分数据可用于研究有机质的成熟度、油源对比、区分海相和陆相成油母质及沉积相，还可用于判断油藏流体的连通性、计算合采层各单层的产能。

1. 流体包裹体无机组分的应用

（1）H_2，CO 和 CH_4 为还原性气体；而 CO_2 的含量高、又不含还原性气体时为氧化性气体。

李秉伦[6]对宁芜地区铁矿研究发现，姑山表成矿浆型铁矿赤铁矿中包裹体的气体成分主要是 CO_2，而 H_2 只在个别样品中存在，CO 和 CH_4 则无显示，故姑山的矿浆溢出地表是在氧化环境中形成的，铁矿物为赤铁矿。宁芜地区梅山铁矿的矿浆，侵入辉长闪长玢岩与辉石安粗岩的接触带，其中石榴石和磁铁矿中包裹体的气体成分，除 H_2O 和 CO_2 外，还含有 H_2 和 CO 等还原性气体，反映出是还原环境，铁矿物为磁铁矿。

（2）包裹体的还原参数，可以作为成矿流体还原性强弱的度量。

将包裹体气体成分中的还原性气体物质的量总和，除以 CO_2 物质的量，所得到的比值，定义为还原参数。该参数越大，还原性越强；反之，还原性越弱。

姑山铁矿[6]是在靠近地表的氧化环境中形成的，还原参数为零；梅山铁矿形成深度较深，包裹体的还原参数增大,为 0 ~ 0.156。

(3)根据包裹体的气体成分,可以估计火山岩成矿温度。

火山气体平衡成分随温度而变化[7],即在低温(194℃),CH_4 和 H_2S 含量高,而 H_2 和 SO_2 含量较低;在高温(750℃),CH_4 和 H_2S 含量低,但 H_2 和 SO_2 的含量较高。依据火山岩包裹体气相组分可分析其形成的温度。

2. 流体包裹体气相组分的应用

姜亮等[8]对东海盆地台北坳陷丽水西次凹陷内的 WZl3 – 1 – 1 井古近—新近系灵峰组下段 3342m 样品进行了热爆—气相色谱群体成分分析,从轻烃组成看,C_2—C_4/C_1 可达 5.68,即轻烃中乙烷、丙烷、己丁烷和正丁烷含量远大于甲烷含量,表明所产的气态烃以湿气为主。C_5—C_7 含量较高,C_5—C_6/C_1—C_4 达到 3.05,这些汽油馏分的大量出现既说明烃源岩处于成熟阶段,也说明气态烃中含一定的凝析油成分。

3. 烃包裹体液相组分的应用

1)烃包裹体组分的全油分析

将烃包裹体液相成分提取后进行全油气相色谱分析,可以得到烃包裹体液相正烷烃组成中的相对百分含量,CPI 及 OEP 值,C_{21-}/C_{22+},$(C_{21} + C_{22})/(C_{28} + C_{29})$,Pr/Ph,Pr/$nC_{17}$,Ph/$nC_{18}$,主峰碳及碳数范围等参数。

(1)峰型及主峰碳。

正构烷烃的峰型分为单峰型和双峰型,主峰碳是指色谱图上组分分布最高峰的碳数。主峰碳可以指示原始母质性质和有机质成熟度。以藻类为主的有机质其主峰碳位于 C_{15}—C_{21};以陆源高等植物为主的有机质,主峰碳为 C_{25}—C_{29};双峰型的色谱曲线可能是多源有机质的反映。在有机质成熟过程中,随着温度和压力的增加,高分子烃裂解为低分子烃,主峰碳位置朝低碳方向偏移。

鲁雪松等[9]对塔里木盆地塔中 11 井志留系储层中早海西期形成的烃包裹体液相组分色谱—质谱分析,其中气相色谱的基线基本上都有一定程度的向上隆起,表明具有一定的生物降解特征,证明早海西期形成的烃包裹体应是在早期原油遭受生物降解之后捕获形成的。

(2)C_{21-}/C_{22+} 可反映成熟度、母质类型特征。

C_{21-}/C_{22+} 比值是将 C_{21} 以前的各碳数百分含量总和除以 C_{22} 之后各碳百分含量总和,表达正构烷烃中轻/重的变化。该比值主要受热动力作用控制,随着埋深和温度的增加,高分子量正烷烃逐渐减少,低相对分子质量正烷烃增加,C_{21-}/C_{22+} 比值增加;沉积环境和原始有机质对其也有影响,C_{22} 以后高碳数正构烷烃一般来源于陆源生物,而 C_{21} 以前的低碳数正构烷烃一般来自水生生物和微生物。

(3)$(C_{21} + C_{22})/(C_{28} + C_{29})$ 比值判别原始成油母质(油源对比)。

藻类等富含类脂化合物,其 $C_{21} + C_{22}$ 成分多,$(C_{21} + C_{22})/(C_{28} + C_{29})$ 比值较大;而植物蜡、孢粉等的高碳数 $C_{28} + C_{29}$ 较多,其 $(C_{21} + C_{22})/(C_{28} + C_{29})$ 比值较小。

(4)姥鲛烷和植烷的比值(Pr/Ph)判断沉积环境。

Pr 和 Ph 代表的类异戊二烯烷烃是光合作用中叶绿素的植醇侧链的成岩产物,植醇在还原条件下脱水成植烯,加氢还原形成植烷,在氧化环境下则形成植烷酸,进而脱羧基形成姥鲛烷,故姥鲛烷和植烷的分布特征可以反映沉积环境。典型煤系地层有机质以 Pr/Ph > 2 为特征,高者可达 8 以上,反映出强氧化性质的沉积环境[10]。

塔里木盆地库车坳陷前缘隆起带上原油的姥植比(Pr/Ph)均呈现出姥鲛烷的优势,姥植比一般大于 2.0[11],表明这些原油的烃源岩大多是沉积于弱还原的环境中,与朱扬明[12]论证的"陆相原油 Pr/Ph 在 1.7 ~ 3.0 之间"相当。塔里木盆地塔北地区的英买 7 地区、牙哈地区的喜山期形成的发蓝色荧光的烃包裹体的形成与库车坳陷前缘隆起带构造演化密切相关,以 YH7X - 1 井喜马拉雅期形成的发蓝色荧光的烃包裹体组分为代表,其 Pr/Ph 值为 1.71(图 10 - 5 的左边第 1 个柱子),显示出陆相原油的特征,应源于库车坳陷的陆相烃源岩。塔北英买 7 地区、牙哈地区原油的 Pr/Ph 值较高,在 1.43 ~ 2.45,多大于 1.8(图 10 - 6),可见英买 7 井区、牙哈地区原油和喜马拉雅期烃包裹体的油气,都显示出陆相原油的特征,应与库车坳陷陆相烃源岩有关。

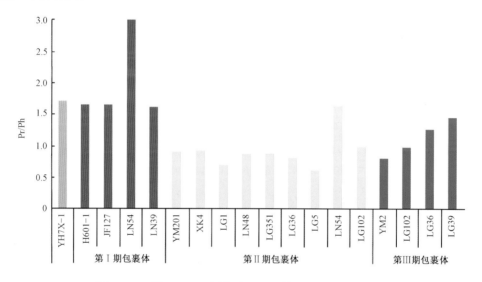

图 10 - 5　塔北地区不同期次烃包裹体烃组分的 Pr/Ph 值

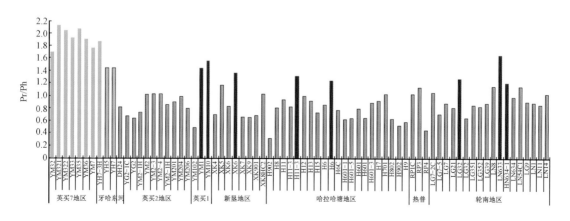

图 10 - 6　塔北地区原油 Pr/Ph 值

对塔里木盆地海相烃源岩与原油研究认为，TD2 井寒武系原油是源于寒武系烃源岩的原油，全油的 Pr/Ph 值为 1.32 ~ 1.24；YM2 井(O_1)原油的 Pr/Ph 值为 1.06 ~ 0.57，与中上奥陶统烃源岩具有较好的相关性，代表中上奥陶统烃源岩特征[13]。故以 Pr/Ph = 1.2 为界[14]，界限之上是源于寒武系—下奥陶统烃源岩的原油，之下则代表源于中上奥陶统烃源岩的原油。在英买—哈拉哈塘—轮南地区，晚加里东—早海西形成的第 I 期烃包裹体的 Pr/Ph 值为 1.67 ~ 3.02（图 10 – 5 中褐色），显示海相寒武系—下奥陶统烃源岩特征。晚海西期形成的第 II 期烃包裹体的 Pr/Ph 值多为 0.63 ~ 1.00（图 10 – 5 中黄色），显示海相中上奥陶统烃源岩特征，只有位于轮古地区东北部的 LN54 井第 II 期烃包裹体的 Pr/Ph 值较高（1.63），这口井中同时见大量第 I 期烃包裹体，而第 I 期烃包裹体 Pr/Ph 值高达 3.02，推测轮南 54 井第 II 期烃包裹体组分 Pr/Ph 值高的原因是被第 I 期烃包裹体形成时的残余油所混染。喜马拉雅期形成的第 III 期烃包裹体的 Pr/Ph 值 0.81 ~ 1.45（图 10 – 5 中蓝色），其中 YM2 井为 0.81，轮南地区东部几口井的 Pr/Ph 值多大于 1.2，说明 YM2 井第 III 期烃包裹体源于中上奥陶统烃源岩，轮南地区东部第 III 期烃包裹体源于寒武系—下奥陶统烃源岩，亦或是寒武系—下奥陶统和中上奥陶统两烃源岩的混源。

塔里木盆地塔北地区英买—哈拉哈塘—轮南地区原油 Pr/Ph 总体较低，为 0.29 ~ 1.17，具有海相原油的特点[15-17]，反映源岩处于强还原性的沉积环境中。从塔北地区各井原油的 Pr/Ph 值分布图来看（图 10 – 6），塔北南部地区英买—哈拉哈塘—轮古地区大部分井 Pr/Ph 值小于 1.2，只有 YM1 井、YM10 井、H6 井、H701 井、LN633 井、LN634 井和 LG32 井原油的 Pr/Ph 值大于 1.2，说明来源于中上奥陶统烃源岩的晚海西期的第 II 期烃包裹体形成时的油气是这个地区的主要贡献者；对于英买 1 井区及周边地区 YM1 井、YM10 井见含有一定量的第 I 期烃包裹体，说明源于寒武系—下奥陶统烃源岩的早海西期的第 I 期烃包裹体形成时的油气在这几口井得到保存，使这几口的原油的组分混有寒武系—下奥陶统烃源岩特征。因哈拉哈塘地区北部的如 H701 井见有早海西期第 I 期烃包裹体，哈拉哈塘地区的南部地区如哈 6 井见有喜马拉雅期形成的第 III 期烃包裹体，故推测哈塘地区北部有些井可能是受早海西期第 I 期烃包裹体形成时的原油影响，哈塘地区南部有些井可能是受喜马拉雅期第 III 期烃包裹体成时的原油影响。因 LN633 井、LN634 井和 LG32 井都是位于轮古地区南东部，原油 Pr/Ph 值大于 1.2，且是喜马拉雅期第 III 期烃包裹体发育带，故轮古地区南东部原油多受喜马拉雅期第 III 期烃包裹体成时的原油影响。

（5）Pr/nC_{17} 与 Ph/nC_{18}。

Lijmbach（1975）认为，源于内陆泥炭—沼泽相的石油其 Pr/nC_{17} 之比小于 1[18]。塔里木盆地塔北地区源于陆相烃源岩的 N—K 原油 Ph/nC_{18} 一般都小于 0.2[19,20]，以 Ph/nC_{18} = 0.2 为界，将 Ph/nC_{18} 大于 0.2 作为判断海相烃源岩原油的标准，以 Ph/nC_{18} 小于 0.19 作为陆相烃源岩原油的标准。

陶士振等（2001）[21] 分析的塔里木盆地克依构造带储层中烃包裹体成分 Pr/nC_{17} 为 0.40 左右，Ph/nC_{18} 主要为 0.20 ~ 0.40，Pr/Ph 为 1.25 ~ 1.82，认为包裹体所捕获的有机质源于湖相泥岩。塔里木盆地塔北地区牙哈 7X – 1 井喜马拉雅期形成的第 III 期烃包裹体落在 Pr/nC_{18} =

0.2 这条线以下、Pr/nC_{17} 之比小于 1,与牙哈地区原油同位于陆相原油区内(图 10-7),可见 YH7X-1 井喜马拉雅期形成的第Ⅲ期烃包裹体油气组分属陆相油,这时期充注的油气得以保存形成英买 7 地区、牙哈地区现今油气藏。

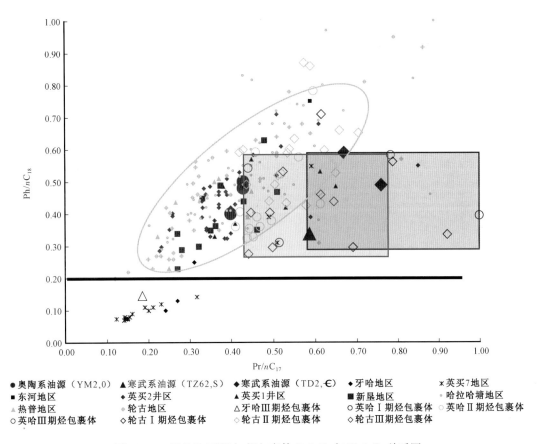

图 10-7　塔北地区原油、烃包裹体 Pr/nC_{17} 与 Ph/nC_{18} 关系图

塔里木盆地塔北地区源于海相的原油 Ph/nC_{18} 一般都大于 0.3[22-24],朱俊章(2005)认为,海相寒武—下奥陶统 Ph/nC_{18} 值多在 0.5 以上,而海相中—上奥陶统 Ph/nC_{18} 值均在 0.5 以下[25,26],且中—上奥陶统样品的 Pr/nC_{17} 值总体来说小于寒武系—下奥陶统样品的相应比值,这说明寒武系—下奥陶统烃源岩的有机质类型优于中—上奥陶统烃源岩的[27]。将代表源于中上奥陶统烃源岩的 YM2 井(O)、代表源于寒武系烃源岩的端源油的 TD2 井(∈)、源于寒武系烃源岩的 TZ62 井(S)原油的 Pr/nC_{17} 和 Ph/nC_{18} 值投在图 10-7 中,3 口井的 Ph/nC_{18} 分别是:YM2 井(O)为 0.4~0.5、TZ62 井(S)为 0.49~0.59[28]、TD2 井(∈)为 0.49,虽然有所区别[25],但差别较小。而 3 口井的 Pr/nC_{17} 比值有明显不同:YM2 井(O)为 0.40~0.43、TZ62 井(S)为 0.48、TD2 井(∈)为 0.67~0.76,试将 Pr/nC_{17}=0.48 作为两者的界限,即高于 0.48 代表源于寒武系—下奥陶统烃源岩,小于 0.48 则源于中上奥陶统烃源岩。

塔里木盆地塔北地区英买 2—新垦—哈拉哈塘—轮古地区共发现三期发荧光的烃包裹体,早海西期形成的第Ⅰ期褐色烃包裹体组分的 Pr/nC_{17} 和 Ph/nC_{18} 值主要集中在褐色方框中

(图 10 − 7)，与 TD2 井(∈)原油的值处于同一区域范围，再次验证早海西期形成的这期烃包裹体油组分源于寒武—下奥陶统烃源岩。晚海西期形成的第Ⅱ期烃包裹体组分的 Pr/nC_{17} 和 Ph/nC_{18} 值集中在黄色椭圆中(图 10 − 7)，黄色椭圆正好涵盖源于中上奥陶统烃源岩的 YM2 井(O)的原油，所以晚海西期形成的第Ⅱ期烃包裹体油组分应源于中上奥陶统烃源岩。喜马拉雅期形成的第Ⅲ期烃包裹体的值集中在蓝色方框中(图 10 − 7)，介于 YM2(O_1)井与 TD2 井(∈)的值之间，推测是由中上奥陶统烃源岩和寒武系—下奥陶统烃源岩混源油组成。

将塔里木盆地塔北地区 73 口井原油的 Pr/nC_{17} 和 Ph/nC_{18} 值投点在图 10 − 7 中，塔北地区原油 Pr/nC_{17} 和 Ph/nC_{18} 值明显分成了两个区：Ⅰ区为牙哈地区和英买 7 地区原油落点区，位于陆相区内，为陆相烃源岩生成的原油；Ⅱ区为英买 2 井区—英买 1 井区—新垦地区—哈拉哈塘地区—热普地区—轮南地区，原油都是源于海相烃源岩的。东河塘断裂带处的东河塘地区的原油也落在Ⅱ椭圆区，说明东河塘地区的原油应源于海相烃源岩的。

塔里木盆地塔北地区英买 2 井区—英买 1 井区—新垦地区—哈拉哈塘地区—热普地区—轮南地区大部分井的原油落在中上奥陶统原油的黄色椭圆区，说明大部分井现存原油与晚海西期第Ⅱ期烃包裹体形成时的油来源相同：主要源于中上奥陶统。但也有部分井如 YM202 井 5866.5m 处、YM206 井 5916.1m 处、YM10 井 5345m 处、H6 井 6424.75 ~ 7042.2m 处、LN633 井的 5879 ~ 5899m 处和 LN634 井 5780 ~ 5796m 处的原油落在Ⅱ椭圆区右侧 TD2 井(∈)—TD62 井(S)周围，说明这几口井的原油有源于寒武系烃源岩的组分。其中 YM202 井、YM202 井、YM206 井、YM10 井和 H6 井第Ⅰ期烃包裹体得以很好的保存，可能早海西期源于寒武系—下奥陶统烃源岩的油在这些井得以很好的保存。而 LN633 井和 LN634 井几口井见大量第Ⅲ期烃包裹体，可能与喜马拉雅期中上奥陶统烃源岩和寒武系—下奥陶统烃源岩混源油再充注有关。

(6) CPI 值(碳优势指数)与 OEP 值(奇偶优势)。

CPI 值和 OEP 值主要用来表达正构烷烃有无奇偶优势，其计算方法如下：

$$CPI = \{(C_{25} + C_{27} + C_{29} + C_{31} + C_{33})[1/(C_{24} + C_{26} + C_{28} + C_{30} + C_{32}) +$$
$$1/(C_{26} + C_{28} + C_{30} + C_{32} + C_{34})]\}/2 \qquad (10 - 1)$$

$$OEP = [(C_i + 6C_{i+2} + C_{i+4})/4(C_{i+1} + C_{i+3})]^m \qquad (10 - 2)$$

其中，$m = (-1)^{i+1}$；$i + 2$ 为气相色谱图上的主峰碳数。碳优势或奇偶优势特征一般只对未熟—低熟阶段的样品有效，随着成熟度升高，从干酪根裂解生成的正构烷烃不具奇偶优势，将掩盖早期的奇偶优势，因此，当 CPI 和 OEP 明显大于 1 或小于 1 时，说明成熟度较低，接近或等于 1 时，说明已进入成熟阶段。CPI 或 OEP 明显高于 1.0(如大于 1.2)时具奇碳优势，明显低于 1.0 时具偶碳优势。具奇偶优势的高碳数(> C_{23})正构烷烃的分布可能指示陆源有机质的输入，奇偶优势不明显的中等相对分子质量(nC_{15}—nC_{21})的正构烷烃可能指示藻类等水生生物来源。具偶奇优势的正构烷烃往往产于碳酸盐岩或蒸发岩盐环境。

朱东亚等(2007)[29]对塔里木盆地塔中地区 6 个志留系沥青砂岩样品中的孔隙中的游离烃和烃包裹体中的烃做了分离并进行了色谱、色谱—质谱分析，其中色谱图表明孔隙中的游离烃和烃包裹体中的烃具有显著不同的特征：前者表现为前峰型轻质烃特点，主峰碳较小(为

nC_{16}或nC_{20}),无奇碳优势,多伴有生物降解现象,而后者多表现出双峰分布特征,主峰碳数较大(为nC_{25}或nC_{29}),有一定奇碳优势。生物标志化合物也表明孔隙中的游离烃和烃包裹体中的烃具有显著不同的特征,前者与中—上奥陶统烃源岩有关,后者与中—下寒武统烃源岩有关。

2)烃包裹体组分中轻烃分析

轻烃气相色谱分析可以提供轻烃含量,利用烃包裹体中的轻烃含量和正构烷烃含量结合气油比,借助PVTpro 4.0软件,便可测出烃包裹体的捕获压力。

(1)正庚烷值和异庚烷值。

Thompson根据原油随着成熟度增高烷基化程度也增高的事实,提出可用正庚烷值和异庚烷值2个参数来研究原油的分类和成熟度(表10-1),其中异庚烷值=(2-甲基己烷+3-甲基己烷)/(1,顺,3-+1,反,3-+1,反,2-)环戊烷;正庚烷值=(正庚烷×100)/(环己烷+2-甲基己烷+1,1-二甲基环戊烷+2,3-二甲基戊烷+3-甲基己烷+1,顺,3-二甲基环戊烷+1,反,3-二甲基环戊烷+1,反,2-二甲基环戊烷+3-乙基戊烷+2,2,4-三甲基戊烷+正庚烷+甲基环己烷),根据不同的母质对原油庚烷值和异庚烷值的控制作用,又给出了2条线(图10-8),一条是代表的腐泥型母质的脂肪族的线,另一条代表的是腐殖型母质的芳香族的线,在2条线之间的区域,应为混合型母质所在的区域(Thompson,1979,1983)[30,31]。

表10-1 利用轻烃组分划分原油类型表(据Thompson,1983)

原油类型	正庚烷指数(%)	异庚烷指数
生物降解油	1~18	0~0.8
石蜡基正常油	18~22	0.8~1.2
成熟油	22~30	1.2~2.0
高熟原油	30~60	2.0~4.0

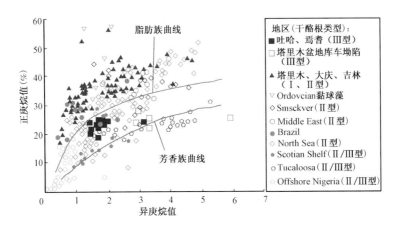

图10-8 中国部分代表性原油正、异庚烷值与烃源岩干酪根类型的相关性及其和Thompson图版的对比(引自王培荣等,2010)

王培荣等[32]利用国内油田中的大量轻烃及原油地化数据就原油正、异庚烷值与烃源岩干酪根类型的关系以及与 C_{29} 甾烷 20S/(20S + 20R) 成熟度参数的相关性进行了详细讨论。从图 10 – 8 可以看出,国内油田中烃源岩为 I 型和 II 型干酪根的油样点群都在脂肪族曲线上方,而烃源岩为 III 型干酪根的油样点群没有分布在芳香族曲线周围,大部分都分布在两曲线之间,有的更贴近于脂肪族曲线,可见国内的原油母质与原油庚烷值、异庚烷值的关系和 Thompson 描述的并非完全一致,不过也可以看出,以脂肪族曲线为界,上方主要为海相成因的原油,而下方直至芳香族曲线周围,均有陆相成因原油分布。

王祥等(2008)[33]对塔里木盆地塔中地区奥陶系、石炭系典型海相原油和吐哈盆地典型煤成油的庚烷值与异庚烷值关系进行了分析(图 10 – 9),其中海相油庚烷值为 32.3% ~ 45.4%,均值为 40.2%,异庚烷值为 1.9 ~ 3.7,均值为 2.9,为处于高成熟阶段;煤成油庚烷值为 5.4% ~ 22.9%,均值为 16.2%,异庚烷值为 1.8 ~ 2.9,均值为 2.4,处于成熟阶段。从图中还可发现,海相油和煤成油分别位于脂肪族曲线和芳香族曲线上,其规则与 Thompson 描述的一致。许锦等(2011)[34]将沙雅隆起储层中群体烃包裹体成分取出进行色谱测试,并将海相储层包裹体样品轻烃的庚烷值、异庚烷值进行作图分析(图 10 – 10),认为包裹体样品中原油均已达到高成熟到过成熟阶段,与天然气表现出相似的成熟度。

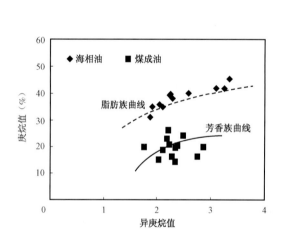

图 10 – 9　塔里木盆地典型海相原油和吐哈盆地典型煤成油庚烷值与异庚烷值关系
(引自王祥等,2008[33])

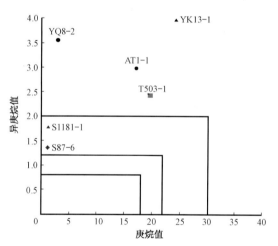

图 10 – 10　沙雅隆起海相储层包裹体样品轻烃庚烷值与异庚烷值关系(引自许锦等,2011[34])

(2)C_7 化合物组成。

C_7 轻烃组成的相对含量变化受有机质影响较大,因此,可以用来判别不同类型的母质属性。原油的 C_7 轻烃组成中,一般分为 3 类:① 甲基环己烷(MCH),主要来自于高等植物木质素、纤维素和糖类等,热力学性质相对稳定,是反映陆源母质的良好参数;② 各种结构的二甲基环戊烷($\sum DMCC_5$),主要来自于水生生物的类脂化合物,它的大量出现是海相油轻烃的特点,但会受成熟度影响;③ 正庚烷(nC_7),主要来自藻类和细菌,对成熟度作用十分敏感[35]。因此,可以根据这 3 个指数来区分源岩不同的母质属性和类型特征。根据这些特性,胡惕麟等[36]提出了根据轻烃中 C_7 组成含量来判断源岩母质的甲基环己烷参数。

$$甲基环己烷指数（MCH 指数） = MCH \times 100\% / (MCH + \sum DMCC_5 + nC_7)$$

$$(10 - 3)$$

式中：MCH 为甲基环己烷；$\sum DMCC_5$ 为 1 反 3 - 二甲基戊烷、1 顺 3 - 二甲基戊烷、1 反 2 - 二甲基戊烷、1,1 - 二甲基戊烷、乙级环戊烷；nC_7 为正庚烷。

　　由于烃源岩沉积环境和母质类型的不同，甲基环己烷指数存在着明显的差异，因此可以把甲基环己烷指数三元图划分为 4 个区块（图 10 - 11），分别表示其不同的沉积环境和母质类型特征[36]：Ⅰ区为较深湖—深湖相腐泥Ⅰ型（Ⅰ型）源岩分布区，甲基环己烷指数值小于 35% ± 2%；Ⅱ区为浅湖—较深湖相腐泥Ⅱ型（Ⅱ型）源岩分布区，甲基环己烷指数值为 35% ±2% ~ 50% ±2%；Ⅲ区为滨湖—浅湖相腐殖型（Ⅲ型）源岩分布区，甲基环己烷指数值为 50% ± 2% ~65% ±2%；Ⅳ区为各种沼泽相、湖沼相腐殖型（Ⅲ型）源岩和煤岩分布区，甲基环己烷大于 65% ±2%。海相碳酸盐岩源岩，其母质大部分分属腐泥Ⅱ型（Ⅱ型），因而与湖相腐泥Ⅱ型源岩分布相同，也位于Ⅱ区内。将塔里木盆地和田河地区和塔东地区喜马拉雅期形成的烃包裹体 C_7 轻烃投在对比三角图中（图 10 - 11），烃包裹体的正庚烷和甲基环己烷含量较高（正庚烷平均含量为 42%），落入了腐泥型母质的Ⅰ型和Ⅱ型区域内。说明该期烃包裹体油气母质主要来源于腐泥型母质的烃源岩。

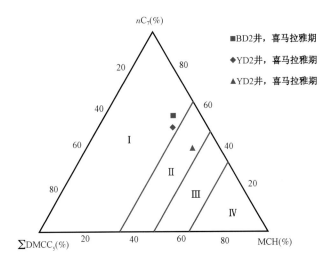

图 10 - 11　塔里木地区包裹体 C_7 轻烃组成对比三角图

　　正庚烷相对于其他 C_7 支链烃化合物更容易遭受生物降解，因此遭受生物降解作用显著的原油，其支链烃化合物的含量相对于正庚烷要高，根据这一原理制作图版（图 10 - 12）来判断原油是否发生了显著的生物降解作用[37]。将塔里木盆地和田河地区和塔东地区喜马拉雅期形成的发蓝色荧光烃包裹体正庚烷值投在图 10 - 12 中，烃包裹体正庚烷值的含量较高，达到 60% 以上，说明该期油气受降解程度低。

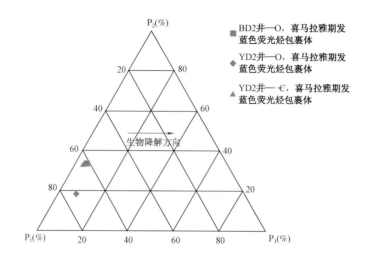

图 10 - 12　YD2 井和 BD2 井碳酸盐岩储层中烃包裹体的 P_1—P_2—P_3 三角图

P_1 为正庚烷；P_2 为 2 - MH + 3 - MH；P_3 为 3 - 乙基戊烷 + 3,3 - 二甲基戊烷 +

2,3 - 二甲基戊烷 + 2,4 - 二甲基戊烷 + 2,2 - 二甲基戊烷

（3）Mango 参数。

Mango[38-40] 分析了 2000 多个不同类型原油中的轻烃样品，证实了具有相似来源的 4 个异庚烷值不变性，该值一般近似恒定为常数 1。用 K_1 表示，即：

$$K_1 = \omega_{2-MH} + \omega_{2,3-DMP} / \omega_{3-MH}) + \omega_{2,4-DMP} \qquad (10-4)$$

式中：ω 为烷烃质量分数；2 - MH 为 2 - 甲基己烷；2,3 - DMP 为 2,3 - 二甲基戊烷；3 - MH 为 3 - 甲基己烷；2,4 - DMP 为 2,4 - 二甲基戊烷。

而后 Mango 又在自己提出的稳态理论做出了扩展，认为环己烷和环戊烷也是由干酪根的直链单元结构通过环化而来，并在此基础上对轻态稳定催化动力学成因模式做了进一步的抽象化，假设形成不同碳数环状化合物的速率是不相关的，而形成同碳数碳环的速率是成正比的，这就提出了 K_2 值。对大量不同成因的原油来说，K_2 有一定的范围，但是与 K_1 一样也具有相对的不变性。

$$K_2 = \omega_{P_3} / \omega_{P_2} + \omega_{N_2} \qquad (10-5)$$

式中：P_2 为 2 - MH + 3 - MH；P_3 为 3 - 乙基戊烷 + 3,3 - 二甲基戊烷 + 2,3 - 二甲基戊烷 + 2,4 - 二甲基戊烷 + 2,2 - 二甲基戊烷；N_2 为 1,1 - 二甲基环戊烷 + 1,3 - 二甲基环戊烷（顺，反）。

王祥等[33] 研究表明，海相油 K_1 值为 0.97 ~ 1.19，均值约为 1.07。而煤成油的 K_1 值较高，为 1.36 ~ 1.66，均值为 1.52，与海相油存在着明显差异。朱扬明[4] 认为，海相原油 K_2 一般较低，小于 0.28，均值为 0.20 ~ 0.23。陆相原油 K_2 较大，一般大于 0.30，均值在 0.35 左右。

根据王祥等与朱扬明的研究，可以划分出海相油与煤成油的区域，将塔里木地区原油与包裹体的数据作图（图 10 - 13），塔中地区原油大多数位于海相原油区域内，表现为较典型的海相成因，而 YD2 井发蓝色荧光的烃包裹体所表现出的特征值也为海相油，由此推测 YD2 井的油源也为海相成因。

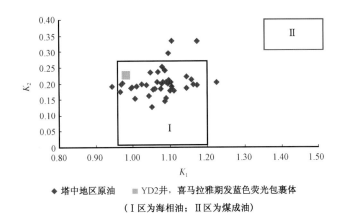

（Ⅰ区为海相油；Ⅱ区为煤成油）

图 10 – 13　塔里木地区原油与烃包裹体 K_1—K_2 关系图

（4）原油形成温度。

原油从烃源岩排出、运移到储层时的埋藏深度成为原油深度，对应的地温称为原油生成温度。Mango（1987）[38]提出了 C_7 温度参数，原油轻烃2,4 – 二甲基戊烷（2,4 – DMP）与2,3 – 二甲基戊烷（2,3 – DMP）质量分数的比值可作为温度的函数，而不受时间和类型的影响，即原油形成温度（℃）与 $\omega_{2,4-DMP}/\omega_{2,3-DMP}$ 的关系式：

$$t_{max}(\text{℃}) = 140 + 15\ln(\omega_{2,4-DMP}/\omega_{2,3-DMP})^{[42]} \qquad (10-6)$$

王祥等[33]根据公式算出海相原油的形成温度为 115.3 ~ 129.4℃，平均温度为 124.4℃，而煤成油平均值为 100℃，要明显低于海相原油。

由式（10 – 6）计算塔里木盆地 YD2 井的包裹体形成温度以及测试所得均一温度列于表 10 – 2，YD2 井包裹体形成温度为 134.36℃，测量所得的包裹体均一温度及其推测的捕获温度（具体计算方法见第四章第一节）与 t_{max} 结果较为吻合，说明该温度具有一定的准确性。根据王祥等研究结果表明在这温度段应为海相油。

表 10 – 2　YD2 井包裹体形成温度

井号	烃包裹体特征	ω		t_{max}（℃）	烃包裹体均一温度（℃）	伴生盐水包裹体均一温度（℃）	捕获温度（℃）
		2,4 – DMP	2,3 – DMP				
YD2 井	喜马拉雅期发蓝色荧光包裹体	0.11	0.16	134.36	136.35	118.9	136.36

（5）利用轻烃星状图研究原油性质。

不同的 C_7 化合物具有重要的不同性质（如沸点、水溶性、对细菌侵袭的敏感度），这就导致根据其化学性质开发出评估石油转化（如水洗作用、生物降解作用、蒸发分馏作用等）程度的多种参数。Halpern[43]通过对不同的 C_7 化合物的研究，进行了轻烃星状图的开发和利用，收到了满意的效果。轻烃星状图是选择沸点和水溶解度相差较大的一组化合物组成配对参数（表10 – 3），来研究原油之间由于次生蚀变作用而引起原油轻烃化合物组成的变化。对于成因相同的原油，C_1 至 C_5 参数由于沸点的差异可以表示蒸发分馏作用的程度，如 C_1 具有大约

－6℃的沸点差别,表示蒸发分馏作用相对减少;而 C_5 具有大约 ＋8℃的沸点差别,表示蒸发增大。苯的水解溶度最大,因此 Tr1 可以表征苯在水洗作用中的消耗程度,Tr6 中分子和分母的沸点相差最大,可以表示蒸发分馏作用的强弱,在蒸发影响下,比值将会增大。此外,Tr2 至Tr7 中作为分母的化合物在 C_7 化合物中抵抗生物降解能力最强,而分子的化合物对生物降解作用相对敏感,因此,生物降解作用会导致这些比值的差异。Tr8 是转化影响系数中最稳定的,受蚀变作用影响小,作为参照。

表 10－3　轻烃星状图参数值及性质

代号	参数	沸点（℃）	水溶解度（％）
C_1	2,2 － 二甲基戊烷/A	79.2/85.0	0.00044/0.00050
C_2	2,3 － 二甲基戊烷/A	89.8/85.0	0.00053/0.00050
C_3	2,4 － 二甲基戊烷/A	80.5/85.0	0.00044/0.00050
C_4	3,3 － 二甲基戊烷/A	86.1/85.0	0.00059/0.00050
C_5	2 － 二甲基己烷/A	90.0/85.0	0.00026/0.00050
Tr1	苯/B	80.1/87.8	0.02010/0.00240
Tr2	正庚烷/A	98.4/87.8	0.00022/0.00240
Tr3	3 － 甲基己烷/A	91.8/87.8	0.00026/0.00240
Tr4	2 － 甲基己烷/A	90.0/87.8	0.00025/0.00240
Tr5	C/B	91.0/87.8	0.00026/0.00240
Tr6	1 反 2 － 二甲基戊烷/A	99.5/87.8	0.00130/0.00240
Tr7	1 顺 3 － 二甲基戊烷/A	90.8/87.8	0.00200/0.00240
Tr8	C/A	91.0/87.8	0.00026/0.00240

注:A 为 3 － 乙基戊烷 ＋3,3 － 二甲基戊烷 ＋2,3 － 二甲基戊烷 ＋2,4 － 二甲基戊烷 ＋2,2 － 二甲基戊烷;B 为 2 － 甲基己烷 ＋3 － 甲基己烷;C 为 1,1 － 二甲基戊烷;C_1—C_5 为轻烃对比星图参数,Tr1—Tr8 为轻烃蚀变星图参数。

通过对塔东地区喜马拉雅期发蓝色荧光烃包裹体数据做轻烃蚀变星图中（图 10－14）,可以看出寒武 － 奥陶系两地层的结果基本一致,表现为 Tr1 值较小,Tr2,Tr5 和 Tr6 值较大。Tr1值较小,说明苯残留较少,水洗作用较强;Tr2 和 Tr5 值较大,说明烃包裹体内油气在保存过程中生物降解作用并不强烈;Tr6 值较大,说明蒸发分馏作用较为明显。

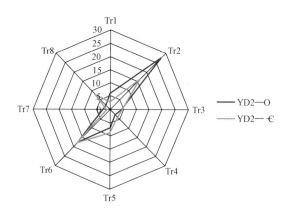

图 10－14　塔东地区轻烃蚀变图

第二节 成分色谱—质谱分析及应用

色谱—质谱联用仪器兼备了色谱分离效能高和质谱定性能力强的优点,非常适合于组分混合物和超微量烃包裹体的定性、定量分析。

一、基本原理

质谱分析法是通过对被测样品离子的质荷比的测定来进行分析的一种分析方法。被分析的样品首先要离子化,然后利用不同离子在电场或磁场的运动行为的不同,把离子按质荷比(m/z)的大小分开并按大小顺序通过质量分析器到检测器,由检测器放大和记录给出一张以质荷比为横坐标,离子流强度为纵标的质谱图。

二、实验步骤

分析仪器由 3 个系统组成:流体包裹体打开系统(在线或离线)、色谱分离系统和色谱分析系统。常用方法有群体流体包裹体加热爆裂(Heat explode)质谱分析方法(HE – GC – MS)、单体流体包裹体激光剥蚀—质谱分析方法(La – GC – MS)、单期次烃包裹体显微微钻(microscope boring)质谱分析方法(MB – GC – MS)。质谱有两种扫描方式:全扫描(SCAN)方式和选择离子扫描(SIM)方式,HE – GC – MS 和 MB – GC – MS 多采用的是 SIM 扫描方式,而 La – GC – MS 多采用的是 SCAN 扫描方式[44]。

激光剥蚀—质谱分析技术(La – GC – MS)分析流程:在显微镜下观察找出置于样品室内的单体包裹体,通过激光剥蚀打开流体包裹体,使流体包裹体内有机组分无变化释放,释放的烃组分在样品富集系统内冷冻富集于冷阱管中,快速加热冷阱管,载气携带有机质进入色谱柱进行分离,分离的有机物质依次进入检测器进行检测分析。

热爆裂质谱分析(He – GC – MS)流程:用真空爆裂法、真空击碎法制取流体包裹体内气体,流体包裹体破裂后,加入定量氢气均匀混合后,混合气体进入质谱计离子源中离化,由分析器分离,接收器和电子测量系统检测各质量数的离子流大小,获得混合气体的质谱图。

显微微钻质谱分析(MB – GC – MS)流程:在有机溶剂中离线钻取单期次烃包裹体液相组分,混合液体直接进色谱测轻组分和全油组分,蒸发分离成饱和烃和芳香烃分离进行色质分析,获得饱和烃和芳香烃的生物标化合物质谱图。

三、结果应用

质谱计可对矿物包裹体内气相成分分析,能定性气相成分有:H_2O,CO_2,CO、N_2,CH_4,H_2,O_2 和 SO_2 以及多种碳氢化合物等[45]。

将烃包裹体成分提取后进行饱和烃、芳香烃分离,然后分别将饱和烃、芳香烃进行色谱—质谱分析。其中饱和烃色谱—质谱分析中有部分参数和气相色谱分析类似,如从质量色谱图上可以读出每个样品正烷烃组成中的相对百分含量、CPI 及 OEP 值、Pr/Ph、Pr/nC_{17}、Ph/nC_{18} 等参数(其参数所代表的地质意义参考"气相色谱分析"章节)。除此之外,色谱—质谱分析还可以识别饱和烃和芳香烃的生物标志化合物。这些生物标志化合物在解决实际地质和地球化学问题中具有不可替代的作用,在油气地球化学中受到普遍重视并被广泛应用于指示生源输入、母质类型、沉积环境,并作为油气源对比、运移、生物降解等方面的评价和研究指标。

1. 流体包裹体地层学(FIS)

流体包裹体地层学(FIS)是由 Barclay 等[46] 在 2000 年研究北海 Magnus 油田时提出的,其主要依据在油藏内不同位置、包裹体形成的数量、包裹体所含的有机物性质等不同来确定油气水边界、油气藏内隔层的位置和储层的连通性。其主要原理是油气藏形成时,在油气藏内的隔层位置油气含量小,生成的包裹体含油气量也少,而且与相邻的油气储层之间是一个突变的过程,而在油气水边界是包裹体内油气含量由油层的高含油气向水层的高含水过渡,这是一个渐变的过程。依据这些原理,Barclay 等把岩样粉碎,清洗除去外表的有机物,防止污染,然后再释放颗粒内的包裹体,把所得的包裹体释放物不通过气相色谱而直接进入质谱仪进行分析。根据分析结果就可以很好地解释测井等方法不能够解释的隔层,同时区分油气水边界,解释压力封存箱。Liu 等[47] 发展并运用这种方法在 TimorSea 的 Vulcan 地区进行油气的运移路径研究,结合 GOI 值把油气藏和油气运移通道成功地区分,在气运移通道上,GOI 值一般小于 0.5%,FIS 信号分析中质荷比(m/z57)小于 500×10^{-6},在 m/z97 小于 3000×10^{-6};在油区内 GOI 值一般大于 5%,FIS 信号分析中质荷比(m/z57)大于 50000×10^{-6},在 m/z97 大于 15000×10^{-6}。

2. 作为沉积环境指标

如具奇偶优势的正构烷烃和 Pr/Ph 低值指示强还原环境,而偏氧化的典型煤系地层沉积的沼泽环境以 Pr/Ph > 2.5 为特征,高者可达 8 以上,Pr/Ph 比值与环境的氧化还原性有一定的对应关系。藿烷/甾烷比值(根据 m/z191C_{30}17α(H)藿烷与 m/z217C_{29}ααα20R 甾烷计算)主要与沉积环境有关,海相原油该比值比较大,陆相原油则较小[48,49]。C_{30} 重排藿烷/C_{30} 藿烷比值(根据 m/z191C_{30}17α(H)藿烷与 C_{30} 重排藿烷比值计算)也主要与沉积环境有关,C_{30} 重排藿烷一般为陆相母质输入的标志[26,27]。"三芴"系列化合物(芴、氧芴和硫芴)的相对组成也具有沉积环境指示意义,朱扬明(1996)[50] 指出,塔里木盆地陆相原油具氧芴(二苯并呋喃系列,OF)高,硫芴(二苯并噻吩系列,SF)低的特征,两者分别在 14.8% ~ 61.9% 和 9.3 ~ 32.8% 范围(图 10 - 15),海相原油其硫芴都在 70% 以上,氧芴在 10% 以下,两者分别集中在 70% ~ 81.25% 和 0.67% ~ 9.50% 范围。

C_{27}—C_{29} 甾烷的相对含量可以反映出不同前生物贡献的比例,从而确定原油的母质类型[51]。浮游生物和甲壳动物主要提供胆甾醇(C_{27}),硅藻类主要提供麦角甾醇(C_{28}),蓝绿藻主要提供豆甾醇(C_{29}),高等植物也提供 C_{29} 甾醇。由于这两种 C_{29} 甾醇难以辨认,通常根据 C_{28} 甾醇的多少来区别:若 C_{29} 甾醇是由藻类提供的,那么同时也应有较丰富的 C_{28} 甾醇;若前者是由高等植物提供的,则缺乏 C_{28} 甾醇。将塔里木盆地晚海西期发黄色荧光烃包裹体甾烷 C_{27},C_{28} 和 C_{29} 数据投到三角图上,塔里木盆地晚海西期发黄色荧光烃包裹体油气在三角图中分布较集中,为开阔海相和海湾相沉积环境来源(图 10 - 16)。明显分为两个区域:塔中地区和塔北地区大部分井的晚海西期烃包裹体主要落在开阔海相和河口或海湾相的橙色圈

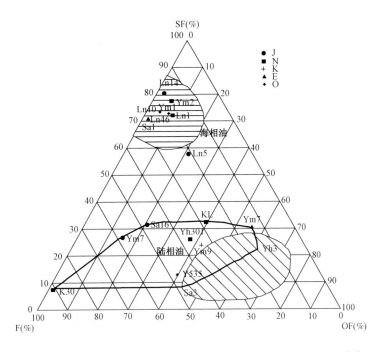

图 10 - 15 塔里木原油的三芴系列组成三角图(引自朱扬明,1996[50])

内,其 C_{27} 甾烷/C_{29} 甾烷为 0.955, C_{28} 甾烷相对量为 24%;但在塔北的热普—金跃地区 C_{27} 甾烷/C_{29} 甾烷为 0.717, C_{28} 甾烷相对量为 15.6%(图 10 - 16 蓝色圈内),说明塔北的热普—金跃地区油气来源与其他地区是有区别的;另外,塔北地区 H902 井中一个测试点数据位于浮游生物区, C_{27} 甾烷和 C_{28} 甾烷含量分别高达 52% 和 37%,表明该井烃包裹体生源物质中藻类十分丰富。

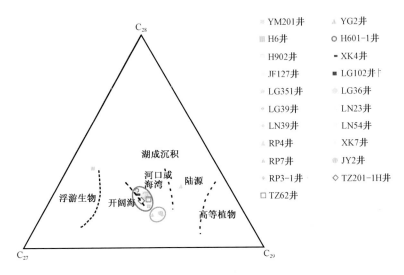

图 10 - 16 塔里木盆地晚海西期烃包裹体 C_{27}—C_{28}—C_{29} 三角图

3. 在原油、烃源岩成熟度评价中的应用

成熟度具体可用与热有关的反应进行程度来衡量,可以构成热指标的生物标志化合物的有关反应有:构型异构化、芳构化、C—C 单键的断裂、重排等。用生物标志物来评价有机质成熟度的参数有很多,包括正构烷烃碳优势指数 CPI、奇偶优势指数 OEP、甾烷异构化参数 20S/(20S + 20R) 与 ββ/(αα + ββ)、升藿烷异构化参数 22S/(22S + 22R)、17β(H),21α(H) - 霍烷/17α(H),21β(H) - 霍烷(即莫烷/藿烷)、三芳甾烷/(单芳甾烷 + 三芳甾烷)、(C_{21} + C_{22} 甾烷)/甾烷、C_{26} 三芳甾烷/(C_{26} + C_{27} + C_{28})三芳甾烷、重排甾烷/(重排甾烷 + 规则甾烷)、Ts/(Ts + Tm)、三环萜/(三环萜 + 五环萜)、甲基菲指数 MPI、二甲基菲指数 DPR 和二苯并噻吩指数等。

1)藿烷类及甾烷类化合物

藿烷类和甾烷类化合物是沉积物中分布很广泛的两类复杂的生物标志化合物,它们具有丰富的结构和构型变化,可提供丰富的信息,使得在生物化学、油气地球化学等领域受到重视,并得到相当广泛的研究和应用。其中藿烷和甾烷的构型异构化反应、重排反应和甾烷的芳构化反应等使其成为了重要的热成熟度指标。

(1)构型异构化反应。

生物合成的链中心为 R 构型(如甾烷),它们在地质条件下的受热过程中将向 S 构型转化而形成 R + S 构型的混合物,这样,C_{27}—C_{29} 甾烷的 20S/(20S + 20R)的比值就会随成熟度的升高而增大。类似的,甾烷环上 C_{14} 和 C_{17} 位的稳定性较差的 αα 构型将向地质条件下更为稳定的 ββ 构型转化,这样,C_{29} 甾烷的 ββ/(αα + ββ)也将随着成熟度的升高而增大。甾烷类的参数一般用 GC - MS 的 m/z217 质量色谱图来检测,由于 C_{27} 和 C_{28} 甾烷的异构化比值常常受共逸峰的干扰,所以 C_{29} 甾烷异构化参数 αααC_{29} 甾烷 20S/(20S + 20R)与 C_{29} 甾烷 ββ/(αα + ββ)是定量判识原油成熟度的有效指标[52]。南青云等(2006)[53]认为随着成熟度的增加,C_{29} 甾烷 20S/(20S + 20R)比值从 0 升到 0.5 左右(0.52 ~ 0.55 = 平衡状态),而 ββ/(αα + ββ)达到平衡状态时相对迟缓,从非零值增加到 0.7(0.67 ~ 0.71 = 平衡状态),且与源岩有机质输入无关,故 ββ/(αα + ββ)高成熟阶段更为有效。Huang 等[54]将 C_{29} 甾烷 20S/(20S + 20R)值为 0.25 和 ββ/(ββ + αα)值为 0.27 定为未熟和低熟的界限;将 20S/(20S + 20R)值为 0.43 和 ββ/(ββ + αα)值为 0.42 定为低熟和成熟的界限。由于不同地区的实际地质条件的不同成熟度的判别标准就不同,塔里木盆地油气"九五"攻关成果所确认的低熟油判别标准 ααα - C_{29} 甾烷 20S/(20S + 20R)与 C_{29} 甾烷 ββ/(αα + ββ)的值分别小于 0.3 和 0.32[55](图 10 - 17 中实线)。

与甾烷原理一样,C_{31} 到 C_{35}17α(H) - 升藿烷上 C_{22} 位的异构化作用,由生物产生的藿烷前驱物带有一个 22R 构型逐渐转化为 22R 和 22S 非对映异构体的混合物[56]。随成熟度的增加,22S/(22S + 22R)值由小变大。Zumberge(1987)[57]计算 27 个低熟原油在 C_{31},C_{32},C_{33},C_{34} 和 C_{35} 上的 22S/(22S + 22R)平衡比值的平均值,分别为 0.55,0.58,0.60,0.62 和 0.59。在成熟阶段 C_{31} 或 C_{32} 升藿烷的 22S/(22S + 22R)比值由 0 增加到 0.6(0.57 ~ 0.6)为均衡状态;Seifert 和 Moidowan 等[58]认为,22S/(22S + 22R)比值为 0.5 ~ 0.54 表明进入生油阶段,比值为 0.57 ~ 0.62 时已达到或超过主要的生油阶段。Seifert 和 Moldowan(1980)[59]提出在成岩过程中,当

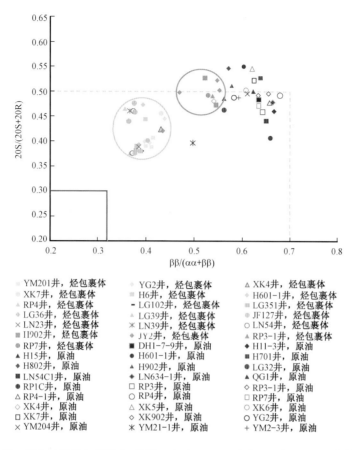

图 10-17　塔北地区烃包裹体 C_{29} 甾烷 $20S/(20S+20R)$ 和 $\beta\beta/(\alpha\alpha+\beta\beta)$ 参数变化图

达到一定温度时,$17\beta(H)$,$21\beta(H)$ - 藿烷($\beta\beta$ - 藿烷)就会向 $17\beta(H)$,$21\alpha(H)$ - 藿烷($\beta\alpha$ - 藿烷,也称为莫烷)或 $17\alpha(H)$,$21\beta(H)$ 藿烷($\alpha\beta$ - 藿烷)转化。莫烷和藿烷都形成于成岩阶段,在后牛作用阶段,不稳定的 $\beta\alpha$ - 莫烷比 $\alpha\beta$ - 藿烷减少得更快。所以 $\beta\mu$ - 莫烷与 $\alpha\beta$ - 藿烷的比值随成熟度的增加而减少,$\alpha\beta/(\alpha\beta+\beta\alpha)$ 比值随成熟度增加而增加。成熟生油岩中 $\beta\alpha$ - 莫烷与 $\alpha\beta$ - 藿烷的比值小于 0.15 [59,60],则 $\alpha\beta/(\alpha\beta+\beta\alpha)$ 比值应大于 0.87。因此藿烷的 $22S/(22S+22R)$ 值和 $\alpha\beta/(\alpha\beta+\beta\alpha)$ 值可作为成熟度指标。

以塔里木盆地塔北地区奥陶系碳酸盐岩储层中的烃包裹体与原油组分析结果分例,将 C_{29} 甾烷异构化参数 $20S/(20S+20R)$ 与 $\beta\beta/(\alpha\alpha+\beta\beta)$ 做图,发现塔北地区烃包裹体主要分为两个集中区域:

① 大部分地区(YM201 井地区、YG2 井地区、解放地区、轮南和轮古地区)的烃包裹体组分 $20S/(20S+20R)$ 值小于 0.47,$\beta\beta/(\alpha\alpha+\beta\beta)$ 值小于 0.44(图 10-17 中黄色圈内),判定为成熟油气。这些地区的烃包裹体以晚海西期形成的发黄色荧光的浅褐色气液相烃包裹体为主,塔北地区大部分原油是由晚海西期油气充注而成,但原油的 $20S/(20S+20R)$ 和 $\beta\beta/(\alpha\alpha+\beta\beta)$ 值全落在高成熟的并多已超过平衡状态(图 10-17 中的虚线),原油中生物降解可以造成 $\alpha\alpha\alpha$ - C_{29} 甾烷 $20S/(20S+20R)$ 比值增至 0.55 以上[61,62],说明该期先是充注未发生生

物降解作用的油气(烃包裹体),后发生了较强的生物降解作用,使现在的原油值明显地显示生生物降解信息。

② 金跃—热普地区烃包裹体组分的 C_{29} 甾烷 20S/(20S + 20R) 值为 0.47 ~ 0.52,ββ/(αα + ββ)值为 0.52 ~ 0.55,成熟度均达到高成熟(图 10 - 17 中蓝色圈内),并分布在虚线上,与现在原油数据较近,镜下发现这几口井中的烃包裹体多是喜马拉雅期形成的发蓝色荧光的无色气液相烃包裹体为主,推测这几口井应主要是喜马拉雅期充注已发生生物降解的油气为主,推断可能是早期油二次分解后的轻质油气直接进入这几口井并成为现在原油的主要贡献者。

(2)甲基重排反应。

重排反应主要是指环上的角甲基位置转移的反应,如甾烷 C_{13} 位的甲基转移到 C_{14} 位形成重排甾烷,藿烷的 C_{18} 位甲基重排到 C_{17} 位,即由 17α(H),21β(H) - 22,29,30 - 三降藿烷(Tm)形成 18α(H),21β(H) - 22,29,30 - 三降新藿烷(Ts)[52]。因此,随着成熟度的升高,重排甾烷/(重排甾烷 + 正常甾烷)、Ts/(Tm + Ts)比值一般会增大,但比值大小也往往同时与环境有关[61]。在评价来自同一有机相中同源岩的原油时,Ts/(Ts + Tm)便是非常可靠的成熟度指标。其平衡终点 Ts/(Ts + Tm)比值为 1 时,对应的镜质体反射率为 1.3% ~ 1.4%[62],所以该成熟度参数是可以作为成熟—高成熟阶段原油和烃源岩成熟度判别的有效参数。由于适用范围大,18α(H) - 新藿烷成熟度参数 Ts/(Ts + Tm) 和 C_{29}Ts/(C_{29}Ts + C_{29}H) 在成熟—高成熟阶段中的应用越来越广泛[63,64]。

许锦等(2011)[34] 将塔里木北部沙雅隆起样品 YQ8 - 2 和 YL1 - 1 的 3 种赋存状态液态烃的生物标志化合物参数进行对比,成熟度指标 ααα - C_{29} 甾烷 20S/(20S + 20R)、C_{29} 甾烷 ββ/(ββ + αα)、C_{32} 藿烷 22S/(R + S) 和 Ts/(Ts + Tm) 指示烃包裹体、吸附烃、游离烃的饱和烃均已达到或接近甾烷或藿烷的异构化平衡点,均处于高成熟度阶段(表 10 - 4)。

表 10 - 4　沙雅隆起样品 YQ8 - 2 和 YL1 - 1 的 3 种赋存状态液态烃的部分生物标志物参数(据许锦,2011)

生物标志物参数	YQ8 - 2			YL1 - 1		
	包裹体烃	吸附烃	游离烃	包裹体烃	吸附烃	游离烃
Ts/(Tm + Ts)	0.47	0.57	0.49	0.44	0.46	0.66
αααC_{29}20S/(20S + 20R)	0.55	0.56	0.49	0.50	0.52	0.52
C_{29} 甾烷 ββ/(ββ + αα)	0.39	0.41	0.46	0.42	0.42	0.47
C_{32} 藿烷 22S/(R + S)	0.59	0.58	0.58	0.58	0.58	0.58

2)烷基二苯并噻吩

烷基二苯并噻吩化合物随成熟度增大,具有很强的变化规律[65],比如热稳定性较高的 4 - 甲基二苯并噻吩(4 - MDBT)随埋深增加,其相对丰度变大,而稳定性较差的 1 - 甲基二苯并噻吩(1 - MDBT)相对含量变少,从而导致 4 - MDBT/1 - MDBT(MDR)随埋深增加而变化的趋势[66]。由于烷基二苯并噻吩化合物参数与地层埋藏深度和 R_o、T_{max} 等成熟度参数都能呈现出较好的正相关关系[67,68],使其成为一种非常有效的反应有机质成熟度的参数。烷基二苯并噻吩主要受热力作用控制,具有较高的抗微生物降解性,与源岩沉积环境、有机质类型关系不大,其参数不但适用于有机质的低成熟—成熟阶段,还适用于高成熟—过成熟阶段[69-78]。这种较广的成熟度应用范围以及广泛分布在各类烃源岩中的特征,必会使烷基二苯并噻吩受到越来越多地质学家的重视。

目前用于成熟度研究的烷基二苯并噻吩主要为二甲基二苯并噻吩。随成熟度增高二甲基二苯并噻吩比值2,4-二甲基二苯并噻吩/1,4-二甲基二苯并噻吩(简称 $K_{2,4}$)和4,6-二甲基二苯并噻吩/1,4-二甲基二苯并噻吩(简称 $K_{4,6}$)逐渐增大[65]。国内学者对 MDR, $K_{2,4}$, $K_{4,6}$ 与 R_o 到底具有怎样线型关系进行了探索性研究,并列出了巴彦浩特盆地、海拉尔盆地和松辽盆地3个盆地的相应关系式:

巴彦浩特盆地[69]
$$R_o(\%) = 0.14K4,6 + 0.57; R_o(\%) = 0.35K2,4 + 0.46 \tag{10-7}$$

海拉尔盆地[70]
$$R_o(\%) = 0.063MDR + 0.48; R_o(\%) = 0.11K4,6 + 0.49; R_o(\%) = 0.21K2,4 + 0.44 \tag{10-8}$$

松辽盆地[70]
$$R_o(\%) = 0.036MDR + 0.56; R_o(\%) = 0.28K4,6 + 0.33; R_o(\%) = 0.21K2,4 + 0.46 \tag{10-9}$$

3)萘系列

随着成熟度的增加,热力学上更稳定的异构体的相对丰度会增加,依据 β-位甲基取代的异构体较 α-位甲基取代的异构体更稳定这一基本概念,与萘系列化合物有关的一些成熟度参数也被提出,有关参数如下[52]:

$$MNR = 2-MN/1-MN,\beta/\alpha \tag{10-10}$$

$$DNR1 = (2,6-+2,7-)/1,5-DMN,\beta\beta/\alpha\alpha \tag{10-11}$$

$$DNR2 = 2,7-/1,8-DMN,\beta\beta/\alpha\alpha \tag{10-12}$$

$$DNR3 = 2,6-/1,8-DMN,\beta\beta/\alpha\alpha \tag{10-13}$$

$$TNR1 = 2,3,6-/(1,4,6-+1,3,5-)TMN,\beta\beta\beta/(\alpha\beta\alpha+\alpha\beta\alpha) \tag{10-14}$$

$$TNR2 = (2,3,6-+1,3,7-)/(1,4,6-+1,3,5-+1,3,6-)TMN,$$
$$(\alpha\beta\beta+\beta\beta\beta)/(\alpha\alpha\beta+\alpha\beta\beta+\alpha\alpha\beta) \tag{10-15}$$

$$TNR3 = 1,3,7-/(1,3,7-+1,2,5-)TMN,\alpha\beta\beta/(\alpha\beta\alpha+\alpha\beta\beta) \tag{10-16}$$

其中 M,DM 和 TM 分别表示甲基、二甲基和三甲基。随着成熟度的升高,上列指标将逐渐升高直至指标达到演化终点。

4)菲系列

菲系列化合物在各类沉积有机质中广泛分布,并在中—高成熟阶段显示出最高的相对丰度。由于处在 β 位的3-甲基菲和2-甲基菲较 α 取代的9-甲基菲和1-甲基菲稳定,因此,当随着热演化程度增高时,β 位的甲基菲在菲及其衍生物中所占比例会增加,在成熟度更高时,取代甲基菲可能会转化为向更稳定的菲。基于以上原理,Radke[72]提出了相关成熟度参数甲基菲(MPI)和二甲基菲指数(DPR),具体公式如下:

$$MPI1 = 1.5(2 - MP + 3 - MP)/(P + 1 - MP + 9 - MP) \quad (10-17)$$

$$MPI2 = 3(2 - MP)/(P + 1 - MP + 9 - MP) \quad (10-18)$$

$$MPR = 2 - MP/1 - MP \quad (10-19)$$

$$DPR = (2,6 - + 2,7 - MP)/(1,6 - + 2,10 - MP) \quad (10-20)$$

其中 P 表示菲,MP 表示甲基菲,并相应给出了由甲基菲指数计算视镜质组反射率(R_c)的关系式。基于对 Ⅲ 型有机质的煤和页岩的系统研究建立了由甲基菲指数计算视镜质组反射率(R_c)的关系式:

$$R_c = 0.6MPI_1 + 0.40 \quad (适用于 R_o = 0.65\% \sim 1.35\% \ 范围) \quad (10-21)$$

$$R_c = -0.6MPI_1 + 2.30 \quad (适用于 R_o = 0.65\% \sim 1.35\% \ 范围) \quad (10-22)$$

但甲基菲指数的应用也具有局限性[52,73]:(1)不同成熟度的样品可以具有相同的甲基菲比值,即当成熟度高于 $R_o = 1.35$ 时,R_c 值又向反方向演化;(2)不同的有机质类型对该参数有明显的影响;(3)烃源岩岩性也对该参数产生明显影响。

以塔里木盆地和田河气田为例,崔景伟等(2013)计算了和田河气田轻质油的 MPI_1 值,其分布区间为 1.60 ~ 2.61,根据计算等效成熟度公式(10-21)式(10-22),分别得出和田河气田轻质油的成熟度 R_c 分布范围为 1.36% ~ 1.97% 和 0.92% ~ 1.34%,表明和田河轻质油的成熟度范围处于成熟—高成熟阶段,并结合轻烃庚烷值与异庚烷值、甲基双金刚烷参数、甲基二苯并噻吩、Ts/(Ts + Tm)等成熟度参数,得出和田河轻质油处于高成熟阶段,即凝析油阶段。

Kvalheim(1987)通过实验得出煤的成熟度只与单甲基菲的分布有关,与菲的相对含量无关。将菲列入甲基菲指数可能不合理,提出不含菲的甲基菲比值 F_1 和 F_2,具体公式如下:

$$F_1 = (3 - MP + 2 - MP)/(1 - MP + 2 - MP + 3 - MP + 9 - MP) \quad (10-23)$$

$$F_2 = 2 - MP/(1 - MP + 2 - MP + 3 - MP + 9 - MP) \quad (10-24)$$

其中 MP 表示甲基菲。并基于煤样品等式推导出校正模型,建立由 F_1 和 F_2 计算视镜质组反射率(R_c)的关系式:

$$R_c = -0.166 + 2.242F_1 \quad (10-25)$$

$$R_c = -0.112 + 3.739F_2 \quad (10-26)$$

相对甲基菲指数,该比值最大偏差和更小,受岩性和有机质类型影响较少。在煤层生油窗内 F_1 和 F_2 计算出的视镜质组反射率比 MPI_1 和 MPI_2 精确,更有效地客观反映有机质成熟度。

对塔里木盆地塔北地区烃包裹体组分进行菲系列化合物分析,烃包裹体的甲基菲比值 F_1 和 F_2 明显分为两个区域:

(1)塔北大部分地区(YM201 井地区、YG2 井地区、解放地区、轮南和轮古地区)的烃包裹体 F_1 值大于 0.55，F_2 值大于 0.31，落在高成熟区域(图 10-18 中黄色圈内)。结合上文"(1)构型异构化反应甾烷的分析"，这些井区储层中以晚海西期发黄色荧光的浅褐色气液相烃包裹体为主，说明晚海西充注的油气应该是成熟—高成熟。

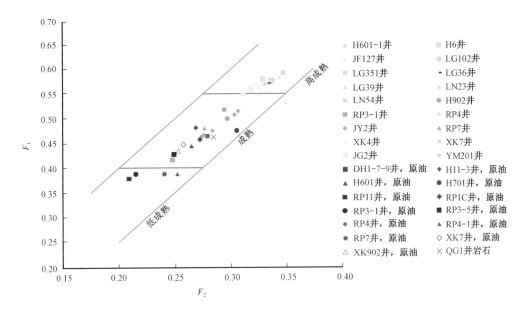

图 10-18 塔里木盆地塔北地区烃包裹体及原油的 F_1 和 F_2 的关系图

但这些井区的原油 F_1 和 F_2 值分布范围较广，分别为 0.35~0.48 和 0.2~0.3，多落在低成熟—成熟范围，与烃包裹体的甲基菲比值 F_1 和 F_2 有很大差异。倪春华等(2008)[75]研究生物降解作用对甲基菲比的影响时发现，生物降解作用对甲基菲 4 个异构体的分布特征影响很大。随降解程度增强，甲基菲比(MPR，2-甲基菲/1-甲基菲)从 1.024 增大至 +∞(降解最严重的 4 个原油样品中检测不到 1-甲基菲)(表 10-5)，此外，4 个原油样品的(3-甲基菲 +2-甲基菲)/(1-甲基菲 +9-甲基菲)比值则分别为 0.66，0.96，0.93 和 0.64，呈现先增后减的变化情况，说明随降解作用的增强，F_1 和 F_2 值也存在先增加后减少的变化。由此可以推测塔北这些井区的油气充注后又受到较强的生物降解作用，直接导致原油的指示成熟的 F_1 和 F_2 值变小。

表 10-5 2-甲基菲/1-甲基菲比值与不同降解程度的关系

样品	降解程度	2-甲基菲/1-甲基菲
1#	未降解	1.024
2#	严重	1.556
3#	较严重	2.077
4#	最严重	+∞

（2）塔北地区的金跃—热普地区以烃包裹体组分 F_1 和 F_2 值分布仍然与塔北其他地区不同，F_1 值为 $0.41 \sim 0.52$，F_2 值为 $0.24 \sim 0.30$（图 10-18 中蓝色圈内），落在成熟范围，与现今原油数据有部分重合。而金跃—热普地区的烃包裹体以喜马拉雅期形成的发蓝色荧光气液相烃包裹体为主，发蓝色荧光的烃包裹体好像成熟度比发黄色荧光的高，可为什么 F_1 和 F_2 值却小？推测金跃—热普地区的原油主要受喜马拉雅期油气充注影响，喜马拉雅期充注的油气本身已是经生物降解后再进入储层的。

实际分析认为虽然甲基菲比值 F_1 和 F_2 与埋深和 R_o 具有很好的相关性，且受岩性和有机质类型影响较少，能更有效地、客观地反映有机质成熟度。但是当油气受到生物降解作用时出现的误差还是很大。在运用甲基菲比值评价油气成熟度时应考虑到生物降解作用对其的影响，综合其他参数一起判定油气成熟。

4. 在油气源对比中的应用

许多生物标志化合物都有特定的来源，这使它们成为示踪生物输入的有效指标。指示高等植物生源的输入的标志化合物有：$18\alpha(H)$-奥利烷被认为是白垩纪或更年轻时代高等植物的标志物[76]；补身烷外的双环倍半萜类[77]、杜松烷由高等植物树脂输入；二环和三环萜烷是各种微生物、裸子植物和被子植物输入的标志物；苊和降解的芳构化二萜烃是陆相高等植物来源。当然高等植物生源还有其他组合特征，如具有奇偶优势的高相对分子质量正构（或异构、反异构）烷烃；C_{29} 甾烷；五环三萜系列中 Tm，C_{29} 和 C_{31} 相对 C_{30} 明显偏高，而 Ts 和 C_{35} 极低的藿烷分布特征。

指示水生生物的输入标志化合物有：藿烷和甲基藿烷来源于原核生物；规则甾烷/17α（H）-藿烷反映真核生物和原核生物对有机质贡献的大小；C_{26} 甾烷是真核生物和可能的原核生物输入的标志物；C_{27} 甾烷类；C_{27}—C_{28}—C_{29} C 环单芳甾烃类是来自核生物。此外其指示水生生物输入的组合特征：存在 C_{15} 或 C_{17} 的优势、但没有明显的奇偶优势的中等相对分子质量的正构烷烃；较高丰度的三环萜烷系类化合物等[77]。

指示菌类输入的生物标志化合物有：非环状类异戊二烯化合物（$>C_{20}$）是古细菌对沉积输入的特征标记物；丛粒藻烷由微咸水或湖相环境中的丛粒藻产生；二降藿烷和三降藿烷可能是与缺氧沉积环境有联系的细菌标志物；三环萜烷来源于细菌或藻类脂体；4-甲基甾烷可能是海相或非海相沟鞭藻或细菌的特征标志；细菌藿烷四醇；二环倍半萜类补身烷系列（可能来源于对陆生植物进行强烈改造的细菌生物质）。其他组合特征没有奇偶优势的 C_{10}—C_{30} 范围内的正构烷烃。

需要指出的是，烃源岩常常具有多元的有机质输入，许多生物标志物也并非唯一的来源。同时，成熟演化、运移、菌解等有时也使问题复杂化。因此，在应用生物标志化合物时，常常需要注意指标多解性的问题。一般来说，用于油源对比的指标必须满足以下条件：（1）化合物具有生物继承性，即具有明确的生源意义；（2）不受或少受成熟作用的影响；（3）不受或少受次生作用的影响，这些次生作用包括气脱沥青作用、生物降解作用、油藏内的热断裂作用、水洗作用、运移过程中或在储层内部由于断裂或盖层泄漏导致的相分馏作用、运移过程中的地质色层效应等。因此并非所有的生物标志化合物都可作为油源指示物，在选取油源对比指标时应充分考虑多方面的影响因素。甾烷类化合物起源于甾醇,是真核生物(包括植物、藻和动物,有一个被细胞核膜包围着完好的细胞核,细胞质内有许多细胞器,核中的 DNA 与蛋白质复合形成染色体)的沉积物,一般反映了浮游或底栖藻类生物的海相有机质的特征。由于地质历史时期生物演化的阶段性和不同层位之间烃源岩有机质生源构成的复杂性,甾烷的碳数分布与组成隐含了丰富的地球化学信息。对于 C_{27},C_{28} 和 C_{29} 规则甾烷,由于它们直接反映原始有机质中甾类化合物的特征,故其相对含量可以作为油源对比的有效指标,以判别油气来源。

1)C_{27}—C_{28}—C_{29} 甾烷

甾烷类化合物起源于甾醇,是真核生物的沉积物,一般反映了浮游或底栖藻类生物的海相有机质的特征[78]。由于 C_{27},C_{28} 和 C_{29} 规则甾烷直接反映原始有机质中甾类化合物的特征,故其相对含量可以作为油源对比的有效指标,以判别油气来源。

(1)塔里木盆地海相烃源岩 C_{27}—C_{28}—C_{29} 甾烷特征。

将塔里木盆地能代表寒武—下奥陶统烃源岩和代表中—下奥陶统烃源岩岩石抽提物、原油的 $m/z217$ 质量色谱集中在图 10 – 19 中。发现若以 $\alpha\alpha\alpha$ – 20R 为连点(图 10 – 19 中的蓝线),形成的 C_{27}—C_{28}—C_{29} 甾烷曲线不管是中—上奥陶统[图 10 – 19(a)~(e)]、还是下奥陶统[图 10 – 19(f)]和寒武系[图 10 – 19(g)~(j)],C_{27}—C_{28}—C_{29} 甾烷相对分布都呈"V"字形分布。但若以 $\alpha\beta\beta20R$ 为连点(图 10 – 19 中的红线),中—上奥陶统 C_{27}—C_{28}—C_{29} 甾烷相对分布呈 $C_{27} > C_{28} < C_{29}$ 不对称的"V"字形分布[图 10 – 19(a)~(e)];寒武系—下奥陶统[图 10 – 19(f)~(j)]呈 $C_{27} < C_{28} < C_{29}$"斜线"型或 $C_{27} < C_{28} > C_{29}$"反 L"型。很多文献中是以 $\alpha\alpha\alpha$ – 20R 连点来讨论 C_{27}—C_{28}—C_{29} 甾烷相对分布形态的并论证其油气来源[78-82],只有少部分学者是以 $\alpha\beta\beta$ – 20R 连点来讨论 C_{27}—C_{28}—C_{29} 甾烷相对分布形态的并论证其油气来源[83]。

将塔里木盆地被共认为代表寒武系烃源岩 TD2 井和 TZ62 井志留系原油、代表中—上奥陶统烃源岩的 YM2 井下奥陶统原油和 TZ6 井上奥陶统泥灰岩的甾烷分做了 $\alpha\alpha\alpha$ – 20R 甾烷、$\sum$(20S + 20R)甾烷图、$\alpha\beta\beta$ – 20R 甾烷图(图 10 – 20)。在 $\alpha\alpha\alpha$ – $C_{27}20R$,$\alpha\alpha\alpha$ – $C_{28}20R$ 和 $\alpha\alpha\alpha$ – $C_{29}20R$ 连线图中所有曲线都呈 $C_{27} > C_{28} < C_{29}$[图 10 – 20(a)],即不对称的"V"字形,只是源于寒武系的原油 C_{28} 甾烷相对含量稍高于源中—上奥陶统烃源岩的原油,C_{29} 甾烷相对含量低于源中　上奥陶统烃源岩的原油。可见 $\alpha\alpha\alpha$ – $C_{27}20R$,$\alpha\alpha\alpha$ – $C_{28}20R$ 和 $\alpha\alpha\alpha$ – $C_{29}20R$ 甾烷连线图是不易区分原油是源于寒武系还是源于中—上奥陶统烃源岩。在 C_{27}(20S + 20R),C_{28}(20S + 20R)和 C_{29}(20S + 20R)甾烷连线图中大部分曲线呈 $C_{27} > C_{28} < C_{29}$[图 10 – 20(b)],即不对称的"V"字形,只有 TZ62 井志留系原油的曲线呈"斜线"型,源于寒武系的 C_{29} 甾烷相对含量还是低于源于中—上奥陶统烃源岩的,但作为重要标志的 C_{28} 甾烷[84]在源于寒武系的相对含量与源于中上奥陶统烃源岩的相比虽稍高但有交叉,可见 C_{27}(20S + 20R),C_{28}(20S + 20R)和 C_{29}(20S + 20R)连线图更不易区分原油是源于寒武系还是中—上奥陶统烃源岩。在 $\alpha\beta\beta$ – $C_{27}20R$,$\alpha\beta\beta$ – $C_{28}20R$ 和 $\alpha\beta\beta$ – $C_{29}20R$ 甾烷连线图中[图 10 – 20(c)],塔东 2 井泥岩、原油、稠油曲线呈 $C_{27} < C_{28} < C_{29}$"斜线"型,TZ62 井志留系原油、TS1 井云岩、TD1 井页岩呈 $C_{27} < C_{28} > C_{29}$"反 L"型,而 YM2 井、LN46 井、TZ6 井的都呈 $C_{27} > C_{28} < C_{29}$ 不对称的"V"字形,所以寒武系—下奥陶统烃源岩与中上奥陶统烃源岩 $\alpha\beta\beta$ – $C_{27}20R$,$\alpha\beta\beta$ – $C_{28}20R$ 和

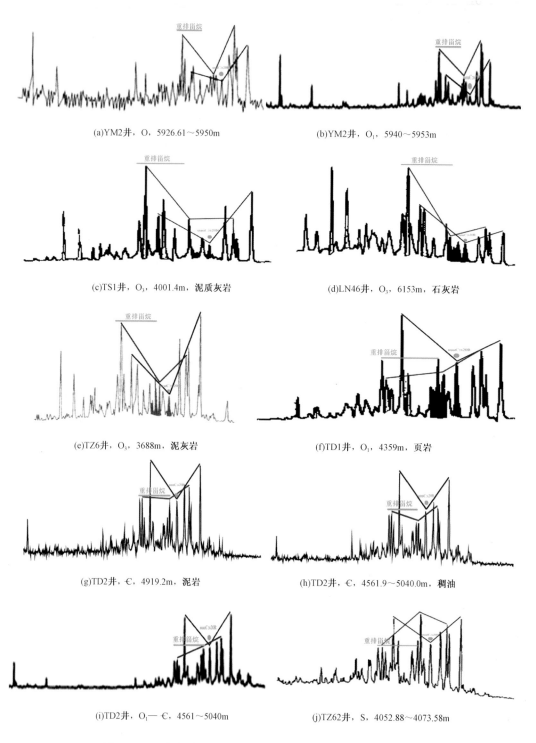

(a)YM2井，O，5926.61~5950m

(b)YM2井，O₁，5940~5953m

(c)TS1井，O₃，4001.4m，泥质灰岩

(d)LN46井，O₃，6153m，石灰岩

(e)TZ6井，O₃，3688m，泥灰岩

(f)TD1井，O₁，4359m，页岩

(g)TD2井，Є，4919.2m，泥岩

(h)TD2井，Є，4561.9~5040.0m，稠油

(i)TD2井，O₁—Є，4561~5040m

(j)TZ62井，S，4052.88~4073.58m

图 10-19　海相端元油烃源岩抽提物、原油 $m/z=217$ 质量色谱

αββ – C_{29}20R 甾烷曲线特征有明显区别:前者 C_{27} < C_{28} < C_{29} 呈"斜线"型、"反 L"型,后者呈"V"字形。但 αββ – 20R 是在成岩过程中易变而为成熟度指数,即同源的油气中的 αββ – 20R 甾烷可能会受后期次生变化而不同,故用 αββ – 20R 甾烷做源岩指标可能会受后期次生变化的影响而不合理,但对于塔北奥陶系储层因其后期次生变化有相近性,寒武系—下奥陶统烃源岩与中上奥陶统烃源岩都是海相烃源岩,也可能因为生油的时间有早晚,不同源的原油后期变质作用不同,才导致 αββ – 20R 不同,从而使 αββ – 20R 甾烷可成为寒武系—下奥陶统烃源岩与中上陶陶统烃源岩识别标志。

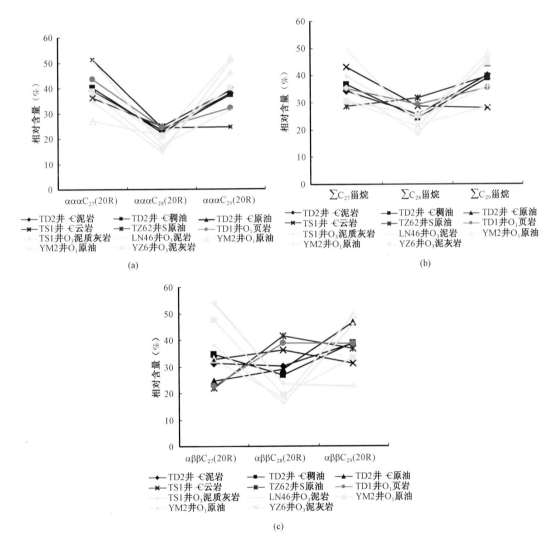

图 10 – 20 寒武系、下奥陶统和中—上奥陶统烃源岩抽提物和源油中甾烷碳数分布

低重排甾烷、高 C_{28} 甾烷作为寒武系烃源岩的另一主要特征标志,从图 10 – 19 中可看出,代表寒武系烃源岩的 YD2 井、TZ62 井烃源岩抽提物或原油 $m/z = 217$ 质量色谱中的重排甾烷明显偏低和 C_{28} 甾烷高[图 10 – 19(g) ~ (j)],代表下奥陶统烃源岩的 TD1 井重排甾烷也明显

偏低和 C_{28} 甾烷高[图 10-19(f)],但代表中上奥陶统烃源岩的 YM2 井、TS1 井、LN46 井、TS1 井和 TZ6 井烃源岩抽提物或原油 $m/z=217$ 质量色谱中的重排甾烷明显偏高和 C_{28} 甾烷低[图 10-19(a)~(e)]。张水昌等(2000)[84]在 TS1 井的钻井剖面上系统取样,测定岩石抽提物中的 C_{28} 甾烷分布特征(图 10-21)。研究结果表明, C_{28} 甾烷的相对含量随着埋深增加而加大,O_{2+3} 的岩石抽提物中的 C_{28} 甾烷含量为 11%,O_1 的为 24%~32%,ϵ_3 的为 32%,ϵ_1 烃源岩含量最高,可达 38%。计算了代表寒武系烃源岩的 YD2 井寒武系烃源岩泥岩抽提物 C_{28} 规则甾烷($C_{28}/C_{27}+C_{28}+C_{29}$)为 23.33%、TZ62 井原油 C_{28} 规则甾烷($C_{28}/C_{27}+C_{28}+C_{29}$)为 30.51%~35.95%,下奥陶统的为 24.27%,中—上奥陶统的为 14.79%~21.25%,区别明显。所以,本文认为若原油 $\alpha\alpha\alpha C_{28}20R$ 相对含量大于 23%,则源于寒武系—下奥陶统烃源岩的油为主;若原油 $\alpha\alpha\alpha C_{28}20R$ 相对含量小于 23%,则源于中—上奥陶统烃源岩的油为主。故 $\alpha\beta\beta-20R$ 甾烷分析特征应结合重排甾烷、C_{28} 甾烷特征综合分析。

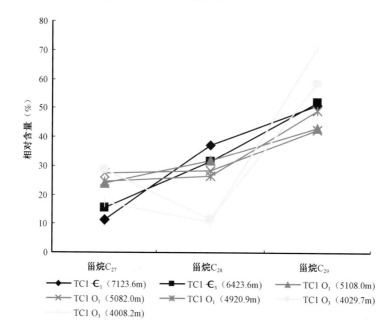

图 10-21　TC1 井寒武系、下奥陶统和中—上奥陶统烃源岩抽提物中甾烷碳数分布

(2)塔里木盆地塔北地区烃包裹体 C_{27}—C_{28}—C_{29} 甾烷特征。

利用自制"多功能显微荧光取样系统"分别对塔北地区奥陶系储层中发荧光的三期烃包裹体微钻法提取组分并分析其生物标志物组成特征。在 $m/z217$ 质量色谱图中,早海西期形成的第 I 期褐色烃包裹体的 $\alpha\beta\beta-C_{27}20R$,$\alpha\beta\beta-C_{28}20R$ 和 $\alpha\beta\beta-C_{29}20R$ 甾烷呈斜线[图 10-22(a)]特征,应属寒武—下奥陶统烃源岩来源;晚海西期形成的第 II 期发黄色荧光的浅褐色烃包裹体的 $\alpha\beta\beta-C_{27}20R$,$\alpha\beta\beta-C_{28}20R$ 和 $\alpha\beta\beta-C_{29}20R$ 甾烷呈"V"字形(图 10-22b),应属中—上奥陶统烃源岩来源;喜马拉雅期形成的第 III 期发蓝色荧光烃包裹体的 $\alpha\beta\beta-C_{27}20R$,$\alpha\beta\beta-C_{28}20R$ 和 $\alpha\beta\beta-C_{29}20R$ 甾烷呈"V"字形[图 10-22(c)],原油有较强的生物降解[85],可能是深部原油调整后轻质组分再次运移而成。

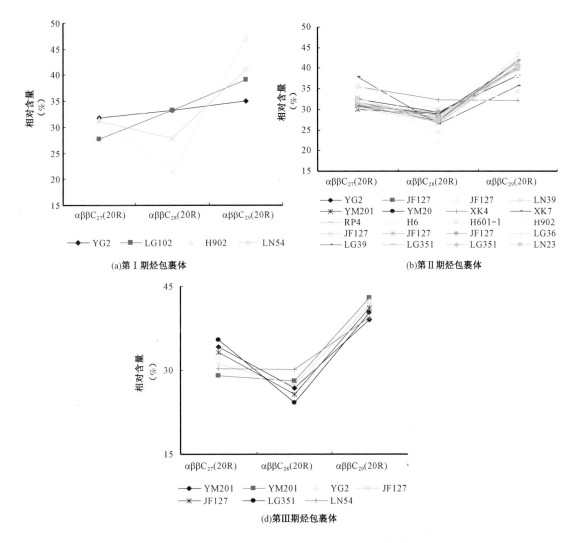

图 10 – 22 塔北地区三期烃包裹体烃组分中甾烷碳数分布

（3）塔里木盆地塔北地区原油 C_{27}—C_{28}—C_{29} 甾烷特征。

将塔北地区原油做 $\alpha\beta\beta$ – $C_{27}20R$，$\alpha\beta\beta$ – $C_{28}20R$ 和 $\alpha\beta\beta$ – $C_{29}20R$ 甾烷连线图，有以下 3 种情况：

在英买 2 —新垦—哈拉哈塘—热普—轮古地区，其 $\alpha\beta\beta$ – $C_{27}20R$，$\alpha\beta\beta C_{28}20R$ 和 $\alpha\beta\beta$ – C_{29} $20R$ 为"V"字形［图 10 – 23（a）］，由此推断这些地区生源基本一致，其甾烷特征与中上奥陶统烃源岩特征相同，因为晚海西期形成的第 Ⅱ 期烃包裹体在上以井区含量较高，并也具有中上奥陶统烃源岩相同甾烷特征，所以可推测这些井区以晚海西期中上奥陶统烃源岩的油注入为主，并保存为现今油藏。

在 XK4 井和 XK7 井原油的 $\alpha\beta\beta$ – $C_{27}20R$，$\alpha\beta\beta$ – $C_{28}20R$ 和 $\alpha\beta\beta$ – $C_{29}20R$ 甾烷为斜线型［图 10 – 23（b）］，其甾烷特征与寒武系—下奥陶统烃源岩特征相同，在 XK4 井和 XK7 井见有大量的晚加里东期—早海西期形成的第 Ⅰ 期烃包裹体，所以推断这些井以晚加里东—早海西

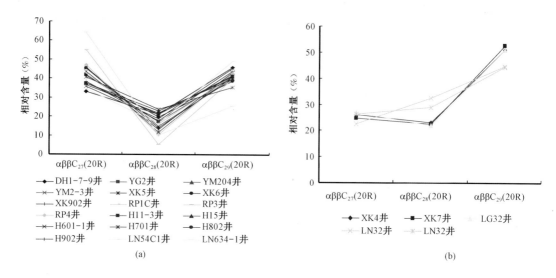

图 10 - 23　塔北地区源油中甾烷碳数分布

期寒武系—下奥陶统烃源岩的油注入为主,并保存为现在油藏。

在 LG32 井、LN32 井原油的 $\alpha\beta\beta$ - $C_{27}20R$,$\alpha\beta\beta$ - $C_{28}20R$ 和 $\alpha\beta\beta$ - $C_{29}20R$ 甾烷为斜线型[图 10 - 23(b)],加之这个地区喜马拉雅期形成的第Ⅲ期烃包裹体含量较高,可能与喜马拉雅期油气充注有关,属于寒武系—下奥陶统烃源岩与中上奥陶统烃源岩两种油气混合油源,可能是深部原油调整后轻质组分再次运移而成。

2)伽马蜡烷/C_{30}藿烷

藿烷主要是来自细菌(原核生物)细胞壁的类脂化合物[86],由于细菌在沉积物中普遍存在,几乎在所有的石油中都存在藿烷,并且在相似的条件下沉积的不同烃源岩所生成的石油常常具有相似的藿烷指纹[87],所以运用藿烷的相对浓度来划分原油类型并进行油源对比有时并不十分有用。伽马蜡烷可能是四膜虫醇成岩作用的产物。膏盐沉积中高伽马蜡烷的存在,表明高盐度的沉积环境有利于这类原生动物的繁衍。

据王飞宇等(1998)[88]研究,由于塔里木盆地中—下寒武统烃源岩的发育模式为黑海模式,水体分层明显,底层强还原性水体有利于有机质保存,因而烃源岩的伽马蜡烷含量高[图 10 -24(a)(b)];而中上奥陶统烃源岩的发育模式为西非大陆架模式,上升流的作用带来了丰富的营养性海水,有利于生物的繁盛,同时使得水体上下分层不明显,因而烃源岩中的伽马蜡烷含量低[图 10 -24(c)]。因此,来源于这两种类型烃源岩的原油,其伽马蜡烷指数必然存在差异,是区分中下寒武统烃源岩和中上奥陶统烃源岩的一个指标。朱俊章等(2005)[89]论证寒武系—下奥陶统样品伽马蜡烷/C_{30}藿烷值分布在 0. 10 ~ 0. 30,而中—上奥陶统的则分布在 0. 05 ~ 0. 10。郭建军等(2008)[90]论证寒武系烃源岩的伽马蜡烷/C_{30}藿烷介于 0. 15 ~ 0. 35,伽马蜡烷/C_{31}藿烷(22S)介于 0. 59 ~ 1. 47,伽马蜡烷/C_{31}藿烷(22R)介于 0. 89 ~ 2. 61,明显高于中—上奥陶统的烃源岩,说明伽马蜡烷是区分寒武系与中—上奥陶统有机质的有效指标。C_{23}三环萜烷、Ts(18α(H) -22,29,30 -三降藿烷)、Tm(17α(H) -22,29,30 -三降藿烷)和 17α(H),21β(H) -C_{30}等藿烷属萜类生物标志化合物。Ts/(Ts + Tm)、三环萜烷/(三环萜烷 + 藿烷)一般作为表征原油成熟度的指标,通过对其横向上阶梯型变化趋势的系统分析,可以有效地反演塔北地区奥陶系原油的运移方向[91]。18α(H)－新藿烷成熟度参数 Ts/(Ts+Tm)和C$_{29}$Ts/(C$_{29}$Ts+C$_{29}$藿烷)的应用越来越广泛[92-94],这两项参数对高—过成熟原油的成熟度判识尤为重要。

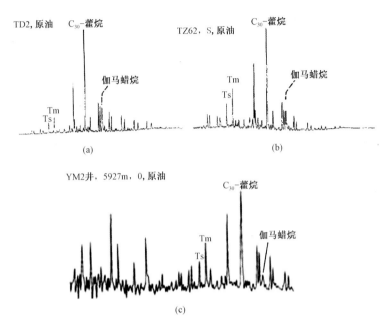

图 10-24　典型寒武系和中—下奥陶系烃源岩 m/z191 质量色谱图

从塔里木盆地塔北地区奥陶系—寒武系储层中的三期烃包裹体组分 m/z191 质谱图中可看出,第Ⅰ期早海西期形成的褐色液相烃包裹体组分具有相对较高的伽马蜡烷[图 10-25(a)],第Ⅱ期晚海西期形成的发黄色荧光的浅褐色气液相烃包裹体组分的伽马蜡烷含量低[图 10-25(b)],第Ⅲ期喜马拉雅期形成的发蓝色荧光气液相烃包裹体的伽马蜡烷值较高[图 10-25(c)]。通过对塔北地区三期烃包裹体伽马蜡烷特征分析,第Ⅰ期烃包裹体和第Ⅲ期烃包裹体主要源于中下寒武统烃源岩,第Ⅱ期烃包裹体主要源于中上奥陶统烃源岩。

3)甲藻甾烷

Moldowan 等在寒武纪至泥盆纪富有机质的海相岩石中发现了丰富的三芳甲藻甾烷[93-95],并且在一些早寒武世微化石中鉴定出了一系列沟鞭藻的生物标志物(甲藻甾烷和4α－甲基－24－乙基胆甾烷)。张水昌等[97]也在塔里木盆地和4井及肖尔布拉克露头寒武系样品中发现了甲藻甾烷、三芳甲藻甾烷以及24－降胆甾烷等化合物,因此认为沟鞭藻的生命特征具有古老成因。但在地史时期中,这类生物是在二叠纪末才开始出现的,由此看来,甲藻甾烷的来源可能并不是唯一的,早古生代繁盛的各种浮游生物可能是这类生物标志物的重要生物来源[93]。在 m/z231 中,典型的寒武系烃源岩表现出高丰度的甲藻甾烷、高丰度的4α－甲基－24－乙基胆甾烷和低浓度的3α－甲基－24－乙基胆甾烷特征[图 10-26(a)],典型的中上奥陶统烃源岩表现出低丰度的甲藻甾烷、4α－甲基－24－乙基胆甾烷和高浓度的3α－甲基－24－乙基胆甾烷特征[图 10-26(b)]。

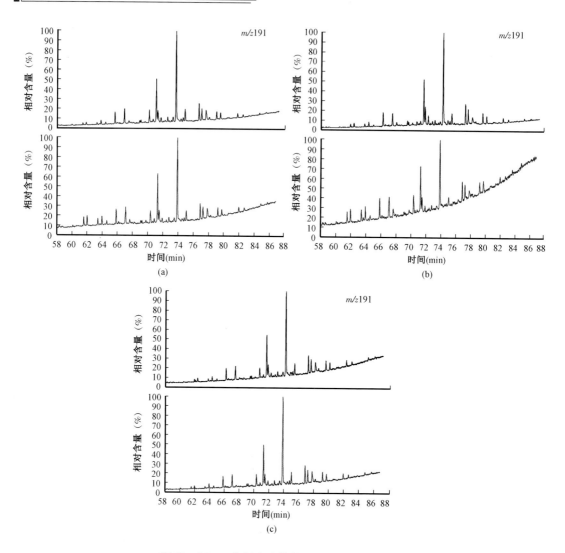

图 10 - 25　三期烃包裹体的 $m/z191$ 质量色谱图

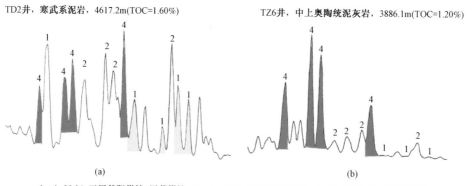

1—4a.23.24-三甲基胆甾烷=甲藻甾烷；2—4a-甲基-24-乙基胆甾烷；4—3β-甲基-24-乙基胆甾烷

图 10 - 26　TD2 井寒武系泥岩和 TB6 井上奥陶统泥灰岩甲藻甾烷分布特征（$z/m231$）

甲藻甾烷/(甲藻甾烷 +3 - 甲基 -24 - 乙基胆甾烷)比值、三芳甲藻甾烷/(三芳甲藻甾烷 +3 - 甲基 -24 - 乙基三芳胆甾烷)比值和 $4\alpha -/(4\alpha - +3\beta -)$ 甲基 -24 - 乙基胆甾烷比值曾被成功应用于塔里木盆地的油源研究,特别是应用沟鞭藻生源的甲藻甾烷和三芳甲藻甾烷物标志化合物区分寒武系—下奥陶统和中、上奥陶统烃源岩生成的原油效果最佳[99,100]。$24 -/(24 - +27 -)$ 降胆甾烷参数比值常被用于研究源岩形成的时代[98],朱俊章等(2005)[89] 证明寒武系—下奥陶统样品的 4 - 甲基甾烷/(4 - 甲基甾烷 +3 - 甲基甾烷)值大于 0.30,而中—上奥陶统样品的该比值小于 0.30;在甲藻甾烷/(甲藻甾烷 +3 - 甲基甾烷)与甲藻甾烷/(甲藻甾烷 +4 - 甲基甾烷)的关系图中,寒武系—下奥陶统的样品两个比值均大于 0.20,而在中—上奥陶统的样品中均小于 0.20。本文将典型寒武系—下奥陶统的样品与中—上奥陶统的样品投在甲藻甾烷/(甲藻甾烷 + $\alpha\alpha\alpha$ - C_{29}20R 甾烷)与 4α - 甲基 -24 乙基胆甾烷/(4α + 3β) - 甲基 -24 - 乙基胆甾烷比值含量关系图中(图 10 - 27),发现中—上奥陶统的样品投在甲藻甾烷/(甲藻甾烷 + $\alpha\alpha\alpha$ - C_{29}20R 甾烷)比值在通常小于 0.23 和 4α - 甲基 -24 乙基胆甾烷/(4α + 3β) - 甲基 -24 - 乙基胆甾烷比值小于 0.45 的 Ⅰ 区中,而寒武系—下奥陶统的样品投在甲藻甾烷/(甲藻甾烷 + $\alpha\alpha\alpha$ - C_{29}20R 甾烷)比值在通常大于 0.23 和 4α - 甲基 -24 乙基胆甾烷/(4α + 3β) - 甲基 -24 - 乙基胆甾烷比值大于 0.45 的 Ⅱ 区中。

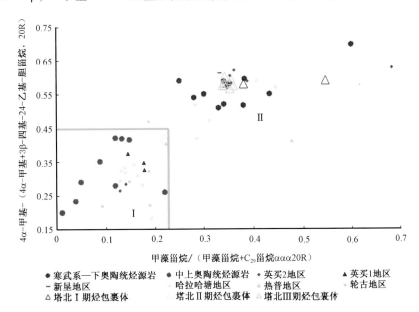

图 10 - 27　甲藻甾烷/(甲藻甾烷 + $C_{29}\alpha\alpha\alpha$20R 甾烷)与 4α - 甲基 -24
乙基胆甾烷/(4α + 3β) - 甲基 -24 - 乙基胆甾烷比值含量关系图

塔里木盆地塔北地区奥陶系储层中发现有三期发荧光的烃包裹体中的相应参数值投在图中(图 10 - 27),早海西期形成的第 Ⅰ 期褐色烃包裹体数据全落在寒武系—下奥陶统的 Ⅱ 区中,晚海西期形成的第 Ⅱ 期发黄色荧光的浅褐色烃包裹体基本落在靠近中—上奥陶统的靠近上 Ⅱ 区中,进一步证明早海西期形成的第 Ⅰ 期烃包裹体与寒武系—下奥陶统烃源岩有关,晚海西期形成的第 Ⅱ 期发黄色荧光的浅褐色烃包裹体与中上奥陶统烃源岩有关。喜马拉雅期形成的第 Ⅲ 期发蓝色荧光的无色烃包裹体数据也全落在寒武系—下奥陶统的 Ⅱ 区中,可能也是源于寒武系—下奥陶统烃源岩。

朱俊章等(2005)[89]认为,寒武系—下奥陶统样品的4-甲基甾烷/(4-甲基甾烷+3-甲基甾烷)值大于0.30,而中—上奥陶统样品的该比值小于0.30。据此在甲藻甾烷/(甲藻甾烷+3β-甲基-24-乙基甾烷)与$C_{28}/(C_{27}+C_{28}+C_{29})$规则甾烷关系图中的黑色线框中应是中—上奥陶统烃源岩区,黑色线框外应是寒武系—下奥陶统烃源岩区(图10-28)。塔里木盆地塔北地区奥陶系储层中早海西期形成的第I期褐色烃包裹体源于寒武系—下奥陶统烃源岩$C_{28}/(C_{27}+C_{28}+C_{29})$为0.37~0.42,平均值为0.39;晚海西期形成的第II期发黄色荧光的浅褐色烃包裹体源于中—上奥陶统烃源岩$C_{28}/(C_{27}+C_{28}+C_{29})$为0.25~0.27,平均值为0.26;喜马拉雅期形成的第III期发蓝色荧光的烃包裹体$C_{28}/(C_{27}+C_{28}+C_{29})$为0.25~0.31,平均值为0.28;以晚海西期形成的第II期烃包裹体烃组分$C_{28}/(C_{27}+C_{28}+C_{29})$最高值0.27为界画一虚线(图10-28),本文将$C_{28}/(C_{27}+C_{28}+C_{29})<0.27$和4-甲基甾烷/(4-甲基甾烷+3-甲基甾烷)$<0.30$的区域归为中—上奥陶统烃源岩区,$C_{28}/(C_{27}+C_{28}+C_{29})>0.27$和4-甲基甾烷/(4-甲基甾烷+3-甲基甾烷)值$>0.30$的区域归为寒武系—下奥陶统烃源岩区。

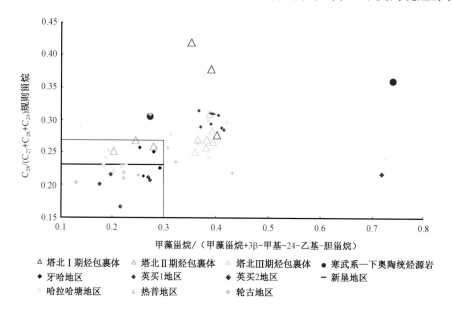

图10-28 甲藻甾烷/(甲藻甾烷+3β-甲基-24-乙基甾烷)与$C_{28}/(C_{27}+C_{28}+C_{29})$规则甾烷关系图

塔里木盆地塔北地区大部分井的原油落在图10-27和图10-28的中—上奥陶统烃源岩区域,少部分地区如YM2井区、H6井、H902井、RP4井的原油落在喜马拉雅期形成的第III期烃包裹体烃组分的点范围,在这几口井中见有大量喜马拉雅期形成的第III期烃包裹体和晚期油质沥青,表明YM2井区、哈拉哈塘部分井、热普地区原油受喜马拉雅期第III期烃包裹体形成时的油气影响很大。

4)三芳甲基甾烷

在塔里木盆地烃源岩的三芳甲基甾烷的质量色谱图($m/z245$)也表现出与甲藻甾烷和4α-甲基-24-乙基胆甾烷非常一致的结果,在图10-29(a)中TD2井寒武系源岩抽提物中,三芳甲藻甾烷(7号峰)是谱图中最为显眼的化合物,含量相当丰富,含量次之的是4-甲基－24－乙基三芳胆甾烷(8 号和 11 号峰),最低的是 3β－甲基－24－乙基三芳胆甾烷(9 号峰)。但塔北 LG9 井中上奥陶统泥灰岩岩石抽提物中三芳甾烷分布与寒武系不同,最显著的特征是 3β－甲基－24－乙基三芳胆甾烷(9 号峰)占绝对优势,其他化合物的含量均较低,三芳甲藻甾烷几乎检测不到,但出现"＊"化合物,推测可能是 2－甲基－24－乙基三芳胆甾烷[图 10－29(c)]。寒武系烃源岩和中上奥陶质烃源岩($m/z231$)的三芳甾烷化合物分布也不同,该化合物在寒武系烃源岩中浓度相当高[图 10－29(b)],而在中上奥陶统烃源岩中含量很低[图 10－29(d)]。

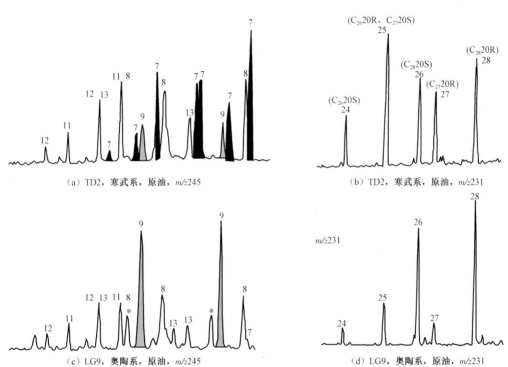

图 10－29 塔里木盆地烃源岩岩石抽提物中甲基三芳甾烷($m/z245$)和三芳甾烷($m/z231$)的分布

7—4,23,24－三甲基三芳甾烷(C_{29}三芳甲藻甾烷);8—4－甲基－24－乙基三芳胆甾烷(C_{29});

9—3－甲基－24－乙基三芳胆甾烷(C_{29});11—4－甲基三芳甾烷(C_{27});12—3－甲基三芳甾烷(C_{27});

13—3,24－二甲基三芳甾烷(C_{29});＊—无法识别物质

塔里木盆地塔北地区奥陶系储层中海相油源的三期烃包裹体中,早海西期形成的第 I 期褐色烃包裹体和喜马拉雅期形成的第 III 期发蓝色荧光无色烃包裹体的烃组分中 $m/z245$ 中[图 10－30(a)(e)],三芳甲藻甾烷(7 号峰)是谱图中最为显眼的化合物,含量相当丰富,含量次之的是 4－甲基－24－乙基三芳胆甾烷(8 号和 11 号峰),最低的是 3β－甲基－24－乙基三芳胆甾烷(9 号峰),具有寒武系烃源岩特征,并在早海西期形成的第 I 期褐色烃包裹体和喜马拉雅期形成的第 III 期发蓝色荧光无色烃包裹体的烃组分中 $m/z231$ 中也显示与寒武系烃源岩相同的特征[图 10－30(b)(f)]。但晚海西期形成的第 II 期发黄色荧光的浅褐色烃包裹体的烃组分 $m/z245$ 中,最显著的特征是 3β－甲基－24－乙基三芳胆甾烷(9 号峰)占绝对优势,也出现"＊"化合物[图 10－30(c)],具有中—下奥陶统烃源岩特征,并在晚海西期形成的第

Ⅱ期发黄色荧光的浅褐色烃包裹体的烃组分中 $m/z231$ 中也显示与中—下奥陶统烃源岩相同的特征[图 10-30(d)]。

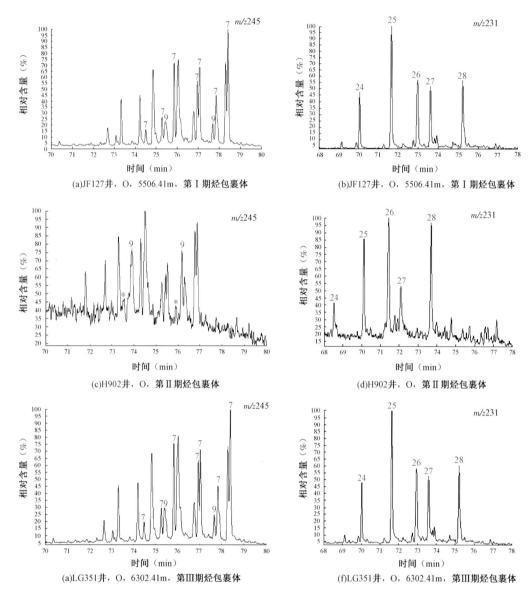

图 10-30 三期烃包裹体抽提物中甲基三芳甾烷($m/z245$)和三芳甾烷($m/z231$)的分布

7—4,23,24-三甲基三芳甾烷(C_{29}三芳甲藻甾烷);9—3-甲基-24-乙基三芳甾烷(C_{29});*—无法识别物质

张水昌等(2002)[99]将塔里木盆地原油和岩石抽提物做了三芳甲藻甾烷/(三芳甲藻甾烷 + 3-甲基-24-乙基三芳甾烷)及(4-甲基-24-乙基 + 4-甲基)/(4-甲基 + 4-甲基-24-乙基 + 3-甲基-24-乙基)三芳甾烷比值含量图(图 10-31 中 Є岩石和上奥陶统岩石点),论证了"寒武系及下奥陶统岩石抽提物中的三芳甲藻甾烷/(三芳甲藻甾烷 + 3-甲基-24-乙基三芳甾烷)值及(4-甲基-24-乙基 + 4-甲基)/(4-甲基 + 4-甲基-24-乙基 +

3 – 甲基 – 24 – 乙基)三芳甾烷值均达 60% 以上(图 10 – 31 黑色圈 II),而这两个比值在中上奥陶统抽提物中分别只有 5% ~ 25% 和 30% ~ 60%"(图 10 – 31 黑色圈 I)。本文将塔里木盆地典型寒武系烃源岩的塔东 2 井原油投点,其点落在了寒武系及下奥陶统岩石的黑圈 II 中;将塔里木盆地典型中上奥陶统烃源岩的 TZ6 井、YM2 井原油投点,点落在中上奥陶统烃源岩的黑圈 II 左上方,故结合典型井和塔北地区三期烃包裹体点的位置,本文画红 II 圈塔里木盆地寒武系及下奥陶统烃源岩范围,红 I 圈为塔里木盆地奥陶系烃源岩范围。将塔里木盆地塔北南部地区各井区奥陶系原油投点,发现 89.64% 的井点落在中上奥陶统烃源岩红 I 圈中,这与朱光有等(2011)"塔北地区 90% 以上原油样品其来源与中、上奥陶统烃源岩相关"[100]观点是一致的。只有 H6C 井、H11 井、LN63 井 3 口井原油点落在寒武系及下奥陶统烃源岩红 II 圈中,H6C 井中见有早海西期形成的第 I 期褐色烃包裹体,这口井的原油有源于寒武系及下奥陶统烃源岩第 I 期褐色烃包裹体形成时的油气的残留;H11 井主要是喜马拉雅期的第 III 期发蓝色荧光无色烃包裹体形成时原油的充注;LN63 井位于轮古东断裂与桑塔木断裂交汇处,正是喜马拉雅期形成的第 III 期发蓝色荧光无色烃包裹体形成时油气的注入点,故 LN63 井原油性质主要受源于寒武系及下奥陶统烃源岩凝析油气的控制。

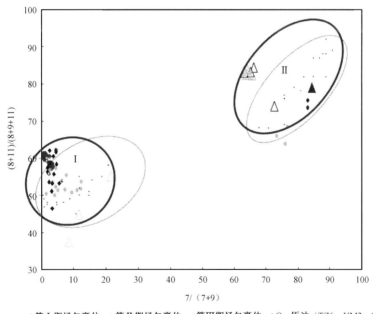

图 10 – 31　塔北烃包裹体和原油三芳甾烷类含量关系图

7—4,23,24 – 三甲基三芳甾烷(C_{29}三芳甲藻烷);8—4 – 甲基 – 24 – 乙基三芳甾烷(C_{29});9—3 – 甲基 –

24 – 乙基三芳甾烷(C_{29});11—4 – 甲基三芳甾烷(C_{27});$\in$岩石和上奥陶统岩石引自张水昌等(2002)[99]

5. 在原油生物降解评价中的应用

不同生物标志化合物对微生物降解具有不同的抵抗能力,这使其成为描述原油经历微生物降解过程及程度的最佳指标。一般认为各组分抗降解能力由弱到强的顺序为:正烷烃(最易降解）＞类异戊二烯烃＞甾烷＞藿烷＞重排甾烷＞芳香甾（最难降解）[101]，根据有关组分的存在与否及相对含量可评价原油生物降解程度，其中 25 - 降藿烷的出现可作为原油受到严重生物降解的标志。25 - 降藿烷与高丰度正烷烃系列是不可能在单期次成藏原油中共生的，二者在原油中的伴生现象，可认为是原油存在前后两期充注混合的标志[102]。

关于塔里木盆地 25 - 降藿烷的成因有两种观点：第一种观点源于在源岩中 25 - 降藿烷的存在[103]、未降解油中检测到 25 - 降藿烷[104]、微生物生物降解实验没有发现 25 - 降藿烷以及并非降解油中都有 25 - 降藿烷存在[105,106]等事实，导致一些学者反对藿烷降解形成 25 - 降藿烷的观点。杨杰等（2003）[107]认为，塔里木盆地源岩抽提物和正常油中也有少量 25 - 降藿烷出现，这些 25 - 降藿烷可能部分来自烃源岩，而不是由细菌生物转化所形成，但其绝对量很低，一般在 $30\mu g/g$ 左右，这部分含量可作为本底来处理。第二种观点源于 Blanc 等[105]认为，25 - 降藿烷的相对丰度在生物降解过程中增加，因为它们比规则藿烷抗细菌消耗能力强；Moldowan 等[108]观察到在一个生物降解剖面上藿烷向 25 - 降藿烷几乎等量转化，从性质上表明这种转化没有中间产物形成或其留存时间极短，故 25 - 降藿烷（10 - 脱甲基 C_{29} 藿烷，m/z 177）是公认的强烈生物降解油中的一种典型化合物标志。马安来等（2004）[109]指出，轮南、塔河稠油普遍含有 25 - 降藿烷系列，其分布范围为 C_{28}—C_{33}，在所分析的原油样品中，LG9 井特稠油 25 - 降藿烷含量最高，25 - 降藿烷/C_{30}藿烷比值为 0.52，塔河稠油中该比值为 0.20 ～ 0.34，达到了中等—较严重的降解程度。

将公认的源于 ϵ—O_1 烃源岩的 TD2 井 ϵ—O_1 储层中原油和 TZ62 井 S 储层中原油的 m/z 191 与 m/z 177 列于图 10 - 32（a）和图 10 - 32（b），图中明显可见 25 - 降藿烷，且伽马蜡烷高，TD2 井原油是遭受了高温裂解和生物降解后的残余原油，TZ62 井 S 原油也是稠油，可能也遭受了生物降解，这两个原油中的 25 - 降藿烷可能主要是生物降解过程中形成的。塔里木盆地塔北地区晚加里东—早海西期形成的源于下奥陶统—寒武系烃源岩第 I 期褐色烃包裹体烃组分也是以伽马蜡烷高、含 25 - 降藿烷为特征[图 10 - 33（a）（b）]，与 TD2 井 ϵ—O_1 储层中原油和 TZ62 井 S 储层中原油的 m/z191 与 m/z177 处于相同位置，一方面证明其烃源于 O_1—ϵ烃源岩，同时说明第 I 期褐色烃包裹体是在原油生物降解后形成的，或者晚加里东—早海西期来源于 O_1—ϵ烃源岩的油注入地层时已有生物降解。

在前人公认的源于 O_{2+3} 烃源岩的 YM2 井 O_{2+3} 储层中的 m/z191 与 m/z177 列于图 10 - 32（c）（d），却未见 25 - 降藿烷，伽马蜡烷低，应该是这些原油没有遭受生物降解。塔里木盆地塔北地区晚海西期形成的第 II 期发黄色荧光的浅褐色烃包裹体的烃组分显示两种特征：（1）以伽马蜡烷低为主特征，有的未见 25 - 降藿烷[图 10 - 33（c）]，说明源于 O_{2+3}烃源岩；（2）伽马蜡烷含量相对较高，明显见有 25 - 降藿烷[图 10 - 33（d）]，如与早期源于寒武系—下奥陶统原油混合，可使第 II 期烃包裹体具有 25 - 降藿烷特征。

塔里木盆地塔北地区喜马拉雅期形成的第 III 期发蓝色荧光的无色烃包裹体伽马蜡烷高、普见 25 - 降藿烷为主特征[图 10 - 33（e）（f）]，而且第 III 期烃包裹体三环萜烷比早海西期形成的第 I 期[图 10 - 33（a）（b）]、晚海西期形成的第 II 期烃包裹体的含量高，推测喜马拉雅期形成的油气可能是原先形成的油经过了强烈的生物降解，又进行调整后运移而成。

6. 在油气运移评价中的应用

原油在运移过程中会产生一定的运移分异效应，相应的原油内的一些生物标志化合物也

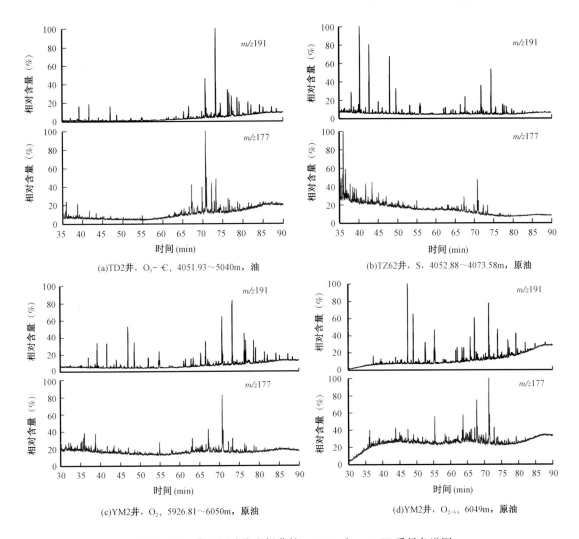

(a)TD2井，$O_1-\epsilon$，4051.93～5040m，油

(b)TZ62井，S，4052.88～4073.58m，原油

(c)YM2井，O_2，5926.81～6050m，原油

(d)YM2井，$O_{2,3}$，6049m，原油

图 10 – 32　典型源油饱和烃萜烷 m/z191 和 m/z177 质量色谱图

会发生变化，如随着运移距离增大，原油中的三环萜/五环萜[110]、三芳甾烷/（三芳甾烷 + 单芳甾烷）[111] 比值都会增大。不过由于影响有关指标数值的多元性和运移过程的复杂性，上述指标是否能客观地指示运移距离的大小还有待考证。

郑朝阳等（2007）对塔里木盆地塔河油田原油中生物化合物进行研究，从而期望进一步获取原油的运移方式[112]。最后选取了对应原油成熟度值范围较广、抗生物降解能力强的生物标志化合物作为油气运移指标，研究了塔河油田原油的运移特征。研究结果表明，原油中 Ts/（Ts + Tm）、三环萜烷/17α(H) – 藿烷和重排甾烷/规则甾烷比值，适用于成熟度高、遭受一定生物降解的塔河油田原油的运移研究。这些指标反映了塔河油田奥陶系原油运移有两个方向，一个是由东向西，另一个是由南向北；九区的三叠系、石炭系原油成熟度较高，说明它们成藏期较晚，特别是九区奥陶系油气藏的主要成藏期可能为喜马拉雅中、晚期，其他油气藏主要形成于海西晚期—喜马拉雅运动晚期。

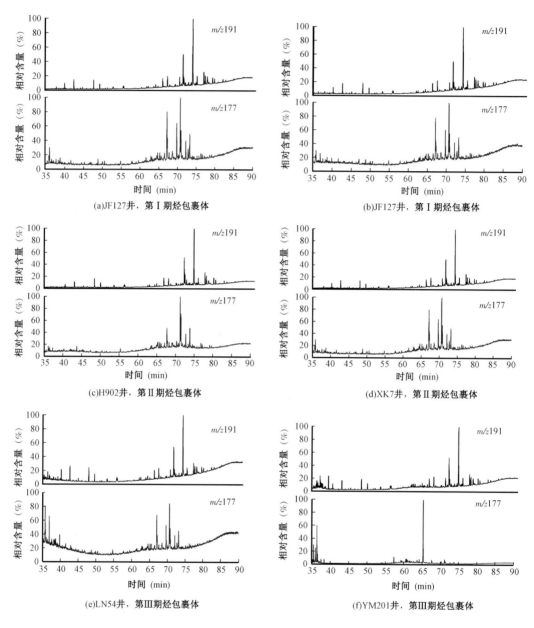

图10-33　三期烃包裹体饱和烃萜烷 $m/z191$ 和 $m/z177$ 质量色谱图

第三节　稳定同位素分析及应用

一、基本原理

在稳定同位素质谱仪 MAT252 上分别测量提取物的同位素 D/H,$^{18}O/^{16}O$ 和 $^{13}C/^{12}C$,然后计算包裹体中所含流体的碳、氧和氢同位素[114]。

1. 碳同位素测定

自然界中碳有 2 个稳定同位素：^{12}C 和 ^{13}C，采用的平均丰度值分别为 $^{12}C = 98.90\%$ 和 $^{13}C = 1.10\%$。碳同位素组成通常以 $\delta^{13}C$ 值表示：

$$\delta^{13}C(‰) = \left[(^{13}C/^{12}C)_{样} - (^{13}C/^{12}C)_{标} \right] \times 1000/(^{13}C/^{12}C)_{标}$$

2. 氧同位素测定

自然界中氧同位素有 3 个稳定同位素：^{16}O，^{17}O 和 ^{18}O。氧同位素平均丰度值分别为 $^{16}O = 99.762\%$，$^{17}O = 0.038\%$，$^{18}O = 0.200\%$。由于 ^{17}O 的丰度值很低，一般采用 $^{18}O/^{16}O$ 或 $\delta^{18}O$ 值表示样品的氧同位素组成：

$$\delta^{18}O(‰) = \left[(^{18}O/^{16}O)_{样} - (^{18}O/^{16}O)_{标} \right] \times 1000/(^{18}O/^{16}O)_{标}$$

3. 氢同位素测定

自然界中氢同位素有 2 个稳定同位素：^{1}H 和 ^{2}D。氢同位素平均丰度值分别为 $^{1}H = 99.985\%$，$^{2}D = 0.015\%$。通常采用 D/H 或 δD 值表示样品的氢同位素组成：

$$\delta D(‰) = \left[(D/H)_{样} - (D/H)_{标} \right] \times 1000/(D/H)_{标}$$

二、实验步骤

为了实现各部分的联测，将稳定同位素制样系统与气相色谱仪连接起来，喻铁阶等 (1995)[113] 设计了两种进样器（图 10-34）。首先将矿物包裹体样品经超声波清洗、烘干；然后放入样品管中[图 10-34(a)]加热爆裂，获得包裹体爆裂释放出水、气体和结晶在矿物表面的盐类等物质；随后将获取的样品分别导入 3 个联测部分：爆裂后的气体进入气相色谱仪作气体分析，CO_2 和 H_2O 作稳定同位素碳、氢和氧制样，矿样本身作液相成分分析。

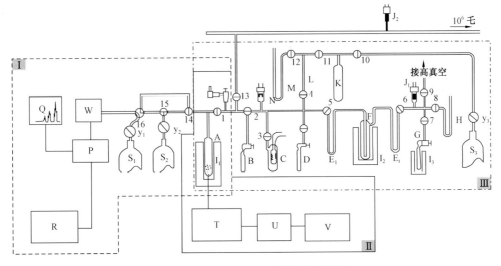

图 10-34　GC-IRMS 同位素质谱仪

A—样品管（石英玻璃）；B—H_2O、CO_2 收集管；C—高温平衡反应器；D—CO_2 收集管；E_1、E_2—冷阱；F—Zn 反应器；G—活性炭吸收管；H—M.U 型压力计；I_1、I_2、I_3—加热炉；J_1、J_2—热偶规管；K—CO_2 储罐；L—CO_2 定量管；N—电离规管；O—注射式进样器；P—气相色谱仪；Q—记录仪；R—稳压电源；S_1、S_2—Ar 气瓶；S_3—CO_2；T—超声波清洗器；U—高速离心机；V—待测试液；1~16—高真空玻璃活塞；W—进样装置；y_1、y_2、y_3—减压器

1. 气相成分分析

气相成分分析部分由 P、R、W、Q、S_1、S_2、Y_1 和 Y_2 及活塞 14、活塞 15 和活塞 16 组成。P 为 103 型气相色谱仪主机，R 为稳压电源，W 为载气进样装置，S_2 和 Y_2 及活塞 14、活塞 15 和活塞 16 组成真空进样装置 [图 10 – 34(i)]。爆裂后的气体通过真空进样装置，由 W 进入气相色谱仪，由气相色谱仪分析 H_2、N_2、CH_4、CO、CO_2 和 H_2O 等微量气体。

2. 液相成分分析

该部分由 A、I_1、T、U 和 V 等部分构成 [图 10 – 34(Ⅱ)]。T 为超声波清洗器，U 为高速离心机。爆裂后的矿样中加入定量高纯水，在装置 T 中超声波侵洗，然后装置 U 中离心分离，获得待测清液分别做阳离子和阴离子分析，计算包裹体溶液中离子浓度。

3. 稳定同位素分析

稳定同位素制样部分由图 10 – 34 Ⅲ中的 A、I_1、O、B、C、D、E、F、I_2、I_3、H、L、M、K、S_3 和 G 等部件组成玻璃真空制样系统，全部由九五玻璃焊接而成。包裹体爆裂后的气体，经 600℃ 氧化铜炉氧化，用装置 B 收集 CO_2 和 H_2O，用 – 78.5℃ 冷阱将水冻结，用液氮冷阱收集 CO_2，直接送质谱分析 $\delta^{13}C$（分析精密度为 ±0.2‰，采用国际 PDB 标准）。

将 – 78.5℃ 冷阱收集的 H_2O 和标准 CO_2 混合，在温度为 1300℃ 的真空条件下，进行同位素交换反应。交换平衡反应后的 CO_2，用质谱测定 $\delta^{46}M$，根据平衡前后的 CO_2 氧同位素值，计算出样品的 $\delta^{18}O$ 值。

经过高温平衡后的 H_2O，其氢同位素组成未被破坏，可以继续用金属锌法制取 H_2，用质谱分析 δD。

三、结果应用

张中宁等（2008）研究表明，塔里木盆地塔北隆起深层海相油藏中原油的全油碳同位素组成主要受生源控制，受热力作用影响较小，分析数据显示塔北地区海相油藏中原油的全油 $\delta^{13}C$ 值稳定分布在 – 33.9‰ ~ – 31.6‰ 区间内[115]。卢玉红等（2007）分析塔里木盆地哈拉哈塘凹陷分布的原油的全油及原油族组成碳同位素也在 – 33.3‰ ~ – 32‰[116]；张斌等（2010）认为，塔里木盆地塔北海相原油全油碳同位素均小于 – 32‰，分布在 – 33.1‰ ~ – 32.5‰[117]，陆相原油全油碳同位素均大于 – 31‰[117]，且煤系全油碳同位素为 – 28.2‰ ~ – 27.4‰，平均 – 27‰；湖相全油碳同位素为 – 30.1‰ ~ – 28.7‰，平均 – 29.4‰。张中宁等（2006）认为，塔里木盆地三叠系—侏罗系陆相深层烃源岩各组分的 $\delta^{13}C$ 值一般大于 – 28‰[118]。本文综合所有塔北地区奥陶系原油全油碳同位素分析结果（图 10 – 35）和前人的认识：塔里木盆地深层海相油藏中原油的全油碳同位素组成应在小于 – 30‰，陆相的大于 – 30‰，其中煤系大于 – 28.5‰，湖相小于 – 28.5‰。

提取塔里木盆地塔北地区 YH5 井 5823.28m 处喜马拉雅期形成的第Ⅲ期发蓝白色荧光的烃包裹体，测出全油碳同位素为 – 26.2‰，应为陆相原油。英买 7 地区奥陶系 4 口井全油碳同位素为 – 29.8‰ ~ – 29.13‰，牙哈地区奥陶系 2 口井全油碳同位素为 – 29‰ ~ – 28.7‰（图 10 – 35），都大于 – 30‰，都应是陆相烃源岩来源，可见塔北地区牙哈地区、英买 7 地区原油主要是喜马拉雅期形成的第Ⅲ期发蓝白色荧光的烃包裹体形成时的陆相烃源岩油气提供的。

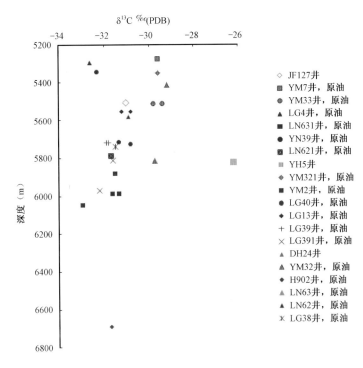

图 10－35 塔北奥陶系原油碳同位素组成的纵向分布特征

提取塔北地区 JF127 井 5506. 41m 处晚海西期形成的第 Ⅱ 期发黄色荧光的浅褐色烃包裹体,测出全油碳同位素为 －31. 5‰,应为海相烃源岩来源。在塔北南部地区各井奥陶系全油碳同位素在 －33. 26‰ ~ －30. 7‰,都属海相原油,说明塔北地区奥陶系原油多来源于海相。在塔北南部地区的 YM2 井区、轮古地区西部斜坡带、中部斜坡带、东部斜坡带的全油碳同位素都小于 －32‰,顾乔元等(2010)[119] 研究认为,"当全油的碳同位素大于 －32‰时,原油肯定为混合油。由于塔里木台盆区存在两套海相源岩,并经过多次生烃,成藏过程非常复杂,当全油碳同位素小于 －32‰时,原油为晚期油或其中只含有少量的早期油"。对于 YM2 井区和轮古地区斜坡带上的几口井内含有大量喜马拉雅期烃包裹体,并见有晚海西期时期的烃包裹体,故其原油可能为晚期油中含有少量早期油。

参 考 文 献

[1] 何禄卿,刁培良,柳纪鄂,等. 矿物包裹体中气体成分的测定与研究[J]. 中南矿冶学院学报,1980,1: 91 － 97.

[2] 冯贵珍. 矿物包裹体中 H_2,CO,CH_4,CO_2,H_2O 的连续测定[J]. 矿产地质研究院学报,1984,2:35 － 40.

[3] 杨丹,徐文艺,崔艳合,等. 二维气相色谱法测定流体包裹体中气相成分[J]. 岩矿测试,2007,26(6): 451 － 455.

[4] 王真光,林淑云,蒋仁依. 气相色谱—离子色谱法测定矿物包裹体中气相和液相阴离子成分[J]. 分析试验室,1985,4(4):10 － 12.

[5] 王真光,蒋仁依,林淑云. 气相色谱—离子色谱连续测定矿物包裹体中的气液成分[J]. 岩石矿物学杂志,1985,5(2):162 － 167.

[6] 李秉伦,王英兰,谢奕汉. 气液包裹体气相色谱分析及其地质意义[J]. 地质科学,1982,2:220 － 225.

[7] Heald E F, Naughton J J, Barens 1 L. The Ehemistry of Voleanie Gases, Jour. Geophys[J]. Research, 1963, 68: 539 – 557.

[8] 姜亮, 王延斌, 吴培康, 等. 东海盆地台北坳陷有机包裹化学成分及成因[J]. 地质科学, 2001, 36(2): 222 – 228.

[9] 鲁雪松, 宋岩, 柳少波. 流体包裹体精细分析在塔中志留系油气成藏研究中的应用[J]. 中国石油大学学报: 自然科学版, 2012, 36(4): 45 – 50.

[10] 朱扬明, 梅博文, 金迪威. 塔里木盆地中生界煤层的地球化学特征[J]. 新疆石油地质, 1998, 19(1): 28 – 31.

[11] 包建平, 朱翠, 张秋茶, 等. 库车坳陷前缘隆起带上原油地球化学特征[J]. 石油天然气学报(江汉石油学院学报), 2007, 29(4): 40 – 44.

[12] 朱扬明. 塔里木原油芳烃的地球化学特征[J]. 地球化学, 1996, 25(1): 10 – 17.

[13] 李素梅, 庞雄奇, 杨海军, 等. 塔中隆起原油特征与成因类型分析[J]. 地球科学, 2008, 33(5): 635 – 642.

[14] 赵孟军, 秦胜飞, 潘文庆, 等. 塔北隆起轮西地区奥陶系潜山油藏油气来源分析[J]. 新疆石油地质, 2008, 29(4): 478 – 482.

[15] 张水昌, 张保民, 王飞宇, 等. 塔里木盆地两套海相有效烃源层 – I. 有机质性质、发育环境及控制因素[J]. 自然科学进展, 2001, 11(3): 261 – 268.

[16] Zhang S C, et a1. Paleozoic Oil – source Rock Comelations in the Tarim Basin, NW China[J]. Organic Geochernistry, 2000, 31(4): 273.

[17] 史鸿祥, 徐志明, 林峰, 等. 塔里木盆地轮南油田油源分析及勘探前景[J]. 新疆石油地质, 2005, 26(6): 623 – 627.

[18] Lijmbach G W M. On the Origin of Petroleum. Proceedings 9th World Petroleum Congress[M]. London: Applied Science Publishers, 1975, 357 – 369.

[19] 潘长春, 傅家谟, 盛国英. 塔里木库车坳陷含油、气储集岩连续抽提和油、气包裹体成分分析[J]. 科学通报, 2000, 45(增刊): 2750 – 2757.

[20] 张斌, 崔洁, 顾乔元, 等. 塔北隆起西部复式油气区原油成因与成藏意义[J]. 石油学报, 2010, 31(1): 55 – 61.

[21] 陶士振, 秦胜飞. 塔里木盆地克依构造带包裹体油气地质研究[J]. 石油学报, 2001, 22(5): 16 – 22.

[22] 李素梅, 庞雄奇, 杨海军, 等. 塔里木盆地英买力地区原油地球化学特征与族群划分[J]. 现代地质, 2010, 24(4): 643 – 654.

[23] 卢玉红, 肖中尧, 顾乔元, 等. 塔里木盆地环哈拉哈塘海相油气地球化学特征与成藏[J]. 中国科学(D辑): 地球科学, 2007, 37(增刊Ⅱ): 167 – 176.

[24] 郑朝阳, 段毅, 张学军. 塔河油田奥陶系原油有机地球化学特征及其油藏成因[J]. 沉积学报, 2011, 29(3): 605 – 611.

[25] 朱俊章, 包建平. 塔里木盆地寒武系—奥陶系海相烃源地球化学特征[J]. 海相油气地质, 2005, 5(3 – 4): 55 – 59.

[26] 朱东亚, 金之钧, 胡文瑄, 等. 塔中地区志留系砂岩中孔隙游离烃和包裹体烃对比研究及油源分析[J]. 石油与天然气地质, 2007, 28(1): 25 – 34.

[27] 包建平. 下扬子地区海相中、古生界有机地球化学[M]. 重庆: 重庆大学出版社, 1996: 26.

[28] 卢玉红, 桑红, 潘振中, 等. 一个典型的寒武系油藏: 塔里木盆地塔中 62 井油藏成因分析[J]. 地球化学, 2005, 34(2): 155 – 160.

[29] 朱东亚, 金之钧, 胡文瑄. 塔中地区志留系砂岩中孔隙游离烃和包裹体烃对比研究及油源分析[J]. 石油与天然气地质, 2007, 28(1): 25 – 34.

[30] Thompson K F M. Light Hydrocarbons in Subsurface Sediments[J]. Geochimica et Cosmochimica Acta, 1979,

43(5):657 – 672.

[31] Thompson K F M. Classification and Thermal History of Petroleum Based on Light Hydrocarbons[J]. Geochimica et Cosmochimica Acta,1983,47(2):303 – 316.

[32] 王培荣,徐冠军,张大江. 常用轻烃参数正、异庚烷值应用中的问题[J]. 石油勘探与开发,2010,37(1):121 – 128.

[33] 王祥,张敏,黄光辉. 典型海相油和典型煤成油轻烃组成特征及地球化学意义[J]. 天然气地球科学,2008,19(1):18 – 22.

[34] 许锦,郑伦举,贾存善. 群体包裹体成分分析法及在沙雅隆起的应用探索[J]. 石油实验地质,2011,33(2):197 – 201.

[35] 戴金星. 利用轻烃鉴别煤成气和油型气[J]. 石油勘探与开发,1993,20(5):26 – 32.

[36] 胡惕麟,戈葆雄,张义纲. 源岩吸附烃和天然气轻烃指纹参数的开发和应用[J]. 石油实验地质,1990,12(4):375 – 393.

[37] Chang C T,Lee M R,Lin L H,et al. Apploction of C_7 Hydrocarbons Technique to Oil and Condensate from Type Ⅲ Organic Matter in Northwestern Taiwan. [J]. International Journal of Coal Geology,2007,71(1):103 – 114.

[38] Mango F D. An Invariance in the Isoheptanes of Petroleum[J]. Science,1987,237:514 – 517.

[39] Mango F D. The Origin of Light Cycloalkanes in Petroleum[J]. Geochimica et Cosmochimica Acta,1990,54:23 – 27.

[40] Mango F D. The Origin of Light Hydrocarbons in Petroleum:A Kinetic Test of the Steady – state Catalytic Hypothesis[J]. Geochimica et Cosmochimica Acta,1990,54:1315 – 1323.

[41] 朱杨明. 稳态催化轻烃成因理论及其应用前景[J]. 勘探家,1998,3(3):5 – 9.

[42] Bement W O,Levey R A,Mango F D. The Temperature of Oil Generation as Defined with C_7 Chemistry Maturity Parameter (2,4 – DMP/2,3 – DMP)[M]. Donostian – San Sebastian:European Association of Organic Geochemists,1995:505 – 507.

[43] Halpern H I. Development and Application of Light – hydrocarbon – based Star Diagrams[J]. AAPG Bulletin,1995,79:801 – 815.

[44] 饶丹,秦建中,张志荣,等. 单体烃包裹体成分分析[J]. 石油实验地质,2010,32(1):67 – 71.

[45] 黄耀生,刘燕. 矿物气液包裹体中气相成分的质谱分析[J]. 矿物学报,1982,4:312 – 318.

[46] Barclay S A,Worden R H,Parnel J,et al. Assessment of Fluid Contacts and Compartm Entalisation in Sandstone Reservoirs using Fluid Inclusions:an Example from the Magnus Oil Field,North Sea [J]. AAPG Bulletin,2000.

[47] Liu K,Eadington P J,Kennard J M. Oil Migration in the Vulcan Subbasin,Timor Sea,Investigated using GOI and FIS Data[J]. Timor Sea Petroleum Geoscience,2003,15(2):32 – 35.

[48] 朱杨明. 塔里木盆地中生界陆相生油层及原油地球化学[M]. 重庆:重庆大学出版社,1997.

[49] 赵孟军,黄第藩. 塔里木盆地古生界油源对比[M]//童晓光,梁狄刚,贾承造主编. 塔里木盆地石油地质研究新进展. 北京:科学出版社,1996,300 – 310.

[50] 朱杨明. 塔里木原油芳烃的地球化学特征[J]. 地球化学,1996,25(1):10 – 17.

[51] 胡桂馨. 沙参2井原油生物标志物特征及油源初探[J]. 石油勘探与开发,1988,2:12 – 19.

[52] 卢双舫,张敏. 油气地球化学[M]. 北京:石油工业出版社,2008,162 – 199.

[53] 南青云,刘文汇,腾格尔. 塔河油田原油甾萜烷系列化合物地球化学再认识[J]. 沉积学报,2006,24(2):294 – 298.

[54] Huang D F,Li J C,Zhang D J,et al. Maturation Sequence of Tertiary Crude Oils in the Qaidam Basin and Its Significance in Petroleum Resource Assessment [J]. Journal of Southeast Asian Earth Sciences,1991,(5):359 – 366.

[55] 李素梅,庞雄奇,金之钧,等. 济阳坳陷牛庄洼陷南斜坡原油成熟度浅析[J]. 地质地球化学,2001,29 (4):50 – 55.

[56] 彼得斯 K E,莫尔多万 J M. 生物标记化合物指南——古代沉积物和石油中分子化石的解释[M]. 北京: 石油工业出版社,1995.

[57] Zumberge J E. Terpenoid Biomarker Distributions in Low Maturity Crude Oils[J]. Organic Geochemistry, 1987b,11:479 – 496.

[58] Seifert W K,Moldowan J M. Use of Biological Markers in Petroleum Exploration[J]. Methods in Geochemistry and Geophysics,1986,24:261 – 290.

[59] Seifert W K,Moldowan J M. The Effect of Thermal Stress on Source – rock Quality as Measured by Hopane Stereochemistry[J]. Physics and Chemistry of the Earth,1980,12:229 – 237.

[60] Mackenzie A S,Patience R L,Maxwell J R,et al. Molecular Parameters of Maturation in the Toarian Shales. Paris Basin,Franc – I,Changes in the Configuration of Acyclic Isoprenoid Alkanes,Steranes,and Triterpanes[J]. Geochimica et Cosmochimica Acta,1980,44:1709 – 1721.

[61] Rullkotter J,Wendisch D. Microbial Alteration of 17α(H) – hopane in Madagascar Asphalts:Removal of C – 10 Methyl Group and Ring Opening[J]. Geochimica et Cosmochimica Acta,1982,46:1543 – 1553.

[62] McKirdy D M,Aldridge A K,Ypma P J M. A Geochemical Comparison of Some Crude Oils from Pre – Ordovician Carbonate Rocks[J]. Advances in Organic Geochemistry,1981,44(12):71 – 74.

[63] Mackenzie A S. Application of Biological Markers in Petroleum Geochemistry[M]. London:Academic Press, 1984,115 – 206.

[64] Peters K E,Walters C C,Moldowan J M. The Biomarker Guide II Biomarkers and Isotopes in Petroleum System and Earth History[M]. Cambridge:Cambridge University Press,2005.

[65] 王春江,傅家谟,盛国英,等. 18α(H) – 新藿烷及 17α(H) – 重排藿烷类化合物的地球化学属性与应用 [J]. 科学通报,2000,45(13):1366 – 1372.

[66] 马安来,金之钧,王毅. 塔里木盆地台盆区海相油源对比存在的问题及进一步工作方向[J]. 石油与天然气地质,2006,27(3):356 – 362.

[67] Chakhmakhchev A,Suzuki M,Takayama K. Distribution of Alkylated Dibenzothiophenes in Petroleum as a Tool for Maturity Assessments[J]. Organic Geochemistry,1997,26(7):483 – 490.

[68] Hughes W B. Use of Thiophenic Organosulfur Compounds in Characterizing Crude Oils Derived from Carbonate versus Siliciclastic Sources[A]//Petroleum Geochemistry and Source Rock Potential of Carbonate Rocks [C]. AAPG,Studies in Geology,1984,18:181 – 196.

[69] 罗健,程克明,付立新. 烷基二苯并噻吩—烃源岩热演化新指标[J]. 石油学报,2001,22(3):27 – 31.

[70] 霍秋立,李振广,付丽. 烷基二苯并噻吩的分布与有机质成熟度关系的探讨[J]. 大庆石油地质与开发, 2008,27(2):32 – 38.

[71] 李景贵. 海相碳酸盐岩二苯并噻吩类化合物成熟度参数研究进展与展望[J]. 沉积学报,2000,18(3): 480 – 483.

[72] Radke M,Welte D H,Willsch H. Geochemical Study on a Well in the Western Canada Basin:Relation of the Aromatic Distribution Pattern to Maturity of Organic Matter[J]. Geochimica et Cosmochimica Acta,1982,46 (1):1 – 10.

[73] 王春江. 吐哈盆地侏罗系褐煤中脱 A 环芳香三萜烃类的检出及其成因[J]. 沉积学报,1995,13(增刊): 138 – 146.

[74] 包建平,王铁冠,周玉琦. 甲基菲比值与有机质热演化的关系[J]. 江汉石油学院学报,1992,14(4): 8 – 13.

[75] 倪春华,包建平,顾忆. 生物降解作用对芳烃生物标志物参数的影响研究[J]. 石油实验地质,2008,30 (4):386 – 388.

[76] 彼得斯 K E,莫尔多万 J M. 生物标记化合物指南—古代沉积物和石油中分子化石的解释[M]. 姜乃煌,
张水昌,林永汉,等译. 北京:石油工业出版社,1995.

[77] 梁狄刚,张水昌,赵孟军,等. 库车坳陷的油气成藏期[J]. 科学通报,2002,47(增刊):56 – 63.

[78] Moldowan J M,Serfert W K,Gallegos E J. Relationship between Petroleum Composition and Depositional Environment of Petroleum Source Rocks[J]. AAPG Bulletin,1985,69:1255 – 1268.

[79] 卢玉红,肖中尧,顾乔元,等. 塔里木盆地环哈拉哈塘海相油气地球化学特征与成藏[J]. 中国科学(D辑):地球科学,2007,37(增刊Ⅱ):167 – 176.

[80] 王传刚,王铁冠,张卫彪,等. 塔里木盆地北部塔河油田原油分子地球化学特征及成因类型划分[J]. 沉积学报,2006,24(6):901 – 910.

[81] 秦胜飞,潘文庆,韩剑发,等. 储层沥青与有机包裹体生物标志物分析方法[J]. 石油实验地质,2007,29(3):315 – 319.

[82] 李素梅,庞雄奇,杨海军,等. 塔里木盆地海相油气源与混源成藏模式[J]. 地球科学:中国地质大学学报,2010,35(4):663 – 673.

[83] 周凤英,孙玉善,张水昌. 塔里木盆地轮南地区油气运移的路径、期次及方向研究[J]. 地质论评,2001,47(3):329 – 336.

[84] 张水昌,张宝民,王飞宇,等. 中—上奥陶统:塔里木盆地的主要油原岩[J]. 海相油气地质,2000,5(1 – 2):16 – 22.

[85] 杨杰,黄海平,张水昌,等. 塔里木盆地北部隆起原油混合作用半定量评价[J]. 地球化学,2003,2(2):105 – 112.

[86] Ourisson G,Albrecht P,Rohmer M. Predictive Microbial Biochemistry,from Molecular Fossils to Procaryotic Membranes[J]. Trends in Biochemical Sciences,1982,7:236 – 239.

[87] 王传刚,王铁冠,张卫彪,等. 塔里木盆地北部塔河油田原油分子地球化学特征及成因类型划分[J]. 沉积学报,2006,24(6):901 – 910.

[88] 王飞宇,杜治利,李谦,等. 塔里木盆地库车坳陷中生界油源岩有机成熟度和生烃历史[J]. 地球化学,2005,34(2):136 – 147.

[89] 朱俊章,包建平. 塔里木盆地寒武系—奥陶系海相烃源地球化学特征[J]. 海相油气地质,2005,5(3 – 4):55 – 59.

[90] 郭建军,陈践发,王铁冠,等. 塔里木盆地寒武系烃源岩的研究新进展[J]. 沉积学报,2008,26(3):518 – 525.

[91] 吴楠,蔡忠贤,杨海军. 塔里木盆地轮南低凸起奥陶系原油运移示踪研究[J]. 断块油气田,2010,17(6):690 – 694.

[92] Peters K E,Moldow an J M. The Biom arker Guide. In terp reting Molecular Fossils in Petroleum and Ancient Sediments[J]. Englewood Cliffs. New Jersey:Prentice Hall,1993,230 – 232.

[93] Moldowan J M,Dahl J,Jacobson S R,et al. Chemostrat igraphic Re – construction of B iofacies:Molecular Evidence Linking Cys – tforming dinoflagel Lates with pre – Triss ic Ancestors[J]. Geology,1996,24 (2):159 – 62.

[94] Moldowan J M. Trails of Life[J]. Chemistry in Bretain,2000,36:34 – 37.

[95] Moldow an J M,Talyzina N M. Biogeochemical Evidence for Dinoflagellate Ancestors in the Early Cambrian [J]. Science,1998,281:1168 – 1170.

[96] Zhang Shuichang,Bian Lizeng,He Zhonghua,et al. The Abnormal Distribution of the Molecular Fossils in the pre – Cambrian and Cambrian:its Biological Significance[J]. Science in China(SeriesD),2002,03:769 – 775.

[97] 张水昌,朱光有,杨海军,等. 塔里木盆地北部奥陶系油气相态及其成因分析[J]. 岩石学报,2011,27(8):2447 – 2460.

[98] 林壬予,黎茂之. 中国西北地区断代生物标志物剖面及塔里木盆地海相主力油源岩研究[R]. 塔里木石

油勘探开发指挥部,1999.

[99] 张水昌,梁狄刚,黎茂稳,等. 分子化石与塔里木盆地油源对比[J]. 科学通报,2002,47(增刊):16 – 23.

[100] 朱光有,崔洁,杨海军,等. 塔里木盆地塔北地区具有寒武系特征原油的分布及其成因[J]. 岩石学报, 2011,27(8):435 – 451.

[101] 卢双舫,张敏. 油气地球化学[M]. 北京:石油工业出版社,2008,162 – 199.

[102] 王铁冠,王春江,何发岐. 塔河油田奥陶系油藏两期成藏原油充注比率测算方法[J]. 石油实验地质, 2004,26(1):74 – 79.

[103] Noble R,Alexander R,Kagi R I. The Occurrence of Bisnorhopane,Trisnorhopane and 25 – norhopanes as Free Hydrocarbons in Some Australian Shales[J]. Org Geochem,1985,8:171 – 176.

[104] 包建平,梅博文. 25 – 降藿烷系列的"异常"分布及其成因[J]. 沉积学报,1997,15(2):179 – 183.

[105] Blanc P,Connan J. Origin and Occurrence of 25 – norhopanes:A Statistical Study[J]. Org. Geochem. ,1992, 18:813 – 828.

[106] Requejo A G,Halpern H I. An Unusual Hopane Biodegradation Sequence in Tar Sands from the Pt. Arena (Monterey) Formation[J]. Nature,1989,342:670 – 673.

[107] 杨杰,黄海平,张水昌,等. 塔里木盆地北部隆起原油混合作用半定量评价[J]. 地球化学,2003,2(2): 105 – 112.

[108] Moldowan J M,McCaffrey M A. A Novel Microbial Hydrocarbon Degradation Pathway Revealed by Hopane Demethylation in a Petroleum Reservoir[J]. Geochim Cosmochim Acta,1995,59(9):1891 – 1894.

[109] 马安来,张水昌,张大江,等. 轮南、塔河油田稠油油源对比[J]. 石油与天然气地质,2004,25(1): 31 – 38.

[110] 王传刚,王铁冠,张卫彪,等. 塔里木盆地北部塔河油田原油分子地球化学特征及成因类型划分[J]. 沉积学报,2006,24(6):901 – 910.

[111] 黄第藩,李晋超,张大江. 克拉玛依油田形成中石油运移的地球化学[J]. 中国科学(B辑),1989,17 (2):199 – 206.

[112] 郑朝阳,段毅,吴宝祥,等. 塔里木盆地塔河油田原油中生物标志化合物成熟度指标特征与石油运移 [J]. 沉积学报,2007,25(3):482 – 486.

[113] 喻铁阶,罗宗端. 气液包裹体稳定同位素样品制备及与气液相成分联测方法[J]. 矿物学报,1995,15 (3):338 – 245.

[114] 卢焕章,范宏瑞,倪培,等. 流体包裹体[M]. 北京:科学出版社,2004.

[115] 张中宁,刘文汇,王作栋,等. 塔北隆起深层海相油藏中原油及族组分碳同位素组成的纵向分布特征及 其地质意义[J]. 沉积学报,2008,26(4):709 – 715.

[116] 卢玉红,肖中尧,顾乔元,等. 塔里木盆地环哈拉哈塘海相油气地球化学特征与成藏[J]. 中国科学(D 辑):地球科学,2007,37(增刊Ⅱ):167 – 176.

[117] 张斌,顾乔元,朱光有,等. 塔北隆起西部复式油气区原油成因与成藏意义[J]. 石油学报,2010,31 (1):55 – 61.

[118] 张中宁,刘文汇,郑建京,等. 塔里木盆地深层烃源岩可溶有机组的碳同位素组成特征[J]. 沉积学报, 2006,24(5):769 – 774.

[119] 顾乔元,胡剑风,张水昌,等. 塔北地区油气成藏特征与分布规律研究[R]. 科研报告,2010:67.

第十一章　含油气盆地流体包裹体的压力分析及应用

当地质流体被包裹在矿物中时,形成流体包裹体。流体包裹体的捕获温度、捕获压力、组分也会继承当时埋深时周围地质环境的温度、压力与地质流体组成,构成一平衡体。含油气盆地中与油气藏形成相关的流体包裹体主要包括是液相烃包裹体(油包裹体)、伴生盐水包裹体及气相烃包裹体(主要是以甲烷为主,含有 CO_2、乙烷和丙烷等)。故对含油气盆地内流体包裹体形成压力分析是对多组分流体包裹体压力分析,流体包裹体形成压力与形成温度、流体包裹体组分是相关联的平衡体,可通过流体包裹体均一温度、组分来推算形成压力。

第一节　子矿物形成压力分析

流体包裹体形成后,当岩石样品抬升或通过钻井拿到地面后,在地下高温高压下形成的包裹体由于温度降低,盐类在流体中的溶解度降低,会析出固体子矿物。矿物的溶解度是与地质条件流体的温度和压力密切相关的,故可以通过测均一化时的子矿物形成压力来推测流体包裹体的形成压力(其内容见本书第六章第四节中四、5.3)"流体包裹体中子矿物拉曼特征峰与内压的关系")。

第二节　盐水包裹体形成压力分析

目前,利用盐水包裹体来估算古流体压力的方法有以下几种:CO_2 容度法、均一温度—盐度法、流体包裹体模拟法、$NaCl—H_2O$ 溶液包裹体密度式和等容式法、不混溶流体包裹体法、CO_2 拉曼光谱法等。

一、二元体系盐水包裹体

盐水包裹体均一温度、捕获温度、盐度和捕获压力等 4 个参数之间存在着一定的函数关系。均一温度和盐度可以测得,通过一定的方法,利用已测得的盐水包裹体均一温度可以确定出盐水包裹体的捕获温度,从而可以得到盐水包裹体形成时的捕获压力。不少学者建立了用于盐水包裹体计算的温压关系等容式,其中常用的是 Zhang Yigang 和 J. Frantz(1987)导出的等容式:

$$p = A_1 + A_2 T \tag{11-1}$$

其中

$$A_1 = 6.100 \times 10^{-3} + (2.385 \times 10^{-1} - a_1)T_h - (2.855 \times 10^{-3} + a_2)T_h^2 - (a_3 T_h + a_4 T_h^2)m \tag{11-2}$$

$$A_2 = a_1 + a_2 T_h + 9.888 \times 10^{-6} T_h^2 + (a_3 + a_4 T_h) m \qquad (11-3)$$

$$m = 1000 W_t / [M_N (100 - W_t)] \qquad (11-4)$$

式中　p——盐水包裹体最小捕获压力，bar，10^{-1}MPa；

　　　A_1，A_2——常量，是均一温度、溶质和溶质浓度的函数。对于特定溶质，A_1 和 A_2 只与均一温度和溶质的浓度有关，在假定盐水包裹体内流体的溶质是 NaCl 时，A_1 和 A_2 可表示溶质浓度和均一温度的函数；

　　　T——盐水包裹体捕获温度，即盐水包裹体形成时的捕获温度，℃；

　　　T_h——盐水包裹体均一温度，℃；

　　　m——盐水包裹体内流体溶质的物质的量浓度，mol/kg；

　　　M_N——溶质的摩尔质量（58.5g/mol）；

　　　W_t——盐水包裹体内的盐度，%；

　　　a_1，a_2，a_3，a_4——常数，与溶质成分有关，对于 NaCl—H_2O 体系，$a_1 = 2.873 \times 10^1$，$a_2 = -6.477 \times 10^{-2}$，$a_3 = -2.009 \times 10^{-1}$，$a_4 = 3.186 \times 10^{-3}$。

然而上述参数应用于较大密度的 NaCl—H_2O 体时，偏差值较大，P. E. Brown 等（1989）修改为 $a_1 = 1.86102 \times 10^1$，$a_2 = -9.52838 \times 10^{-3}$，$a_3 = 1.34907$，$a_4 = -7.67355 \times 10^{-3}$；这些参数适用于密度 0.98 ~ 1.2g/cm³ 的 NaCl—H_2O 溶液[3]。Zhang 和 Frantz（1987）有关 NaCl—H_2O，KCl—H_2O 和 $CaCl_2$—H_2O 的状态方程在盐水包裹体研究中应用较广，其 p—T 关系式（11-1）中 a_1，a_2，a_3 和 a_3 是拟合有关体系数据组得到的常数（表11-1）。

表11-1　盐水包裹体 p—T 式（1）和（2）中的参数（据 Zhang 和 Frantz，1987）

参数	a_1	a_2	a_3	a_4
H_2O	2.857×10^1 (7.191×10^{-1})	-6.509×10^2 (2.532×10^{-3})		
CaCl	2.848×10^1 (6.184×10^{-1})	-6.445×10^2 (1.985×10^{-3})	-4.159×10^{-1} (5.299×10^{-1})	-7.438×10^{-3} (1.742×10^{-3})
KCl	2.846×10^1 (4.337×10^{-1})	-6.403×10^2 (1.397×10^{-3})	-2.306×10^{-1} (1.679×10^{-1})	-3.166×10^{-3} (5.116×10^{-4})
NaCl	2.873×10^1 (4.076×10^{-1})	-6.477×10^2 (1.324×10^{-3})	-2.009×10^{-1} (1.597×10^{-1})	-3.186×10^{-3} (4.966×10^{-4})

本文使用 P. E. Brown 等（1989）修改后的参数进行计算。式中的捕获温度（T）可据均一温度推导出来（参见第四章第一节中"五、均一温度值效正"）。以塔里木盆地塔北地区奥陶系储层为例，在塔北地区奥陶系储层中见到三期烃包裹体：第 I 期发褐色荧光的褐色液相烃包裹体、第 II 期发黄色荧光的浅褐色气液相烃包裹体、第 III 期发蓝色荧光的气液相烃包裹体和灰黑色气相烃包裹体，分别测出伴生盐水包裹体均一温度和冰点（表11-2）。算出盐度，用盐度通过式（11-4）计算出物质的量浓度。测出伴生盐水包裹体的均一温度，按烃包裹体组分的轻重，利用图4-3（参见第四章第一节中"五、均一温度值效正"）储层盐水包裹体均一温度校正曲线从图中获得捕获温度。从而可以通过式（11-1）至式（11-3）计算得到流体包裹体形成

时的古压力(表 11 - 2)。通过测得的塔北地区奥陶系储层中各期烃包裹体伴生盐水的温度、盐度数以及推算出的捕获压力,可以进一步分析各期油气藏形成埋深及形成时期。

表 11 - 2　塔北地区三期烃包裹体捕获压力及古埋深

期次	井号	井深 (m)	层位	均一温度 (℃)	捕获温度 (℃)	冰点温度 (℃)	盐度 (%)	物质的量浓度 (mol/kg)	地温梯度 (℃/100m)	捕获压力 (MPa)	古埋深 (m)
I	YM201	5929.15	$O_{1+2}y$	75.4	77.5	-10.1	14.09	2.80	3.50	4.82	1583
I	XK7	6918	O_2y	80.8	83.0	-1.4	2.40	0.42	3.50	4.61	1737
I	H902	6643.45	O	70.9	73.0	-0.8	1.32	0.23	3.50	4.42	1454
I	RP4	6752.4	O	71.2	73.2	-5.3	8.21	1.53	3.50	4.48	1463
I	LN54	5551.43	O	87.7	91.1	-1.2	2.12	0.37	3.50	6.90	1934
I	JF127	5503.43	O_{2-3}	82.5	85.5	-3.4	5.49	0.99	3.50	6.16	1786
II	YM201	6059.15	$O_{1+2}y$	83.5	86.0	-4.8	7.58	1.40	3	5.33	2117
II	XK4	6841.3	O_2y	96.5	101.1	-6.2	9.47	1.79	3	8.65	2550
II	H601 - 1	6638.5	O_2y	94.4	98.4	-2.4	3.95	0.70	3	7.83	2480
II	LG1	5263.12	O	105.2	113.2	-9.3	13.17	2.59	3.1	15.66	2748
II	LG5	5485.68	O	101.1	107.1	-5.4	8.35	1.56	3.1	11.70	2613
II	LG102	5605.89	O	99.6	107.1	-10.9	14.95	3.00	3.1	14.96	2568
II	LN39	5552.16	O	101.8	108.1	-11.9	15.91	3.23	3.1	12.66	2638
II	LN48	5474.58	O	103.5	110.1	-2.9	4.71	0.84	3.1	12.34	2693
II	LN54	5551.94	O	104.7	111.7	-1.0	1.64	0.29	3.1	13.02	2732
II	LG351	6594.01	$O_{1+2}y$	106.0	114.1	-3.6	5.85	3.10	3.1	15.12	2774
II	LG36	5933.89	O_2	94.8	100.8	-7.0	10.54	2.01	3.1	11.56	2414
III	YM321	5384.47	€	138.4	160.9	-3.9	6.23	1.14	2.70	40.52	4385
III	YH7X - 1	5873.98	€	114.9	167.9	-3.4	5.58	1.01	2.65	41.13	4713
III	DH24	5785.36	O	138.5	160.5	-21.2	23.49	5.25	2.65	42.22	4472
III	YM2	6053.2	$O_{1+2}y$	151.3	172.3	-2.1	3.53	0.64	2.70	37.22	4863
III	XK8H	6809.5	O	131.4	152.4	-10.5	14.56	2.91	2.70	39.34	4126
III	H902	6643.6	O	144.3	168.3	-2.2	3.63	0.64	2.70	42.73	4604
III	LG36	5937.65	O_2	141.0	162.0	-7.3	10.82	1.27	2.50	38.30	4840
III	LG39	5552.16	O_3l	146.5	171.5	-13.5	17.43	3.61	2.50	46.07	5060

二、H_2O—CH_4—NaCl 体系包裹体

对于 H_2O—CH_4—NaCl 体系盐水包裹体,Guillaume 等(2003)[1]应用激光拉曼和人工合成包裹体技术,建立了不同 NaCl 浓度下液相中 CH_4 的浓度和 CH_4 的 ν_1 峰面积与 H_2O 拉曼峰面积的比值(S_{CH_4}/S_{H_2O})的关系曲线(图 11 - 1)。图中 y 与 x 的关系式为实验数据的线性拟合方程,R^2 为线性拟合的相关系数的平方。NaCl 浓度可通过显微测温获得,S_{CH_4}/S_{H_2O} 值可利用激

光拉曼获得。利用图 11-1 曲线便可计算出液相中 CH_4 的浓度。在 100~250℃ 范围内,温度对该方法的影响很弱,可忽略不计。因此,该方法的准确度在很大程度上取决于 S_{CH_4}/S_{H_2O} 值的准确度。这个比值又与拉曼光谱的信噪比、盐水包裹体的形态以及在样品中的深度有关。用于实验研究中的人工合成包裹体不大于 40μm、其深度为 10~60μm,由复相关系数推测其误差约 10%。

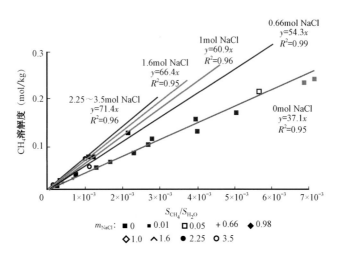

图 11-1　不同 NaCl 浓度下 CH_4 溶解度和 S_{CH_4}/S_{H_2O} 关系

根据 NaCl 浓度、均一温度和 CH_4 的浓度,通过查 CH_4 的溶解度(表 11-3)[2],确定盐水包裹体的均一压力。

表 11-3　NaCl 水溶液中甲烷溶解度(引自 Duan,1992[2])　　　　单位:mol/kg

NaCl 水溶液 (mol)	p (bar)	0℃	30℃	60℃	90℃	120℃	150℃	180℃	210℃	240℃	270℃
0	1	0.0023	0.0012	0.0008	0.0000	0.0000	0.0000	0.0000	0.0000	0.0000	0.0000
	50	0.0974	0.0547	0.0412	0.0380	0.0401	0.0455	0.0523	0.0556	0.0431	0.0000
	100	0.1623	0.0946	0.0736	0.0697	0.0755	0.0892	0.1103	0.1368	0.1614	0.1625
	150	0.2060	0.1249	0.0993	0.0957	0.1055	0.1271	0.1614	0.2092	0.2678	0.3245
	200	0.2382	0.1481	0.1202	0.1177	0.1314	0.1603	0.2068	0.2742	0.3640	0.4715
	300	0.2876	0.1840	0.1531	0.1530	0.1740	0.2160	0.2840	0.3859	0.5309	0.7280
	400	0.3285	0.2129	0.1793	0.1813	0.2084	0.2615	0.3477	0.4788	0.6705	0.9435
	500	0.3657	0.2381	0.2017	0.2053	0.2375	0.2999	0.4017	0.5576	0.7892	1.1267
	600	0.4010	0.2613	0.2218	0.2264	0.2628	0.3332	0.4482	0.6255	0.8913	1.2837
	700	0.4351	0.2830	0.2402	0.2454	0.2854	0.3626	0.4891	0.6848	0.9799	1.4193
	800	0.4684	0.3037	0.2574	0.2629	0.3057	0.3888	0.5252	0.7369	1.0573	1.5368
	900	0.5012	0.3236	0.2735	0.2789	0.3242	0.4124	0.5574	0.7829	1.1252	1.6390
	1000	0.5337	0.3429	0.2888	0.2939	0.3412	0.4338	0.5862	0.8237	1.1848	1.7278

NaCl 水溶液 （mol）	p （bar）	0℃	30℃	60℃	90℃	120℃	150℃	180℃	210℃	240℃	270℃
0	1100	0.5659	0.3616	0.3034	0.3079	0.3568	0.4531	0.6120	0.8600	1.2372	1.8050
	1200	0.5982	0.3799	0.3174	0.3211	0.3712	0.4708	0.6353	0.8922	1.2833	1.8718
	1300	0.6303	0.3978	0.3308	0.3335	0.3846	0.4869	0.6562	0.9208	1.3236	1.9294
	1400	0.6626	0.4154	0.3437	0.3452	0.3970	0.5016	0.6751	0.9462	1.3588	1.9788
	1500	0.6949	0.4326	0.3561	0.3563	0.4086	0.5150	0.6920	0.9686	1.3894	2.0207
	1600	0.7274	0.4497	0.3681	0.3668	0.4193	0.5273	0.7072	0.9884	1.4158	2.0560
	1700	0.7601	0.4665	0.3798	0.3767	0.4293	0.5385	0.7207	1.0057	1.4384	2.0852
	1800	0.7930	0.4831	0.3910	0.3862	0.4386	0.5487	0.7329	1.0208	1.4575	2.1090
1	1	0.0019	0.0010	0.0006	0.0000	0.0000	0.0000	0.0000	0.0000	0.0000	0.0000
	50	0.0788	0.4420	0.0332	0.0306	0.0323	0.0366	0.0420	0.0446	0.0345	0.0000
	100	0.1304	0.0762	0.0591	0.0559	0.0605	0.0714	0.0882	0.1093	0.1288	0.1296
	150	0.1645	0.0997	0.0793	0.0764	0.0842	0.1014	0.1286	0.1666	0.2131	0.2579
	200	0.1891	0.1177	0.0955	0.0935	0.1044	0.1274	0.1643	0.2176	0.2887	0.3737
	300	0.2260	0.1449	0.1206	0.1207	0.1373	0.1705	0.2242	0.3045	0.4187	0.5739
	400	0.2557	0.1662	0.1402	0.1420	0.1634	0.2052	0.2729	0.3758	0.5263	0.7404
	500	0.2824	0.1845	0.1567	0.1598	0.1851	0.2341	0.3137	0.4357	0.6168	0.8805
	600	0.3075	0.2012	0.1714	0.1754	0.2039	0.2589	0.3486	0.4868	0.6940	0.9997
	700	0.3317	0.2168	0.1847	0.1893	0.2205	0.2807	0.3791	0.5312	0.7606	1.1021
	800	0.3554	0.2317	0.1972	0.2020	0.2355	0.3001	0.4059	0.5702	0.8187	1.1906
	900	0.3790	0.2461	0.2090	0.2138	0.2492	0.3176	0.4299	0.6046	0.8697	1.2676
	1000	0.4027	0.2603	0.2203	0.2249	0.2618	0.3336	0.4516	0.6353	0.9147	1.3348
	1100	0.4267	0.2742	0.2312	0.2355	0.2736	0.3483	0.4712	0.6629	0.9547	1.3937
	1200	0.4510	0.2882	0.2419	0.2456	0.2847	0.3619	0.4891	0.6878	0.9903	1.4454
	1300	0.4759	0.3021	0.2523	0.2553	0.2953	0.3746	0.5057	0.7104	1.0221	1.4909
	1400	0.5015	0.3162	0.2627	0.2648	0.3053	0.3865	0.5210	0.7311	1.0508	1.5310
	1500	0.5279	0.3304	0.2731	0.2740	0.3150	0.3978	0.5352	0.7499	1.0765	1.5664
	1600	0.5553	0.3449	0.2834	0.2831	0.3244	0.4086	0.5486	0.7674	1.0999	1.5977
	1700	0.5838	0.3598	0.2938	0.2922	0.3335	0.4189	0.5612	0.7835	1.1210	1.6254
	1800	0.6136	0.3751	0.3043	0.3012	0.3425	0.4289	0.5731	0.7985	1.1403	1.6499
2	1	0.0016	0.0008	0.0005	0.0000	0.0000	0.0000	0.0000	0.0000	0.0000	0.0000
	50	0.0645	0.0361	0.0271	0.0250	0.0263	0.0298	0.0341	0.0362	0.0280	0.0000
	100	0.1061	0.0620	0.0480	0.0454	0.0491	0.0579	0.0714	0.0884	0.1041	0.1046
	150	0.1330	0.0807	0.0641	0.0618	0.0680	0.0819	0.1038	0.1343	0.1714	0.2075
	200	0.1520	0.0947	0.0769	0.0753	0.0840	0.1025	0.1321	0.1749	0.2319	0.2995

NaCl 水溶液（mol）	p（bar）	0℃	30℃	60℃	90℃	120℃	150℃	180℃	210℃	240℃	270℃
2	300	0.1797	0.1155	0.0963	0.0964	0.1097	0.1363	0.1792	0.2433	0.3344	0.4581
	400	0.2015	0.1313	0.1110	0.1126	0.1297	0.1630	0.2169	0.2987	0.4182	0.5882
	500	0.2207	0.1448	0.1233	0.1260	0.1462	0.1850	0.2481	0.3447	0.4880	0.6967
	600	0.2387	0.1569	0.1341	0.1375	0.1602	0.2037	0.2745	0.3837	0.5471	0.7883
	700	0.2560	0.1682	0.1438	0.1478	0.1726	0.2200	0.2975	0.4173	0.5979	0.8665
	800	0.2731	0.1790	0.1530	0.1572	0.1837	0.2345	0.3177	0.4467	0.6419	0.9340
	900	0.2903	0.1896	0.1616	0.1660	0.1939	0.2477	0.3358	0.4728	0.6807	0.9927
	1000	0.3077	0.2000	0.1701	0.1743	0.2034	0.2598	0.3522	0.4962	0.7151	1.0442
	1100	0.3257	0.2106	0.1784	0.1823	0.2125	0.2710	0.3673	0.5174	0.7459	1.0897
	1200	0.3443	0.2213	0.1866	0.1901	0.2211	0.2816	0.3813	0.5369	0.7738	1.1302
	1300	0.3638	0.2323	0.1949	0.1979	0.2295	0.2918	0.3945	0.5550	0.7993	1.1666
	1400	0.3844	0.2437	0.2034	0.2056	0.2378	0.3016	0.4071	0.5719	0.8227	1.1995
	1500	0.4061	0.2555	0.2120	0.2134	0.2459	0.3111	0.4192	0.5879	0.8446	1.2295
	1600	0.4293	0.2679	0.2209	0.2213	0.2541	0.3206	0.4309	0.6033	0.8651	1.2571
	1700	0.4541	0.2810	0.2302	0.2294	0.2624	0.3299	0.4424	0.6181	0.8846	1.2828
	1800	0.4807	0.2948	0.2399	0.2378	0.2708	0.3394	0.4538	0.6325	0.9033	1.3069
4	1	0.0011	0.0006	0.0004	0.0000	0.0000	0.0000	0.0000	0.0000	0.0000	0.0000
	50	0.0448	0.0251	0.0188	0.0173	0.0181	0.0205	0.0234	0.0248	0.0191	0.0000
	100	0.0728	0.0425	0.0329	0.0311	0.0335	0.0395	0.0486	0.0601	0.0706	0.0707
	150	0.0902	0.0548	0.0436	0.0419	0.0461	0.0554	0.0702	0.0907	0.1156	0.1395
	200	0.1020	0.0636	0.0517	0.0507	0.0565	0.0689	0.0887	0.1173	0.1553	0.2005
	300	0.1181	0.0761	0.0637	0.0638	0.0727	0.0904	0.1188	0.1612	0.2215	0.3031
	400	0.1299	0.0852	0.0723	0.0735	0.0849	0.1068	0.1422	0.1959	0.2742	0.3855
	500	0.1401	0.0925	0.0792	0.0813	0.0946	0.1199	0.1611	0.2240	0.3172	0.4529
	600	0.1494	0.0990	0.0852	0.0878	0.1027	0.1309	0.1768	0.2474	0.3530	0.5089
	700	0.1584	0.1050	0.9050	0.0935	0.1097	0.1403	0.1902	0.2673	0.3834	0.5561
	800	0.1674	0.1109	0.0955	0.0988	0.1160	0.1487	0.2020	0.2847	0.4097	0.5967
	900	0.1767	0.1167	0.1004	0.1038	0.1219	0.1564	0.2127	0.3001	0.4329	0.6320
	1000	0.1865	0.1227	0.1053	0.1086	0.1275	0.1635	0.2225	0.3142	0.4537	0.6633
	1100	0.1970	0.1289	0.1102	0.1135	0.1330	0.1704	0.2317	0.3273	0.4727	0.6915
	1200	0.2083	0.1355	0.1153	0.1184	0.1384	0.1771	0.2406	0.3397	0.4905	0.7174
	1300	0.2207	0.1426	0.1207	0.1235	0.1439	0.1838	0.2493	0.3516	0.5073	0.7414
	1400	0.2344	0.1503	0.1265	0.1288	0.1496	0.1906	0.2581	0.3634	0.5236	0.7643
	1500	0.2495	0.1586	0.1327	0.1344	0.1556	0.1976	0.2669	0.3751	0.5397	0.7864

NaCl 水溶液 （mol）	p （bar）	0℃	30℃	60℃	90℃	120℃	150℃	180℃	210℃	240℃	270℃
4	1600	0.2663	0.1678	0.1394	0.1404	0.1619	0.2049	0.2760	0.3871	0.5557	0.8080
	1700	0.2851	0.1779	0.1467	0.1469	0.1686	0.2125	0.2855	0.3993	0.5719	0.8295
	1800	0.3063	0.1891	0.1546	0.1539	0.1757	0.2206	0.2954	0.4120	0.5885	0.8513
6	1	0.0008	0.0004	0.0003	0.0001	0.0015	0.0018	0.0022	0.0030	0.0041	0.0058
	50	0.0328	0.0183	0.0137	0.0126	0.0132	0.0148	0.0169	0.0178	0.0137	0.0058
	100	0.0526	0.0307	0.0237	0.0223	0.0241	0.0283	0.0348	0.0429	0.0503	0.0503
	150	0.0644	0.0391	0.0311	0.0299	0.0329	0.0395	0.0499	0.0643	0.0819	0.0986
	200	0.0719	0.0450	0.0366	0.0358	0.0400	0.0487	0.0626	0.0827	0.1093	0.1409
	300	0.0815	0.0528	0.0442	0.0444	0.0507	0.0630	0.0828	0.1123	0.1541	0.2107
	400	0.0881	0.0581	0.0495	0.0505	0.0584	0.0735	0.0980	0.1350	0.1890	0.2656
	500	0.0340	0.0622	0.0535	0.0551	0.0643	0.0818	0.1099	0.1530	0.2168	0.3095
	600	0.0982	0.0657	0.0569	0.0589	0.0692	0.0884	0.1196	0.1676	0.2395	0.3453
	700	0.1030	0.0690	0.0599	0.0622	0.0733	0.0941	0.1278	0.1800	0.2585	0.3752
	800	0.1079	0.0722	0.0627	0.0653	0.0771	0.0991	0.1350	0.1907	0.2749	0.4007
	900	0.1131	0.0756	0.0656	0.0682	0.0806	0.1038	0.1416	0.2003	0.2894	0.4230
	1000	0.1189	0.0791	0.0685	0.0712	0.0840	0.1082	0.1477	0.2092	0.3025	0.4430
	1100	0.1253	0.0830	0.0716	0.0742	0.0875	0.1126	0.1537	0.2176	0.3149	0.4613
	1200	0.1325	0.0872	0.7490	0.0775	0.0911	0.1171	0.1596	0.2259	0.3268	0.4786
	1300	0.1408	0.0920	0.0786	0.0809	0.0949	0.1217	0.1657	0.2342	0.3385	0.4954
	1400	0.1502	0.0974	0.0827	0.0847	0.0990	0.1266	0.1720	0.2427	0.3503	0.5119
	1500	0.1611	0.1035	0.0873	0.0890	0.1035	0.1319	0.1787	0.2516	0.3625	0.5287
	1600	0.1737	0.1105	0.0924	0.0936	0.1084	0.1376	0.1858	0.2610	0.3752	0.5459
	1700	0.1882	0.1184	0.0982	0.0988	0.1138	0.1439	0.1936	0.2711	0.3886	0.5639
	1800	0.2051	0.1276	0.1048	0.1047	0.1199	0.1508	0.2021	0.2821	0.4030	0.5829

三、阴离子拉曼特征峰与压力关系

乔二伟等（2006）[4]对流体包裹体中的 H_2O，CO_3^{2-} 和 SO_4^{2-} 及较高碳数的烷烃在高温高压下的拉曼光谱进行了研究（表 6-17），通过激光拉曼光谱进行流体包裹体内压的推测（参见第六章第四节中四、5."2）流体包裹体主要组分拉曼特征峰波数与内压关系"）。

第三节　烃包裹体形成压力分析

含油气盆地中的石油和天然气被封闭在矿物中形成烃包裹体,故烃包裹体是石油或天然气运移或储集环境的直接"信息"。

一、H₂O—CH₄ 体系在 p—T 空间的相关系

CH_4 是石油和天然气中的重要组分之一,可形成分离的气相。CH_4 在 H_2O 中的溶解度比高分子烃的要大,因而它也是与烃流体共存的 H_2O 溶液中的主要烃组分。但是在沉积环境的 p—T 条件下,CH_4 在 H_2O 中的浓度一般小于 0.2mol/L[5]。CO_2—CH_4 体系具有连续的临界曲线,又因 CO_2 和 CH_4 能够完全混溶并且没有中间化合物生成,因而性质比较简单[5],图 11 - 2 是 CO_2—CH_4 体系的 p—T 示意图,表示了体系端元组分的三相点(T_{CO_2},T_{CH_4})和两相曲线(LG,SG,GL)、两组分的共结点(E)、固—液—气单变平衡曲线(SLG)和临界曲线(L = G)等相要素,在图 11 - 2 中 E 为共结点(实心方块);T 为三相点(实心三角);C 为三相临界端点(实心圆);SL = G 为临界曲线与 SLG 曲线的交点,纯组分的两相单变曲线—细实线;二元系的三相单变曲线—粗实线;L = G 为临界曲线;m 表示亚稳平衡;T_{CH_4} 附近区域有所扩大;临界曲线 L = L 和 L = G 界定液—液和液—气不混溶区;LL,LG 和 SF 分别表示液—液、液—气和固体—液体稳定域。

Duan 等(1992)对 CH_4 在天然水中的溶解度进行了预测,在低温下 CH_4 在 H_2O 中的溶解度很低(在 25℃ 和 0.1MPa 时 H_2O 中只能溶解摩尔分数 0.002% 的 CH_4),但是,随着温度升高,CH_4 和 H_2O 的相互溶解度增加;在 100MPa 压力下 CH_4—H_2O 溶线的最高温度达到 350℃ 以上。Dubessy 等(2001)[6]根据 Duan 等(1992a)的模型计算了合成包裹体中与气相共存水溶液的组成,并绘制了水溶液中具有不同 CH_4 含量等浓度线的 p—T 相图(图 11 - 3)。

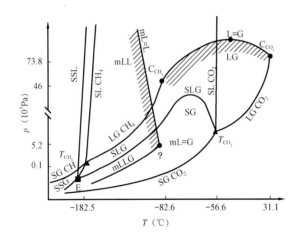

图 11 - 2 CO_2—CH_4 体系的 p—T 示意图
(引自卢焕章,2004)[5]
图中温度和压力坐标未按比例尺

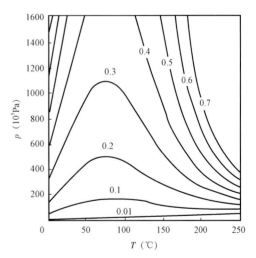

图 11 - 3 CH_4—H_2O 体系的 p—T 相图
(据 Dubessy 等,2001[6])

二、甲烷拉曼峰与压力有关系

前人对实验数据进行曲线拟合发现,在 $0 \sim 70MPa$ 压力条件下,甲烷 v_1 振动拉曼位移随压力增加呈现一级指数递减的趋势,在 20MPa 以下,甲烷 v_1 振动的拉曼位移与压力几乎成直线

关系,超过50MPa后减小速度变缓。这为利用甲烷的拉曼位移来推测流体包裹体的压力提供了理论基础。参见第六章第四节中四、"5. 流体包裹体内压的确定"中的"1)流体包裹体中甲烷拉曼特征峰波数与内压关系"。

三、VTflinc 法

1. 模拟原理

丹麦Calsep公司最早根据近似成分进行压力预测的PVTsim(或VTFlinc)方法。其原理是通过模拟烃包裹体的组分并计算烃包裹体的等容线,然后结合伴生盐水包裹体的均一温度获取最小捕获压力。如能获得该盐水包裹体的等容线,便可得到更加准确的捕获压力。该方法以给定的初始石油组分作为起点,以烃包裹体的总摩尔体积和室温下测得的气液比为约束条件,通过计算机模拟,获得与所研究烃包裹体具有某些相同物理化学属性的烃包裹体组分。这些被模拟出的组分与真实组分相比可能有所不同,但至少是其"近似组分"或"等效组分。

2. 模拟过程

利用VTflinc软件计算流体包裹体捕获压力方法具体步骤为:

(1)测定流体包裹体均一温度。

(2)流体包裹体气液比计算。具体方法是利用共聚焦显微镜(参考第三章第二节中"六、烃包裹体的气液体积比")。

(3)确定初始组分。流体包裹体初始组分主要有两个步骤:

① 粗略成分估计。粗略成分估计有多种方法:a. 现今油气藏组分与气藏组分在温室条件下按一定比例混合[7];b. 激光拉曼测试烃包裹体获得的成分;c. 群体包裹体化学成分;d. 与包裹体具亲缘关系的油气藏组分;e. 设计一组随温度变化的初始流体组分[9]。

② 计算机模拟确定成分。

a. 利用PVTsim中的multi – flash计算在均一温度下,烃包裹体均一成水相时的最小压力,记下这时烃包裹体的总体积(V_o)。然后把现今油气藏组分与气藏组分在室温条件下按一定比例混合,计算室温和一个大气压条件下按上述比例混合的气液比。再把这时计算出的气液比和实际测得的烃包裹体的气液比进行比较。如果这时的气液比和计算出的气液比不相等,适当改变原始原油与气体混合比例,重复以上步骤,直到两个气液比相等为止。那么,这时的模拟出的成分认为是该烃包裹体的成分。

b. 利用PVTsim软件"Flash"中的"T – Beta"模块,令"Yap tool fra"为零,输入冰点温度,即可求取平衡压力p_m;再运行"PT Flash"模块,计算平衡压力p_m与平衡温度T_m下的气水合物其他数据,记录此时包裹体总体积;运行"Flash"模块中的"$V—T$"程序,计算室温(20℃)下的气液比,若与实测气液比相符,则原始假定成分与实际成分相当,若不符合,则改变原始成分后重新运行以上步骤,直到二者相符。此时的含烃盐水包裹体的成分可以作为该包裹体的真实成分进行PVT运算。

(4)最小捕获压力。模拟出流体包裹体的成分后,根据均一温度,可用multi – flash或在"Flash"模块中运行"$V—T$"程序计算出均一温度下,流体包裹体均一为液相时的最小压力,即流体包裹体的最小捕获压力。

（5）求取等容线方程。利用 multiflash 计算当温度增加到 $T_1 = T_0 + \Delta T$（一般 ΔT 值不要太大，因为包裹体均一到液相后，其体积要降低到均一温度时的体积 V_0，压力需要增加很大值）体积为 V_0（均一温度，最小捕获压力下的包裹体体积）时的压力 p_1，利用两点式（p_0,T_0,p_1,T_1）求取等容线方程。当然也可在"V—T"程序中计算略高于含烃盐水包裹体均一温度下的包裹体的内压，与步骤（4）计算所得的数据一起确定一条等容线的直线方程；最终将烃包裹体和伴生盐水包裹体的均一温度输入上述方程，得到等容线方程。

（6）采用上述方法求出两类同期包裹体的等容线方程，然后联立求解可获得该期烃包裹体的捕获压力。

3. 应用实例

米敬奎等[10]通过利用 PVTsim 对鄂尔多斯盆地上古生界砂岩储层中包裹体进行捕获压力与捕获温度的模拟（图 11 - 4），得出了具体包裹体的捕获压力和捕获温度，同时利用盆地北部钻孔中包裹体的捕获压力和最小捕获压力的差值推测出缺少荧光包裹体的盆地南部包裹体的捕获压力，最后得到了样品的等容线方程及捕获温度等参数（表 11 - 4）。

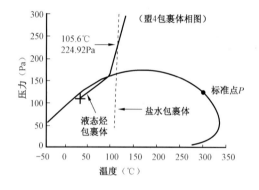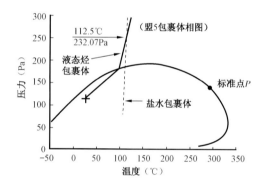

图 11 - 4　鄂尔多斯盆地上古生界砂岩储层包裹体相图及等容线（引自米敬奎,2002）

表 11 - 4　鄂尔多斯盆地上古生界砂岩储层包裹体捕获压力（引自米敬奎,2002）

孔号	包裹体类型	均一温度（℃）	气液比	等容线方程	最小捕获压力（Pa）	捕获温度（℃）	捕获压力（Pa）
盟5	盐水包裹体 液相烃包裹体	110(95～118) 96(80～115)	11.00(9.52～12.55) 14.57(14.12～15.02)	$p = 23.489T - 2410.68$ $p = 3.513T - 163.17$	173.11 174.09	112.5	232.07
盟4	盐水包裹体 液相烃包裹体	103(93～118) 88	9.45(8.60～10.53) 12.22(只有一点)	$p = 24.883T - 2402.49$ $p = 3.697T - 165.48$	160.60 159.84	105.6	224.92
召探1	盐水包裹体	110(94～123)	11.21(10.96～11.45)		177.19	113～115*	237～247*
召4	盐水包裹体	118(103～135)	12.78(12.49～13.07)		188.71	121～123*	248～258*
陕17	盐水包裹体	126(100～136)	15.32(14.86～15.77)		210.32	129～131*	270～280*

注:表中带 * 的值为校正值。

四、PIT 法

1. 模拟原理

PIT（Petroleum Inclusion Thermodynamic）模拟是 Thiéry 等（2000）由烃类包裹体显微测温和体积测定资料建立的烃类包裹体热力学模拟的计算方法。其依据之一是 Montel 模型[11]，该模型首先把含有数千种组分的石油简化为 12 种轻组分和 2 种重组分的混合物，然后确定这 14 种组分的摩尔分数。石油中，C_6 以上的组分服从指数为 α 的几何分布定律，即 α 可描述这些组分的特征。C_6 以下组分（C_1—C_6）由 β 描述[12]。因此，用 α 和 β 值即可描述这 14 种石油组分的分布情况。由此，成分复杂的石油被简化为只含有 2 个参数（α 和 β）的二元体系，α 为石油组分中 C_6 以上的重烃含量；β 为石油中甲烷等气态烃和轻烃的含量。

与 PVTsim 方法相比，PIT 不依赖于初始组分。它从烃包裹体本身的物理属性（F_v—T 关系曲线、均一温度）出发，在自然界中找出满足上述物理属性的所有可能的石油组分。在不能获得初始组分的情况下，PIT 方法将会发挥较大作用。但是，这种方法只能给出最小捕获压力或捕获压力的分布范围。如果借助其他测试手段（如红外光谱测试），可缩短相交曲线段，从而缩小计算的压力范围，提高准确度。

2. 模拟过程

要建立烃包裹体相图必须要获得其 α 和 β 成分参数，但对于烃包裹体来说一般只能得到其均一温度和气液比数据，因而如何利用均一温度和气液比来重建被捕获原油的相图与等容线成为关键问题。通过 PIT 软件可以计算出与烃包裹体均一温度和气液比相对应的 α 和 β 成分参数。在测定烃包裹体的均一温度及任一温度下的气液比后，将这两组数据输入到 PIT 软件的 α—β 模块就可以获得与其相对应的 α 和 β 值，由于 α 和 β 为两个变量，而烃包裹体均一温度和所测温度下的气液比只能确定一种限制关系，因此 α 与 β 具有多解性，计算结果显示为一条曲线即 α—β 曲线，该曲线上的 α 和 β 值都满足给定的均一温度和气液比[图 11 - 5（a）]。利用油气 α 和 β 值的主要分布范围即 α—β 关系图中的灰色区域[图 11 - 5（a）]可进一步限制 α—β 曲线上 α 和 β 值的范围，α—β 曲线与 α—β 关系图中灰色区域相交的那部分曲线就是该烃包裹体 α 和 β 值最可能的分布范围[11]。同时根据流体的相似性即假设烃包裹体原油与研究区的储层原油具有一定的相似性，那么可以利用储层原油的气油比 GOR 与密度 API 来进一步确定 α 和 β 值的范围[11]。选择几组可能的 α 和 β 值后，首先通过 PIT 软件的相图模块模拟出烃包裹体的 p—T 相图，然后利用烃包裹体的均一温度绘制出其等容线，最后根据伴生盐水包裹体的均一温度与烃包裹体等容线上的交点确定出捕获压力[图 11 - 5（b）]。

3. 应用实例

郭凯等[12]对鄂尔多斯盆地陇东地区延长组 4 个样品进行了烃包裹体捕获压力的 PIT 模拟，首先利用实测的烃包裹体均一温度及其 20℃时的气液比模拟出符合该烃包裹体物理化学性质的 α—β 曲线；然后根据 α—β 关系图中 α 和 β 值的分布区域（图 11 - 5）进一步限制模拟出的 α—β 曲线的范围，两者的交线即为烃包裹体 α 和 β 值最可能的取值范围，在此分别取交

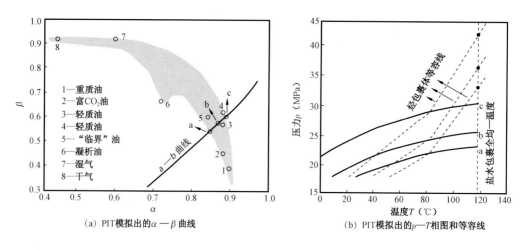

图 11 - 5　烃包裹体捕获压力模拟的 PIT 方法（引自 Thiéry，2002）[11]

线上 α 与 β 的最小值、中间值和最大值（表 11 - 5），每个烃包裹体利用这 3 组 α 和 β 值来模拟计算捕获压力，从而可以较全面地反映包裹体捕获压力的分布情况。在确定出 α 和 β 值后，利用 PIT 软件模拟出烃包裹体的相图，而后根据烃包裹体的均一温度模拟出等容线（图 11 - 6）；最后结合伴生盐水包裹体的均一温度计算出烃包裹体的捕获压力（表 11 - 5）。通过计算表明，长 7 段烃源岩在早白垩世生排烃期间的确存在较强的异常高压，异常高压应是石油由烃源岩向上下低渗透砂岩储层充注的主要动力。同时，对砂岩储层内烃包裹体捕获压力的计算还表明，石油在充注进入储层后仍具有一定的异常高压，这说明烃源岩产生的异常高压流体可将异常高压传递至储集层中，从而可进一步驱动储集层内的石油进行一定程度的侧向运移。

表 11 - 5　PIT 软件计算出的延长组烃包裹体捕获压力（引自郭凯，2015）

井号	层位	取值	α	β	捕获压力（MPa）
L82	长 7_3	最小值	0.870	0.471	28.7
		中间值	0.885	0.512	30.9
		最大值	0.898	0.550	33.7
Z359	长 7_3	最小值	0.886	0.412	21.7
		中间值	0.895	0.446	23.1
		最大值	0.905	0.481	24.7
B406	长 7_3	最小值	0.894	0.371	21.8
		中间值	0.901	0.402	22.8
		最大值	0.908	0.432	24.0
B406	长 6_2	最小值	0.889	0.398	20.7
		中间值	0.898	0.431	22.0
		最大值	0.905	0.462	23.4

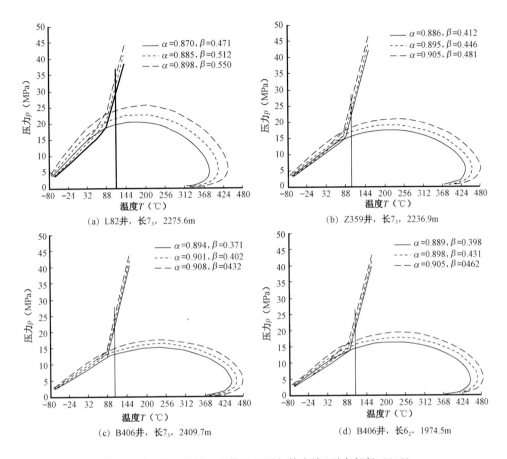

图 11-6　延长组烃包裹体的相图与等容线(引自郭凯,2015)

五、PVTpro4.0 法

1. 模拟原理

PVTpro4.0 软件是油藏烃类流体相态平衡软件,在已知油田组分、油田圈闭压力、地层温度情况下,可以据此获得油气藏的 PVT 相图;若将烃包裹体看作微观"油气藏",则可将烃包裹体的测试分析数据借助 PVTpro4.0 软件模拟计算出相关的烃包裹体相图,以此推算出形成压力[13]。

2. 模拟过程

油藏 PVTpro4.0 软件模拟计算得出捕获压力的具体步骤如下:

1)包裹体的均一温度

用紫外荧光显微镜 + 冷热台,测试各期烃包裹体均一温度、伴生盐水包裹体的均一温度和冰点温度,并以此计算出相应的盐度。

2)烃包裹体的组分

用《多功能显微荧光取样系统》(国家发明专利号 200910085342.70 和 201010111409.20,

张鼐,2009,2010)对同一期次的多个烃包裹体进行组分取样,取的样能代表一期烃包裹体的液态油组份特征。将所提取的烃包裹体液态组分通过 thermo DSQ Ⅱ 型色谱—质谱仪测定,色谱条件采用 DB-5 毛细柱,初始温度为 80℃,恒温 2min,以 4℃/min 的升温速率升到 290℃,然后再恒温 30min,载气为氮气,FDI 检测器温度为 290℃。可测到 C_3 及以上碳组分,作为该期烃包裹体的总组分代入 PVTpro4.0 软件中进行模拟计算。

3)气液体积比

运用激光共聚焦荧光扫描显微镜(CLSM)能够生成单个烃类包裹体假三维图像,从而精确地测定单个烃类包裹体的气液体积比和油水比,如果用一个烃包裹体的组分推测其形成压力,则用这个烃包裹体的气液体积比是最科学的。然而烃包裹体可以是不同比例的不混溶的流体被捕获形成的复杂多元复相体系,体系中的气液比例通常并不稳定,用单个烃包裹体以代表整个期次烃包裹体的气液比特征,会有失偏颇。在成岩矿物捕获油气时,可能有 3 种情况:A 液相烃包裹体,捕获的是纯油,从而形成气液比小于 15% 的气液相烃包裹体和液相烃包裹体(气液比为 0);B 气液相烃包裹体,捕获的是带有天然气的油,从而形成气液比为 15% ~ 70% 的液气相烃包裹体;C 气相烃包裹体包括气液比不小于 70% 的液气相烃包裹体和气相烃包裹体(气液比为 100%),故用 10 个视域中的所有的 C 类烃包裹体的体积之和与所有 A 类烃包裹体积之和的比值,或者用 10 个视域中的所有的 C 类烃包裹体的最大面积之和与所有 A 类烃包裹最大面积之和的比值,代表这一期烃包裹体形成时古流体的气油比。

4)捕获压力

已知了成分和气液比,用 PVTpro4.0 做出相图,有 3 种情况:(1)当烃包裹体是纯液相并是稠油相图时,用伴生盐水包裹体的均一温度直线与相图的包络线相交,交点对应的压力就是捕获压力;(2)当烃包裹体是气液二相并相图是稠油、正常油相图时,据烃包裹体不同温度下的气液比,在相图上得出烃包裹体的等容线,用伴生盐水包裹体的均一温度直线与烃包裹体的等容线相交,交点对应的压力就是捕获压力;(3)当烃包裹体为气相烃包裹体、不均匀捕获包裹体(气液比变化大),由烃包裹体组分用 VTFLINC 模拟计算出烃包裹体等容线,用伴生盐水包裹体的均一温度直线与烃包裹体的等容线相交,交点对应的压力就是捕获压力。

3. 应用实例

塔里木盆地塔北地区奥陶系储层内见有先后三期烃包裹体,对三期烃包裹体分别测均一温度、气液比、组分提取及色谱分析,将均一温度、气液比和组分输入 PVTpro4.0 软件中,得到三期烃包裹体相图,再利用烃包裹体均一温度和伴生盐水包裹体的均一温度得出捕获压力(图 11-7 至图 11-9)。第 Ⅰ 期烃包裹体反映的捕获压力一般较低,为 6.46 ~ 6.76MPa(图 11-7),第 Ⅱ 期烃包裹体形成压力为 8.18 ~ 13.39MPa(图 11-8),第 Ⅲ 期烃包裹体捕获压力普遍偏高,为 38 ~ 47.2MPa(图 11-9)。

另外,烃包裹体 PVT 相图也反映了各期烃包裹体代表的油性的差异性,组分的变化也显

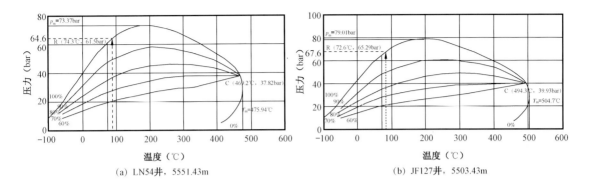

(a) LN54井，5551.43m　　　　　　　　(b) JF127井，5503.43m

图 11-7　第 I 期烃包裹体 PVT 相图

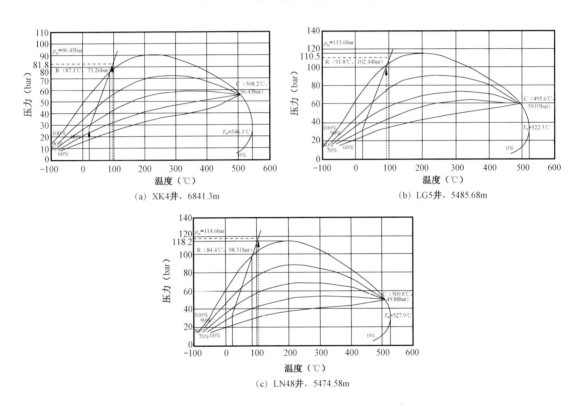

(a) XK4井，6841.3m　　　　　　　　(b) LG5井，5485.68m

(c) LN48井，5474.58m

图 11-8　第 II 期烃包裹体 PVT 相图

而易见。第 I 期烃包裹体以气液比小于 20% 为特点，C_{7+} 组分占绝大多数，油质偏重，近似于稠油，露点压力小于 4MPa；第 II 期烃包裹体气液比介于 25% ~30%，以 C_{7+} 组分为主，轻质组分含量较第 I 期烃包裹体有所增加，属正常油—正常油偏重质，露点压力介于 4 ~6MPa，集中在 5MPa；第 III 期烃包裹体气液比显著增加，以 60% ~70% 为特点，以 C_1—C_7 组分为主，代表正常偏轻质油，露点压力为 14 ~21.6MPa。

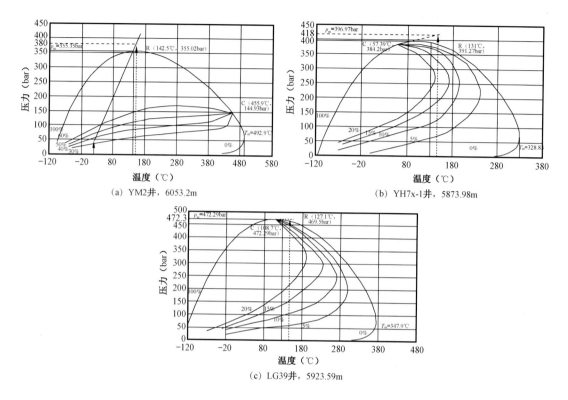

(a) YM2井，6053.2m

(b) YH7x-1井，5873.98m

(c) LG39井，5923.59m

图 11-9　第Ⅲ期烃包裹体 PVT 相图

六、VB 法

1. 模拟原理

由于地质中烃包裹体的组成十分复杂，刘斌等[3] 2005 年引进"虚拟组分概念"和"局域平衡假设"，探讨了适用于烃包裹体计算的多种 PVTX 状态方程，采用"相平衡常数"和"相态方程"建立了烃包裹体的数学模型，开发了适用于单组分烃包裹体、复杂烃包裹体、烃不混溶体系包裹体以及包裹体中气体水合物热力学参数计算的一系列"烃包裹体热动力学参数计算的VB 软件"。

2. 模拟过程

在模拟计算中根据烃包裹体的观察和烃包裹体捕获端元组分的均一温度测定结果和各端元组分烃包裹体的充填度，以及烃包裹体组分的分析测定结果，选用 VB 软件中的相应程序，设定初选压力，进行迭代计算，直至 K_1（相平衡常数，为在平衡条件下系统中任一组分在某相中的摩尔分数）约等于 1 时的压力为代表烃包裹体的捕获压力与烃包裹体组分的总相对分子质量和烃包裹体的密度数据。含烃包裹体类型和组合形式不同，计算方法也有差异[11,14]。

3. 应用实例

广西芭西某石灰岩亮晶方解石中存在气液烃（凝析气）、轻质油混溶相包裹体组合[3]。推算形成温度压力的步骤：

（1）烃包裹体组分。富凝析气包裹体和富轻质油相烃包裹体分别用拉曼探针、显微测温测成分（表 11-6 和表 11-7）。

表 11-6　包裹体均一成气相假设压力 $p = 2.05 \times 10^7 Pa$ 时最后计算结果（据刘斌，2005）

组分 i	摩尔组分 y_i	相对分子质量 M	$y_i M$	K_i	$x_i = y_i / K_i$
C_1	0.8705	16.04	13.96	1.66	0.5244
C_2	0.044	30.07	1.32	0.89	0.0494
C_3	0.023	44.09	1.01	0.675	0.034
C_4	0.0175	58.12	1.02	0.48	0.0364
C_5	0.0082	72.15	0.59	0.35	0.0234
C_6	0.006	86.17	0.52	0.22	0.0273
C_7	0.0308	100.2	3.09	0.09	0.3422
总和 $\sum$	1.0	—	21.51		1.0371

注：混合组分相对原子质量 $M = 21.51$，包裹体体积 $V = 119.73 cm^3/mol$，包裹体密度 $\rho = 0.1793 g/cm^3$，包裹体完全均一压力 $p_h = 205 bar = 2.05 \times 10^7 Pa$，温度 $T = 72℃$。

表 11-7　包裹体均一成液相假设压力 $p = 2.10 \times 10^7 Pa$ 时最后计算结果（据刘斌，2005）

组分 i	摩尔组分 x_i	相对分子质量 M	$x_i M$	K_i	$y_i = x_i K_i$
C_1	0.5225	16.04	8.38	1.66	0.8674
C_2	0.0488	30.07	1.46	0.89	0.0434
C_3	0.0305	44.09	1.34	0.675	0.0306
C_4	0.0225	58.12	1.31	0.48	0.0122
C_5	0.0206	72.15	1.49	0.35	0.0072
C_6	0.0236	86.17	2.03	0.22	0.0052
C_7	0.3325	100.2	33.31	0.09	0.0299
总和 $\sum$	1.0	—	49.32		0.9959

注：混合组分相对原子质量 $M = 49.32$，包裹体体积 $V = 107.24 cm^3/mol$，包裹体密度 $\rho = 0.4600 g/cm^3$，包裹体完全均一压力 $p_h = 210 bar = 2.10 \times 10^7 Pa$，温度 $T = 70℃$。

（2）计算烃包裹体的密度和体积。富凝析气相烃包裹体，均一温度 $T_h = 72℃$，均一成气相下，最后一次假设压力 $p = 2.05 \times 10^7 Pa$ 时计算结果见表 11-6；而富轻质油相烃包裹体，均一温度 $T_h = 70℃$，均一成液相下，最后一次假设压力 $p = 2.10 \times 10^7 Pa$ 时计算结果见表 11-7。

（3）计算形成温度和压力。由于两种包裹体的完全均一温度、压力相差比较小，可用它们的平均数值来表示：形成温度 $(72 + 70)/2 = 71℃$，形成压力 $(2.05 + 2.10)/2 = 2.07 \times 10^7 Pa$。

（4）是否为不混溶包裹体组合的判断。

① 成因、产状特征。它们在同一种方解石晶体中产出，均为同一原生成因。

② 平衡常数值方法判别。由计算可知，C_4平衡常数的误差在 63% 左右（表 11-8），主要组分平衡常数的误差都在 14% 以内，由此可以判别这一群包裹体为同一时期捕获的凝析气-轻质油不混溶相包裹体组合。

表 11 – 8　假设压力 $p = 2.0.7 \times 10^7 Pa$ 时包裹体均一化计算结果误差(引自刘斌,2005)

组分 i	富凝析气包裹体摩尔分数 $x_i(g)$	富轻质烃包裹体摩尔分数 $x_i(l)$	平衡常数的实测值 K_i $[K_i = x_i(g)/x_i(l)]$	平衡常数的理论值 K_i	平衡常数的误差 σ $\sigma = \|K_i(1) - K_i(2)\|/K_i(2)$
C_1	0.8705	0.5225	1.67	1.66	0.60%
C_2	0.044	0.0488	0.90	0.89	1.12%
C_3	0.023	0.0305	0.75	0.675	11.1%
C_4	0.0175	0.0225	0.78	0.48	62.5%
C_5	0.0082	0.0206	0.39	0.35	11.4%
C_6	0.006	0.0236	0.25	0.22	13.6%
C_7	0.0308	0.3325	0.09	0.09	0%
总和 $\sum$	1.0	1.0	—	—	—

③ 其他方法测定的形成温度为 70℃,与包裹体计算出的温度 71℃相差不大,故进一步可以判别这一群包裹体为同一时期捕获的凝析气—轻质油不混溶相包裹体组合。

由以上可以得出,这组烃包裹体形成时的热力学条件为:形成温度 71℃;形成压力 $2.07 \times 10^7 Pa$;共存两相流体密度(ρ)和体积(V)的凝析气相:$\rho = 0.1793 g/cm^3$,$V = 119.73 cm^3/mol$,而轻质油相:$\rho = 0.4600 g/cm^3$,$V = 107.24 cm^3/mol$。

参 考 文 献

[1] Guillaume D,Teinturier S,Dubessy J,et a1. Calibration of Methane Analysis by Raman Spectroscopy in H$_2$O—NaCl—CH$_4$ Fluid Inclusions[J]. Chemical Geology,2003,194(1 – 3):41 – 49.

[2] Duan Z M N,Greenberg J,et a1. The Prediction of Methane Solubility in Natural Waters to High Ionic Strength from 0 to 250℃ and from 0 to 160 MPa[J]. Geochimica et Cosmochimica Aeta,1992,56(4):1451 – 1460.

[3] 刘斌,沈昆. 流体包裹体热力学[M]. 北京:地质出版社,1999.

[4] 乔二伟,段体玉,郑海飞. 流体包裹体压力计研究之一:高温高压下 Na$_2$SO$_4$ 溶液的拉曼光谱[J]. 矿物学报,2006,26(1):89 – 93.

[5] 卢焕章,范宏瑞,倪培,等. 流体包裹体学[M]. 北京:科学出版社,2004,70 – 72.

[6] Dubessy J,Buschaert S,Lamb W,et al. Methane – bearing Aqueous Fluid Inclusions;Raman Analysis,T hermo-dynamic Modeling and Application to Petroleum Basins[J]. Chem. Geol. ,2001,173:193 – 205.

[7] 米敬奎,肖贤明,刘德汉. 利用储层流体包裹体的 PVT 特征模拟计算天然气藏形成古压力——以鄂尔多斯盆地上古生界深盆气藏为例[J]. 中国科学(D 辑),2003,33(7):679 – 684.

[8] 米敬奎,肖贤明,刘德汉. 鄂尔多斯盆地上古生界储层中包裹体最小捕获压力的 PVTsim 模拟[J]. 地球化学,2002,31(4):402 – 405.

[9] 张元春,邹华耀,王存武. 川东北海相碳酸盐岩储层古压力演化研究[C]. 第五届油气藏机理与油气资源评价国际学术研讨会,2009.

[10] 米敬奎,杨孟达,刘新华. 利用 PVTsim 计算鄂尔多斯盆地上古生界砂岩储层中包裹体的捕获压力[J]. 湘潭矿业学院学报,2002,17(3):22 – 26.

[11] Thiéry R,Pironon J,Walgenwitz F. Individual Characterization of Petroleum Fluid Inclusions (Composition and p—T Trapping Conditions) by Microthermometry and Confocal Laser Scanning Microscopy;Inferences from Applied Thermodynamics of Oils[J]. Marine and Geology,2002,19:847 – 859.

[12] 郭凯,曾溅辉,刘涛涛. 鄂尔多斯盆地延长组石油充注动力的包裹体热动力学模拟[J]. 地质科技情报, 2015,34(2):152-157.

[13] 张鼐,张水昌,李新景. 塔中117井储层烃包裹体研究及油气成藏史[J]. 岩石学报,2005,21(5): 1473-1478.

[14] 刘德汉,卢焕章,肖贤明. 油气包裹体及其在石油勘探和开发中的应用[M]. 广东:科技出版社, 160-162.

第十二章　含油气盆地烃包裹体
期次及形成时期

烃包裹体是油气运移和成藏时的产物,有多少期烃包裹体就有多少期油气运移,烃包裹体的形成时间可近似等于油气运动成藏的时间。

第一节　烃包裹体期次

每次油气运移都会形成具代表性烃包裹体,研究烃包裹体的一个很重要内容就是通过研究烃包裹体信息来确定油气运移期次,一般认为多少期次烃包裹体就对应有多少期次油气运移。划分烃包裹体期次依据有以下几点:

(1)流体包裹体组合,指的是"岩相学上能够分得最细的有关联的一组包裹体"或"通过岩相学方法能够分辨出来的、代表最细分的包裹体捕获事件的一组包裹体[1]",同一组合的包裹体一定是同期形成的。同一包裹体组合中,包裹体个体的相态、形状和气液比等要素可以一致(图12-1),也可以不一致(图12-2),是进行流体包裹体分析测试的理想标本。

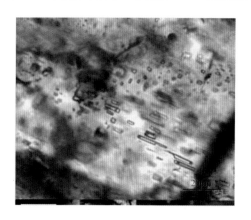
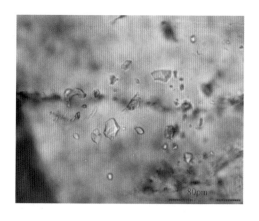

图12-1　方解石中盐水包裹体群状分布,
形态一致呈近长方形,查干凹陷 Y2 井,
3072.3m,单偏光(引自陈勇)

图12-2　方解石脉中烃包裹体群状分布,
形态特征不一致,YM2 井,
$O_{1+2}y_1$,6053.02m,单偏光

(2)赋存矿物的生长关系是烃包裹体分期划分的重要依据:① 砂岩中含原生烃包裹体的成岩矿物生长期次;② 碳酸盐岩中含原生烃包裹体的胶结物生长期次;③ 含原生烃包裹体脉体的穿插关系和世代关系;④ 含原生烃包裹孔洞矿物的世代关系。以上4种成岩矿物如是不同时期形成的,则所含原生烃包裹体也是不同时期形成的。

(3)烃包裹体组合的穿插关系、生长先后是期次划分的次要依据。如赋存矿物中原生烃包裹体早于次生烃包裹体。

（4）不同时期油气运移形成的烃包裹体成分是不同的,故烃包裹体的成分是划分烃包裹体期次的重要依据。烃包裹体的偏光颜色和荧光特征主要受控于烃包裹体成分,所以可以依据烃包裹体偏光色和荧光特征区分烃包裹体期次,一般同时期形成的烃包裹体其液相颜色多相同或相近,荧光特征也相同或相近。因成分不是颜色和荧光的唯一决定因素,同期烃包裹体因运移距离、相对形成早晚、包裹体厚薄会导致颜色和荧光有一定区别,故用颜色和荧光来划分烃包裹体期次时只作参考。

（5）烃包裹体的光谱特征:荧光光谱、红外光谱、拉曼光谱等,这是在显微光谱仪上进行的,但也是烃包裹体期次划分的重要依据,因为烃包裹体光谱特征是组分的体现,同期次烃包裹体烃组分相同,则光谱特征也应相近,而不同期次形成的烃包裹体组分不同,故烃包裹体的光谱特征也存在差异。

（6）伴生盐水包裹体的温度、盐度也是烃包裹体期次划分的依据之一,因为同期次的烃包裹体是在相同地质物理化学条件下进行的,故形成时的温度和盐度数据应相同或相近,不同期次的烃及其伴生盐水包裹体的温度、盐度数据定有区别。

第二节 烃包裹体形成时期

一、推测赋存矿物形成时期

原生烃包裹体与赋存矿物是同时形成的,因此可检测赋存矿物的生成时间来反推所含原生烃包裹体形成时间,从而确定烃包裹体所代表的油气运移时间和成藏时间。

1. 电子自旋共振法

1）基本原理

电子自旋共振（Electron Spin Resonance,简称 ESR）,亦称电子顺磁共振（Electron Paramagnetic Resonance,简称 EPR）,被应用于测年与放射性剂量测定。其所基于的原理是:自然界中的矿物受到地壳运动（地震、断层活动）所产生的剪切压力,机械碰撞（如泥石流）,太阳照晒,受热（地热、火山喷发、人类用火）,矿物的重结晶作用,某些或是全部 ESR 信号回零,这是 ESR 测年的零点。在 α 射线、β 射线和 γ 射线以及其他射线（宇宙射线）的辐射下,形成自由电子和空穴心,这些自由电子能被矿物颗粒中的杂质（Ge 心、Ti 心、Al 心）和晶格缺陷（原先存在的晶格缺陷或者由辐射产生的晶格缺陷）捕获而形成杂质心与缺陷中心,缺少电子的空穴形成空穴心。这些杂质心与空穴心都是顺磁性的称为顺磁中心,顺磁中心可以用 ESR 谱仪进行测定。这些顺磁中心的数量与沉积时间的长短成正比（在顺磁中心数目没有达到饱和之前）,沉积的时间越长,顺磁中心的数量越多。对这些顺磁中心的个数进行测量,从而达到测定沉积物年龄的目的。顺磁中心的数量与矿物颗粒自沉积以来所接受的总的辐射剂量成正比关系,只要测出沉积物中矿物颗粒所接受的总辐射剂量（TD）,并采用物理、化学分析方法测算出矿物颗粒所在环境中的年剂量率（D）,就可以算出样品的年龄（T）,这是 ESR 测年的基本原理。

ESR 年龄可由式(12 - 1)得出:

$$TD = \int_{10} D(t)\,dt \tag{12 - 1}$$

TD 是样品自沉积以来所累积的总剂量。D 是样品所接受的辐射剂量率,辐射剂量率是由样品自身(内部剂量)和样品周围环境(外部剂量)中放射性元素(U,Th,^{40}K)衰变以及宇宙射线所决定的。

测年范围视样品的矿物成分而定,碳酸盐矿物(方解石和白云石)的可测范围相对较小,为数千年至数百万年,主要应用于第四纪沉积物和考古样品的年龄测定。石英颗粒的硅—氧四面体结构在 γ 射线、β 射线和 α 射线轰击下能形成正 2 价的氧空位,氧空位可捕获岩石中的自由电子形成可检测的顺磁中心,石英颗粒年龄越古老,岩石中放射性越强,则单位质量石英中顺磁中心越多,即顺磁中心浓度(单位:Sp/g)越高;根据已建立的顺磁中心浓度与年龄及岩石放射元素含量的实验关系,可确定出石英颗粒的结晶年龄,根据文献实验结果,氧空位的寿命大于 10 亿年,由衰变理论得知在 2 亿年之内,铀、钍、钾的衰变量可忽略不计,可见石英脉的 ESR 测年时限可达 2 亿年,所以用石英的 ESR 推测地质年龄的文献很多[2-5]。

天然石英的 E_1 中心分别捕获 0 个、1 个和 2 个电子可成为 3 种状态:E_1',E_1'' 和 E_1^0,在天然 A 射线、B 射线和 C 射线的作用下,天然石英中 E_1 中心的这 3 种状态是同时存在的,但只有 E_1' 中心才具有顺磁性,即才存有 ESR 波谱[6]。样品需要进行热活化前处理[7-9],即将 E_1'' 心和 E_1^0 心转变为顺磁的 E_1' 心。样品的 ESR 波谱幅值与样品的吸收剂量成正比。设待测石英中顺磁中心的浓度用 C_x(Sp/g)表示,标准石英中顺磁中心的浓度用 C_s(Sp/g)表示,那么 C_x 和 C_s 之比应满足

$$C_x/C_s = (H_x/M_x)/(H_s/M_s) \tag{12 - 2}$$

石英 E_1' 心热活化浓度 C_x 与 $(Q_x t_x)$ 成线性关系,$C_x = k(Q_x t_x)$,对于石英标准样,有:$C_s = k(Q_s t_s)$,只要测定了待测样品和标准的平衡铀物质的量 Q_x 和 Q_s,质量 M_x 和 M_s 以及在相同的放大倍数下测定热活化 ESR 波谱振幅 H_x 和 H_s,设标准样年龄(已知)为 t_s,得待测样品年龄:

$$t_x = t_s(Q_s/Q_x)(M_s/M_x)(H_x/H_s) \tag{12 - 3}$$

2)实验步骤

(1)石英测年是通过石英年龄确定石英内原生烃包裹体的形成时期,因此首先要选取含同期原生烃包裹体的石英。

(2)将含石英的岩石样品粉碎至 80 ~ 100 目,称取 5g 左右(依石英含量的多少而定)。

(3)把样品经强酸清洗,去掉样品中的方解石等易溶酸矿物,然后晾干;再用丙酮浸泡去除表面的有机质;再用去离子水清洗,烘干。

（4）除了石英，还有白云岩石等不能被强酸溶解的矿物，将晾干后的样品放在双目镜下挑选出单颗粒石英样品200mg，装瓶，石英取样完成。

（5）将全岩直接粉碎至80～100目，称取40g作为全岩样品，装瓶，全岩取样完成。

（6）铀当量含量及钾含量测。用CIT-3000F数字化全自动铀钍钾谱仪和微机数据采集系统测定γ及α天然放射性，得到铀当量含量及钾含量。

（7）顺磁中心浓度值测定。制取0.20～0.30mm粒度石英样品120mg进行热活化。热活化后的样品冷却5～7天，然后用电子自旋共振谱仪在相同的最佳测量条件下，分别测定待测样品和石英顺磁中心浓度标样的共振谱图。为控制样品的测量精度，在样品测量前后各测定一次标样的自旋共振谱。谱图的横坐标是以高斯（G）为单位的磁场强度，纵坐标表示相对放大系数。每一页谱图中顶底两条谱线分别是顺磁浓度标样的谱图。

（8）测量条件如下：室温20～25℃，微波频率9.7652GHz，微波功率0.21～0.30mW，调制振幅0.25GPP❶，调制频率100kHz，放大系数7.11×10^5～1.26×10^6，时间常数50ms，扫场范围3462.5～3550.0G，在磁场强度3525.0～3527.5G区间内测到该批样品石英的自旋共振谱，其谱分裂因子$g = 2.0005 \pm 0.0005$。

（9）影响因素修正。钻孔采样处的温度以及石英的纯度是本批样品测年的主要影响因素。温度高于50℃时，离开晶格的氧离子因热运动又返回原晶格，产生缺陷复合，造成辐照成因晶体缺陷下降。石英不纯造成样品称重减少。为修正因温度升高衰减的石英辐照缺陷，根据文献资料，估算出25%的修正系数；采用高分辨X射线荧光测Si仪进行石英纯度修正。

（10）年龄计算。由步骤（6）和步骤（7）测得的铀含量和顺磁中心浓度，利用式（12-2）和式（12-3）直接计算待测样品年龄。

3）结果应用

塔里木盆地奥陶系油气藏具多期成藏特点，分别取塔中地区、塔北地区奥陶系储层中的含原生烃包裹体的萤石脉和石英脉，用ESR测年（表12-1）。测试结果说明：

（1）在212～287Ma，塔中地区和塔北地区奥陶系储层有一次油气活动，将此期油气活动称晚海西期成藏期，在塔中地区和塔北地区奥陶系形成了较有影响的油藏；在212～287Ma，形成的萤石和石英中含有发黄色荧光的原生气液相烃包裹体和液相烃包裹体，在单偏光下呈浅褐色，应是成熟的正常油为主特征。

（2）在8.5～36.4Ma有一期油气活动，塔里木油田将此期油气活动称喜马拉雅期成藏期，从所测脉体矿物含烃包裹体特征看，共见两期烃包裹体：一期是发蓝白色荧光无色的气液相烃包裹体为主，另一期是以灰色、灰黑色气相烃包裹体为主。含发蓝色荧光的原生烃包裹体的脉矿物测到的年龄为16.3～36.4Ma，说明这期间有挥发性油或轻质油运移和注入塔中地区和塔北地区；含原生灰黑色气相烃包裹体脉矿物测到的年龄为8.5～16.9Ma，说明这期间主要是天然气运移和注入塔中地区和塔北地区。

---

❶ GPP，Generation Partnership Project，即振幅单位"帧"。

表12-1　塔中地区和塔北地区石英ESR测年值

地区	原样编号	围岩层位	样品位置	测年矿物	年龄(Ma)	形成的包裹体	地质事件时间	形成时代(Ma)	参考文献
塔中地区	X1-D-1	中奥陶统大弯沟组	不含烃包裹体的萤石	萤石	287.5	第Ⅱ期	萤石形成时间	二叠纪到三叠纪P-T；海西期	张兴阳(2005)
	X1-1				252.1				
	X2-6				212				
	S1-9				286				
	TZ45-3	上奥陶统良里塔格组	萤石含Ⅱ期、Ⅲ期烃包裹体	油和萤石	33.8	第Ⅲ期开始	第Ⅲ期烃包裹体影响	$E_{1-2}km$末；早喜马拉雅期雅期早期	
	TZ45-8				36.4				
	TZ45-20				32.8				
	TZ45-6015		含第Ⅲ期烃包裹体的石英脉	净化纯石英	22.9	第Ⅲ期	石英形成时间	$E_{2-3}s$末；早喜马拉雅期雅期	张莹(2010)
	TZ45-6014				22				
	TZ45-6103				23.9				
	TZ45-6014		含Ⅱ期、Ⅲ期烃包裹体的萤石	净化纯萤石	16.9	可能是第Ⅳ期烃包裹体形成时间	最后一次构造活动形成时间	N_1j末；早喜马拉雅期雅期	
塔北地区	YH7X-1-R20	上寒武统下丘里塔格组	含Ⅲ期、Ⅳ期烃包裹体的石英	石英	20	第Ⅲ期	第Ⅲ期烃包裹体形成时间	吉迪克期；早喜马拉雅期雅期	本书
	YH7X-1-R23				23.5				
	YH5-R24	下寒武统肖尔布拉克组			22.5				
	YM201-R34	奥陶系			24				
	YH7X-1-R21	上寒武统下丘里塔格组			16.3				
	YH7X-1-R22				8.5	第Ⅳ期	第Ⅳ期烃包裹体形成时间	康村期	
	RP4-1-1	奥陶系	含Ⅱ期烃包裹体的萤石	萤石	242	第Ⅱ期	第Ⅱ期烃包裹体形成时间	二叠纪到三叠纪；海西期	
	RP4-2-1	奥陶系	含Ⅲ期烃包裹体的萤石	萤石	32.8	第Ⅲ期	第Ⅲ期烃包裹体形成时间	早第三纪末期；早喜马拉雅期雅期早期	

2. Sm—Nd 同位素法

1) 基本原理

Sm 和 Nd 在自然界中均有 7 种同位素,通常所指的 Sm—Nd 测年法实际上是 ^{147}Sm—^{143}Nd 法,利用的是 ^{147}Sm→^{143}Nd + α 的核衰变过程[9]。测试的是岩石样品与从其中分选出的矿物所组成的等时线年龄,计算方程:

$$(^{143}Nd/^{144}Nd) = (^{143}Nd/^{144}Nd)_i + (^{147}Sm/^{144}Nd)(e^{\lambda t} - 1) \qquad (12-4)$$

式中:t 为样品形成时间或被彻底改造 Nd 同位素均一化时间,λ 为 ^{147}Sm 衰变常数($6.54 \times 10^{-12} a^{-1}$),$(^{143}Nd/^{144}Nd)$ 和 $(^{147}Sm/^{144}Nd)$ 比值是样品现代值,由实验直接测定,$(^{143}Nd/^{144}Nd)_i$ 是样品形成时或被彻底改造时值。$(^{143}Nd/^{144}Nd)_i$ 值在应用时,经常用同时代球粒陨石标准化值 $\varepsilon_{Nd}(t)$ 表示。

Sm—Nd 同位素法优势在于[10-12]:(1)Sm—Nd 的化学性质非常相近,因此 Sm 衰变产生的子体元素 Nd 能自然地留在矿物晶格的原位替代 Sm,不会像 K→Ar 和 Rb→Sr 那样由于子体元素与母体元素化学性质不同而发生逃逸,因而 Sm—Nd 体系容易保持封闭,在后期改造作用过程中较为稳定;(2)热液共生矿物中,稀土元素常发生较为显著的化学分异,尽管分异机制尚不十分清楚,其结果是有效地增大了各共生矿物之间的 Sm/Nd 比值,提高了等时线的精度。

当然也存在一些问题:(1)Sm—Nd 的丰度普遍很低,难找到适合于 Sm—Nd 定年的矿物;(2)Sm—Nd 的化学性质太相近,在岩石和矿物生成的过程中的化学分异作用很小,使样品中的 Nd/Nd 比值的变化范围很小,而且 ^{147}Sm 的半衰期也很长($1.06 \times 10^{11} a$),因此 Sm—Nd 等时线的精度较差,其年龄分辨率一般小于 20Ma[13],适用于测定古老岩石的年龄,而对于较为年轻的流体活动产物则较难应用;(3)有些 Sm—Nd 体系的初始同位素组成存在不均一性和受次生作用影响明显。

2) 实验步骤[14-17]

(1)碎样。将手标本粉碎到 40 ~ 80 目,在双目镜下挑选出原生烃包裹体赋存矿物,纯度达 99% 以上,用蒸馏水清洗,低温蒸干,然后将纯净的样品在玛瑙研钵内研磨至 200 目左右待测。

(2)定样。使用 ICP - MS 仪器先粗测 Sm 和 Nd 含量,以选定用于定年的样品。

(3)溶样和稀释。准确称取样品约 50mg(称样量一般以所称的样品中 Sm 和 Nd 含量不少于 10^{-7}g 量级为准),采用 Teflon 高压密闭熔样[18,19]。然后加入稀盐酸和少量稀硝酸溶解,将溶液分成两份,其中 1/3 溶液里加入 ^{149}Sm 和 ^{145}Nd 稀释剂,用于样品定量测定,另一份溶液用于比值测定。上述溶液离心分离,取清液进行总稀土分离。

(4)Sm 和 Nd 化学分离。主要有 3 种方法:① 阳离子交换色层分离法,采用 α - HIBA 作为 Sm 和 Nd 淋洗剂;② 阴离子交换色层分离法,采用稀硝酸—甲醇混合溶液作为 Sm 和 Nd 淋洗剂;③ HDEHP 反向色层分离法,用稀盐酸作为 Sm 和 Nd 淋洗剂。

(5)用同位素质谱计测定。

3) 结果应用

(1)赋存矿物年龄。

顾雪祥等(2007)[20]将贵州石头寨二叠系古油藏第三期含CH_4气相包裹体的方解石脉用于 Sm—Nd 同位素研究,测得方解石 Sm—Nd 同位素结果(表12-2)。并得到一条相关系数为 0.9887 的等时线,年龄为 182Ma±21Ma(早侏罗世)。初始$^{143}Nd/^{144}Nd$ 比值为 0.512379,MSWD=0.026(图12-3)。该年龄值代表了第三期油气充注的时间,也代表了第三期CH_4气相烃包裹体形成时间。

表12-2　石头寨古油藏裂缝充填方解石 Sm—Nd 同位素组成(引自顾雪祥,2007)

样号	Sm(10^{-6})	Nd(10^{-6})	$^{147}Sm/^{144}Nd$	$^{143}Nd/^{144}Nd$	2σ
ZY19-2	0.401	1.958	0.1238	0.512520	±0.000024
ZY13	0.073	0.399	0.1100	0.512485	±0.000037
ZY15	0.863	3.486	0.1496	0.512559	±0.000015
ZY17-2	0.759	3.359	0.1367	0.512542	±0.000137

注:σ—标准差。

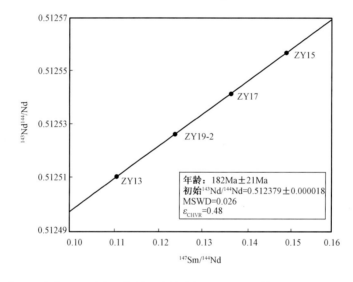

图12-3　紫云石头寨二叠系古油藏裂缝充填方解石 Sm—Nd 等时线图(引自顾雪祥,2007)

MSWD—平均标准权重,表示一套数据与所拟合直线的吻合程度;ε_{CHVR}—球粒陨石标准化

李保华等(2012)[21]测得通江诺水河长兴组石灰岩中含烃包裹体的溶孔、裂缝充填方解石的 Sm—Nd 同位素等时线年龄为 126Ma±11Ma,证明这期油气形成时间为早白垩世。

(2)推测油气来源。

萤石 Sm 和 Nd 同位素组成在示踪成矿流体来源方面具有重要意义,将塔北 RP4 井奥陶系储层中含烃包裹体萤石脉的 Nd 同位素组成点投在图12-4 中,RP4 井萤石$^{143}Nd/^{144}Nd$ 比值明显低于岩浆成因类型的萤石$^{143}Nd/^{144}Nd$ 比值,推断萤石并非岩浆成因;RP4 井萤石的$^{143}Nd/^{144}Nd$ 比值接近白云岩的$^{143}Nd/^{144}Nd$ 比值,靠近热液方解石,结合萤石的碳氧同位素分析,推测奥陶系储层中萤石的成矿流体来自于深部热液,有部分组分来自下伏寒武系白云岩地层。

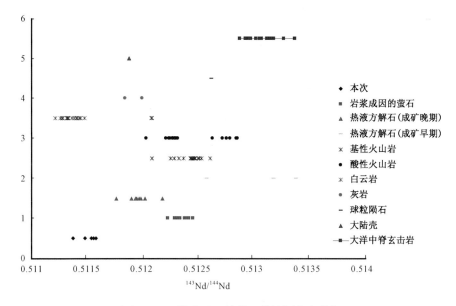

图 12 - 4　塔北地区热普 4 井钕同位素特征

二、推测包裹体组分形成时期

1. 石英流体包裹体 Rb—Sr 同位素法

石英流体包裹体 Rb—Sr 同位素法是通过测量石英脉中流体包裹体 Rb 和 Sr 同位素比值来确定流体包裹体形成年代的方法。该方法的原理是直接测量包裹体形成时所捕获流体内的成分,因此具有较高精确度。

1) 实验步骤[21]

将石英捣碎至 40 ~ 80 目,在双目镜下挑纯(纯度大于 99%)。置入 1∶1 HCl 溶液中煮沸约 60min,除去铁质及碳酸盐矿物组分。再用去离子水冲洗数次后加入 1∶1 HNO₃煮沸约 60min,除去所混染的硫化物,最后用去离子水冲洗数次至中性。在 160 ~ 180℃温度下用热爆超声波洗涤法除去次生包裹体。如挑选时已为原生包裹体,不再进行去次生包裹体的处理。

准确称取 0.1 ~ 1g 处理好的石英样品,置于聚四氟乙烯封闭容器中,加入适量的^{87}Rb +^{84}Sr 混合稀释剂,用 HF + HClO₄在微波炉中分解样品并完全转化为过氯酸盐,采用阳离子交换技术分离 Rb 和 Sr。在可调多接收质谱仪上完成同位素分析。^{87}Rb/^{86}Sr 比值的测量误差为 1% ~ 2%。整个流程均在净化实验室中进行,化学流程的本底污染 Rb 和 Sr 为 2×10^{-10}g,对所测结果均作本底校正。

2) 结果应用

付绍洪等(2004)[23]对川北马脑壳金流体包裹体分析得出,Rb 和 Sr 含量及^{87}Rb/^{86}Sr 以及^{87}Sr/^{86}Sr 比值见表 12 - 3。表中数据反映出各样品的^{87}Rb/^{86}Sr 和^{87}Sr/^{86}Sr 比值差异大,其变化范围分别为 0.466 ~ 1.765 和 0.71010 ~ 0.71387,且两个参数间具有良好的正相关性,相关系数为 0.996。将数据投于图上,显示出各组数据间具有明显的跨度,等时线拟合度高。用 ISOPLOT 程序计算获得的等时线年龄为 210Ma ± 35Ma(信度 95%,图 12 - 5)。故推测金形成矿时间是 210Ma ± 35Ma。

表 12 - 3   石英流体包裹体 Rb—Sr 同位素分析结果(引自付绍洪,2004)

样品	Rb(μg/g)	Sr(μg/g)	^{87}Rb/^{86}Sr	^{87}Sr/^{86}Sr(±1σ)
MPD - 5	1.459	2.951	1.426	0.71276 ± 0.00007
MMC - 1	2.702	16.700	0.466	0.71010 ± 0.00005
MMC - 3	2.184	7.436	0.847	0.71102 ± 0.00006
MID14 - 4	0.731	2.823	0.747	0.71056 ± 0.00001
MID8 - 3	1.585	2.590	1.765	0.71387 ± 0.00004

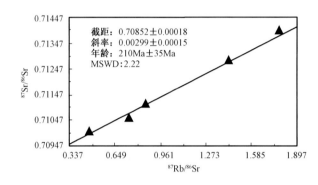

图 12 - 5   马脑壳金矿床石英流体包裹体 Rb—Sr 等时线图(引自付绍洪,2004)

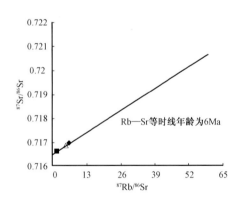

图 12 - 6   Rb—Sr 等时线年龄为
6Ma(引自周雯雯等,2000)

周雯雯等(2000)[24]测得珠江口盆地珠三坳陷第二期淡红色液相烃和气相烃包裹体的 Rb—Sr 等时线年龄为 6Ma(图 12 - 6),故推测这期油气运移的时间为 6Ma。

2. 石英流体包裹体^{40}Ar—^{39}Ar 同位素法

石英流体包裹体^{40}Ar—^{39}Ar 同位素法测试原理与自生伊利石^{40}Ar—^{39}Ar 测年相似,只不过后者是测试矿物,而这次测试的是包裹体内部流体。

1)实验步骤

样品准备:(1)样品经磨碎、过筛、水洗后,在双目显微镜下筛选出纯净的石英单矿物;(2)石英样品用稀硝酸浸泡,以溶蚀碳酸盐等;(3)再用丙酮浸泡去除表面的有机质;(4)用去离子水清洗;(5)烘干[25]。

样品中子活化:实验样品与标准样品分别用铝箔和铜箔包装成小圆饼状(直径约为 5 ~ 7mm,厚 5 ~ 10mm),装入玻璃管内。为了确定照射参数 J 值,玻璃管两端装标样,且每两个样品中间插放一个标样,记录每个标样和样品在玻璃管中的位置(高度),以便确定样品管 J 值变化曲线和计算样品的 J 值。密封的玻璃管再用 0.5mm 厚的 Cd 皮包裹,以屏蔽热中子,减少同位素干扰反应。样品罐用反应堆照射 50h。标样用激光全熔进行质谱 Ar 同位素组成分析,得到 J 值。然后根据 J 值变化曲线方程和样品的位置计算出每个样品的 J 值。干扰 Ar 同位素校正因子为$(^{39}Ar/^{37}Ar)_{Ca} = 8.984 \times 10^{-4}$,$(^{36}Ar/^{37}Ar)_{Ca} = 2.673 \times 10^{-4}$,$(^{40}Ar/^{39}Ar)_K = 5.97 \times 10^{-3}$。

Ar 同位素分析在质谱计上完成,采用全金属超真空碎样装置提取流体包裹体[26]。实验前,整个提取系统用加热带缠绕烘烤,以降低系统本底。样品在碎样管中用温控电炉在130℃下加热15h,以除去样品表面吸附的气体[27];当只测试原生包裹体时,需要消除次生包裹体的影响[28],样品装入实验系统,用温度达220℃的加热带烘烤15h以上,使大部分次生包裹体中的气体沿裂隙扩散出来、抽掉,然后才开始做实验[29];再经过两个温度分别为400℃和室温的 SAES NP10 进一步纯化[30],获得较纯净的惰性气体。送入质谱计进行 Ar 同位素组成分析。^{40}Ar—^{39}Ar 数据使用 ArArCALCver. 2.4 进行计算和作图[31,32]。

2)结果应用

Qiu 等[33,34]依此方法实现了对松辽盆地深层 CO_2 气藏和天然气气藏充注年龄的精确测定。吴河勇等(2009)[25]将松辽盆地芳深9井 CO_2 气藏火山岩储层石英样品进行^{40}Ar—^{39}Ar同位素分析,结果如图 12-7 所示,坪年龄为 77.7Ma ± 0.5Ma(1σ,MSWD = 0.28)。年龄坪对应的数据点构成高度线性相关的反等时线,且反等时线年龄 78.4Ma ± 1.3Ma 与坪年龄 77.7Ma ± 0.5Ma 一致,代表了次生包裹体的形成年龄。测试出营城组火山岩石英 CH_4—CO_2 次生包裹体年龄 78Ma,可能代表了松辽盆地深层 CO_2 气藏重要的成藏时间。

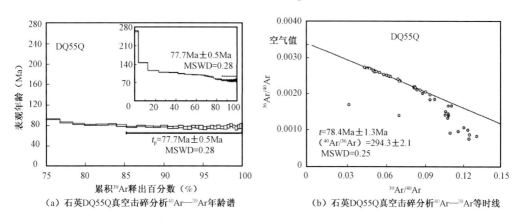

图 12-7 石英 DQ55Q 真空击碎分析^{40}Ar—^{39}Ar 年龄谱和等时线(引自吴河勇,2009)

三、均一温度推测形成时期

在含油气盆地中,通过烃包裹体和伴生盐水包裹体均一温度来推测油气运移和充注的时期是最为常用的方法。

1. 基本原理

(1)确定烃包裹体及伴生盐水包裹体。

(2)用冷热台测得烃包裹体和伴生盐水包裹体均一温度。

(3)收集目标区的古地温梯度资料,将伴生盐水流体包裹体均一温度和古地温梯度值代入式(12-5)[36]算出伴生盐水包裹体捕获时的深度:

$$H = (T_H - T_0)/G \qquad (12-5)$$

式中　H——油气充注时储层的深度,m;

　　　T_H——盐水包裹体均一温度,℃;

　　　T_0——盆地平均古地表温度,℃;

　　　G——古地温梯度,℃/100m。

(4)利用地层分层数据绘制目标区埋藏史图。

(5)根据获得的深度,结合埋藏史图共同确定该盐水包裹体的捕获时期。

(6)该盐水包裹体捕获时间既为烃包裹体形成时间,也就是油气运移和注入的时间。

2. 结果应用

塔里木盆地塔北奥陶系常见有三期烃包裹体:第Ⅰ期以发褐色荧光的深褐色液相烃包裹体为主,第Ⅱ期以发黄色荧光的浅褐色气液相烃包裹体为主,第Ⅲ期以发蓝色荧光的无色、浅褐色气液、液气相烃包裹体为主。将三期烃包裹体的伴生盐水包裹体系统测试均一温度,并据每口井当时的地温梯度、地表温度,由式(12-5)算出烃包裹体捕获时的深度(表11-4)。不同期次古埋深在地层埋藏—热演化史图上的投影,确定各期次烃包裹体的形成时间(图12-8和图12-9)。

表 12-4　各期烃包裹体伴生盐水包裹体捕获压力及古埋深

期次	井号	井深(m)	层位	均一温度(℃)	捕获温度(℃)	冰点温度(℃)	盐度(%)	物质的量浓度(mol/kg)	地温梯度(℃/100m)	捕获压力(MPa)	古埋深(m)
Ⅰ	YM201	5929.15	$O_{1+2}y$	75.4	77.5	-0.1	14.09	2.80	3.50	4.82	1583
Ⅰ	XK7	6918	O_2y	80.8	83.0	-1.4	2.40	0.42	3.50	4.61	1737
Ⅰ	H902	6643.45	O	70.9	73.0	-0.8	1.32	0.23	3.50	4.42	1454
Ⅰ	RP4	6752.4	O	71.2	73.2	-5.3	8.21	1.53	3.50	4.48	1463
Ⅰ	LN54	5551.43	O	87.7	91.2	-1.2	2.12	0.37	3.50	6.90	1934
Ⅰ	JF127	5503.43	O_{2-3}	82.5	85.5	-3.4	5.49	0.99	3.50	6.16	1786
Ⅱ	YM201	6059.15	$O_{1+2}y$	83.5	86.0	-4.8	7.58	1.40	3	5.33	2117
Ⅱ	XK4	6841.3	O_2y	96.5	101.0	-6.2	9.47	1.79	3	8.65	2550
Ⅱ	H601-1	6638.5	O_2y	94.4	98.4	-2.4	3.95	0.70	3	7.83	2480
Ⅱ	LG1	5263.12	O	105.2	113.2	-9.3	13.17	2.59	3.1	15.66	2748
Ⅱ	LG5	5485.68	O	101.0	107.0	-5.4	8.35	1.56	3.1	11.70	2613
Ⅱ	LG102	5605.89	O	99.6	107.0	-10.9	14.95	3.00	3.1	14.96	2568
Ⅱ	LN39	5552.16	O	101.8	108.0	-11.9	15.91	3.23	3.1	12.66	2638
Ⅱ	LN48	5474.58	O	103.5	110.0	-2.9	4.71	0.84	3.1	12.34	2693
Ⅱ	LN54	5551.94	O	104.7	111.7	-1.0	1.64	0.29	3.1	13.02	2732
Ⅱ	LG351	6594.01	$O_{1+2}y$	106.0	114.0	-3.6	5.85	3.10	3.1	15.12	2774
Ⅱ	LG36	5933.89	O_2	94.8	100.8	-7.0	10.54	2.01	3.1	11.56	2414
Ⅲ	YM321	5384.47	ϵ	138.4	160.9	-3.9	6.23	1.14	2.70	40.52	4385
Ⅲ	YH7X-1	5873.98	ϵ	144.9	167.9	-3.4	5.58	1.01	2.65	41.13	4713
Ⅲ	DH24	5785.36	O	138.5	160.5	-21.2	23.49	5.25	2.65	42.22	4472
Ⅲ	YM2	6053.2	$O_{1+2}y$	151.3	172.3	-2.1	3.53	0.63	2.70	37.22	4863
Ⅲ	XK8H	6809.5	O	131.4	152.4	-10.5	14.56	2.91	2.70	39.34	4126

续表

期次	井号	井深（m）	层位	均一温度（℃）	捕获温度（℃）	冰点温度（℃）	盐度（%）	物质的量浓度（mol/kg）	地温梯度（℃/100m）	捕获压力（MPa）	古埋深（m）
Ⅲ	H902	6643.6	O	144.3	168.3	-2.2	3.63	0.64	2.70	42.73	4604
Ⅲ	LG36	5937.65	O_2	141.0	162.0	-7.3	10.82	1.27	2.50	38.30	4840
Ⅲ	LG39	5552.16	O_3l	146.5	171.5	-13.5	17.43	3.61	2.50	46.07	5060

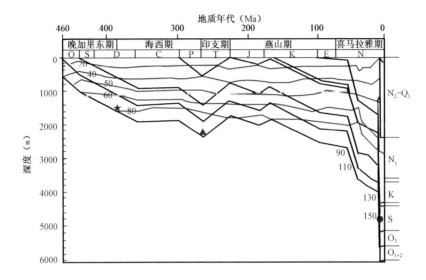

图 12-8　YM2 井地层埋藏—热演化史图

★—第Ⅰ期烃包裹体成藏时间；▲—第Ⅱ期烃包裹体成藏时间；●—第Ⅲ期烃包裹体成藏时间

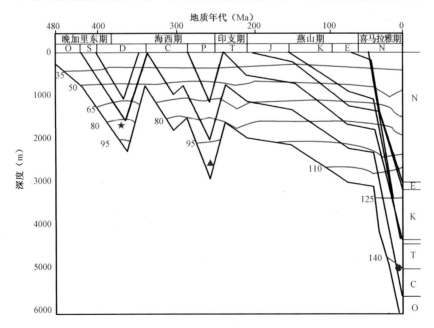

图 12-9　LG39 井地层埋藏—热演化史图

★—第Ⅰ期烃包裹体成藏时间；▲—第Ⅱ期烃包裹体成藏时间；●—第Ⅲ期烃包裹体成藏时间

第 I 期烃包裹体都形成于 350 ~ 400Ma，为晚加里东—早海西期；第 II 期烃包裹体形成于 253Ma 年之前的二叠纪，即晚海西期；第 III 期烃包裹体形成始于 23Ma 左右，处于古近纪末—新近纪，即喜马拉雅期。

第三节　推测油气成藏时期的方法

一、自生伊利石 K—Ar 测年

1. 基本原理

油气储层中自生伊利石 K—Ar 同位素定年法已被用于确定油气最早成藏期的绝对年龄，并在油田勘探中发挥了一定的作用[36]。烃类流体充注储层后，改变了储层流体介质的性质，从而抑制自生伊利石的生长，甚至导致自生伊利石生长停止，故自生伊利石的同位素年龄一般反映了油气充注的最早时间。早期形成的伊利石粒径较大，晚期形成的则相对较小，多呈丝发状，因此伊利石 K—Ar 年龄与其粒径存在正相关关系。利用这一原理，自生伊利石 K—Ar 同位素资料被广泛用于分析烃类进入储层的时间，既油气藏的形成时间。

2. 实验步骤[37,38]

样品准备：(1)样品洗油；(2)利用扫描电镜和 X 射线衍射技术(XRD)通过样品黏土矿物特征的研究鉴别伊利石成因类型及其发育程度；(3)自生伊利石分离提纯；(4)K 含量测定、同位素比值分析和 XRD 纯度检测；(5)最后进行 K—Ar 年龄计算。

自生伊利石分离提纯的粒级依实验设备和具体情况调整，通常为 1 ~ 2μm，0.45 ~ 1μm，0.3 ~ 0.45μm，0.1 ~ 0.3μm 和小于 0.15μm。XRD 纯度检测确定其成岩混层 I/S 的含量，含量近 100%(至少在 95% 以上)及混层中 S 的含量小于 25% 时，才可用于 K—Ar 年龄测定[39]。年龄计算的方法为：

$$t = \frac{1}{\lambda} \ln \left[1 + \frac{\lambda}{\lambda_e} ({}^{40}Ar^* / {}^{40}K) \right] \qquad (12-6)$$

式中　λ——${}^{40}K$ 的总衰变常数，取 $5.543 \times 10^{-10} a^{-1}$；

　　　λ_e——${}^{40}K$ 衰变成 ${}^{40}Ar$ 的衰变常数，取 0.581×10^{-10}；

　　　${}^{40}K$——$1.167 \times 10^{-4} K$。

3. 结果应用

在塔里木盆地很多学者利用伊利石 K—Ar 测年分析砂岩储层的油气第一次充注时间(表 12 - 5)，以志留系沥青砂岩测试的最多，形成时间有两个：383 ~ 406Ma 和 224 ~ 296Ma，也就是晚加里东—早海西期和晚海西期，如果将塔里木盆地所有砂岩储层层位(如 C，T，J，K)综合一下，发现 14 ~ 49Ma 喜马拉雅期还有一期较普通的成藏时期。

表 12－5　塔里木盆地伊利石 K—Ar 测年总结表

井号	层位	研究对象	年龄（Ma）	参考文献
AK1	K	砂岩储层	32.60 ± 0.66	张有瑜（2004）
			23.32 ± 0.47	
			22.60 ± 0.55	
			18.79 ± 0.31	
YN2	J	沥青砂岩、含油砂岩	48.49 ± 0.71	
			49.73 ± 0.99	
			28.08 ± 0.58	
		海相油气藏	14 ± 3	赵靖舟（2002）
			16 ± 3	
	T	海相油气藏	15 ± 3	赵靖舟（2004）
			47 ± 5	
			49 ± 5	
吉拉克区		凝析气藏砂岩	44.3 ± 49.2	王飞宇
HD4	C	海相油气藏	242.80 ± 3.50	赵靖舟（2002）
HD1		海相油气藏	267.85 ± 3.85	赵靖舟等（2004）
HD2		海相油气藏	275.77 ± 4.01	
			224.09 ± 3.21	
TZ4		海相油气藏	246 ~ 278	
东河塘区		油藏砂岩储层	24.3 ~ 31.8	王飞宇（2007）
LN14		海相油气藏	17 ± 3	赵靖舟（2002）
LN2		油藏	261.32	车忱（2002）
HD4	D	含油砂岩	241.93 ± 3.49	张永昌（2002）
LN59		含油砂岩	231.34 ± 3.67	
TZ47		含油砂岩、荧光砂岩	255.33 ± 5.05	张有瑜（2004）
			237.47 ± 4.74	
			263.82 ± 5.21	
			260.01 ± 5.45	
KQ1	S	砂岩	406.43 ± 2.60	张有瑜（2007）
LK1		荧光砂岩	274.54 ± 1.99	王红军（2003）
			271.20 ± 1.96	
			225.76 ± 1.62	
			219.26 ± 1.59	
TZ47		沥青砂岩	383.53 ± 7.58	张有瑜（2004）
			386.89 ± 7.25	

续表

井号	层位	研究对象	年龄（Ma）	参考文献
TZ23		沥青砂岩	293.54 ± 4.22	王红军（2000）
TZ30		沥青砂岩	296.31 ± 4.26	
TZ32		沥青砂岩	235.17 ± 3.38	王红军（2001）
TZ67		沥青砂岩	290.57 ± 2.23	张有瑜（2007）
			245.32 ± 3.04	
			234.15 ± 1.48	
			224.07 ± 1.47	
YN2	S	荧光砂岩	285.67 ± 2.08	赵靖舟（2003）
			279.23 ± 2.04	
YM1,YM2		沥青砂岩	255 ~ 293	张有瑜（2011）
YW2		沥青砂岩	376	张有瑜（2004）
YM35 – 1		沥青砂岩储层	286.60 ± 2.58	张有瑜（2011）
			287.76 ± 2.04	
YM35		沥青砂岩储层	293.49 ± 2.08	
YM34		沥青砂岩储层	255.40 ± 2.05	
			281.01 ± 1.80	
YM201 井	O	辉绿岩	300.33 ± 5.37	本书
			301.60 ± 6.57	
			310.73 ± 9.36	

我们将塔里木盆地塔北地区、塔中地区和其他地区储层砂岩伊利石 K—Ar 测年分析范围用图 12 – 10 表示，塔里木盆地其他地区有 406.43Ma ± 2.6Ma，224.09Ma ± 3.2Ma ~ 275.77Ma ± 4.01Ma，18.79Ma ± 0.31Ma ~ 49.73Ma ± 0.99Ma 成藏时期；塔中地区有 383.53Ma ± 7.58Ma ~ 386.89Ma ± 7.25Ma，224.07Ma ± 3.2Ma ~ 296.31Ma ± 4.26Ma 成藏时期；塔北地区有 376Ma，231.34Ma ± 3.67Ma ~ 293.49Ma ± 2.08Ma，14Ma ± 3Ma ~ 49Ma ± 5Ma 成藏时期。总之，整个塔里木盆地有三期重要的成藏期：晚加里东—早海西期、晚海西期和喜马拉雅期。

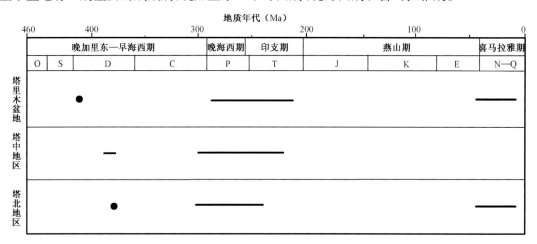

图 12 – 10　塔里木盆地成藏时期

二、自生伊利石^{40}Ar—^{39}Ar 测年

1. 基本原理

自生伊利石是^{40}Ar—^{39}Ar 测年原理与自生伊利石 K—Ar 测年原理一样,都是源自于 K 的衰变体系。K 元素中的^{40}K 是一个具有两种衰变子体的分支衰变过程的同位素,其中一个衰变过程是^{40}K 发射出一个负电子并直接衰变成为基态的^{40}Ca;另一过程是^{40}K 通过 K 层电子捕获衰变成^{40}Ar。或者是^{40}Ar—^{39}Ar(K—Ar)法定年的基本依据。^{40}Ar—^{39}Ar 法的年龄计算公式[48,49]:

$$t = \frac{1}{\lambda}\ln(J^{40}Ar^{*}/^{39}Ar + 1) \tag{12-7}$$

式中　J——每次照射样品的照射参数,无量纲,它的物理意义其实是中子通量检测器,可由每次同期照射的年龄已知的标准样品得出。

$$J = [\exp(\lambda t_{rs}) - 1]/(^{40}Ar^{*}/^{39}Ar)_{rs} \tag{12-8}$$

式中　下标 rs——参照标样(reference standard);

^{40}Ar*——放射性成因^{40}Ar;

^{39}Ar——快中子照射而形成的^{39}Ar;

λ——总衰变常数。

加权平均年龄 t_p 及其误差计算公式为:

$$t_p = \sum(W_i t_i)/\sum W_i \tag{12-9}$$

$$\sigma_{tp} = \{\sum[(t_i - t_p)^2 W_i]/[\sum W_i] \cdot (N - 1)\}^{1/2} \tag{12-10}$$

式中　N——参加年龄计算数据点个数;

t_i——第 i 样品最低温度表观年龄;

W_i——样品权重,即 $W_i = 1/(\sigma_{ti})^2$。

与 K—Ar 法相比,^{40}Ar—^{39}Ar 同位素测年具有明显的优势[50]:(1)精度提高,^{40}Ar—^{39}Ar 法是同一样品在高精度质谱上测试,而 K—Ar 法测 K 时是在原子吸收计上进行,K 和 Ar 样品是用不同缩份,无法排除样品分布不均。并且^{40}Ar—^{39}Ar 法测的是 Ar 比值,不需测 K 和 Ar 的绝对含量故可测得较高精度。(2)样品用量减少,对于碎屑储层来说,充填在孔隙中的黏土矿物是相当少的,自生伊利石的量更少,如果只有少量的岩心就无法满足 K—Ar 法的用量。(3)使用分步加热技术可在同一样品上测得一系列年龄组成的年龄谱和等时线;(4)测 K 换为测 Ar,使得可应用激光微区^{40}Ar—^{39}Ar 测年。(5)^{40}Ar—^{39}Ar 法提供了更加丰富的信息,包括矿物的缺陷、伊利石生长的多期性、受热史等关于矿物结晶和埋藏史方面的信息,K—Ar 法就不具备多种信息。

2. 实验步骤

^{40}Ar—^{39}Ar 同位素测年具体步骤为[51]:

(1)碎样。先把样品碎成直径 1.5cm 大小,用蒸馏水在超声波中清洗碎块表面污物和粉

末,后放入聚乙稀容器或不锈钢容器中,加入蒸馏水,置于冷冻－加热循环碎样仪中,温度在 $30 \sim -17℃$ 之间循环,直至碎裂为细小砂粒,烘干($<60℃$)。

(2)洗油提纯。用 CH_2Cl_2 和 CH_3OH 混合试剂抽提有机质,或为避免氯离子对 ^{40}Ar—^{39}Ar 测年的干扰,采用苯和甲醇混合试剂(体积比 $3:1$)抽提有机质 72h 以上,直至达到荧光 4 级以下。并根据 Hamilton 等(1989)[52] 和 Hogg 等(1993)[54] 描述的方法对 Fe 和 Ca 等不利元素进行去除,再用 H_2O_2 彻底去除有机质。

(3)黏土矿物的分离。根据 Stocks 定律分离出小于 $2\mu m$ 粒级的黏土矿物,然后再用高速离心机进行小于 $1\mu m$ 和小于 $0.5\mu m$ 粒级黏土矿物的分离。

(4)粒度和纯度检测。利用 SEM 对分离出来的样品进行粒度检测,利用 XRD 对分离出来的黏土矿物进行纯度和黏土矿物成分检测。

(5)样品中子活化。实验样品与标准样品分别用铝箔和铜箔包装成小圆饼状(直径约为 $5 \sim 7mm$,厚 $2 \sim 4mm$),装入玻璃管内。为了确定照射参数 J 值,玻璃管两端装标样,且每 4 个样品中间插放 1 个标样,记录每个标样和样品在玻璃管中的位置(高度),以便确定样品管 J 值变化曲线和计算样品的 J 值。密封的玻璃管再用 $0.5mm$ 厚的 Cd 皮包裹,以屏蔽热中子。样品罐交反应堆进行快中子照射。

(6)Ar 同位素测试。运用质谱计和温控系统对样品进行测试,不同实验装置操作可能不同,可参照王龙樟等(2005)[50] 和云建兵等(2009)[51]。测试过程中选择冷阱、海绵钛、蒸发钛、锆—铝泵等纯化系统进行纯化,采用阶段升温方法进行 Ar 同位素提取。

(7)数据处理。^{40}Ar—^{39}Ar 定年数据使用专业软件 ArArCALC[54,55] 进行年龄计算和作图,可根据测试结果对 Ca,K 和 Cl 元素进行干扰校正。

3. 结果应用

王龙樟等(2005)[50] 对鄂尔多斯盆地苏里格气田二叠系下石盒子组含天然气储层砂岩 ^{40}Ar—^{39}Ar 同位素测年。储层砂岩中的伊利石有两种情况:一种是只有自生伊利石的坪年龄,另一种图谱是既有自生伊利石的坪年龄,也有碎屑伊利石的年龄,呈二阶式图谱(图 12－11 和图 12－12),实验结果表明该二叠系气藏的成藏时间晚于 $169 \sim 189Ma$。

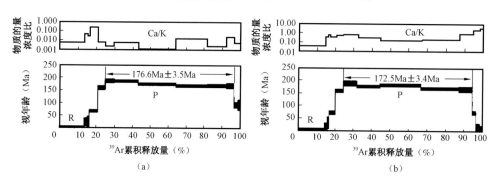

图 12－11 S6 井中伊利石的 ^{40}Ar—^{39}Ar 年龄谱及 Ca/K 变化曲线(引自王龙樟,2005)

样品选自 S6 井二叠系储层砂岩,(a)黏土矿物粒度为 $1 \sim 2\mu m$;(b)黏土矿物粒度小于 $0.5\mu m$;

图(a)和图(b)特征非常相似都可以见到坪年龄;坪年龄代表自生伊利石的形成年龄

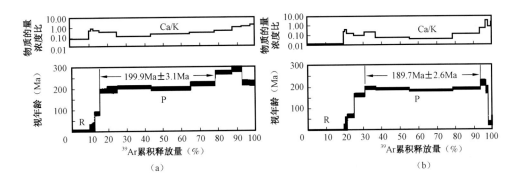

图 12 - 12　S18 井砂岩中伊利石的^{40}Ar—^{39}Ar 年龄谱及 Ca/K 变化曲线(引自王龙樟,2005)

样品选自 S18 井二叠系储层砂岩,(a)黏土矿物粒度为 1 ~ 2μm;(b)黏土矿物粒度小于 0.5μm;
图(a)与图(b)比较大的差别是图(a)除了坪以外还存在一个大于 250Ma 的台阶,代表两期伊利
石的形成年龄,图(b)基本上只有一期,是自生伊利石形成年龄,另一期不明显

　　云建兵等(2009)[51]通过此法测得珠江口盆地珠一坳陷古近—新近纪珠海组砂岩储层自生伊利石的最小年龄为 12.1Ma ± 2.2Ma,可能代表了油气成藏的最大年龄。

　　施和生等(2009)[49]通过此法测得惠州凹陷 3 个富油构造带新近系自生伊利石同位素年龄指示最早油气充注时间为 7.17 ~ 13.11Ma,成藏关键时间为 10Ma 左右。

参 考 文 献

[1] Goldstein R H,Reynolds T J. Systematics of Fluid Inclusions in Diagenetic Minerals[J]. SEPM Short Course,1994,31:199.

[2] Liang X Z. Study on Resetting for E_1' Center Dating of Alpha - quartz[J]. Engineering Index,1993,16(4):213 - 215.

[3] 梁兴中,钟康惠,高钧成. 断裂成矿年龄的核测年研究[A]//四川省国土资源部地学核技术重点实验室年报[R]. 成都:成都科技大学出版社,1998,57 - 60.

[4] 梁兴中,高钧成. 断裂成矿年龄的 α 石英 ESR 研究[J]. 矿物岩石,1999,19(2):69 - 71.

[5] 梁兴中. α 石英 ESR 测定年代[A]//王维达主编. 中国热释光与电子自旋共振测定年代研究[C]. 北京:中国计量出版社,1997,385 - 412.

[6] 梁兴中. 断层最新活动年龄的 ESR 年代学研究及初步应用[J]. 物理,1998,27(2):114 - 116.

[7] 王维达,夏君定. 用厚源 α 计数测定 TL 和 ESR 年代中的钍铀年计量[J]. 核技术,1991,12:1011.

[8] 高钧成,梁兴中. α 石英 E 心浓度测量和测年研究[J]. 核技术,1995,18:507.

[9] 陈文,万渝生,李华芹. 同位素地质年龄测定技术及应用[J]. 地质学报,2011,85(11):1917 - 1941.

[10] 刘建明,赵善仁,沈洁. 成矿流体活动的同位素定年方法评述[J]. 地球物理学进展,1998,13(3):46 - 52.

[11] 许成,黄智龙,漆亮,等. 萤石 Sr、Nd 同位素地球化学研究评述[J]. 2001,29(4):27 - 34.

[12] Nagler Th F,Pettke Th,Marshall D. Initial Isotopic Heterogeneity and Second Disturbance of the Sm—Nd System in Fluorite and Fluid Inclusions:a Study on Mesothermal Vein from the Central and Western Swiss Alps[J]. Chem. Geol,1995,125:241 - 248.

[13] Vinogradov V I,DePaolo D J,Anderson T F. The Sm—Nd Method of Isotope Dating[J]. Springer,1995:365 - 368.

[14] 田世洪,杨竹森,侯增谦. 青海玉树东莫扎抓和莫海拉亨铅锌矿床与逆冲推覆构造关系的确定——来自

粗晶方解石 Rb—Sr 和 Sm—Nd 等时线年龄证据[J]. 岩石矿物学杂志,2011,30(3):475 – 489.

[15] 方维萱,胡瑞忠,苏文超. 贵州镇远地区钾镁煌斑岩类的侵位时代[J]. 科学通报,2002,47(04):307 – 312.

[16] 王银喜,杨杰东,陶仙聪. 化石、矿物和岩石样品的 Sm—Nd 同位素实验方法研究及其应用[J]. 南京大学学报,1988,24(02):297 – 307.

[17] 刘英超,杨竹森,田世洪. 三江中段青海玉树吉龙沉积岩容矿脉状铜矿成矿作用研究[J]. 岩石学报,2013,29(11):3852 – 3870.

[18] 陈均远,王银喜,杨杰东. Aspoets of Cambrian – Ordovieian Boundary in Dayangeha,China[M]. 北京:中国展望出版社,1986,61 – 71.

[19] 杨杰东,王银喜,陶仙聪,等. Aspeets of Cambrian – Ordovician Boundary in Dayangeha,China[M]. 北京:中国展望出版社,1986,72 – 82.

[20] 顾雪祥,李葆华,徐仕海. 贵州石头寨二叠系古油藏油气成藏期分析:流体包裹体与 Sm—Nd 同位素制约[J]. 岩石学报,2007,23(9):2279 – 2286.

[21] 李保华,付绍洪,顾雪祥. 川东北地区上二叠统油气储层中流体包裹体特征及成藏期研究[J]. 矿物岩石地球化学通报,2012,31(2):105 – 112.

[22] 莫测辉,王秀璋,呈景平. 冀西北东坪金矿床含金石英脉石英流体包裹体 Rb—Sr 等时线及其地质意义[J]. 地球化学,1997,26(3):20 – 25.

[23] 付绍洪,顾雪祥,王苹. 川西北马脑壳金矿床流体包裹体 Rb—Sr 同位素组成:对矿床成因的制约[J]. 地球化学,2004,33(1):94 – 97.

[24] 周雯雯,张伙兰. 珠三坳陷有机包裹体应用研究[J]. 岩石学报,2000,16(4):677 – 686.

[25] 吴河勇,云建兵,冯子辉,等. 松辽盆地深层 CO_2 气藏 $^{40}Ar/^{39}Ar$ 成藏年龄探讨[J]. 科学通报,2010,5(8):693 – 697.

[26] Qiu H N,Jiang Y D. Sphalerite $^{40}Ar/^{39}Ar$ Progressive Crushing and Stepwise Heating Techniques[J]. Earth Planet Sci. Lett. ,2007,256:224 – 232.

[27] 邱华宁,吴河勇,冯子辉. 油气成藏 $^{40}Ar/^{39}Ar$ 定年难题与可行性分析[J]. 地球化学,2009,38:405 – 411.

[28] 邱华宁,戴撞漠,李朝阳,等. 滇西上芒岗金矿床石英流体包裹体 $^{40}Ar—^{39}Ar$ 成矿年龄测定[J]. 科学通报,1994,39(3):257 – 260.

[29] 邱华宁,戴撞漠. $^{40}Ar/^{39}Ar$ 法测定矿物流体包裹体年龄[J]. 科学通报,1988,9:687 – 689.

[30] 邱华宁. 新一代 Ar—Ar 实验室建设与发展趋势:以中国科学院广州地球化学研究所 Ar—Ar 实验室为例[J]. 地球化学,2006,35:33 – 140.

[31] Koppers A A P. ArArCALC – software for $^{40}Ar/^{39}Ar$ Age Calculations [J]. Comput. Geosci. ,2002,28:605 – 619.

[32] 张凡,邱华宁,贺怀宇. $^{40}Ar/^{39}Ar$ 年代学数据处理软件 ArArCALC 简介[J]. 地球化学,2008,38:53 – 56.

[33] Qiu H N,Wu H Y,Yun J B,et al. High – precision 40Ar/39Ar Age of the Gas Emplacement into the Songliao Basion[J]. Geology,2011,39(5):451 – 454.

[34] Wu H Y,Yun J B,Feng Z H,et al. CO_2 Gas Emplacement Age in the Songliao Basion:Insight from Volcanic Quartz $^{40}Ar/^{39}Ar$ Stepwise Crushing[J]. Chinese Science Bulletin,2010,55(17):1795 – 1799.

[35] 王锋,肖贤明,陈永红,等. 渤中坳陷埕北 30 潜山储层流体包裹体特征与成藏时间研究[J]. 海相油气地质,2006,11(2):47 – 50.

[36] 袁东山,张枝焕,刘红军. K—Ar 同位素资料在油气成藏分析中存在的问题[C]. 第四届油气成藏机理与资源评价国际学术研讨会,2006.

[37] 邹才能,陶士振,张有瑜. 松辽南部岩性地层油气藏成藏年代研究及其勘探意义[J]. 科学通报,2007,52(19):2319 – 2329.

［38］张有瑜,董爱正,罗修泉. 油气储层自生伊利石的分离提纯及其 K—Ar 同位素测年技术研究［J］. 现代地质,2001,15(3):315 – 320.

［39］张彦,陈文,杨慧宁. 用于同位素测年的自生伊利石分离纯化流程探索［J］. 地球学报,2003,24(6):622 – 626.

［40］吴劲薇,陈小明,杨忠芳. 成岩伊利石 K—Ar 年龄分析及其意义［J］. 高校地质学报,2001,7(4):444 – 448.

［41］张有瑜,Horst Zwingmann,刘可禹,等. 塔中隆起志留系沥青砂岩油气储层自生伊利石 K—Ar 同位素测年研究与成藏年代探讨［J］. 石油与天然气地质,2007,28(2):166 – 174.

［42］赵靖舟,庞雯,吴少波. 塔里木盆地海相油气成藏年代与成藏特征［J］. 地质科学,2002,37(增刊):81 – 90.

［43］赵靖舟,郭德运,阎红军,等. 塔北轮南地区油气成藏年代与成藏模式［J］. 西安石油大学学报,2004(06):2 – 9.

［44］王飞宇,何萍,张水昌,等. 利用自生伊利石 K—Ar 定年分析烃类进入储层的时间［J］. 地质评论,1997,43(5):540 – 546.

［45］张有瑜,Horst Zwingmann,Andrew Todd,等. 塔里木盆地典型砂岩油气储层自生伊利石 K—Ar 同位素测年研究与成藏年代探讨［J］. 地学前缘,2004(04):638 – 640.

［46］王红军,张光亚. 塔里木克拉通盆地油气勘探对策［J］. 石油勘探与开发,2001,28(6):50 – 52.

［47］张有瑜,罗修泉. 英买力沥青砂岩自生伊利石 K—Ar 测年与成藏年代［J］. 石油勘探与开发,2011,(2):203 – 240.

［48］车忱. 含油气盆地的伊利石分离与定年研究［D］. 南京:南京大学,2002.

［49］陈文,万渝生,李华芹,等. 同位素地质年龄测定技术及应用［J］. 地质学报,2011,85(11):1917 – 1941.

［50］施和生,朱俊章,邱华宁,等. 利用自生伊利石激光加热 ^{40}Ar—^{39}Ar 定年技术探讨惠州凹陷新近系油气充注时间［J］. 地学前缘,2009,16(1):290 – 294.

［51］王龙樟,戴橦谟,彭平安. 自生伊利石 ^{40}Ar—^{39}Ar 法定年技术及气藏成藏期的确定［J］. 地球科学:中国地质大学学报,2005,30(1):78 – 82.

［52］云建兵,施和生,朱俊章. 砂岩储层自生伊利石 ^{40}Ar—^{39}Ar 定年技术及油气成藏年龄探讨［J］. 地质学报,2009,83(8):1134 – 1139.

［53］Hamilton P J,Kelly S,Fallick A E. K – Ar dating of Illite in Hydrocarbon Reservoirs［J］. Clay Miner. ,1989,24:215 – 231.

［54］Hogg A J C,Hamilton P J,Macintyre R M. Mapping Diagenetic Fluid Flow Within a Reservoir:K—Ar Dating in the AlWyn area (UK North Sea)［J］. Marine and Petroleum Geology,1993,10:279 – 294.

［55］Koppers A A P. Software for ^{40}Ar—^{39}Ar Age Calculations［J］. Computers Geosciences,2002,28(5):605 – 619.

［56］张凡,邱华宁,贺怀宇,等. ^{40}Ar—^{39}Ar 年代学数据处理软件 ArArCALC 简介［J］. 地球化学,2009,38(1):53 – 56.